建筑工程施工现场专业人员
岗位资格培训教材

质量员
专业基础知识

Zhiliangyuan Zhuanye Jichu Zhishi 　第2版

主　编　万东颖
副主编　高英台
参　编　尚　敏　孙翠兰
　　　　张　鸿　侯　欣

中国电力出版社
CHINA ELECTRIC POWER PRESS

内 容 提 要

本书依据《建筑与市政工程施工现场专业人员职业标准》（JGJ/T 250—2011）编写，以够用、实用为目标，教材内容浅显易懂，采用丰富的图片、图样，使表达直观化。全书分为 8 章，包括建筑材料、建筑力学知识、建筑工程图识读、民用建筑构造、建筑工程施工工艺、工程建设项目管理基本知识、建筑施工测量、工程质量控制的统计分析方法等内容。

本书既能满足建设行业施工质量管理岗位人员持证上岗培训需求，又可满足建筑类职业院校毕业生顶岗实习前的岗位培训需求，充分兼顾了职业岗位技能培训和职（执）业资格考试培训需求。

图书在版编目（CIP）数据

质量员专业基础知识/万东颖主编. —2 版. —北京：中国电力出版社，2015.7
建筑工程施工现场专业人员岗位资格培训教材
ISBN 978 - 7 - 5123 - 7581 - 9

Ⅰ.①质… Ⅱ.①万… Ⅲ.①建筑工程－工程质量－质量管理－技术培训－教材 Ⅳ.①TU712

中国版本图书馆 CIP 数据核字（2015）第 078131 号

中国电力出版社出版、发行

北京市东城区北京站西街 19 号　100005　http：//www.cepp.sgcc.com.cn
责任编辑：周娟华　E-mail：juanhuazhou@163.com
责任印制：蔺义舟　责任校对：太兴华
北京市同江印刷厂印刷·各地新华书店经售
2012 年 3 月第 1 版·2015 年 7 月第 2 版·第 4 次印刷
787mm×1092mm　1/16·18 印张·442 千字
定价：45.00 元

前　言

根据住房和城乡建设部颁布的《建筑与市政工程施工现场专业人员职业标准》（JGJ/T 250—2011）要求和有关部署，为了做好建筑工程施工现场专业人员的岗位培训工作，提高从业人员的职业素质和专业技能水平，我们组织相关职业培训机构、职业院校的专家和老师，参照最新颁布的新标准、新规范，以岗位所需的专业知识和能力编写了这套《建筑工程施工现场专业人员岗位资格培训教材》，涉及施工员、质量员、安全员、材料员、资料员等关键岗位，以满足培训工作的需求。

本书紧扣《建筑与市政工程施工现场专业人员职业标准》（JGJ/T 250—2011），以够用、实用为目标，教材内容浅显易懂，采用丰富的图片、图样，使表达直观化。全书分为 8章，包括建筑材料、建筑力学知识、建筑工程图识读、民用建筑构造、建筑工程施工工艺、工程建设项目管理基本知识、建筑施工测量、工程质量控制的统计分析方法等内容。本书既能满足建设行业施工质量管理岗位人员持证上岗培训需求，又可满足建筑类职业院校毕业生顶岗实习前的岗位培训需求，充分兼顾了职业岗位技能培训和职（执）业资格考试培训需求。

本书由河北城乡建设学校万东颖老师担任主编，参与编写的人员有尚敏、高英台、孙翠兰、张鸿、侯欣老师。职业资格培训教材编写要考虑的因素方方面面，由于时间较仓促，水平有限，不足之处敬请各位读者提出宝贵意见，以便进一步完善。

编　者

目　录

前言

第1章　建筑材料 ……………………………………………………………… 1

1.1　建筑材料的基本性质 …………………………………………………… 1

1.2　气硬性胶凝材料 ………………………………………………………… 5

1.3　水泥材料 ………………………………………………………………… 9

1.4　普通混凝土 ……………………………………………………………… 14

1.5　砂浆及墙体材料 ………………………………………………………… 33

1.6　建筑钢材 ………………………………………………………………… 40

1.7　木材 ……………………………………………………………………… 46

1.8　防水材料 ………………………………………………………………… 49

1.9　建筑装饰材料 …………………………………………………………… 55

1.10　建筑塑料 ……………………………………………………………… 60

本章练习题 …………………………………………………………………… 61

第2章　建筑力学知识 ………………………………………………………… 63

2.1　力的基本知识及平面力系的应用 ……………………………………… 63

2.2　杆件内力分析 …………………………………………………………… 70

本章练习题 …………………………………………………………………… 78

第3章　建筑工程图识读 ……………………………………………………… 81

3.1　熟悉建筑制图标准 ……………………………………………………… 81

3.2　建筑识图基本知识 ……………………………………………………… 82

3.3　建筑施工图的识读 ……………………………………………………… 86

3.4　结构施工图的识读 ……………………………………………………… 102

本章练习题 …………………………………………………………………… 125

第4章　民用建筑构造 ………………………………………………………… 126

4.1　民用建筑构造概述 ……………………………………………………… 126

4.2　基础构造 ………………………………………………………………… 129

4.3　墙体构造 ………………………………………………………………… 133

4.4　楼地层构造 ……………………………………………………………… 144

4.5　楼梯构造 ………………………………………………………………… 153

　4.6　屋顶构造 ·· 159

　4.7　其他构造 ·· 169

　本章练习题 ·· 180

第 5 章　建筑工程施工工艺 ··· 181

　5.1　土方工程 ·· 181

　5.2　地基加固 ·· 189

　5.3　基础施工 ·· 191

　5.4　砌筑工程 ·· 196

　5.5　钢筋混凝土工程施工 ·· 203

　5.6　防水工程 ·· 228

　5.7　装饰装修工程 ·· 244

　本章练习题 ·· 253

第 6 章　工程建设项目管理基本知识 ·································· 256

　6.1　工程建设项目的组成及分类 ····································· 256

　6.2　工程建设项目管理 ··· 257

　本章练习题 ·· 259

第 7 章　建筑施工测量 ··· 260

　7.1　民用建筑测量施工设备和测量基本要求 ···················· 260

　7.2　民用建筑施工测量前的准备工作 ······························ 260

　7.3　建筑物的定位、放线 ·· 262

　7.4　基础工程施工测量 ··· 262

　7.5　墙体施工测量 ·· 264

　7.6　建筑物的轴线投测 ··· 264

　7.7　高层建筑物施工测量 ·· 265

　7.8　建筑物的沉降观测 ··· 266

　本章练习题 ·· 267

第 8 章　工程质量控制的统计分析方法 ······························ 268

　8.1　质量统计基本知识 ··· 268

　8.2　统计分析方法 ·· 272

　8.3　应用案例 ·· 277

　本章练习题 ·· 281

参考文献 ··· 282

第1章

建 筑 材 料

1.1 建筑材料的基本性质

建筑要承受各种作用，因此要求建筑材料具有所需要的基本性质。如受到外力作用，材料应有相应的力学性质；受到自然界中阳光空气和水的作用、虫菌等影响，材料应能承受温湿度变化、冻融循环等破坏；建筑不同部位使用中要求防水、绝热、隔声、吸声等；工业建筑可能要求耐热、耐腐蚀。所以在施工中，必须充分了解和掌握材料的性质和特点，才能合理地选择和正确使用建筑材料。

建筑材料的主要性质和指标见表 1-1。

表 1-1   建筑材料的主要性质和指标

建筑材料的基本性质	物理性质	与质量有关的性质	三大密度	ρ、ρ_0、ρ_0'
			密实度和孔隙率	D、P
			填充率和孔隙率	D'、P'
		与水有关的性质	亲水性和憎水性	θ 润湿角
			吸水性	$W_质$、$W_体$
			吸湿性	含水率 $W_含$
			耐水性	软化系数 $K_软$
			抗冻性	抗冻等级
			抗渗性	抗渗等级
		与热有关的性质	导热性	导热系数 λ
			热容量	比热 C
			热胀冷缩（热膨胀系数）	线膨胀系数
	力学性质	抗破坏能力	强度	f（拉、压、弯、剪）
		变形表现	弹性与塑性	
	耐久性	综合性质	抗冻性、抗渗性、抗蚀性、稳定性、耐磨性、抗老化性、耐热性	抗冻等级等

1.1.1 材料的物理性质

在土木建筑工程中，计算材料用量、构件的自重，配料计算以及确定堆放空间时经常要用到材料的密度、表观密度和堆积密度等数据。

1. 表观密度（容重）

表观密度是指多孔固体材料质量与其表观体积（包括孔隙的体积）之比。孔隙体积是指材料本身的开口孔、裂口或裂纹以及封闭孔或空洞所占的体积。

2. 实际密度（密度、比重）

实际密度是指材料质量与其绝对密实体积（无孔隙的体积）之比。磨细粉（粒径小于 0.2mm）装入比重瓶排出的液体，即密实体积 V。注意：绝对密实状态下的体积，不包括孔隙体积，是指材料内固体物质所占体积。

3. 堆积密度

堆积密度是指松散颗粒状、粉末、纤维状材料在自然堆积状态下，单位堆积体积的质量。研究对象为散粒状（粉末、颗粒、纤维）材料。表 1-2 为三大密度对比。

表 1-2　　　　　　　　　三 大 密 度 对 比

名称	符号	定义（状态）	体积	测法	公式
表观密度	ρ_0	多孔固体、自然状态	固体体积+内部孔隙体积 $V_0 = V + V_{孔隙}$	规则：计算 不规则：蜡封排水法	$\rho_0 = m/V_0$
实际密度	ρ	绝对密实状态	固体的实体积 V	磨细成粉再排水	$\rho = m/V$
堆积密度	ρ_0'	容器内堆积	固体+内部孔隙+粒间空隙体积 $V_0' = V + V_{孔隙} + V_{空隙}$	容器的容积	$\rho_0' = m/V_0'$

4. 密实度与孔隙率

密实度与孔隙率对比见表 1-3。

表 1-3　　　　　　　　　密实度与孔隙率对比

性质	定义	公式	两者关系	对性质的影响
密实度 D	材料体积内被固体物质所充实的程度	$D = V/V_0 = \rho_0/\rho$	(1) $D + P = 1$ (2) 反映密实程度（通常采用孔隙率来表示），分析的是多孔固体	P 越大，越疏松，强度越低，保温性越好
孔隙率 P	材料体积内孔隙体积占总的表观体积的比例	$P = (V_0 - V)/V_0$ $= 1 - \rho_0/\rho$		

举一小例：已知红砖 $\rho_0 = 1850\text{kg/m}^3$，$\rho = 2500\text{kg/m}^3$，计算 $D = \rho_0/\rho = 74\%$，$P = 1 - \rho/\rho_0 = 1 - 74\% = 36\%$。可见，$D$ 越接近 1，材料越密实。

孔隙按构造又分为开口孔隙和闭口孔隙两种。

（1）开口孔隙率。是指常温下能被水饱和的孔隙体积与材料表观体积之比的百分数。

（2）闭口孔隙率。是指总孔隙率 P 与开口孔隙率 P_k 之差。其计算式为

$$P_b = P - P_k$$

孔隙率与孔隙特征对材料性质的影响有：

1）孔隙率越大，材料越疏松，强度越低，保温绝热性能越好。

2）开口孔隙率越大，吸水性、透水性越好，抗冻性、抗渗性、耐久性越差。

3）微孔好。

5. 填充率与空隙率

填充率是指颗粒状、纤维状或粉状材料在堆积体积内，被颗粒材料所填充的程度。空隙率是指颗粒状、纤维状或粉状材料在堆积体积内，颗粒之间的空隙体积占总体积的百分率。空隙率可作为控制混凝土骨料级配与计算含砂率的依据。其计算式为

$$P' = 1 - \rho'_0/\rho'$$

6. 导热性

导热性是指当材料两面存在温差时，热量由一面传至另一面的性质。对于外墙、屋盖等围护结构，希望尽量减少热量的传导，夏季要防止室外热量进入室内可以称为隔热，冬季防止室内热量的散失可以称为保温。用导热系数 λ 表示。导热系数 λ 小，保温隔热性好。

导热性好坏首先与材料成分有关。例如，泡沫塑料 $\lambda = 0.035\text{W}/(\text{m}\cdot\text{K})$，大理石 $\lambda = 3.5\text{W}/(\text{m}\cdot\text{K})$。一般情况下，材料的导热系数为 $0.035 \sim 3.5$，通常将 λ 小于 0.23 的材料称为绝热材料。其次，还与孔的结构特征、表观密度、含水率等有关。例如，同是红砖，多孔砖 P 大，保温性比实心砖好。原因是 P 大，空气的影响显著，而空气的 λ 为 $0.0233\text{W}/(\text{m}\cdot\text{K})$，所以材料总的导热系数就小，保温绝热性好。所以一般做法是给材料引入大量均匀分布的微小的封闭孔隙，以获得保温隔热材料。

绝热材料一定要防止受潮、受冻，因为水 $\lambda = 0.58\text{W}/(\text{m}\cdot\text{K})$，冰 $\lambda = 2.3\text{W}/(\text{m}\cdot\text{K})$，所以含水率增大，材料的 λ 也增大，导热性增强。

7. 热容量

热容量是指材料加热时吸收热量，冷却时放出热量的性质。指标是比热（容），用 C 表示。比热是指单位质量的材料，温度每升高（或降低）1K 所吸收（或放出）的热量。比热大的材料有利于建筑物内部温度稳定。木材 C 大，适宜作为装饰装修材料。在冷气开放或采暖供热情况下，出现温度波动时，水的 C 大，冬季采暖常用水作介质。能缓和室内温度变化。

8. 热变形性

材料的热变形性是指温度升高或降低时材料的变化，常用线膨胀系数表示。线膨胀系数是指在一定温度范围内材料，由于温度上升或下降 1K 时所引起的长度增长或缩短值，与其在 0K 时长度的比值。可用于计算材料在温度变化时引起的变形以及温度应力等。例如，长度较大的建筑物，为了避免热胀冷缩引起破坏，要设变形缝。

1.1.2 材料与水有关的性质

1. 亲水性材料与憎水性材料

与水接触时，能被水润湿的材料为亲水性材料，不能被水润湿的材料为憎水性材料。用润湿角 θ（$\leqslant 90°$为亲水性，否则为憎水性）表示。水在亲水性材料表面可以铺展开，且能通过毛细管作用自动将水吸入材料内部，憎水性材料则相反。故可以利用憎水性材料作为防水防潮材料，或保护亲水性材料。如 SBS 防水卷材，可以用于屋面防水，也可用于厨房、卫生间的地面防水；打蜡可以保护木地板、地砖；油漆可用于保护木器等。

2. 吸水性

吸水性是指材料在水中能吸收水分的性质，用吸水率表示，包括质量吸水率 $W_质$、体积吸水率 $W_体$。对于轻质材料，如软木、加气混凝土、膨胀珍珠岩等，质量吸水率大于 1 时，

往往采用体积吸水率。一般情况下，采用质量吸水率。两者关系：$W_体 = W_质 \rho_0$，ρ_0 单位必须是 "g/cm^3"。例如，膨胀珍珠岩表观密度 $\rho_0 = 0.075g/cm^3$，质量吸水率 $W_质 = 400\%$，体积吸水率 $W_体 = 30\%$。

3. 吸湿性

吸湿性是指材料在潮湿的空气中，吸收空气中水分的性质。吸湿性大小用含水率 $W_含$ 表示。在温、湿度一定的情况下，含水率越大，吸湿性越大。含水质量 $m_含 = m_干 \times (1 + W_含)$。影响材料含水率大小的因素有材料的成分、组织构造、周围环境的温湿度。材料的含水率随环境变化，如温度降低、湿度增加，则含水率增大。材料既能吸收水分，也能向外界蒸发水分，最后与空气湿度达到平衡，其含水率叫做材料的平衡含水率。

4. 耐水性

耐水性是指材料长期在水作用下，不被破坏，强度也不显著降低的性质。用软化系数 $K_软$ 表示。$K_软 = f_饱 / f_干$ 软化系数大于 0.85 的材料，通常可以认为是耐水材料。

5. 抗冻性

抗冻性是指材料在吸水饱和状态下，经多次冻结和融化作用而不破坏，同时也不严重降低强度的性质。材料吸水饱和，$-15℃$ 冻结，再在 $20℃$ 水中融化，称为一次冻融循环。抗冻性用抗冻等级表示，如混凝土分为 D25、D50、D100、D150、D200、D250 和 D300 七个等级；抗冻等级越高抗冻性越好。D25 的含义是材料能承受 25 次冻融循环，即经过 25 次反复循环后，质量损失不大于 5%，强度损失不超过 25%。

开口孔隙率越大，透水性越大，抗冻性越差。常处于水位变化的季节性冰冻地区的建筑，尤其是冬季气温达到 $-15℃$ 的地区，所用材料一定要进行抗冻性试验。

6. 抗渗性

抗渗性是指材料抵抗水、油等液体压力作用渗透的性质。抗渗性用抗渗等级 P 表示，如混凝土抗渗等级可分为 P4、P6、P8、P10、P12 五级，P8 表示能承受 0.8MPa 水压而无渗透。抗渗性与材料的孔隙率和孔隙特征有关。例如，密实的材料和具有封闭孔隙的材料，就不易产生渗透现象。

1.1.3 材料的力学性质

1. 材料的强度及强度等级

强度是指在外力（荷载）的作用下材料抵抗破坏的能力。对应于常见的四种作用形式有抗拉强度、抗压强度、抗剪强度、抗弯强度。其计算式为 $f_{拉压剪} = F/A$。

抗拉、抗压、抗剪强度都是用破坏前能承受的最大力除以受力面积。抗弯强度公式则比较复杂，与截面形状、支点类型和荷载有关。

强度的大小与材料的成分、构造有关。主要因素是成分，如钢筋一定强于黏土砖；另外，也与孔隙特征及构造有关，一般情况下，孔隙率 P 越大，材料越疏松，实际起作用的面积就越小，测得的强度越低。材料一般都要按强度值的大小来划分标号或强度等级，使生产者和使用者有据可依，各类标准中对测法以及如何评定分级都有明确规定。

2. 材料的变形性能

材料的变形性能包括弹性和塑性性能。材料做试验时，万能试验机的记录装置就会记录下力-变形之间的关系曲线。

弹性是指材料在外力作用下产生变形，当取消外力后，能完全恢复原来形状的性质。能完全恢复的变形叫弹性变形（或瞬时变形）。如在受力不大的情况下橡皮筋、弹簧、钢筋的变形。

塑性是指材料在外力作用下产生变形，当取消外力后，仍保持变形后的形状和尺寸且不产生裂纹的性质。这种不能恢复的变形叫塑性变形（或永久变形），绝大部分材料表现为塑性，如橡皮泥、混凝土等。

自然界是否有材料在任何时候都表现为弹性？答案是否定的。单纯的弹性变形是不存在。一般规律是：荷载小时，表现为弹性；荷载大时，表现为塑性。温度高时，表现为塑性；温度低时，表现为弹性。

1.1.4　材料的耐久性

材料的耐久性是指材料在使用条件下，受各种内在或外来自然因素及有害介质的作用，能不破坏、长久地保持原有使用性能的性质。

1．材料承受的作用

物理作用有干湿变化、温度变化及冻融变化等。如砖、混凝土等材料的冻融破坏。化学作用包括大气、环境水以及使用条件下酸、碱、盐等液体或有害气体对材料的侵蚀作用，如钢筋易被氧化生锈，所以要有保护层。生物作用，包括菌类、昆虫等的作用而使材料腐朽、蛀蚀而破坏，如木材易被虫蛀、易腐朽，所以要做防腐处理。力学（机械）作用，如钢筋的拉力，混凝土的压力。

2．主要方面

耐久性包括抗渗性、抗冻性、抗化学侵蚀性、抗碳化性、大气稳定性、耐磨性等方面。抗渗性好坏是根本原因，抗冻性最具有表征作用。很多材料的耐久性往往直接用抗冻性表示，尤其是混凝土、砖等无机非金属材料。

3．提高材料耐久性的措施

（1）从材料本身入手。提高材料的密实度，适当改变成分等，如改变水泥品种。

（2）改变环境。设法减轻大气或周围介质对材料的破坏作用，如降低湿度、排除侵蚀性物质。

（3）从两者的关系入手。增加屏障，增设保护层来保护主体材料免受侵蚀，如木材刷漆，地板砖为了耐磨而表面施釉打蜡等。

1.2　气硬性胶凝材料

只能在空气中硬化、保持或继续发展强度的胶凝材料称为气硬性胶凝材料。与水泥等水硬性胶凝材料相比，发生凝结硬化的环境不同。气硬性胶凝材料只能在干燥环境中凝结硬化，而硬化后的石状物只能在干燥环境中使用，如石灰、石膏、菱苦土等（水玻璃除外）。菱苦土的主要矿物成分为氧化镁。使用菱苦土时，一般不用水调而多用氯化镁溶液。

1.2.1　石灰

石灰在我国应用历史悠久，如古建筑长城的青砖白缝，应用范围广泛。

1. 生产与使用

全过程如下：

$$石灰岩 \xrightarrow{\text{高温}} 生石灰（不稳定） \xrightarrow[\text{熟化消解}]{+H_2O（淋灰）} 熟石灰 \xrightarrow{\text{陈伏2周}} 使用（结晶碳化）$$
$$CaCO_3 \qquad\qquad CaO（块→粉） \qquad\qquad\qquad Ca(OH)_2$$

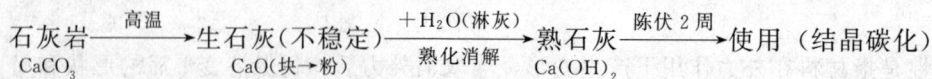

石灰的熟化、陈伏与硬化的定义如下：

（1）工地上使用石灰时，通常将生石灰加水，使之消解为消（熟）石灰——氢氧化钙，这个过程称为石灰的"消化"，又称"熟化"，放出大量热，其体积膨胀2～3.5倍。

（2）为了消除过火石灰的危害，生石灰熟化形成的石灰浆应在储灰坑中放置两周以上，这一过程称为石灰的"陈伏"。"陈伏"期间，石灰浆表面应保有一层水分，与空气隔绝，以免干裂和碳化。

（3）石灰浆体在空气中逐渐硬化，是由下面两个同时进行的过程来完成的。

1）结晶作用。游离水分蒸发，氢氧化钙逐渐从饱和溶液中结晶。

2）碳化作用。氢氧化钙与空气中的二氧化碳化合生成碳酸钙结晶，释出水分并被蒸发。

2. 石灰的分类

（1）按形状分为块状石灰和粉状石灰。

（2）按火候分为欠火灰、正火灰、过火灰。欠火灰表面上是CaO，内部是$CaCO_3$，产浆量少，利用率低。过火灰熟化过慢，如果不充分熟化，用于抹灰、砌筑上会造成质量问题，产生崩裂、鼓泡等现象。所以石灰在使用前应在储灰坑中放置两周，进行陈伏。

（3）按含量分类。石灰岩的成分除含有$CaCO_3$外，还含有部分$MgCO_3$，产生MgO和$Mg(OH)_2$（MgO是有效成分，但反应慢）。建筑石灰、生石灰粉和消石灰粉都按氧化镁的含量来划分的。钙质生石灰MgO≤5%，镁质生石灰MgO＞5%；钙质消石灰粉MgO≤4%，镁质消石灰粉MgO＞4%，白云石质消石灰粉MgO≥24%。

（4）按反应快慢分为快熟、中熟、慢熟。快熟：不到10min就熟化；中熟：10～30min熟化；慢熟：大于30min熟化。

（5）主要按CaO＋MgO含量（即有效成分的多少）分为优等品、一等品和合格品。

（6）按熟石灰状态分类，生石灰加适量水得到熟石灰粉（消石灰粉），生石灰加多量水生成石灰膏。

3. 石灰的特性

（1）凝结硬化慢，强度低。硬化慢是因为石灰表面碳化形成紧密外壳，不利于水分的蒸发和碳化的深入，所以要掺砂子、纸筋、麻刀、土，形成连通孔隙，便于硬化。石灰的硬化只能在空气中进行，硬化后的强度也不高。如石灰砂浆（1∶3），28d强度仅为0.2～0.5MPa。

（2）吸湿性强，耐水性差。石灰是传统的干燥剂。受潮后石灰溶解，强度更低，在水中还会溃散。所以，石灰不宜在潮湿的环境下作用，也不宜用于重要建筑物基础。

（3）保水性好。生石灰熟化为石灰浆时，能自动形成颗粒极细（直径约为$1\mu m$）的呈胶体分散状态的氢氧化钙，表面吸附一层厚的水膜。在水泥砂浆中掺入石灰浆，可使可塑性显著提高。

（4）石灰硬化后有较大体积收缩，容易开裂，所以除调成石灰乳作薄层涂刷外，不宜单独使用。常掺入砂子、纸筋、麻刀、土来抑制收缩。

（5）放热量大，腐蚀性强。块状类石灰放置太久，会吸收空气中的水分而自动熟化成消石灰粉，再与空气中二氧化碳作用而还原为碳酸钙，失去胶结能力。所以储存生石灰，不但要防止受潮，而且不宜储存过久。最好运到后即熟化成石灰浆，将储存期变为陈伏期。由于生石灰受潮熟化时放出大量的热，而且体积膨胀，因此，储存和运输生石灰时，还要注意防水防潮，注意安全。

4. 应用

(1) 刷白。将消石灰粉或熟化好的石灰膏加入多量的水搅拌稀释，成为石灰乳，是一种传统的涂料，主要用于内墙和顶棚刷白，增加室内美观和亮度。

(2) 配制三合土和灰土。石灰与黏土混合生成具有水硬性的物质，适于在潮湿环境中使用。如建筑物或道路基础中使用的石灰土、三合土、二灰土（石灰、粉煤灰或炉灰）、二灰碎石（石灰、粉煤灰或炉灰、级配碎石）等。

(3) 配制砂浆。可配制石灰砂浆、水泥石灰混合砂浆。

(4) 做硅酸盐制品。石灰与天然砂或工业废料混合均匀，加水搅拌，经压蒸或压制形成硅酸盐制品。如灰砂砖、硅酸盐砖、硅酸盐混凝土制品等。

1.2.2 石膏

石膏是以硫酸钙为主要成分的矿物，当石膏中所含结晶水数量不同时可形成性能不同的石膏。

1. 石膏的分类

根据石膏中含有结晶水的多少不同可分为：

(1) 无水石膏（$CaSO_4$）。也称硬石膏，它结晶紧密，质地较硬，是生产硬石膏水泥的原料。

(2) 天然石膏（$CaSO_4 \cdot 2H_2O$）。也称生石膏或二水石膏，大部分自然石膏矿为生石膏，是生产建筑石膏的主要原料。

(3) 半水石膏（$CaSO_4 \cdot \frac{1}{2}H_2O$）。它是由生石膏加工而成的，根据其内部结构不同可分为 α 型半水石膏和 β 型半水石膏。

半水石膏通常是由天然石膏经压蒸或煅烧加热而成的。常压下煅烧加热到 107～170℃，可产生 β 型建筑石膏；124℃条件下压蒸（1.3 大气压）蒸炼磨细加热可产生 α 型高强石膏。

$$CaSO_4 \cdot 2H_2O \xrightarrow[\text{低温煅烧}]{107\sim170℃} \text{主要成分} CaSO_4 \cdot \frac{1}{2}H_2O \text{ 建筑石膏（β 型半水石膏）}$$

模型石膏是杂质少，细度小的 β 型半水硫酸钙。

另外，$CaSO_4 \cdot 2H_2O$ 经 600～900℃高温煅烧得到地板石膏，它具有耐磨的优点。

2. 建筑石膏的特性

(1) 凝结硬化速度快。一般石膏的初凝时间仅为 10min 左右，终凝时间不超过 30min，几天即可硬化，在工程中经常被用作线条的找直。使用时可加入适量的缓凝剂，如硼砂、动物胶、亚硫酸盐酒精废液等。

(2) 凝结硬化时的膨胀性。建筑石膏凝结硬化时，体积不仅不会收缩，而且还稍有膨胀（1%左右），能使石膏的表面较为光滑饱满，棱角清晰完整，避免了开裂。

(3) 硬化后的石膏具有多孔性，重量轻，但强度低的特点。建筑石膏在使用时，加入的水分比水化所需的水量多，造成内部的大量微孔，使其重量减轻，抗压强度也因此下降。通常石膏硬化后的表观密度为 $800\sim1000kg/m^3$，抗压强度为 $3\sim5MPa$。

（4）良好的隔热、吸声和呼吸功能。

（5）防火性好，但耐水性差。硬化后石膏的主要成分是二水石膏，当受到高温作用时或遇火后会脱出 21% 左右的结晶水在表面蒸发形成水蒸气幕，可有效地阻止火势的蔓延，无水 $CaSO_4$ 本身不燃烧，具有良好的防火效果。由于部分二水石膏溶解而产生局部溃散，所以建筑石膏硬化体的耐水性较差。

（6）有良好的装饰性和可加工性。石膏表面光滑饱满，颜色洁白，质地细腻，具有良好的装饰性。微孔结构使其脆性有所改善，硬度也较低，所以硬化石膏可锯、可刨、可钉，具有良好的可加工性。

3. 建筑石膏的应用

（1）石膏砂浆及粉刷石膏。

（2）建筑石膏制品。如石膏板、石膏砌块等。

（3）制作建筑雕塑和模型。

建筑石膏自生产之日起，储存期为 3 个月，过期应复验。

1.2.3 水玻璃

水玻璃俗称泡花碱，最常用的是硅酸钠水玻璃。硅酸盐模数应为 $2.5\sim3.0$。

1. 水玻璃的硬化

液体水玻璃在空气中吸收二氧化碳（浓度较低），形成无定形硅酸凝胶，并逐渐干燥但硬化得很慢，为了加速硬化和提高硬化后的防水性，常加入氟硅酸钠 Na_2SiF_6 作为促硬剂（其适宜用量为 12%～15%）。

2. 水玻璃的技术性质

（1）粘结力强。水玻璃硬化后具有较高的粘结强度、抗拉强度和抗压强度。水玻璃硬化析出的硅酸凝胶还有堵塞毛细孔隙而防止水分渗透的作用。

（2）耐酸性好。硬化后的水玻璃，其主要成分是 SiO_2，具有很强的耐酸性能，能抵抗大多数无机酸和有机酸的作用。但其不耐碱性介质侵蚀。

（3）耐热性高。水玻璃不燃烧，硬化后形成 SiO_2 空间网状骨架，在高温下硅酸凝胶干燥得更加强烈，强度并不降低，甚至有所增加。

3. 水玻璃的应用

（1）用作涂料。直接将液体水玻璃涂刷在建筑物表面，或涂刷在黏土砖、硅酸盐制品、水泥混凝土等多孔材料表面，可使材料的密实度、强度、抗渗性、耐水性得到提高。

（2）配制防水剂。以水玻璃为基料，配制防水剂。例如，四矾防水剂是以蓝矾（硫酸铜）、明矾（钾铝矾）、红矾（重铬酸钾）和紫矾（铬矾）各 1 份，溶于 60 份的沸水中，降温至 $50℃$，投入 400 份水玻璃溶液中，搅拌均匀而成的。可以在 1min 内凝结，适用于堵塞漏洞、缝隙等局部抢修。

（3）加固土壤。将模数为 $2.5\sim3$ 的液体水玻璃和氯化钙溶液通过金属管交替向地层压入，两种溶液发生化学反应，可析出吸水膨胀的硅酸胶体包裹土壤颗粒并填充其空隙，阻止水分渗透并使土壤固结。用这种方法加固的砂土，抗压强度可达 $3\sim6MPa$。

（4）配制水玻璃砂浆。将水玻璃、矿渣粉、砂和氟硅酸钠按一定比例配合成砂浆，可用于修补墙体裂缝。

（5）配制耐酸砂浆、耐酸混凝土、耐热混凝土。

1.3 水泥材料

水泥是粉末状水硬性胶凝材料，加水拌和后，成为塑性浆体，能将砂子、石子等松散材料胶结成一个整体，既能在潮湿的空气中，又能在水中凝结硬化。而气硬性胶凝材料只适用于干燥环境中。

水泥按主要熟料矿物成分可以分为硅酸盐系水泥（常用）、铝酸盐系水泥、铁铝酸盐系水泥、硫铝酸盐系水泥等。

硅酸盐系水泥按应用分为：①通用水泥（产量占水泥总产量95％以上）：用于一般工程，如硅酸盐水泥、普通水泥、矿渣水泥、火山灰水泥、粉煤灰水泥、复合水泥、石灰石水泥；②专用水泥：专用工程如道路、砌筑、大坝；③特性水泥：如快硬水泥、低热水泥、防腐蚀水泥、核电站防辐射水泥、接缝工程膨胀水泥。

1.3.1 硅酸盐水泥的技术要求、特点及应用

将成品水泥装袋为袋装水泥，散装在库房或装入水泥罐为散装水泥。散装是发展趋势。

1. 硅酸盐水泥的成分

硅酸盐水泥均是由硅酸盐水泥熟料、适量石膏和混合材料组成的。硅酸盐水泥生产的过程可以概括为两磨一烧。石灰质原料和黏土质原料磨细后制成的生料经过1450℃煅烧成熟料，加石膏和混合材料后再磨细成水泥成品。

（1）熟料。煅烧得到的硅酸盐水泥熟料是关键成分，含有四种矿物成分，见表1-4。提高硅酸三钙C_3S的含量可以制得高强水泥，降低硅酸三钙C_3S和铝酸三钙C_3A的含量可以制得低水化热的大坝水泥。硅酸三钙是决定硅酸盐水泥早期强度的矿物，硅酸二钙C_2S是决定硅酸盐水泥后期强度的矿物。表1-4为水泥熟料四种矿物成分分别与水反应时的特点。

表 1-4　　　　　　　　水泥熟料四种矿物成分分别与水反应时的特点

矿物名称	符号	水化产物	反应快慢	水化热	强度发展	后期强度	收缩	耐蚀性
硅酸三钙	C_3S	水化硅酸钙凝胶、氢氧化钙晶体	快	高	快	高	中	差
硅酸二钙	C_2S		慢	低	慢	高	小	好
铝酸三钙	C_3A	水化铝酸钙晶体	最快	高	快	低	大	差
铁铝酸四钙	C_4AF	水化铝酸钙晶体和水化铁酸钙凝胶	较快	中等	中	中	小	较好

正常使用时，水泥还未完全反应，所以硬化后的水泥石是由晶体、胶体、未完全水化的水泥颗粒、游离水分和气孔等组成的不均质结构体。

影响硅酸盐水泥凝结硬化的主要因素有：

1）水化与硬化过程的快与慢与熟料矿物成分、含量及各成分的特性有关。

2）温、湿度的影响。在保证湿度的前提下，温度升高，水化速度、凝结硬化、强度增

长加快。水泥石在完全干燥情况下，水化不能进行，硬化停止、强度不再增长。所以混凝土浇筑后要洒水养护。温度低于 0 度时，水化基本停止，所以冬期施工时，要采取保温措施。

3）养护龄期的影响。时间延长强度不断增长。水化反应速度是先快后慢。完成水化、水解全过程需要几年、几十年的时间，一般水泥在 3～7d 内水化速度快，强度增长快。28d 可完成水化过程的基本部分，以后发展缓慢，强度增长也极为缓慢。

4）细度的影响。越细，与水接触越大，反应越快，水化越彻底。

（2）石膏。加入石膏，是为了消除 C_3A 的危害，它与 C_3A 产物反应得到钙矾石，包裹住 C_3A，避免瞬凝现象，延缓了水泥凝结时间，方便施工。

（3）混合材料。活性混合材料的活性是指能被激活，本来不能与水反应，但是如果遇到石灰或石膏等就被激活，与水反应。如粒化高炉矿渣、火山灰质混合材料、粉煤灰。非活性混合材料活性很强，掺入熟料中，主要起填充作用，可调节水泥强度，降低水化热及增加水泥产量等。如磨细石英砂、石灰石、黏土、缓冷矿渣等。

2. 硅酸盐水泥的技术要求

凡由硅酸盐水泥熟料、0～5%石灰石或粒化高炉矿渣、适量石膏磨细制成的水硬性胶凝材料，称为硅酸盐水泥。硅酸盐水泥在国际上分为两种类型：不掺混合材的称为Ⅰ型硅酸盐水泥，其代号为 P.Ⅰ；在硅酸盐水泥熟料粉磨时掺入不超过水泥质量 5%的石灰石或粒化高炉矿渣混合材料的称为Ⅱ型硅酸盐水泥，其代号为 P.Ⅱ。主要技术要求如下：

（1）强度及其等级（ISO 胶砂强度测定法）。水泥的强度是按照《水泥胶砂强度检验方法（ISO）法》（GB/T 17961—1999）的标准方法制作的水泥胶砂试件，在 (20±1)℃温度的水中，养护到规定龄期时检测的强度值。标准试件尺寸为 40mm×40mm×160mm，测试 3d 和 28d 的抗折强度和抗压强度，按其分为 42.5、42.5R、52.5、52.5R、62.5、62.5R 六个强度等级。《通用硅酸盐水泥》（GB 175—2007）等级中数字的含义与 28d 试件抗压强度一致。四个指标同时都达到才能合格。R 代表早强型。水泥净浆硬化时收缩严重，不能做成大体积构件，必须掺加砂、石等抑制收缩。试验中的配合比例为水泥:标准砂:水＝1:3:0.5，每锅胶砂成型 3 条试件，需 450g 水泥。

（2）细度（筛分法、比表面积法）。水泥颗粒过粗，反应慢，反应不彻底；过细，反应过快，容易产生干缩开裂，粉磨能耗大，成本也高，所以要合理控制细度。细度的判断：硅酸盐水泥用比表面积来表示，要求不小于 300m²/kg。比表面积是指单位质量的水泥粉末所具有的表面积的总和（m²/kg）。比表面积足够大，颗粒才足够细。其他水泥品种常用 80μm 方孔筛筛余来判断，要求筛余百分率不大于 10%，或 45μm 筛余百分率不大于 30%。

（3）标准稠度用水量。标准稠度用水量是指水泥浆达到规定的稀稠程度时的需水量，用于检验水泥的凝结时间和体积安定性。"标准稠度"是人为规定的稠度，其用水量采用维卡仪测定，有调整水量法和不变水量法两种方法水泥量均为 500g。调整水量法是调整水的用量凑成标准稠度。不变水量法所用水量为 142.5ml，直接在标尺上读数。两者有矛盾时以前者为准。硅酸盐水泥的标准稠度用水量一般为 21%～28%。

（4）凝结时间。水泥从开始加水到失去流动性，即从液体状态发展到较致密固体状态的过程称为水泥的凝结。这个过程所需要的时间称为凝结时间，它分为初凝时间（开始失去流动性）和终凝时间（完全失去流动性）两种。以标准稠度的水泥净浆，在规定温度及湿度环境下用维卡仪测定。

初凝时间不宜过早，以便有足够的时间进行搅拌、运输、浇筑、振捣等施工作业。如果初凝时间过早，习惯上称为废品水泥，严禁在工程上使用。终凝时间不宜过迟，以便尽快进行下一道工序施工，以免拖延工期。硅酸盐水泥的初凝时间不得早于 45min，终凝时间不得迟于 6.5h。

（5）体积安定性。水泥浆体硬化后体积变化的均匀性称为水泥的体积安定性，即水泥石能保持一定形状，具有不开裂，不挠曲变形，不溃散的性质。安定性不良的水泥作废品处理，不得应用于工程中，否则将导致严重后果。

导致水泥安定性不良的主要原因一般是由于熟料中的游离氧化钙、游离氧化镁或掺入石膏过多等原因造成的，其中游离氧化钙是最为常见、影响最严重的因素。国家标准规定：水泥的体积安定性用沸煮法检验，这只体现游离氧化钙的危害。沸煮法包含雷氏法（精确）、试饼法（粗略），出现矛盾，以前者为准。

熟料中所含游离氧化钙或氧化镁都是过烧的，结构致密，水化很慢，在水泥已经硬化后才进行熟化，生成晶体，体积膨胀 97% 以上，从而导致不均匀体积膨胀，使水泥石开裂。硅酸盐水泥氧化镁的含量控制在 5% 以内，如果通过了压蒸试验可以放宽至 6%。其他水泥 MgO 大于 6% 时，需进行压蒸试验并合格。石膏掺量过多时，水泥硬化后残余石膏与水化铝酸钙继续反应生成钙矾石，体积增大约 1.5 倍，从而导致水泥石开裂。石膏中 SO_3 含量控制在 3.5%，矿渣水泥放宽至 4%。

硅酸盐水泥特性和适用范围是：

（1）早期强度发展快，等级高。适用于快硬早强性工程和高强度混凝土工程。

（2）水化热大。不宜用于大体积工程，如水坝，但有利于低温季节蓄热法施工。

（3）抗冻性好。适用于严寒地区工程、水工混凝土和抗冻性要求高的工程。

（4）耐热性差。不宜用于高温工程。

（5）耐腐蚀性差。不宜用于软水工程，如海水、压力水。硅酸盐水泥腐蚀破坏的基本原因，在于水泥本身成分中存在着易引起腐蚀的氢氧化钙和水化铝酸钙。

（6）抗碳化性好、耐磨性好。

1.3.2　其他通用水泥的特性及应用

五大通用水泥的对比见表 1-5。

表 1-5　　　　　　　　　　　五大通用水泥对比

对比项目	硅酸盐水泥 PⅠ、PⅡ	普通水泥 PO	矿渣水泥 PS	火山灰水泥 PP	粉煤灰水泥 PF
混合材料掺量	0～5%	5%～20%	20%～70%	20%～40%	20%～40%
强度等级	42.5(R)、52.5(R)、62.5(R)	42.5(R)、52.5(R)	32.5(R)、42.5(R)、52.5(R)		
细度	比表面积≥300m²/kg		80μm 筛余百分率≤10%		
凝结时间	初凝≥45mm，终凝≤6.5h		初凝≥45mm，终凝≤10h		
SO_3	≤3.5%		≤4%	≤3.5%	
共同特点	快硬高强、反应快、水化热集中、抗冻性好、耐热性差、干缩较小		早期强度低、水化热放出少、抗蚀性好（适于海水工程）、适于蒸汽养护、抗冻性差的工程		
个性	应用在特殊工程	较好	耐热性较好	抗渗性好	干缩小（抗裂）

1. 普通硅酸盐水泥

其主要性能特点与硅酸盐水泥类似，但应用范围更加广泛。

2. 矿渣硅酸盐水泥

其主要性能特点如下：

(1) 早期强度低，后期强度高。对温度敏感，适宜于高温养护。

(2) 水化热较低，放热速度慢。

(3) 具有较好的耐热性能。

(4) 具有较强的抗侵蚀、抗腐蚀能力。

(5) 泌水性大，干缩较大。

(6) 抗渗性差，抗冻性较差，抗碳化能力差。

3. 火山灰质硅酸盐水泥

主要性能特点与矿渣水泥类似，但抗渗性好，抗碳化能力差，耐磨性差。

4. 粉煤灰硅酸盐水泥

主要性能特点与矿渣水泥类似，但是耐热性差，需水量低，干缩率较小，抗裂性好。

1.3.3 专用水泥、特性水泥及其他系列水泥简介

1. 道路硅酸盐水泥

凡由适当成分的生料烧至部分熔融，所得以硅酸钙为主要成分，并且铁铝酸钙含量较多的硅酸盐水泥熟料，称为道路硅酸盐水泥熟料。

以道路硅酸盐水泥熟料、0～10%活性混合材料和适量石膏磨细制成的水硬性胶凝材料称为道路硅酸盐水泥，简称道路水泥。

2. 砌筑水泥

其特点是强度低，和易性好。和易性指容易和好、和匀的意思，不泌水。

3. 白色硅酸盐水泥和彩色硅酸盐水泥

由白色硅酸盐水泥熟料加入适量石膏，磨细制成的水硬性胶凝材料，称为白色硅酸盐水泥（简称白水泥）。不同的是在配料和生产过程中严格控制着色氧化物（Fe_2O_3、MnO、Cr_2O_3、TiO_2等）的含量，并经磨细、漂白处理因而具有白色。白水泥按其强度分为32.5、42.5、52.5三个强度等级。

彩色水泥是用白水泥熟料，加入适量石膏和耐碱矿物颜料共同磨细而制成的或在白水泥生料中加入适当金属氧化物作着色剂，在一定燃烧氛围中直接烧制成彩色水泥熟料。常用的着色剂有氧化铁（红色、黄色、褐色、黑色）、氧化锰（褐色、黑色）、氧化铬（绿色）、群青（蓝色）、赭石（赭色）等。

白水泥和彩色水泥广泛地应用于建筑装修中，如制作彩色水磨石、饰面砖、锦砖、玻璃马赛克以及制作水刷石、斩假石、水泥花砖等。

4. 低热矿渣硅酸盐水泥

由适当成分的硅酸盐水泥熟料，加入矿渣、适量石膏，磨细制成的具有低水化热的水硬性胶凝材料，称为低热矿渣硅酸盐水泥，简称低热矿渣水泥。其中矿渣的掺量按质量计为20%～60%，允许采用不超过混合材料总量50%的磷渣或粉煤灰代替部分矿渣。

5. 快凝快硬硅酸盐水泥

凡以硅酸盐水泥熟料和适量石膏磨细制成的，以 3d 甚至更短时间的抗压强度表示强度等级的水硬性胶凝材料称为快硬硅酸盐水泥（简称快硬水泥）。双快水泥用于紧急抢修工程，10min 初凝，1h 就能终凝，4h 就能达到强度要求。

6. 膨胀水泥

膨胀水泥是由硅酸盐水泥熟料与适量石膏和膨胀剂共同磨细制成的水硬性胶凝材料。按水泥的主要成分不同，分为硅酸盐、铝酸盐和硫铝酸盐型膨胀水泥。按水泥的膨胀值及其用途不同，又分为收缩补偿水泥和自应力水泥两大类。例如，明矾石膨胀水泥用于解决缝隙问题，如后浇带。

7. 铝酸盐水泥

铝酸盐水泥是以石灰岩和矾土为主要原料，配制成适当成分的生料，烧至全部或部分熔融所得以铝酸钙为主要矿物的熟料，经磨细而成的水硬性胶凝材料，代号 CA。

铝酸盐水泥的性能与应用包括：

（1）早期强度很高，故适用于工期紧急的工程。如国防、道路和紧急抢修工程。

（2）抗渗性、抗冻性好。铝酸盐水泥拌和需水量少，水泥石孔隙率很小。

（3）抗硫酸盐腐蚀性好。产物中不含有氢氧化钙，另外氢氧化铝凝胶包裹其他水化产物、水泥石孔隙率很小，适合抗硫酸盐腐蚀工程。

（4）水化放热极快且放热量大，不得应用于大体积混凝土工程。

（5）耐热性好。高温下产生烧结作用，具有良好的耐高温性能，较高的强度。

（6）长期强度降低较大，不适合长期承载结构。

（7）高温、高湿度条件下强度显著降低。不宜在高温、高湿环境中施工、使用。

1.3.4　水泥质量评定及验收保管

1. 验收程序

水泥经过采购、进场、施工单位自检和复试（监理见证取样），向监理人员报验、合格后入库，不合格退场。合格品向监理人员报验使用、入库、储存及保管，过了一定期限需复检。

（1）核对合格证，填写是否齐全，各项指标是否合格。

（2）水泥的品种、强度等级和数量是否与销售合同一致。

（3）取样时，同时检查水泥的外观质量。

1）从水泥的颜色来鉴别水泥的品种。

2）从水泥袋的外包装上来鉴别水泥的品种、等级。

（4）水泥数量的检验。一般袋装水泥，每袋净重 50kg，且不得少于标准质量的 99%；随机抽取 20 袋，总质量不得少于 1000kg。

（5）取样的时候还要注意看水泥有无受潮结块现象（此现象刚进场的时候很少见，在工地放置一定时间后才可能有这个现象）。

（6）水泥质量评定。袋装水泥验收应以同一水泥厂、同品种、同强度等级、同一出厂日期的水泥按 200t 为一验收批。散装水泥以 500t 为一个验收批。常规检验项目有细度、需水量、凝结时间、抗压强度、抗折强度、体积安定性。

试验室自检结果判定为：

（1）不合格水泥的评定。凡细度、终凝时间、不熔物和烧失量、混合材料掺加量有一项不符合，或强度低于强度等级，水泥包装袋上没有标明品种、强度等级、单位、出厂编号的都作为不合格品处理。

（2）废品的评定。氧化镁（MgO）含量、三氧化硫（SO_3）含量、初凝时间和体积安定性四项非常重要，其中一项不达标就作为废品处理（传统说法，新标准已取消）。

2. 水泥的储存

（1）水泥库内储存。

1）分别储存，严禁混杂。按不同的品种、强度等级、出厂编号、进场时间分别堆放。

2）施工中不能随意换用品种或混合使用。

3）防潮，空气流动。地面地势要高，有防潮措施，水泥库内保持干燥，垛高不超过10袋，离开四周墙壁一般30cm，各垛之间留有宽度不小于70cm的通道便于通风。

4）坚持先到先用的原则。

（2）露天堆放。一般尽量避免，砂石可下垫上盖。

（3）储存期限。水泥中的活性矿物与空气中的水分、二氧化碳发生水化反应，使水泥变质的现象，称为水泥受潮（也称风化）。结果是凝结迟缓，强度也逐渐降低，影响使用。粉块捏碎、硬块筛除，按实测强度使用。

一般储存3个月以上的水泥，强度降低10%～20%，6个月降低15%～30%，1年后降低25%～40%。

存放期超过3个月的通用水泥和超过1个月的快硬水泥，使用前必须复验其强度及安定性，并按复验结果使用。

使用水泥注意事项：立窑水泥（小水泥厂质量不稳定）及安定性不合格的水泥严禁使用。

1.4 普通混凝土

1.4.1 混凝土的主要技术性质

混凝土的技术性质主要包括拌和物的性质、石状物的物理性质、力学性质、变形性能及耐久性。

1. 拌和物的性质

混凝土拌和物指各组成材料，按一定比例经搅拌后尚未硬化的材料（新拌混凝土）。拌和物的性质直接影响硬化后混凝土的质量。混凝土拌和物的性质好坏，用和易性来衡量。

（1）和易性。和易性也称工作性，是指混凝土拌和物保持其组成成分均匀，便于施工操作并能获得质量均匀、成型密实混凝土的性能。是综合性质，主要包括流动性、黏聚性、保水性。

1）流动性。影响混凝土密实性。拌和物的稀稠程度。流动性的大小主要取决于用水量、各材料之间的用量比例。流动性好则操作方便，易于浇捣、成型密实。

2）黏聚性。各组分有一定的黏聚力，不分层，能保持整体均匀的性能。由于密度不同，配比不当则黏聚性差使各组分分层、离析，硬化后混凝土产生蜂窝、麻面，影响混凝土强度和耐久性。

3）保水性。拌和物保持水分不易析出的能力。保水性差的危害有：①降低流动性，严重时影响混凝土可泵性和工作性，会造成质量事故；②聚集在混凝土表面，使表面疏松；聚集在骨料、钢筋下面形成孔隙，削弱骨料或钢筋和水泥石的粘结力。承受荷载的能力下降，耐久性降低。

（2）和易性的评定。目前没有科学测试方法和定量指标来完整地表达。通常采用测定混凝土拌和物的流动性，辅以直观经验评定黏聚性和保水性的方法来评定和易性。

1）流动性指标。

①坍落度。适用于测定塑性和流动性混凝土拌和物。

②维勃稠度。适用于测定坍落度小于1cm的干硬性拌和物。

2）按坍落度分级及允许偏差的大小：分四级见表1-6。坍落度的测定步骤共有5个要点：①拌和物分三次装入；②每层插捣25次；③抹平；④竖直向上提筒；⑤测高度差（mm）。如图1-1所示为坍落度的测定图。

坍落度要适宜，过小则施工不便，影响质量甚至造成事故。过大则用水量过多，混凝土强度降低，耐久性变差。如果保持水胶比不变，用水量过多，水泥用量相应增多则浪费水泥。国家标准做了规定，混凝土浇捣时的坍落度见表1-7。

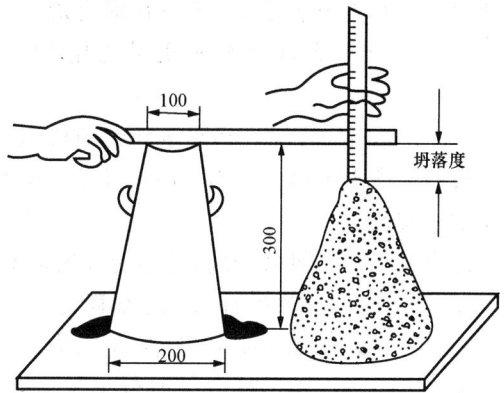

图1-1 坍落度的测定

表1-6   混凝土按照坍落度分级

级别	名 称	坍落度/mm	允许偏差/mm
T1	低塑性混凝土	10～40	±10
T2	塑性混凝土	50～90	±20
T3	流动性混凝土	100～150	±30
T4	大流动性混凝土	＞160	±30

表1-7   浇筑施工时坍落度选择

项次	结 构 种 类	坍落度/mm
1	基础或地面等的垫层、无筋的厚大结构（挡土墙、基础或厚大的块体等）或配筋稀疏的结构	10～30
2	板、梁和大型及中型截面的柱子等	30～50
3	配筋密列的结构（薄壁、斗仓、筒仓、细柱等）	50～70
4	配筋特密的结构	70～90

3）维勃稠度用时间（秒）来表示的。维勃稠度值越大，说明混凝土拌和物越干硬。干硬混凝土按维勃稠度及允许偏差的大小也分四级，见表1-8。

表1-8 混凝土按维勃稠度及允许偏差分级

级别	名 称	维勃稠度/s	允许偏差/s
V0	超干硬性混凝土	>31	±6
V1	特干硬混凝土	31~21	±6
V2	干硬性混凝土	20~11	±4
V3	半干硬混凝土	10~5	±3

干硬性混凝土与塑性混凝土不同之处是石子多，用水量少，流动性小；水泥相同时，强度高；形成的不是包裹型的结构，而是嵌固型的结构。

（3）影响和易性的主要因素。

1）水泥浆含量。在混凝土中骨料间相互摩擦，是干涩无流动性的，拌和物的流动性或可塑性主要取决于水泥浆。$W+B$ 即为 m_w+m_B 骨料量一定时，水泥浆越多，流动性越好。

2）水胶比。即水与水泥质量之比 W/B，说明稀稠程度，是重要参数，一般情况下不变。

$W+B$ 总量一定时，还跟水泥浆的稀稠程度有关。水胶比过大，水泥浆太稀，容易产生严重离析及泌水现象；过小，因流动性差而难于施工，通常水胶比为 $0.40\sim0.7$，并尽量选用小的水胶比。

综合考虑，一般 W/B 保持不变，增加 $W+B$ 总量，流动性增加，不影响黏聚性。

3）砂率 β_s（反映砂石总的粗细程度）。β_s 指砂质量占砂石质量的百分数，反映砂石比例的指标。$\beta_s=m_s/(m_s+m_g)$，砂率 β_s 增大，砂多，骨料总体程度往细处走。β_s 过小（石子多浆易流失、干涩）流动性差；β_s 较小流动性好；β_s 大（总体细、干稠）流动性差。应该选择一个合理（最佳）砂率。如图1-2、图1-3所示。

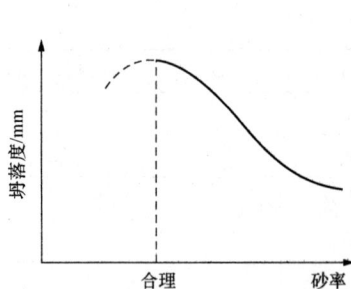

图1-2 砂率对和易性的影响   图1-3 砂率对水泥用量的影响

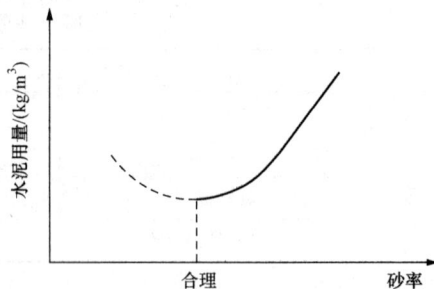

4）温度。温度是外因，温度升高，流动性降低，变稠。温度每升高10℃，坍落度减少20~40mm，所以夏季要考虑温度的影响，考虑配合比时应适当增加用水量。

2. 凝结硬化中的性质

（1）凝结硬化。混凝土与水泥情况基本一致，反应中有放热现象，硬化后体积收缩。反应速度与水泥品种、用量、配合比例、施工环境有关。

（2）体积收缩的现象。收缩的分类如下：

1）沉缩（塑性收缩）。密度大于水的颗粒下沉，紧贴。

2）自生收缩（化学收缩）。水泥水化反应，反应物体积大，生成物体积小。

3）干燥收缩（物理收缩）。水分蒸发引起，通过施工可以减轻，这种收缩影响最大。

体积收缩情况：水泥净浆最大，水泥砂浆居中，混凝土最小。

（3）水化升温现象。水化热对冬期施工是有益的，但对大体积工程不利。大体积工程应用水化热低的水泥。

（4）早期强度。主要与水泥的品种、外加剂、施工环境有关。

3. 混凝土硬化后的性质

混凝土硬化后的性质主要研究两个方面，即强度和耐久性。

拉、压、弯、剪四类强度对比表明，混凝土与其他脆性材料一样，抗压强度高，抗拉强度仅为抗压强度的 1/20～1/10，所以要发挥其优势，做纯受压构件（垫层用素混凝土），否则承受局部的拉应力时，需要钢筋来共同工作。测抗压强度时用的试件形状不同，比如用立方体、棱柱体，数值不一样，用途也不一样。

（1）立方体抗压强度 f_{cu}。立方体抗压强度标准值 $f_{cu,k}$ 是判断混凝土强度等级的依据，是施工中进行质量控制的依据。

混凝土强度等级采用符号 C 与立方体抗压强度标准值表示。普通混凝土通常按立方体抗压强度标准值 $f_{cu,k}$ 划分为 C15、C20、C25、C30、C35、C40、C45、C50、C55、C60、C65、C70、C75、C80 等 14 个强度等级（C60 以上的混凝土称为高强混凝土）。

测定立方体抗压强度标准值时，采用标准方法制作的边长 150mm 标准的试件，标准条件下养护 28d，用标准试验方法测得一批数值中的标准值，强度低于该值的概率不超过 5%，即强度保证率为 95%。

如 C30，即 $f_{cu,k}=30MPa$，混凝土立方体抗压强度标准值为 30MPa，95% 都能达到 30MPa。

据石子最大粒径来选试件尺寸，如采用非标试件测出的强度要乘以换算系数。例如，边长 200mm（最大粒径 63mm）的试件，因为尺寸大，出现缺陷的可能性大，测出的强度值偏小，换算系数为 1.05；反之边长 100mm（最大粒径 31.5mm）的试件换算系数为 0.95。

在工程实践中，构件的形状一般为棱柱体，所以在混凝土结构计算中，常以轴心（棱柱体）抗压强度作为设计依据。

（2）轴心（棱柱体）抗压强度 f_c。试件尺寸为 150mm×150mm×300mm，其他条件相同，相同的混凝土，测得的棱柱体抗压强度 f_c 数值比立方体的小，$f_c=0.67f_{cu,k}$，原因是棱柱体抗压环箍效应弱。

（3）影响强度的因素。塑性混凝土的强度取决于水泥石的强度与骨料的粘结强度。

1）水泥强度和水胶比。这是影响混凝土强度的最主要因素。

配合比相同时，水泥强度等级越高，混凝土强度也越大。在一定范围内，水胶比越小，混凝土强度也越高。试验证明，混凝土强度与水胶比成反比关系，而与胶水比成正比关系。其强度经验公式是：$f_{cu}=\alpha_a f_{ce}(C/W-\alpha_b)$。$\alpha_a$、$\alpha_b$ 是与粗骨料相关的系数。

2）粗骨料。粗骨料与水泥的粘结不同，当粗骨料中含有大量针片状颗粒及风化的岩石时，会降低混凝土强度。碎石表面粗糙、多棱角，与水泥石粘结力较强，而卵石表面光滑，与水泥石粘结力较弱。

因此，水泥强度等级和水胶比相同时，碎石混凝土强度比卵石混凝土的高些。

碎石：$\alpha_a=0.53$，$\alpha_b=0.20$。

卵石：$\alpha_a=0.49$，$\alpha_b=0.13$。

3）龄期。强度增长先快后慢，呈对数关系。以 28d 强度为 1，2 年达到 2 倍，20 年才能达到 3 倍。

4）养护条件。影响与水泥的完全一致。试验表明，保持足够湿度时，温度升高，水泥水化速度加快，强度增长也快；保持潮湿时间越长，强度发展越快，最终强度越高。

《混凝土结构工程施工质量验收规范（2010 版）》（GB 50204—2002）规定，一般混凝土在浇筑 12h 内进行覆盖，待具有一定强度时浇水养护，前三种水泥 PⅠ、PⅡ、PO、PS 浇水养护日期不得少于 7 昼夜，后两种水泥 PP、PF 浇水养护日期不得少于 14 昼夜。平均气温低于 5℃，不得浇水，用塑料养护膜覆盖。

获得高强混凝土的措施包括：高强度等级水泥、干硬性混凝土，碎石、蒸汽蒸压养护、加外加剂、加强机械搅拌振捣等。

（4）耐久性。耐久性是指在各种破坏性因素和介质的作用下，长期正常工作保持强度和外观完整性的能力。

抗渗性：是根本原因，水胶比 W/B 增大，孔隙率 P 增大，抗渗性差。

抗冻性：是耐久性的表征，抗冻等级高，耐久性越高。

抗蚀性：与构造有关，抗渗性差，水和腐蚀性介质容易进入。与水泥的品种也有关。

碳化（也叫中性化）：混凝土中碱与环境中的水和二氧化碳反应，即公式为 $Ca(OH)_2+CO_2=CaCO_3+2H_2O$，碱性变中性，失去了对钢筋的保护作用。采用有水环境或干燥环境，采用高碱水泥都可以消除碳化的危害。

混凝土的碱-骨料反应：碱是水泥反应中或环境中得到的，骨料指对碱有活性骨料。长期使用后两者才反应使水泥石膨胀开裂，非常有害。

预防碱-骨料反应的措施包括：

1）低碱水泥。

2）活性低的骨料。

3）掺混合材料，降低碱含量。

4）控制湿度，尽量避免产生反应的所有条件同时出现。

提高耐久性的措施包括：

1）合理选择水泥品种。

2）掺外加剂，改善混凝土的性能。

3）加强浇捣和养护，提高混凝土强度和密实度。

4）用涂料和其他措施，进行表面处理，防止混凝土碳化。

5）适当控制水胶比及水泥用量。耐久性的要求见表 1-9。

表 1-9   耐 久 性 的 要 求

环境条件	结构物类别	最低混凝土等级	最大水胶比	最小水泥用量/kg		
				素混凝土	钢筋混凝土	预应力混凝土
干燥环境	正常的居住或办公用房屋内部件	C20	0.61	250	280	300

环境条件		结构物类别	最低混凝土等级	最大水胶比	最小水泥用量/kg		
					素混凝土	钢筋混凝土	预应力混凝土
潮湿环境	无冻害	高湿度的室内部件 室外部件 在非侵蚀性土和（或）水中的部件	C25	0.55	280	300	300
	有冻害	经受冻害的室外部件 在非侵蚀性土和（或）水中且经受冻害的部件 高湿度且经受冻害的室内部件	C30	0.50	320	320	320
有冻害和除冰剂的潮湿环境		经受冻害和除冰剂作用的室内和室外部件	C35	0.45	330	330	330
		盐渍土环境、受除冰盐作用环境、海岸环境	C40	0.40	330	330	330

1.4.2　普通混凝土的原材料

1. 水泥

（1）品种。根据工程特点（部位）、环境、设计和施工的要求，结合第 3 节水泥的特点和适用范围，选择适宜的品种。

（2）强度等级。水泥的强度等级应与混凝土的强度等级相应。一般情况下，水泥的强度等级为混凝土强度等级的 1.5 倍。

（3）水泥浆的作用。包裹砂石并填充其空隙，赋予混凝土流动性、润滑，并通过水泥的凝结把各种材料胶凝成一个整体，并产生强度。

2. 砂

粒径以 5mm 为界，大于或等于 5mm 为石子，小于 5mm 为砂子。5mm 为公称尺寸。

（1）分类。

1）天然砂。按产源分为：①河砂：比较干净；②湖砂：不稳定；③海砂：含盐分；④山砂：往往有一些片状。

前三种为圆粒，流动性好。

2）人工砂。机械砂或混合砂，成本偏高。

（2）物理性质。

1）表观密度为 2500kg/m³，松散堆积密度大于 1350kg/m³，空隙率为 33%～47%。

2）随含水率的增加，体积先增大后减小。（先膨胀后回缩）

试验室给出的配合比中砂的用量是按烘干状态计算的，施工时要换算成施工配合比。

（3）技术要求。按技术要求分为Ⅰ、Ⅱ、Ⅲ三类。Ⅲ类适用于 C30 以下混凝土，Ⅰ类适用于 C60 以上混凝土。

1）泥、泥块、石粉。泥是微小颗粒，天然砂中粒径小于 $75\mu m$；泥块看上去是块，能捏碎，危害最大，两者都能降低混凝土强度，引起开裂；表 1-10 中Ⅲ类的含泥量小于 5%。人工砂中的石粉，有棱角，量少才有益，起润滑作用，多则降低强度。

表 1-10　　　　　　　　　　　　　砂 中 含 泥 量

项　目	指　标		
	Ⅰ类	Ⅱ类	Ⅲ类
含泥量（按质量计）（%）	<1.0	<3.0	<5.0
泥块含量（按质量计）（%）	0	<1.0	<2.0

2）有害物质含量。砂中有害杂质的限制见表 1-11。

表 1-11　　　　　　　　　　　　砂中有害杂质的限制

项　目	指　标		
	Ⅰ类	Ⅱ类	Ⅲ类
云母（按质量计）（%，小于）	1.0	2.0	2.0
轻物质（按质量计）（%，小于）	1.0	1.0	1.0
有机物（比色法）	合格	合格	合格
硫化物及硫酸盐（以 SO_3 质量计）（%）	0.5	0.5	0.5
氯化物（以氯离子质量计）（%，小于）	0.01	0.02	0.06

3）强度（颗粒是否坚固）。天然砂：坚固性，见表 1-12，以硫酸钠溶液 5 次循环后的质量损失为指标。人工砂：压碎指标见表 1-13。

表 1-12　　　　　　　　　　　　　砂 的 坚 固 性

项　目	指　标		
	Ⅰ类	Ⅱ类	Ⅲ类
质量损失（%，小于）	8	8	10

表 1-13　　　　　　　　　　　　　砂 的 压 碎 指 标

项　目	指　标		
	Ⅰ类	Ⅱ类	Ⅲ类
单级最大压碎指标（%，小于）	20	25	30

4）颗粒级配与粗细程度。

①颗粒级配：是指各种粒径在骨料中所占的比例。砂的级配好，颗粒大小搭配得好，空隙率小，这样填充空隙用的水泥浆少，形成的骨架密实，省水泥。

②粗细程度：是指不同粒径的砂粒混合在一起总体的粗细程度。砂的粗细程度影响单位质量砂的总表面积。最好的是Ⅱ级砂——中砂。粗细程度适宜不影响级配，总表面积较小，包裹颗粒所用的水泥浆少，经济。

③判断：对于砂，粗细程度用细度模数表示，细度模数越大，总体越粗。细度模数在1.6～2.2的是细砂，在2.3～3.0的是中砂，在3.1～3.7的是粗砂。

颗粒级配用级配区或级配曲线表示，见表1-14。

表1-14   普通混凝土用砂级配区的规定（JGJ 52—2006）

筛孔尺寸/mm（公称尺寸）	级 配 区		
	Ⅰ区	Ⅱ区	Ⅲ区
	累 计 筛 余 百 分 率		
4.75（5）	10～0	10～0	10～0
2.36（2.5）	35～5	25～0	15～0
1.18（1.25）	65～35	50～10	25～0
0.6（0.63）	85～71	70～41	40～16
0.3（0.315）	95～80	92～70	85～55
0.15（0.16）	100～90	100～90	100～90

处在Ⅱ区的中砂粗细适宜，性能良好最适合配制混凝土，其他级配良好的粗、中、细砂也可以，但需要对砂率进行调整。

判断级配和粗细的过程见表1-15。

表1-15   筛 分 析

筛子编号	筛孔尺寸/mm	分计筛余量/g	分计筛余率（%）	累计筛余率（%）
1	4.75	15	3	$\beta_1=3$
2	2.36	25	5	$\beta_2=8$
3	1.18	130	26	$\beta_4=34$
4	0.60	110		
5	0.3			
6	0.15			
筛底	0			

①首先计算分计筛余率 α＝筛余质量/500，再计算累计筛余率 β（本筛以上所有 α相加）。

②计算细度模数，$M_x = \dfrac{(\beta_2+\beta_3+\beta_4+\beta_5+\beta_6)-5\beta_1}{100-\beta_1}$ 判断粗细；如 $M_x=2.56$——判断在哪个范围中，得出结论：中砂。

③判断级配，看 β_4 属于哪个级配区。

④再将 β_1～β_6 与该区的范围对比，如全在其中，则级配良好。如果稍有超出，如$\beta_5=96\%$，也算级配合格，只要所有 A 总体偏差不超过5%即可。

通常认为，级配区和细度模数不一致的，如级配在Ⅰ区，细度为中砂的也认为不合格。

3. 石子

石子与砂的区别是粒径粗，公称尺寸大于5mm的为石子。

（1）分类。石子分为卵石和碎石。卵石的优点是：形状接近球形，流动性好。碎石的优点是：多棱角，与水泥结合牢固，碎石混凝土的强度要高10%～20%。接近球形或正方体的碎石最好。

（2）物理性质。与砂基本一致。

（3）技术要求。重点放在与砂子不同处。

1）与砂子相似之处都是对含泥量、泥块含量控制，只是对石子要求更严格一点，见表1-16。

表1-16　　　　　　　　　　　　　　石 子 含 泥 量

项　　　　目	指　　　　　标		
	Ⅰ类	Ⅱ类	Ⅲ类
含泥量（按质量计）（%）	<0.5	<1.0	<1.5
泥块含量（按质量计）（%）	0	<0.5	<0.7

2）有害物质含量。

3）坚固性。是指抗破裂能力，用Na_2SO_4试验，经5次循环，对质量损失控制。

4）强度。是指抗压强度，卵石、碎石不好直接测。

直接办法：在采石场破碎之前，母岩的抗压强度可以测出。碎石应为混凝土强度的1.5倍。

间接办法：压碎指标见表1-17。

表1-17　　　　　　　　　　　　　　压 碎 指 标

项　　　　目	指　　　　　标		
	Ⅰ类	Ⅱ类	Ⅲ类
碎石压碎指标（%，小于）	10	20	30
卵石压碎指标（%，小于）	12	16	16

5）针片状颗粒。对强度、流动性有害。控制含量见表1-18。

表1-18　　　　　　　　　　　　针 片 状 颗 粒 含 量

项　　　　目	指　　　　　标		
	Ⅰ类	Ⅱ类	Ⅲ类
针、片状颗粒（按质量计）（%，小于）	5	15	25

长度大于所属粒级的平均粒径2.4倍的为针状颗粒。厚度小于平均粒径0.4倍的为片状颗粒。

6）颗粒级配。与砂子原理一样。级配见表 1 - 19。

表 1 - 19　　　　　　　　　　　　　　　　石 子 的 级 配

方孔筛/mm		2.36	4.75	9.50	16.0	19.0	26.5	31.5	37.5	53.0	63.0	75.0	90.0
连续粒级	5～10	95～100	80～100	0～15	0								
	5～16	95～100	85～100	30～60	0～10	0							
	5～20	95～100	90～100	40～80	—	0～10	0						
	5～25	95～100	90～100	—	30～70		0～5	0					
	5～31.5	95～100	90～100	70～90	—	15～45		0～5	0				
	5～40	—	95～100	70～90	—	30～65		—	0～5	0			
单粒粒级	10～20		95～100	85～100	—	0～15							
	16～31.5		95～100		85～100			0～10	0				
	20～40			95～100		80～100			0～10	0			
	31.5～63				95～100		75～100	45～75			0～10	0	
	40～80					95～100			70～100		30～60	0～10	0

不同点在于：石子级配有两种情况：连续级配用于配普通混凝土；单粒级配用于把级配调整好。

①6 个不同的连续级配，从小（5）到大（可以是 16、20、25、31.5、40）连续分级，用于配普通混凝土，级配范围大。

②单粒级配 5 个，从中间抽的，把其中的一小段取出来，如 5～31.5 是连续粒级，16～31.5 则是单粒级。作用：a. 把级配从不好调整为良好。如 5～31.5 偏细，粗粒少，可以把单粒级 16～31.5 加入；b. 可配更大粒径的级配，如大坝混凝土（5～40）+（40～80）=（5～80）。

7）最大粒径。公称粒级的上限，反映石子的粗细程度。如 5～40 上限 40 为最大粒径。

最大粒径选用原则：在条件许可时，尽量选大的。应根据结构物的种类、尺寸、钢筋的间距等选择最大粒径。国家标准具体规定：一般构件，最大粒径不得大于结构物最小截面的最小边长的 1/4，同时不得大于钢筋间最小净距的 3/4。对于混凝土实心板，允许采用最大粒径为 1/3 板厚的颗粒，同时最大粒径不得超过 40mm。

例如，钢筋混凝土梁 250mm×500mm×6000mm，钢筋净距 50mm，则用的粗骨料最大粒径小于等于 250×1/4=62.5mm，同时小于等于 50×3/4=37.5mm，应选连续级配（5～31.5）。

例如，厚 90mm 的实心板，选 5～25 级配的石子。

4. 水

混凝土拌和用水，一般用生活饮用水（市政水、井水），其他用水要经过检验，各项物质含量不超标。海水要淡化处理，而且只能应用在沿海地区配制素混凝土。

5. 掺合料

在混凝土中加入，现场搅拌一般不用。而商品混凝土中有掺加粉煤灰的，注意查看其用的等级对不对。主要品种为粉煤灰。作用是改善混凝土的性质、节约水泥、降低成本。

1.4.3 混凝土配合比设计

根据混凝土强度等级、耐久性与和易性等要求，进行混凝土各组分用量比例设计，称为混凝土配合比设计。

配合比表达方法常采用两种：

（1）配成 1m³ 拌和物材料用量（单方用量）。如水泥 $m_c=300$kg，砂子 $m_s=720$kg，石子 $m_g=1200$kg，水 $m_w=180$kg，可以看出每种材料的比例关系。

（2）连比关系：（材料顺序不能变）水胶比往往单独注明。$m_c：m_s：m_g=300：720：1200=1：2.4：4$，水胶比 $W/B=0.6$。更透彻地揭示了几种材料之间的关系。

配合比要求：①强度要求，如 C30；②耐久性合格，干燥环境或其他；③施工要求，满足和易性等；④经济性，节约水泥。

计算配合比的程序：先根据要求确定三大参数〔水胶比、砂率、单位（方）用水量〕，然后给出各材料用量。

配合比设计的四大步骤是：初步配合比 $\xrightarrow{\text{调整和易性}}$ 基准配合比 $\xrightarrow{\text{强度复核}}$ 设计配合比 $\xrightarrow{\text{考虑砂石}W_{含}}$ 施工配合比。

1. 初步配合比

按照《普通混凝土配合比设计规程》（JGJ 55—2011）计算初步配合比分 7 个小步骤，具体如下：

（1）目标。小于 C60 配制强度 $f_{cu,o} \geqslant f_{cu,k}+1.645\sigma$（计算法复杂且有前提，只掌握查表法即可，C20 以下取 4.0，C25～C45 取 5.0，C50～C55 取 6.0）。

（2）确定水胶比 W/B。公式表示为：

$$W/B = \alpha_a f_b / (f_{cu,o} + \alpha_a \alpha_b f_b)$$

式中，f_b 为胶凝材料的实测强度，可估算 $f_b=f_{ce}r_sr_f$（r_sr_f 为粒化矿渣粉，粉煤灰影响系数）；α_a 与 α_b 是碎石、卵石决定的系数。碎石：$\alpha_a=0.53$，$\alpha_b=0.20$；卵石：$\alpha_a=0.49$，$\alpha_b=0.13$。

例如，求得 $B/W=1.67$，可以求得 $W/B=0.6$。对比表 1-9，干燥环境满足耐久性要求，可以。如果 $W/B=0.7$，需改成 0.60。

（3）确定单位用水量。配成 1m³ 拌和物需要的 m_{wo}。单位用水量见表 1-20。细砂需加水 5～10kg，掺外加剂要考虑减水率。

表 1-20　　　　　　　　　　　　　　　单 位 用 水 量

拌和物稠度		卵石最大粒径/mm				碎石最大粒径/mm			
项　　目	指　　标	10	20	31.5	40	16	20	31.5	40
塑性混凝土 坍落度/mm	10～30	190	170	160	150	200	185	175	165
	35～50	200	180	170	160	210	195	185	175
	55～70	210	190	180	170	220	205	195	185
	75～90	215	195	185	175	230	215	205	195

拌和物稠度		卵石最大粒径/mm				碎石最大粒径/mm			
项　目	指　标	10	20	31.5	40	16	20	31.5	40
干硬性混凝土 维勃稠度/s	16～20	175	160		145	180	170		155
	11～15	180	165		150	185	175		160
	5～10	185	170		155	190	180		165

(4) 砂率 β_s。

1) 如果坍落度小于 10mm，做试验确定砂率。

2) 坍落度为 10～60mm，查表 1-21。如 W/B 为 0.52，先按照十分位 5 找到范围，再根据百分位 2 内插法确定具体数值。注意：W/B 增大容易离析泌水，所以增大砂率，保水性就可以提高。

3) 坍落度大于 60mm，每增加 20mm，β_s 增加 1%。

表 1-21 <center>**砂　率　的　选　择**</center>

水胶比（W/B）	卵石最大粒径/mm			碎石最大粒径/mm		
	10	20	40	10	20	40
0.40	26～32	25～31	24～30	30～35	29～34	27～32
0.50	30～35	29～34	28～33	33～38	32～37	30～35
0.60	33～38	32～37	31～36	36～41	35～40	33～38
0.70	36～41	35～40	34～39	39～44	38～43	36～41

(5) 水泥 m_{co}。用除法 $\dfrac{m_w}{W/B}$，通过计算 $m_{co}=m_{wo}/0.6=300\text{kg}$，同时查表 1-20，看是否满足耐久性。如果是 $m_{co}=250\text{kg}$，不满足，则取 $m_{co}=280\text{kg}$。

(6) 砂、石用量 m_{so}、m_{go}。用质量计算，即假定每种原材料混合在一起配成 1m³ 拌和物的质量为 2400kg（湿表观密度）。

$$m_{co}+m_{so}+m_{go}+m_{wo}=2400$$
$$\beta_s=m_{so}/(m_{so}+m_{go})$$

先求出 $m_{so}+m_{go}$（砂石=2400-水泥-水），再求 m_{so}（砂=砂石×砂率），最后求 m_{go}（石子=砂石-砂）。

(7) 连比。以水泥量为 1，注意材料顺序。例如，$m_{c0}:m_{s0}:m_{g0}=1:2.4:4$，则水胶比 $W/B=0.6$。

2. 基准配合比

拌和物反映混凝土的面貌及和易性。石子小于等于 31.5，取 20L；石子大于等于 40，取 25L。如果和易性合格，则初步配合比就是基准配合比。否则，调整。注意参数最好不动，因为 W/B 影响强度和耐久性，砂率 β_s 影响强度、保水性。

(1) 坍落度数值不足，干稠，黏聚性、保水性没问题，则措施是水胶比 W/B 不变，增加水泥浆；或砂率 β_s 不变，减少砂石。

（2）坍落度大（易有离析、泌水现象）。如果黏聚性、保水性好，则措施与上面的相反；如果黏聚性、保水性差，如上操作后仍差，则增大砂率。

经过和易性复核得到基准配合比，基准配合比要经过强度复核合格后，得到最终配合比。

3. 设计配合比

在基准水胶比的基础上上下调整水胶比0.05。分别将3组标准试件养护28d，根据测得的强度值与相对应的胶水比（B/W）关系，用作图法或计算法求出与混凝土配制强度 $f_{cu,o}$ 相对应的胶水比，并应按下列原则确定每立方米混凝土的材料用量：

（1）用水量（m_w）在基准配合比用水量的基础上，根据制作强度试件时测得的坍落度或维勃稠度进行调整确定。

（2）水泥用量（m_c）以用水量乘选定的胶水比计算确定。

（3）粗、细骨料用量（m_g、m_s）应在基准配合比的粗、细骨料用量的基础上，按选定的胶水比调整后确定。

由强度复核之后的配合比，还应根据混凝土拌和物表观密度实测值（$\rho_{c,t}$）和混凝土拌和物表观密度计算值（$\rho_{c,c}$）进行校正。校正系数为

$$\delta = \frac{\rho_{c,t}}{\rho_{c,c}} = \frac{\rho_{c,t}}{m_c + m_s + m_g + m_w}$$

4. 施工配合比

其实就是砂石含水率的问题，如施工要求用680kg的干砂，取680kg的湿砂量不足，要多加一个含水率的影响，公式如下：

水泥 $m_c = m_{cb}$

湿砂 $m_s = m_{sb}(1 + a\%) = m_{sb} + m_{sb}a\%$ （砂中水）

湿石 $m_g = m_{gb}(1 + b\%) = m_{gb} + m_{gb}b\%$ （石中水）

取水量 $m_w = m_{wb} - m_{sb}a\% - m_{gb}b\%$

式中 $a\%$ ——砂的含水率；

       $b\%$ ——石的含水率。

施工配合比为前三个数作个连比，W/B 不变。

[例1-1] 某工程制作室内用的钢筋混凝土大梁，混凝土设计强度等级为C20，施工要求坍落度为35～50mm，采用机械振捣。该施工单位无历史统计资料。

采用材料：普通水泥，32.5级，实测强度为34.8MPa，密度为3100kg/m³；中砂，表观密度为2650kg/m³，堆积密度为1450kg/m³；卵石，最大粒径20mm，表观密度为2.73g/cm³，堆积密度为1500kg/m³；自来水。试设计混凝土的配合比（按干燥材料计算）。若施工现场中砂含水率为3%，卵石含水率为1%，求施工配合比。

解 （1）确定配制强度。

该施工单位无历史统计资料，查表取 $\sigma = 5.0$MPa。

$$f_{cu,o} = f_{cu,k} + 1.645\sigma = 20 + 8.2 = 28.2 \text{ (MPa)}$$

（2）确定水胶比（W/B）。

①利用强度经验公式计算水胶比，公式为

$$W/B = \alpha_a f_{ce}/(f_{cu,o} + \alpha_a \alpha_b f_{ce})$$

$$= 0.49 \times 34.8/(28.2 + 0.49 \times 0.13 \times 34.8) = 0.56$$

②复核耐久性，查表 1-9 规定最大水胶比为 0.60，因此 $W/B=0.56$ 满足耐久性要求。

（3）确定用水量（m_{wo}）。

此题要求施工坍落度为 35～50mm，卵石最大粒径为 20mm，查表 1-19 得每立方米混凝土用水量，$m_{wo}=180$（kg）。

（4）计算水泥用量（m_{co}）。

$$m_{co} = m_{wo} \times B/W = 180/0.56 \approx 321(\text{kg})$$

查表 1-9 规定最小水泥用量为 280kg，故满足耐久性要求。

（5）确定砂率。根据上面 $W/B=0.56$，卵石最大粒径为 20mm，查表 1-20，选砂率 $\beta_s=32\%$。

（6）计算砂、石用量 m_{so}、m_{go}。

按质量法：取混凝土拌和物计算表观密度 2400kg/m^3，列方程组

$$m_{co} + m_{so} + m_{go} + m_{wo} = 2400$$
$$\beta_s = m_{so}/(m_{so} + m_{go})$$

解得

$$砂石总量 = 1899\text{kg}$$
$$m_{s0} = 608(\text{kg})$$
$$m_{g0} = 1291(\text{kg})$$

（7）计算初步配合比。

$$m_{c0} : m_{s0} : m_{g0} = 321 : 608 : 1291 = 1 : 1.89 : 4.02$$
$$W/B = 0.56$$

（8）配合比调整。

按初步配合比称取 20L 混凝土拌和物的材料：

水泥　$321 \times 0.02 = 6.42\text{kg}$

砂子　$608 \times 0.02 = 12.16\text{kg}$

石子　$1291 \times 0.02 = 25.82\text{kg}$

水　　$180 \times 0.02 = 3.6\text{kg}$

①和易性调整。将称好的材料均匀拌和后，进行坍落度试验。假设测得坍落度为 25mm，小于施工要求的 35～50mm，应保持原水胶比不变，增加 5% 水泥浆。再经拌和后，坍落度为 45mm，黏聚性、保水性均良好，已满足施工要求。

此时各材料实际用量为：

水泥　$6.42 \times 1.05 = 6.74\text{kg}$

砂　　12.16kg

石　　25.82kg

水　　$3.6 \times 1.05 = 3.78\text{kg}$

并测得每立方米拌和物质量为 $m_{cp} = 2380\text{kg/m}^3$

②强度调整。方法如前所述，此题假定 $W/B=0.56$ 时，强度符合设计要求，故不需调整。

上述基准配合比为：

水泥：砂：石 $= 6.74 : 12.16 : 25.82 = 1 : 1.80 : 3.83$

$$W/B = 0.56$$

则调整后 1m³ 混凝土拌和物的各种材料用量为：

$$m_{ca} = 6.74/(6.74 + 12.16 + 25.82 + 3.78) \times 2380 = 331\text{kg}$$

$$m_{sa} = 1.80 \times 331 = 596\text{kg}$$

$$m_{ga} = 3.83 \times 331 = 1268\text{kg}$$

$$m_{wa} = 0.56 \times 331 = 185\text{kg}$$

（9）施工配合比。1m³ 拌和物的实际材料用量（kg）：

$$m_c = m_{cb} = 331\text{kg}$$

$$m_s = m_{sb}(1 + a\%) = 596 \times (1 + 3\%) = 614\text{kg}$$

$$m_g = m_{gb}(1 + b\%) = 1268 \times (1 + 1\%) = 1281\text{kg}$$

$$m_w = m_{wb} - m_{sb}a\% - m_{gb}b\% = 185 - 17.9 - 12.7 = 154(\text{kg})$$

连比＝1∶1.85∶3.87，水胶比 0.56 不变。

1.4.4　混凝土的验收和强度评定方法

加强混凝土的质量控制，是为了保证生产的混凝土技术性能能满足设计要求。质量控制应贯穿于设计、生产、施工及成品检验的全过程。即：

（1）控制与检验混凝土组成材料的质量、配合比的设计与调整情况，混凝土拌和物的水胶比、稠度、均匀性、含气量及生产设备的调试与人员配备等。

（2）生产全过程各工序，如计量、搅拌、运输、浇筑、养护等的检验与控制。

（3）混凝土成品合格性的控制与判定。

由于混凝土的抗压强度与混凝土其他性能有着紧密的相关性，能较好地反映混凝土的全面质量，因此工程中常以混凝土抗压强度作为重要的质量控制指标，并以此作为评定混凝土生产质量水平的依据。质量控制如下：

（1）外观检查。混凝土构件拆模后，应从外观上检查其表面有无麻面、蜂窝、露筋、孔洞、裂缝等缺陷。

（2）构件尺寸允许偏差。

（3）强度检验评定。要点如下：

①取样。每拌制 100 盘且不超过 100m³ 的同配合比混凝土，取样不少于一组。

②确定强度代表值。每 3 个试件试验结果的算术平均值作为该组强度代表值。当 3 个试件中的最大值或最小值与中间值相比超过中间值的 15% 时，取中间值为该组强度代表值；当 3 个试件中的最大值和最小值与中间值相比都超过中间值的 15% 时，该组试件不作为强度评定依据。

③强度检验评定。对现场搅拌批量不大的混凝土，验收批混凝土的强度必须同时满足下列要求（非统计法评定）：

$$mf_{cu} \geqslant 1.15 f_{cu,k} (\geqslant \text{C60 时系数取 } 1.10)$$

$$f_{cu,min} \geqslant 0.95 f_{cu,k}$$

式中　　mf_{cu}——同一验收批混凝土立方体强度平均值（MPa）；

$f_{cu,k}$——设计混凝土立方体强度平均值（MPa）；

$f_{cu,min}$——同一验收批混凝土立方体强度最小值（MPa）。

对混凝土生产条件较稳定且批量较大时，参见《混凝土强度检验评定标准》（GB/T 50107—2010）的统计法评定。

1.4.5　轻混凝土及其他混凝土的性质

1. 轻混凝土

凡表观密度小于 1950kg/m³ 的混凝土统称为轻混凝土。

按其组成成分可分为轻骨料混凝土、多孔混凝土（如加气混凝土）和大孔混凝土（如无砂大孔混凝土）三种类型。

（1）轻骨料混凝土。用轻质粗骨料、轻质细骨料（或普通砂）、水泥和水配制而成的，其干表观密度不大于 1950kg/m³ 的混凝土叫轻骨料混凝土。轻骨料混凝土是一种轻质、高强、多功能的新型建筑材料，具有表观密度小、保湿性好、抗震性强等优点。

1）轻骨料的分类。凡粒径大于 5mm，堆积密度小于 1000kg/m³ 的骨料，称为轻的粗骨料；粒径不大于 5mm，堆积密度小于 1200kg/m³ 的骨料，称为轻的细骨料。堆积密度见表 1-22。

表 1-22　　　　　　　　　　　　　轻骨料堆积密度

密 度 等 级		堆积密度范围/	密 度 等 级		堆积密度范围/
轻粗骨料	轻砂	（kg/m³）	轻粗骨料	轻砂	（kg/m³）
300	—	210～300	800	800	710～800
400	—	310～400	900	900	810～900
500	500	410～500	1000	1000	910～1000
600	600	510～600		1100	1010～1100
700	700	610～700	—	1200	1110～1200

轻骨料按其来源可分为 3 类，即天然轻骨料、人造轻骨料、工业废料。

2）轻骨料的技术性能。轻骨料的技术性能主要包括堆积密度、强度、颗粒级配和吸水率等 4 项。此外，对耐久性、安定性、有害杂质含量也提出了要求。

轻骨料强度用筒压强度及强度等级表示。轻骨料的筒压强度以"筒压法"测定。轻骨料的筒压强度和强度等级不应低于表 1-23 的规定。

表 1-23　　　　　　　　　　　　轻骨料筒压强度及强度等级

密度等级	筒压强度 f_a/MPa		强度等级 f_{ak}/MPa		密度等级	筒压强度 f_a/MPa		强度等级 f_{ak}/MPa	
	碎石型	普通型和圆球形	普通型	圆球形		碎石型	普通型和圆球形	普通型	圆球形
300	0.2/0.3	0.3	3.5	3.5	700	1.0/2.0	3.0	15	20
400	0.4/0.5	0.5	5.0	5.0	800	1.2/2.5	4.0	20	25
500	0.6/1.0	1.0	7.5	7.5	900	1.5/3.0	5.0	25	30
600	0.8/1.5	2.0	10	15	1000	1.8/4.0	6.5	30	40

3）轻骨料混凝土的技术性能。

①和易性。

②强度与强度等级。《轻骨料混凝土技术规程》（JGJ 51—2002）规定，根据立方体抗压强度标准值，可将轻骨料混凝土划分为 13 个强度等级：LC5.0、LC7.5、LC10、LC15、LC20、LC25、LC30、LC35、LC40、LC45、LC50、LC55、LC60，其中结构轻骨料混凝土的强度标准值按表 1-24 采用。

表 1-24　　　　　　　　　　　　结构轻骨料混凝土强度等级

强度种类		轴心抗压	轴心抗拉	强度种类		轴心抗压	轴心抗拉
符　　号		f_{ck}/MPa	f_{tk}/MPa	符　　号		f_{ck}/MPa	f_{tk}/MPa
混凝土强度等级	LC15	10.0	1.27	混凝土强度等级	LC40	26.8	2.39
	LC20	13.4	1.54		LC45	29.6	2.51
	LC25	16.7	1.78		LC50	32.4	2.64
	LC30	20.1	2.01		LC55	35.5	2.74
	LC35	23.4	2.20		LC60	38.5	2.85

③表观密度。轻骨料混凝土按干燥状态下的表观密度划分为 14 个密度等级，见表 1-25。

表 1-25　　　　　　　　　　　　轻骨料混凝土密度等级

密度等级	干表观密度的变化范围/(kg/m³)	密度等级	干表观密度的变化范围/(kg/m³)
600	560～650	1300	1260～1350
700	660～750	1400	1360～1450
800	760～850	1500	1460～1550
900	860～950	1600	1560～1650
1000	960～1050	1700	1660～1750
1100	1060～1150	1800	1760～1850
1200	1160～1250	1900	1860～1950

④收缩与徐变。

⑤保温性能。轻骨料混凝土具有较好的保温性能，其表观密度为 1000kg/m³、1400kg/m³、1800kg/m³ 的轻骨料混凝土导热系数分别为 0.28W/(m·K)、0.49W/(m·K)、0.87W/(m·K)。

轻骨料混凝土施工注意事项是：

1）应对轻骨料的含水率及堆积密度进行测定。

2）必须采用强制式搅拌机搅拌，防止轻骨料上浮或搅拌不均。

3）拌和物在运输中应采取措施减少坍落度损失和防止离析。

4）轻骨料混凝土拌和物应采用机械振捣成型。

5）轻骨料混凝土浇筑成型后应及时覆盖和喷水养护。

（2）多孔混凝土。加气混凝土是由含钙质材料（水泥、石灰等）及含硅质材料（石英砂、粉煤灰、粒状高炉矿渣等）做原料，经磨细、配料，再加入发气剂（铝粉等），进行搅拌、浇筑、发泡、切割及蒸压养护等工序生产而成。质量指标是表观密度和强度。一般表观密度小、孔隙率大的材料、强度较低，但保温性能较好。

泡沫混凝土是由水泥净浆加入泡沫剂（也可加入部分掺合料），经搅拌、入模、养护而成。常用的泡沫剂有松香胶泡沫剂和水解牲血泡沫剂。泡沫混凝土的表观密度为 $300\sim800kg/m^3$，抗压强度为 $0.3\sim5MPa$，导热系数为 $0.10\sim0.25W/(m \cdot K)$。

2. 掺粉煤灰的混凝土

在混凝土中掺加一定量粉煤灰，可以改善混凝土性能、节约水泥、提高产品质量及降低产品成本。粉煤灰按其质量分为Ⅰ、Ⅱ、Ⅲ三个等级。

掺粉煤灰的混凝土早期强度会降低（但后期强度较普通混凝土高些），因此，使用掺粉煤灰的混凝土时，最好同时掺加减水剂或早强剂。

3. 防水混凝土

防水混凝土，也称抗渗混凝土，有 P4、P6、P8、P10、P12 等抗渗等级。分为普通防水混凝土、膨胀水泥防水混凝土和外加剂防水混凝土。

普通防水混凝土是以调整配合比的方法来提高自身密实度和抗渗性的一种混凝土。

膨胀水泥防水混凝土主要是利用膨胀水泥在水化过程中，形成大量体积增大的水化硫铝酸钙，在有约束的条件下，能改善混凝土的孔结构，使总孔隙率减少，孔径减小，从而提高混凝土的抗渗性。

外加剂防水混凝土种类较多，常见的有引气剂防水混凝土、密实剂防水混凝土及三乙醇胺防水混凝土等。近年来，人们利用 YE 系列防水剂配制高抗渗防水混凝土，不仅大幅度地提高混凝土抗渗强度等级，而且对混凝土的抗压强度及劈裂抗拉强度也有明显的增强作用。

4. 高强混凝土

C60～C90 的混凝土称为高强混凝土，C100 以上的混凝土称为超高强混凝土。

高强、超高强混凝土的特点是强度高、耐久性好、变形小，能适应现代工程结构向大跨度、重载、高耸发展和承受恶劣环境条件的需要。

目前，实用的技术路线是高品质通用水泥＋高性能外加剂＋特殊掺合料。应选用质量稳定、强度等级不低于 42.5 级的硅酸盐水泥或普通硅酸盐水泥。应掺用活性较好的矿物掺合料，且宜复合使用矿物掺合料。应掺用高效减水剂或缓凝高效减水剂。

高强、超高强混凝土配合比的计算方法和步骤与普通混凝土基本相同。

高性能混凝土是一种具有高强度、高耐久性、体积稳定性好、高工作性能的混凝土。一般水胶比小于 0.38，骨料最大粒径小于 25mm，加入矿物掺合料和高效减水剂。

5. 耐酸混凝土

水玻璃耐酸混凝土由水玻璃、耐酸粉料、耐酸粗细骨料和氟硅酸钠组成，是一种能抵抗绝大部分酸类（除氢氟酸、氟硅酸和热磷酸外）侵蚀作用的混凝土，特别是对具有强氧化性的浓硫酸、硝酸等有足够的耐酸稳定性。在技术规范中规定水玻璃的模数以 2.6～2.8 为佳，水玻璃密度应为 $1.36\sim1.42g/cm^3$。

6. 纤维混凝土

纤维混凝土是在混凝土中掺入纤维而形成的复合材料。在抗拉强度、抗弯强度、抗裂强度和冲击韧性等方面较普通混凝土有明显的改善。常用的纤维材料有钢纤维、玻璃纤维、石棉纤维、碳纤维和合成纤维等。

纤维混凝土目前主要用于非承重结构、对抗冲击性要求高的工程，如机场跑道、高速公路、桥面面层、管道等。

1.4.6 混凝土外加剂的作用与效果

混凝土外加剂是在拌制混凝土过程中掺入的，用以改善混凝土性能的物质。进场要有合格证和检测报告。掺量以水泥质量的百分比计。

国家标准《混凝土外加剂定义、分类、命名与术语》（GB/T 8075—2005）中按外加剂的主要功能将混凝土外加剂分为4类：

(1) 改善混凝土拌和物流变性能的外加剂，包括各种减水剂和泵送剂等。

(2) 调节混凝土凝结时间、硬化性能的外加剂，其中包括缓凝剂、早强剂和速凝剂等。

(3) 改善混凝土耐久性的外加剂，包括引气剂、防水剂和阻锈剂和矿物外加剂等。

(4) 改善混凝土其他性能的外加剂，包括膨胀剂、防冻剂、着色剂等。

1. 减水剂

减水剂是指能保持混凝土的和易性不变，而显著减少其拌和用水量的外加剂。

(1) 减水剂的减水作用。水泥加水拌和后，水泥颗粒间会相互吸引，形成许多絮状物。当加入减水剂后，减水剂能拆散这些絮状结构，把包裹的游离水释放出来。

(2) 使用减水剂的技术经济效果。

1) 在保持和易性不变，也不减少水泥用量时，可减少拌和水量5%～25%或更多。

2) 在保持原配合比不变的情况下，可使拌和物的坍落度大幅度提高（可增大100～200mm）。

3) 若保持强度及和易性不变，可节省水泥10%～20%。

4) 提高混凝土的抗冻性、抗渗性，使混凝土的耐久性得到提高。

(3) 常用的减水剂。目前，减水剂主要有木质素系、萘系、树脂系、糖蜜系和腐殖酸等几类，常用品种为前两种。各类减水剂可按主要功能分为普通减水剂、高效减水剂、早强减水剂、缓凝减水剂、引气减水剂等几种。

2. 早强剂

早强剂是指能提高混凝土早期强度，并对后期强度无显著影响的外加剂。

常用的早强剂有氯盐、硫酸盐、三乙醇胺类及其复合物。掺量要少，如氯盐早强剂，混凝土干燥环境仅为水泥质量的0.6%，因为其对钢筋有腐蚀。

3. 引气剂

搅拌混凝土的过程中，能引入大量均匀分布、稳定而封闭的微小气泡的外加剂称为引气剂。引气剂可在混凝土拌和物中引入直径为0.05～1.25mm的气泡，能改善混凝土的和易性，提高混凝土的抗冻性、抗渗性等，适用于港口、土工、地下防水混凝土等工程。

常用的产品有松香热聚物、松香皂等，此外还有烷基磺酸钠及烷基苯磺酸钠等。

4. 防冻剂

能使混凝土在负温下硬化，并在规定时间内达到足够防冻强度的外加剂称为防冻剂。

在负温度条件下施工的混凝土工程须掺入防冻剂。一般防冻剂除能降低冰点外，还有促凝、早强、减水等作用，所以多为复合防冻剂。

常用的复合防冻剂有 NON-F 型、NC-3 型、MN-F 型、FW2、FW3、AN-4 等。

5. 膨胀剂

膨胀剂是指与水泥、水拌和后经水化反应生成钙矾石和氢氧化钙，使混凝土膨胀的外加剂。在钢筋约束下，这种膨胀转变成压应力，减少或消除混凝土干缩和初凝时的裂缝，改善混凝土的质量，水化生成的钙矾石能填充毛细孔隙，提高混凝土的耐久性、抗渗性。

6. 泵送剂

泵送剂是指改善混凝土泵送性能的外加剂。

泵送剂组分有减水组分、缓凝组分（调节凝结时间，增加游离水含量，从而提高流动性）、增稠组分（又称保水剂）。

通过厂家控制质量检验报告和合格证，应用在需要采用泵送工艺的混凝土。含防冻组分的泵送剂适用于冬期施工的混凝土。

1.5　砂浆及墙体材料

1.5.1　砌筑砂浆的原材料、性质

重点掌握砌筑砂浆，其分析思路与混凝土一致，三大部分即组成材料、性质和配合比设计。

砌筑砂浆是指用于砌筑砖、石砌块等块材的砂浆。作用是粘结（砂浆饱满度）、衬垫（消除复杂应力）、传递荷载。品种包括水泥砂浆、混合砂浆（两种胶凝材料）。

1. 组成材料

砌筑砂浆组成材料的选择包括：

（1）水泥品种及强度。宜选用除硅酸盐水泥之外的四大水泥加上砌筑水泥。常用的是普通水泥、矿渣水泥。大于 M15 的砂浆，水泥选用 42.5 等级。

水泥砂浆适用于潮湿环境（±0.00 以下的基础砌砖），但保水性不好，容易泌水。

混合砂浆中胶凝材料有两种，除水泥外，还有工地上常用的石灰膏，加入了气硬性胶凝材料，适用于干燥环境。

严禁采用废品和不合格水泥。

（2）砂。粒径一般为中砂，过筛 2.5mm 以内，为灰缝厚度的 1/5～1/4（毛石砌体采用粗砂）。含泥量不大于 5%，与混凝土一样。含泥量过大，强度降低、耐久性降低、收缩量增大。

（3）水。与混凝土要求一样，生活饮用水。

（4）掺加料与外加剂。

1）混合砂浆中加入的掺加料——另外一种胶凝材料，常用的是两种，即石灰膏和电石膏。其作用是改善和易性、省水泥。

石灰膏应充分熟化，防止干燥、冻结和污染。严禁使用脱水硬化的石灰膏，因为其不但起不到塑化作用，还会影响砂浆强度。

2）外加剂。根据施工要求选择，工程中经常用到的是冬季砌砖砂浆中加入防冻剂。

2. 砌筑砂浆的性质

砌筑砂浆应有良好的和易性、足够的抗压强度、粘结强度和耐久性。

（1）和易性。和易性良好的砂浆便于操作，能在砖、石表面上铺成均匀的薄层，与底层粘结良好，不分层、不析水。

和易性包括：

1）稠度—指标为沉入度 K，标准圆试锥自由下沉 10s 时沉入量数值，其值越大，流动性越好，砌体种类不同，沉入度数值不同，见表 1-26，K 大则强度降低，K 小则不便于施工操作达不到砂浆饱满度的要求。

表 1-26 砂浆沉入度

砌体种类	砂浆稠度/mm
烧结普通砖砌体、粉煤灰砖砌体	70～90
轻骨料混凝土小型空心砌块砌体	60～80
烧结多孔砖、空心砖砌体、加气混凝土砌块	
普通混凝土小型空心砌块砌体、灰砂砖砌体	50～70
石砌体	30～50

2）保水性。指标是分层度（K1～K2），要求不能太大。

静置 0.5h

K1 ——————— K2
大　　　　　　　小

砌筑砂浆的分层度不应大于 30mm。混凝土小型砌块为 10～30mm。过大易离析，不便于施工，过小易裂缝。

另外保水率也有要求：水泥砂浆≥80%，水泥混合砂浆≥84%，预拌砌筑砂浆≥88%。

（2）抗压强度。标准试件尺寸为边长 70.7mm，强度等级以 28d 抗压强度为依据。砂浆用符号 M 来表示，水泥砂浆、预拌砂浆可分为从 M5～M30 7 个等级。水泥混合砂浆可分为 M5、M7.5、M10、M15 四级。

（3）粘结强度。粘结强度的影响因素有：

1）保水性能优良，砂浆强度等级越高，粘结强度越高。

2）清洁度。

3）润湿情况。

4）养护条件有关。除冬期施工外，砌砖前要浇水湿润，含水率为 10%～15%。

（4）耐久性。要符合施工图上设计要求，要求抗冻性达到相应抗冻等级。

1.5.2 砌筑砂浆的配合比设计与选择

按照《砌筑砂浆配合比设计规程》（JGJ 98—2010），水泥混合砂浆配合比一般用计算法设计，水泥砂浆配合比用查表法，再调整即可。

（1）水泥混合砂浆配合比设计。共有 7 步，直截了当。

步骤包括：确定配制目标后，逐个确定水泥、石灰膏、砂、水的用量。与混凝土的区别是不用求三大参数。

1）目标即配制强度：与混凝土相比加的数值有变化（保证率不一样）角标 m 表示砂浆。

$$f_{m,o} = kf_2$$

式中，f_2 为砂浆的强度等级；k 的值：生产水平优良取 1.15，一般取 1.2，较差取 1.25。

2）先求胶凝材料用量：$Q_C = 1000 \times (f_{m,o} + 15.09) / 3.03 f_{ce}$。

3）石灰膏总量 $Q_D = Q_A - Q_C$，因为总量取 300～350，$Q_C + Q_D = 300~350 \text{kg}$。

根据和易性、经验取值。求得的 Q_D 是稠度为 120mm 的新鲜石灰膏用量，如果稠度数值不同，求得的 Q_D 需要换算见表 1 - 27。

表 1 - 27　　　　　　　　　　不同稠度的石灰膏换算系数　　　　　　　　　　（mm）

灰膏稠度	120	110	100	90	80	70	60	50
换算系数	1.00	0.99	0.97	0.95	0.93	0.92	0.90	0.88

4）砂。配 1m^3 砂浆拌和物正好用 1m^3 干砂子。其他材料填充了砂子的空隙。

5）用水量。逐次加水法的方法，240～310kg 中间取值。

6）初步配合比。只有三项 $Q_C : Q_D : Q_S$。

7）试配、调整。采用的是三个不同的水泥用量，目的是找达到目标（配制强度）的水泥用量。混凝土采用的是三个不同的水胶比与强度的线性关系画线。

（2）水泥砂浆配合比设计。直接查表取值、试配调整即可，见表 1 - 28。

表 1 - 28　　　　　　　　　　　水泥砂浆配合比选用

强度等级	每立方米水泥用量/kg	每立方米砂子用量/kg	每立方米用水量/kg
M5	200～230		
M7.5	230～260		
M10	260～290		
M15	290～330	1m^3 砂子的堆积密度值	270～330 考虑砂的粗细、施工季节和稠度要求
M20	340～400		
M25	360～410		
M30	430～480		

（3）混凝土小型空心砌块砌筑砂浆配合比设计查表即可。

1.5.3　砌墙砖、墙板及砌块的规格、等级与应用

建筑节能要求用 C 大，λ 小的材料。

1. 砌墙砖

砖的分类为：按加工工艺分为烧结砖（如黏土砖）、非烧结砖（如蒸压蒸养砖或碳化砖）；按孔洞率（孔洞占的表面积）分为普通砖（＜15%）、多孔砖（≥25%）、空心砖（≥40%）；按材料分为黏土砖、页岩砖、煤矸石砖、粉煤灰砖、灰砂砖等。

（1）烧结普通砖。烧结普通砖是以黏土、页岩、煤矸石、粉煤灰为主要原料，经焙烧而成的普通砖。按主要原料分为烧结黏土砖（N）、烧结页岩砖（Y）、烧结煤矸石砖（M）和烧结粉煤灰砖（F）。

1）规格尺寸。240mm×115mm×53mm，所以一方砖砌体理论上需要砖 $4 \times 8 \times 16 = 512$ 块。其大面为 240mm×115mm，条面为 240mm×53mm，顶面为 115mm×53mm。

2）强度等级。混凝土为 C15～C80，砂浆为 M2.5～M20。

烧结普通砖根据抗压强度分为 MU10、MU15、MU20、MU25、MU30 五个强度等级。一般达到 10MPa 即可用于承重墙。等级评定见表 1-29。

表 1-29 　　　　　　　　　　烧结普通砖强度等级划分规定/MPa

强度等级	抗压强度平均值 $\bar{f} \geqslant$	变异系数 $\delta \leqslant 0.21$	变异系数 $\delta > 0.21$
		强度标准值 $f_k \geqslant$	单块最小抗压强度值 $f_{min} \geqslant$
MU30	30.0	22.0	25.0
MU25	25.0	18.0	22.0
MU20	20.0	14.0	16.0
MU15	15.0	10.0	12.0
MU10	10.0	6.5	7.5

3）强度、抗风化性能和放射性合格的砖，根据尺寸偏差、外观质量、泛霜和石灰爆裂等分为优等品（A）、一等品（B）和合格品（C）三个质量等级。

抗风化性能是指材料在干湿变化、温度变化、冻融变化等物理因素作用下不破坏并保持原有性质的能力。用于严重风化区中，如东北三省、内蒙古、新疆等五个地区的砖必须进行冻融试验。其他地区的砖，其吸水率和饱和系数指标若能达到要求，可认为其抗风化性能合格，不再进行冻融试验，当有一项指标达不到要求时，也必须进行冻融试验。

①尺寸偏差和外观质量情况要控制见表 1-30。

表 1-30 　　　　　　　　　　尺寸偏差和外观质量情况控制

项　目		优　等　品		一　等　品		合　格　品	
		样本平均偏差	样本极差≤	样本平均偏差	样本极差≤	样本平均偏差	样本极差≤
尺寸偏差	(1) 长度/mm	±2.0	8	±2.5	8	±3.0	8
	(2) 宽度/mm	±1.5	6	±2.0	6	±2.5	7
	(3) 高度/mm	±1.5	4	±1.6	5	±2.0	6
外观质量	(1) 两条面高度差，不大于/mm	2		3		5	
	(2) 弯曲，不大于/mm	2		3		5	
	(3) 杂质凸出高度，不大于/mm	2		3		5	
	(4) 缺棱掉角的三个破坏尺寸，不得同时大于/mm	15		20		30	
	(5) 裂纹长度，不大于/mm　a. 大面上宽度方向及其延伸至条面的长度	70		70		110	
	b. 大面上长度方向及其延伸至顶面的长度或条顶面上水平裂纹的长度	100		100		150	

②烧结砖的泛霜。泛霜是黏土原料中可溶性盐类在砖表面的盐析现象，呈白色粉末、絮团或絮片样。泛霜严重时，抗冻性显著下降。国家标准规定优等砖无泛霜现象，合格砖不允许严重泛霜。

③烧结砖的石灰爆裂。烧结砖的原料中夹有石灰石等杂物，经焙烧后砖内形成了颗粒状的石灰块等物质。吸水后，就会产生局部体积膨胀，导致砖体开裂甚至崩溃。石灰爆裂不仅造成砖体的外观缺陷和强度降低，还可能造成对砌体的严重危害。标准规定，优等品砖不允许出现最大破坏尺寸大于 2mm 的爆裂区域；一等品砖不允许出现最大破坏尺寸大于 10mm 的爆裂区域，在 2～10mm 之间爆裂区域，每组砖样不得多于 15 处。

欠火砖，低温下焙烧，孔隙率大、色浅、敲击时声哑，强度低、吸水率大、耐久性差；过火砖由于烧成温度过高，软化变形，造成外形尺寸极不规整，色较深、敲击时声清脆。

（2）烧结多孔砖和空心砖。烧结多孔砖和空心砖的特点见表 1-31。

表 1-31　　　　　　　　　烧结多孔砖和空心砖的特点

项　目	多 孔 砖	空 心 砖
孔洞率	≥25%	≥40%
孔形状	小竖孔	大方横孔
孔数量	多	少
强度	MU30～MU10	MU10、7.5、5.0、3.5、2.5
适用	承重墙体	非承重墙体

1）烧结多孔砖。烧结多孔砖通常指砖内孔径不大于 22mm，孔洞率不小于 25% 的烧结砖。外形尺寸可是长度（L）为 290、240、190mm，宽度（B）为 240、190、180、175、140、115mm，高度（H）为 90mm 的不同组合。

烧结多孔砖内的孔洞尺寸小而数量多，孔洞分布在大面且均匀合理，孔壁部分砖体较密实，所以强度较高。工程中使用时常以孔洞垂直于承压面，以充分利用砖的抗压强度。烧结多孔砖根据 10 块的抗压强度分为 MU30、MU25、MU20、MU15、MU10 五个强度等级。

2）烧结空心砖。烧结空心砖是指孔洞率大于 40%，孔尺寸大而孔数量少的砖。烧结空心砖的尺寸一般较大，孔洞通常平行于承压面，抗压强度较低。依据抗压强度可划分为 MU10、MU7.5、MU5.0、MU3.5 和 MU2.5 五种强度等级。主要用于保温非承重墙体砌筑。

空心砖根据的表观密度划分为 800、900、1100kg/m³ 三个等级。每个密度级别根据外观质量、强度等级、尺寸偏差和物理性能，又分为优等品（A）、一等品（B）与合格品（C）三个等级。

2. 砌块

砌块是用于砌筑工程的人造块材，砌块与砖的主要区别是，砌块的长度大于 365mm 或宽度大于 240mm 或高度大于 115mm。工程中常用的砌块有水泥混凝土砌块、轻骨料混凝土砌块、炉渣砌块、粉煤灰砌块及其他硅酸盐砌块、水泥混凝土铺地砖等。

（1）普通混凝土小型砌块（代号 NHB），是以水泥为胶结材料，砂、碎石或卵石为骨料，加水搅拌、振动、加压成型，养护而成的小型砌块。根据《普通混凝土小型空心砌块》

（GB 8239—1997）的规定：砌块的主规格尺寸为390mm×190mm×190mm，辅助规格尺寸可由供需双方协商，即可组成墙用砌块基本系列。

孔洞率一般为35%～60%。强度等级分别为 MU3.5、MU5.0、MU7.5、MU10、MU15.0 和 MU20.0 六个等级。按其尺寸偏差和外观质量分为优等品（A）、一等品（B）及合格品（C）三个等级。

混凝土砌块使用前，应首先检验外观质量和尺寸偏差，合格后再检验其抗压强度及相对含水率。必要时检验其抗渗性和抗冻性。其中相对含水率是指砌块的实际含水率与其最大吸水率之比。

（2）蒸压加气混凝土砌块（ACB），是用钙质材料（如水泥、石灰）和硅质材料（如砂子、粉煤灰、矿渣）的配料中加入铝粉作加气剂，经加水搅拌、浇筑成型、发气膨胀、预养切割，再经高压蒸汽养护而成的多孔硅酸盐砌块。长度均取 600mm，宽度与墙厚一致，有多种选择。强度等级为 A1、A2、A2.5、A3.5、A5、A7.5、A10 七个等级。干密度级别有B03、B04、B05、B06、B07、B08 六个等级。

（3）轻骨料混凝土小型空心砌块（代号 LHB），是由水泥、砂（轻砂或普通砂）、轻粗骨料、水等经搅拌、成型而得。

根据《轻骨料混凝土小型空心砌块》（GB/T 15229—2002）的规定，轻骨料混凝土小型空心砌块按砌块孔的排数分为五类，即实心（0）、单排孔（1）、双排孔（2）、三排孔（3）和四排孔（4）。按其密度可分为 500、600、700、800、900、1000、1200、1400 八个等级；按其强度可分为 1.5、2.5、3.5、5.0、7.5、10.0 六个等级；按尺寸允许偏差和外观质量分为一等品（B）、合格品（C）两个等级。

它主要用于保温墙体（<3.5MPa）或非承重墙体、承重保温墙体（≥3.5MPa）。

3. 墙体板材

薄板常见品种有纸面石膏板、纤维增强硅酸钙板、水泥木屑板、水泥刨花板等。

条板类有石膏空心条板、加气混凝土空心条板和轻质空心隔墙板等。

轻质复合墙板一般是由强度和耐久性较好的普通混凝土板或金属板作结构层或外墙面板，采用矿棉、聚氨酯棉和聚苯乙烯泡沫塑料、加气混凝土作保温层，采用各类轻质板材做面板或内墙面板。

（1）玻璃纤维增强水泥轻质多孔隔墙条板。玻璃纤维增强水泥（简称 GRC）轻质多孔隔墙条板是以低碱水泥为胶结料，耐碱玻璃纤维或其网格布为增强材料，膨胀珍珠岩为轻骨料（也可用炉渣、粉煤灰等），并配以发泡剂和防水剂等，经配料、搅拌、浇筑、振动成型、脱水、养护而成。

该板具有质量轻，强度高，防火性好，防水、防潮性好，抗震性好，干缩变形小，制作简便、安装快捷等特点。

（2）轻型复合板。轻型复合板是以绝热材料为芯材，以金属材料、非金属材料为面材，经不同方式复合而成，可分为工厂预制和现场复合两种。

1）钢丝网架水泥夹芯板，以芯材不同分为聚苯乙烯泡沫板、岩棉、矿渣棉、膨胀珍珠岩等，面层以水泥砂浆抹面。此类板材包含了泰柏系列、3D 板系列、舒乐舍板钢网板等。

2）金属面夹芯板，以芯材不同分为聚苯乙烯泡沫塑料、硬质聚氨酯泡沫塑料、岩棉、矿渣棉、酚醛泡沫塑料、玻璃棉等。

1.5.4　抹面砂浆的主要技术要求

抹面砂浆也称抹灰砂浆，用以涂抹在建筑物表面。其作用是保护墙体不受风雨、潮气等侵蚀，提高墙体防潮、防风化、防腐蚀的能力，同时使墙面、地面等建筑部位平整、光滑、清洁、美观。分为普通抹面和装饰抹面。

1. 普通抹面

抹面砂浆需要注意的是防止脱落，防止开裂。防脱落所以使用的胶凝材料比砌筑砂浆多。防开裂可以采用多层施工法，并在面层掺入纤维，如纸筋、麻刀等。

底层砂浆主要起与基层粘结的作用，要求稠度较稀，沉入度较大（100～120mm），其组成材料常因底层而异。中层砂浆主要起找平作用，多用混合砂浆或石灰砂浆，比底层砂浆稍稠些（沉入度为70～90mm）。面层砂浆主要起保护和装饰作用，多采用细砂配制的混合砂浆、麻刀石灰砂浆或纸筋石灰砂浆（沉入度为70～80mm）。

抹面砂浆的保水性仍用分层度表示。一般情况下要求分层度在10～20mm之间。粘结力即砂浆与基层材料之间的粘结强度，与砂浆的成分、水胶比、基层表面的洁净及粗糙程度、操作技术和养护等因素有关。高级抹面施工常掺入乳胶或108胶，以增大砂浆的粘结力。

确定抹面砂浆组成材料及配合比的主要依据是工程使用部位及基层材料的性质。常用普通抹面砂浆配合比可参考表1-32。

表1-32　　　　　各种抹面砂浆配合比参考表

材　料	配合比（体积比）范围	应　用　范　围
石灰∶砂	1∶2～1∶4	用于砖石墙表面（檐口、勒脚、女儿墙以及潮湿房间的墙除外）
石灰∶黏土∶砂	1∶1∶4～1∶1∶8	干燥环境墙表面
石灰∶石膏∶砂	1∶0.4∶2～1∶1∶3	用于不潮湿房间的墙及天花板
石灰∶石膏∶砂	1∶2∶2～1∶2∶4	用于不潮湿房间的线脚及其他装饰工程
石灰∶水泥∶砂	1∶0.5∶4.5～1∶1∶5	用于檐口、勒脚、女儿墙以及比较潮湿的部位
水泥∶砂	1∶3～1∶2.5	用于浴室、潮湿车间等墙裙、勒脚或地面基层
水泥∶砂	1∶2～1∶1.5	用于地面、天棚或墙面面层
水泥∶砂	1∶0.5～1∶1	用于混凝土地面随时压光
水泥∶石膏∶砂∶锯末	1∶1∶3∶5	用于吸声粉刷
水泥∶白石子	1∶2～1∶1	用于水磨石（打底用1∶2.5水泥砂浆）
水泥∶白石子	1∶1.5	用于剁假石（打底用1∶2.5水泥砂浆）
白灰∶麻刀	100∶2.5（质量比）	用于板条天棚底层
石灰膏∶麻刀	100∶1.3（质量比）	用于板条天棚面层（或100kg石灰膏加3.8kg纸筋）
纸筋∶白灰浆	灰膏0.1m³，纸筋0.36kg	较高级墙板、天棚

2. 装饰砂浆

涂抹在建筑物内外墙表面，以增加建筑物美观效果的砂浆称为装饰砂浆。装饰砂浆的面层应选用具有一定颜色的胶凝材料和集料并采用特殊的施工操作方法，使表面呈现出各种不同的色彩线条和花纹等装饰效果。

装饰砂浆所采用的胶凝材料有普通水泥、矿渣水泥、火山灰水泥、白水泥和彩色水泥，以及石灰、石膏等。集料常用大理石、花岗石等带颜色的细石碴或玻璃、陶瓷碎粒等。

（1）拉毛。先用水泥砂浆或水泥混合砂浆做底层，再用水泥石灰砂浆或水泥纸筋灰浆做面层，在面层灰浆尚未凝结之前用铁抹子等工具将表面轻压后顺势轻轻拉起，形成凹凸感较强的饰面层。

（2）水刷石。水刷石是将水泥和粒径为 5mm 左右的石碴按比例混合，配制成水泥石碴砂浆，涂抹成型待水泥浆初凝后，以硬毛刷蘸水刷洗，或喷水冲刷，将表面水泥浆冲走，使石碴半露出来，达到装饰效果。水刷石饰面具有石料饰面的质感效果，主要用于外墙饰面，另外檐口、腰线、窗套、阳台、雨篷、勒脚及花台等部位也常使用。

（3）喷涂。喷涂多用于外墙饰面，是用砂浆泵或喷斗，将掺有聚合物的水泥砂浆喷涂在墙面基层或底灰上，形成饰面层，最后在表面再喷一层甲基硅醇钠或甲基硅树脂疏水剂，以提高饰面层的耐久性和减少墙面污染。

（4）斩假石。又称剁斧石，是在水泥砂浆基层上涂抹水泥石碴浆或水泥石屑浆，待其硬化具有一定强度时，用钝斧及各种凿子等工具，在表层上剁斩出纹理。斩假石既有石材的质感，又有精工细作的特点，给人以朴实、自然、素雅、庄重的感觉。斩假石饰面一般多用于局部小面积装饰，如勒脚、台阶、柱面、扶手等。

1.6 建筑钢材

钢材与生铁的关系：

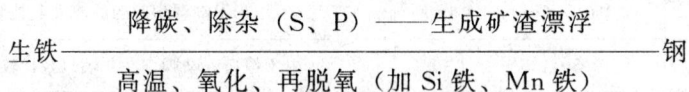

$$\text{生铁} \xrightarrow[\text{高温、氧化、再脱氧（加 Si 铁、Mn 铁）}]{\text{降碳、除杂（S、P）——生成矿渣漂浮}} \text{钢}$$

一般含碳为 2% 以上，强度低、韧性差、容易脆断，可加工性差、可焊性差；含碳 0.8% 以下，强度高、韧性好、可加工性好、可焊。

随着含碳量的增加，强度提高，塑性、韧性降低，易脆断。S、P 为有害杂质。碳素钢按含碳量的不同分为：低碳钢（0.04%～0.25%）、中碳钢（0.25%～0.6%）、高碳钢（0.6%～2%）。低于 0.04% 属于工业纯铁，高于 2% 的属于生铁。

1.6.1 钢材的力学性能与工艺性能

钢材从加工到使用所表现出来的性能包括：

（1）使用性能。是指钢材在加工好后使用过程中的性能，如力学性能、耐腐性、疲劳寿命等，主要是力学性能。力学性能包括拉压弯剪强度、弹性、塑性、硬度、韧性、疲劳强度等。

（2）工艺性能。是指钢材在加工过程中的性能，如冷弯性、可焊性、车削性等。

1. 拉伸性能

（1）通过试验机测试、分析，存在两类表现：①低碳钢（软钢）：硬度低，强度低，有屈服现象。②高碳钢、合金钢（硬钢）：硬度高，强度高，无屈服现象。

试件的形状为原样试件或标准试件，标准试件中 5 倍试件（短试件）比 10 倍试件（长试件）常用。

仪器采用万能试验机（能测试拉、压、弯、剪各种力学性能）。

（2）低碳钢拉伸四阶段，如图 1-4 所示。

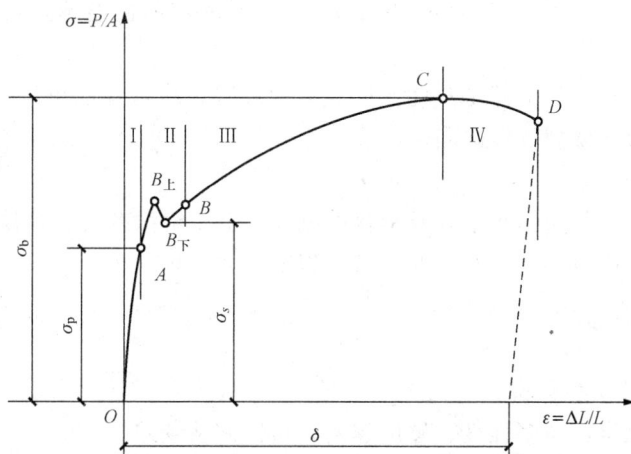

图 1-4　低碳钢的拉伸曲线

1）弹性阶段——力撤销后变形恢复，弹性阶段的最高点 A 所对应的应力值称为弹性极限 σ_p。当应力稍低于 A 点时，应力与应变呈线性正比例关系，其斜率称为弹性模量，用 E 表示，$E = \sigma / \varepsilon$。

2）屈服阶段（大变形）——屈服点 σ_s（屈服强度），弹塑性，开始大变形，钢筋失效。屈服强度为结构设计的依据。

3）强化阶段——出现最大值：抗拉强度 σ_b。从屈服到断裂有强度储备，给生命财产保全的时间。

4）颈缩断裂阶段——当应力达到抗拉强度 σ_b 后，在试件薄弱处的断面将显著缩小，塑性变形急剧增加，产生"颈缩"现象并很快断裂。

（3）指标。

强度指标：屈服强度 $\sigma_s = F_s / A_0$（即单位面积 mm^2 上受多大的一个力就屈服了）；
　　　　　抗拉强度 $\sigma_b = F_b / A_0$（即单位面积 mm^2 上受多大的一个力就拉断了）。

屈强比 $= \sigma_s / \sigma_b$ 的意义：反映利用率与可靠程度。数值小则利用率低但可靠程度大；大则利用率高但可靠性差。一般钢材数值在 0.6~0.75。

塑性指标：伸长率 $\delta = (L_1 - L_0) / L_0$、断面收缩率 $\Phi = (A_0 - A_1) / A_0$。

无明显屈服现象的中高碳钢、合金钢的设计依据是条件屈服强度（塑性变形达到原长的 0.2% 时的应力）$\sigma_{r0.2} \approx 0.85 \sigma_b$。

2. 疲劳强度

钢材在交变应力的反复作用下，往往在应力远小于其抗拉强度时就发生破坏，这种现象称为疲劳破坏。疲劳破坏的危险应力用疲劳极限来表示，它是指疲劳试验时试件在交变应力作用下，于规定周期基数（如百万次）内不发生断裂所能承受的最大应力。

构件承受交变荷载时必须考虑疲劳强度，如吊车梁、吊钩等。

3. 弯曲性能（冷弯性能）

冷弯性能是指钢材在常温下承受弯曲变形的能力，是建筑钢材的重要工艺性能。出现裂缝前能承受的弯曲程度越大（弯心小、弯角大），钢材的弯曲性能越好。塑性好，冷弯性能必然好。

钢材的冷弯性能和伸长率都是塑性变形能力的反映，冷弯性能可以反映钢材质量好坏，以及是否有杂质偏析、微裂纹等缺陷。

4. 焊接性能（可焊性）

钢材构件的可焊性与操作水平以及钢材的成分、金相组织有关。焊件必须做试验，目的是检验焊缝的强度、质量如何，有无变形、开裂现象。

1.6.2 建筑钢材的品种

1. 钢中元素对性质的影响

（1）碳是重要元素，越多强度、硬度越高，塑性韧性越差。

（2）硫、磷是有害元素，越多质量越差，含量在双零三五以下的是优质钢。硫使钢具有热脆性，磷使钢具有冷脆性。对于钢材，优质不优质看硫、磷。如果这两种有害杂质能控制在双零三五（0.035%）以内，就是优质钢，否则只能成为普通的碳素钢。

（3）硅、锰是有益元素，硅的影响与碳类似，提高弹性，锰可以消除硫害。

（4）合金元素可以提高钢的综合性质，或在塑性韧性等不变的情况下提高强度硬度。

2. 碳素钢按脱氧程度分类

（1）沸腾钢F。没有充分脱氧的钢，钢液中有相当数量的FeO，C与FeO反应放出大量CO，沸腾现象，塑性好，强度及抗腐蚀性差，冲击韧性差，成本低。

（2）半镇静钢b。脱氧程度和钢材性能居中。

（3）镇静钢Z。脱氧充分的钢，致密，强度高，质量均匀。有振动、冲击荷载必须使用镇静钢。如起重机、臂、钩。成本高。

3. 四种常用的建筑用钢

（1）碳素结构钢。含碳量为0.06%～0.25%。

（2）低合金高强度结构钢。在普通碳素钢基础上加入少量合金元素可制得。

（3）优质碳素结构钢。含碳范围广，大部分是镇静钢，质量好。

（4）合金结构钢。在优质碳素钢基础上加入一到多种合金元素，如镍、钒、钛等而制得。品质提高，塑性、韧性保持，强度提高，可加工性提高。

前两类可以比作兄弟（根据屈服点来划分的牌号），后两类可以比作姐妹（按成分来划分的牌号）。

重点是钢的牌号，表示方法和应用与钢号一致。碳素结构钢和低合金高强度结构钢牌号表示方法为：屈服点字母Q、屈服点的数值、质量等级符号组成、脱氧程度。碳素结构钢为 Q195～Q275，低合金高强度结构钢为 Q345～Q690。例如，Q235-BF 表示屈服强度为 235MPa，质量等级为 B 级的沸腾钢。Q345-C 表示屈服强度为 345MPa，质量等级为 C 级的低合金高强度结构钢。

碳素结构钢含 C 不大于 0.25%，牌号增大是含碳量引起的，牌号越大，强度硬度越高，塑性越差。Q235 是目前应用最广泛的钢种，用于制造 I 级钢筋和各种型钢。

低合金高强度结构钢，牌号的增大是加入合金元素引起的。在塑性、韧性保证的基础上，强度提高，它是建筑工程中的主要钢种。成本与普通钢接近。

优质碳素钢和合金钢的牌号表示方法：数字代表含碳量为万分之几。后边加上合金元素的符号和数量。A 代表高级优质钢，E 代表特级优质钢。

优质碳素结构钢：31 个牌号（08～80），低、中、高碳钢都包含。后面加 F 代表是沸腾钢，Mn 代表锰含量稍高。应用于高强螺栓、预应力混凝土。

合金结构钢（在优质钢基础上加合金元素）。如 20CrNi3 代表含碳 0.2%，铬 1% 左右，镍 3% 左右的优质合金钢。成本高，应用在特殊、重要、大荷、大跨度的工程。

4. 钢筋

按工艺分：①热轧钢筋；②冷轧钢筋；③冷轧扭钢筋；④冷拉钢筋；⑤热处理钢筋；⑥余热处理钢筋。

按外形分：①光圆钢筋 P，如 HPB300；②带肋钢筋 R，增加了与混凝土间的咬合力、粘结力，不易拔出。

按化学成分分：碳素结构钢钢筋和低合金高强度结构钢钢筋。

按供货方式分：①圆盘条钢筋 100m 左右盘成，一般为直径较细的；②直条钢筋。9m、12m 不等。

（1）热轧钢筋。热轧钢筋是在红热高温状态下压制成型的钢筋，它是其他钢筋的基础，是目前最常用的品种。

①带肋钢筋分：人字肋和螺旋肋；月牙肋和等高肋。目前常用的是人字月牙肋的钢筋。

②牌号是按力学性能和弯曲性能划分的，分为四级，见表 1 - 33。

表 1 - 33　　　　热轧钢筋的力学性能及弯曲性能（GB 1499.2—2007）

牌号	外形	钢种	公称直径/mm	屈服强度/MPa	抗拉强度/MPa	伸长率 δ_s（%）	冷弯性能	
				≥			角度（°）	弯心直径
HPB235 HPB300	光圆	低碳钢	8～20	235 300	370 420	25	180	$d=a$
HRB335 HRBF335	月牙肋	低碳低合金钢	6～25	335	455	17	180	$d=3a$
			28～50					$d=4a$
HRB400 HRBF400			6～25	400	540	16	180	$d=4a$
			28～50					$d=5a$
HRB500 HRBF500		中碳低合金钢	6～25	500	630	15	180	$d=6a$
			28～50					$d=7a$

牌号中 H 代表热轧、P 代表光圆、R 代表肋、B 是钢筋，F 是细晶粒处理的，数字代表屈服点（或条件屈服点）的数值。钢筋热轧的程序为：新Ⅲ级 RRB400→余热处理月牙肋钢筋→余热处理→热轧后穿水淬火，利用钢筋芯部余热处理。

应用：如梁内的钢筋骨架，受力钢筋一般为 HRB335、HRB400、HRB500 级钢筋，架立筋一般为 HPB300 级钢筋，箍筋一般为 HPB300 级钢筋，板内受力筋、分布筋可为各级钢。

（2）冷轧带肋钢筋。它是在常温下挤压扭制成型的。预应力结构中代替冷拔钢丝，钢筋混凝土板中代替Ⅰ级钢筋，这样可以节约钢材，降低造价。其应用前景广阔。与光圆钢筋相比，只有两面或三面横肋，与混凝土的粘结力好，强度提高。牌号从 CRB550－1170，数字代表抗拉强度值。

（3）冷轧扭钢筋 LZN。应用同冷轧钢筋。

（4）冷拉钢筋。用热轧钢筋经强力拉伸（拉应力超过屈服点）而制成。拉细、拉长、拉强、拉直、拉掉锈皮。冷加工使强度提高，例如原来需要直径 20mm，现在只需要直径 16mm 即可，省钢材。

冷加工硬化是指钢筋经冷加工后，出现屈服强度提高、硬度提高，塑性、韧性下降的现象。例如，日常反复用手可以弯断钢丝。

将经过冷拉的钢筋于常温下存放 15～20d，或加热到 100～200℃ 并保持一段时间，这个过程称为时效处理。前者称为自然时效，后者称为人工时效。

时效处理是指时间所引起的效果，钢材放置后变强、变硬、变脆。冷加工硬化只提高屈服强度，时效处理能使抗拉强度提高。如图 1-5 所示。

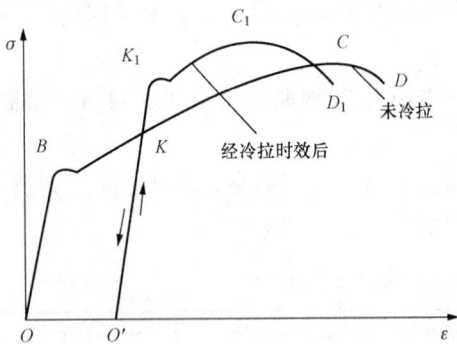

图 1-5　冷作硬化和时效

（5）预应力混凝土用钢丝和钢绞线。预应力混凝土是预先给受拉区混凝土施加一个压应力。可以延迟开裂，提高承载力。

1）预应力混凝土用钢丝。根据《预应力混凝土用钢丝》（GB/T 5223—2002/XG2—2008）的规定，预应力混凝土用钢丝按加工状态分为冷拉钢丝（代号为 WCD）和消除应力钢丝两类。消除应力钢丝按松弛性能又分为低松弛级钢丝（代号为 WLR）和普通松弛级钢丝（代号为 WNR）。

2）冷拉钢丝。是用盘条通过拔丝模或轧辊经冷加工而成产品，以盘卷供货的钢丝。低松弛钢丝是指钢丝在塑性变形下（轴应变）进行短时热处理而得到的，效果好。普通松弛钢丝是指钢丝通过矫直工序后在适当温度下进行短时热处理而得到的。

按外形分为光圆钢丝（代号为 P）、螺旋肋钢丝（代号为 H）和刻痕钢丝（代号为 I）三种。螺旋肋钢丝表面沿着长度方向上有规则间隔的肋条。刻痕钢丝表面沿着长度方向上有规则间隔的压痕。

3）钢绞线。预应力混凝土用钢绞线是以数根圆形断面钢丝经绞捻和消除内应力的热处理后制成。

根据《预应力混凝土用钢绞线》（GB/T 5224—2003/XG1—2008）的规定，钢绞线按捻制结构分为三种结构类型：1×2、1×3 和 1×7，分别用 2 根、3 根和 7 根钢丝捻制而成。如图 1-6 所示。

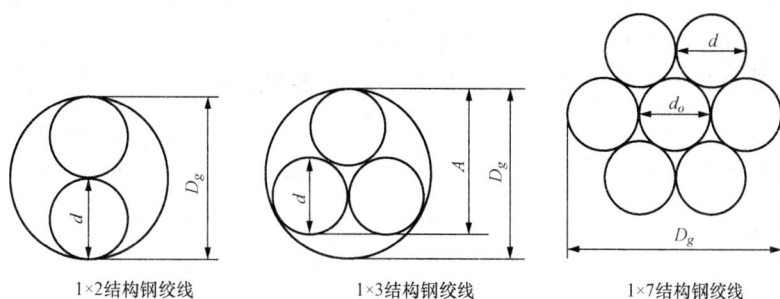

1×2结构钢绞线　　　　　　1×3结构钢绞线　　　　　　1×7结构钢绞线

图 1-6　钢绞线截面形状

钢绞线按其应力松弛性能分为两级：Ⅰ级松弛和Ⅱ级松弛，Ⅰ级松弛即普通松弛级，Ⅱ级松弛即低松弛级。

钢绞线具有强度高，与混凝土粘结好，断面面积大，使用根数少，在结构中排列布置方便，易于锚固等优点，主要用于大跨度、大荷载的预应力屋架，薄腹梁等构件。

1.6.3　钢材的验收、检验与保管措施

钢筋、钢丝、钢绞线进场后，应按批进行检验。应由同一牌号、外形、规格、生产工艺和交货状态的组成检验批。

1. 检验批

(1) 冷轧带肋钢筋、热轧钢筋、钢丝、钢绞线，每批不大于 60t，不足 60t 按照一批计。

(2) 冷轧扭钢筋每批不大于 10t，不足 10t 按照一批计。

2. 取样

(1) 冷轧带肋钢筋、热轧钢筋每批抽取 5%（不少于 5 盘或捆），随机取样。

(2) 冷轧扭钢筋每批随机取样，长度取偶数倍节距，且不小于四倍节距，同时不小于 500mm。

(3) 钢丝、钢绞线直径检查、力学检验抽取 10%，但不得少于 6 盘。每盘两端取样。强度检验，按 2% 盘选取，但不得少于 3 盘。

3. 质量判定及处理

对于热轧钢筋、圆盘条、型钢、冷拉钢筋，若有一个或一个以上项目不符合标准要求，则应从同一批中再任取双倍数量的试样进行该不合格项目的复验。复验时仍有一个指标不合格则该批钢材为不合格品。

对于乙级冷拔丝，若有一个项目（拉伸或冷弯）不符合标准要求，则该盘为不合格品。再从同一批中未检盘中再任取双倍数量的试样进行该不合格项目的复验。复验时仍有一个指标不合格则该批钢材为不合格品。

对于甲级冷拔丝和冷轧带肋钢筋，若有一个项目（拉伸或冷弯）不符合标准要求，则该盘为不合格品。

对于冷轧扭钢筋，若有一个项目（拉伸或冷弯）不符合标准要求，则应从同一批中再任

取双倍数量的试样进行该不合格项目的复验。当轧扁厚度和节距复验时小于或大于标准要求，仍可评为合格，但需降直径规格使用。

4. 保管

钢材与周围环境发生化学、电化学和物理等作用极易发生锈蚀，按锈蚀的环境条件不同，可分为大气锈蚀、海水锈蚀、淡水锈蚀、土壤锈蚀、生物微生物锈蚀、工业介质锈蚀等。

钢材保管中，应做好以下六方面的工作：①选择适宜的存放处所；②保持库房干燥通风；③合理码垛；④保持料场清洁；⑤加强防护措施；⑥加强计划管理等。

1.7 木材

1.7.1 木材的主要性质

木材的物理力学性质主要有含水率、湿胀干缩、强度等性能，其中含水率对木材的湿胀干缩性和强度影响很大。

1. 木材的含水率

木材的含水率是指木材中所含水的质量占干燥木材质量的百分数。木材中主要有三种水，即自由水、吸附水和结合水。

自由水是指存在于木材细胞腔和细胞间隙中的水分；吸附水是指吸附在细胞壁内细纤维之间的水分；结合水是指形成细胞化学成分的化合水。

（1）木材的纤维饱和点。当木材中无自由水，而细胞壁内吸附水达到饱和时，这时的木材含水率称为纤维饱和点。纤维饱和点随树种而异，一般为 $23\% \sim 33\%$，平均为 30%。木材的纤维饱和点是木材物理、力学性质的转折点。

（2）木材的平衡含水率。木材中所含的水分是随着环境的温度和湿度的变化而改变的，当木材长时间处于一定温度和湿度的环境中时，木材中的含水量最后会达到与周围环境湿度相平衡，这时木材的含水率称为平衡含水率。

2. 木材的湿胀与干缩变形

木材具有很显著的湿胀干缩性，其规律是：当木材的含水率在纤维饱和点以下时，随着含水率的增大，木材体积产生膨胀，随着含水率减小，木材体积收缩；而当木材含水率在纤维饱和点以上，只是自由水增减变化时，木材的体积不发生变化。纤维饱和点是木材发生湿胀干缩的转折点。

由于木材为非匀质构造，故其胀缩变形各向不同，其中以弦向最大，径向次之，纵向（即顺纤维方向）最小。

一般来讲，表观密度大、水分含量多的木材，湿胀变形较大。

3. 强度

（1）木材的力学强度。在建筑结构中，木材常用的强度有抗拉、抗压、抗弯和抗剪强度。由于木材的构造各向不同，各向强度有差异，为此木材的强度有顺纹强度和横纹强度之分。木材的顺纹强度比其横纹强度要大得多，所以工程上均充分利用它们的顺纹强度。从理论上讲，木材强度中以顺纹抗拉强度为最大，其次是抗弯强度和顺纹抗压强度，但实际上是木材的顺纹抗压强度最高。当以顺纹抗压强度为 1 时，木材理论上各强度大小关系见表 1 - 34。

表 1 - 34   木材各种强度间的关系

抗压		抗拉		抗弯	抗剪	
顺纹	横纹	顺纹	横纹		顺纹	横纹
1	1/10～1/3	2～3	1/2～1	1.5～2	1/7～2	1/2～1

（2）影响木材强度的主要因素。

1）含水率在纤维饱和点之内变化时，随含水率增加，木材的强度降低；当木材含水率在纤维饱和点以上变化时，木材强度不变。

2）木材在长期荷载作用下会导致强度降低。木材在长期荷载作用下不致引起破坏的最大强度，称为持久强度。木材的持久强度比其极限强度小得多，一般为极限强度的 50％～60％。

3）木材随环境温度升高强度会降低。

4）木材的疵病致使木材的物理力学性质受到影响。

使用过程中，受环境湿度变化影响，木材的含水率随之而变化，从而引起木材的变形或强度降低。在外力长期作用下，只有当其应力远低于强度极限的某一定范围以下时，才可避免木材因长期负荷而破坏。这是由于木材在外力作用下产生蠕滑，经过长时间负荷，最后达到急剧产生大量连续变形而致。

1.7.2 木材的等级及验收评定方法

1. 锯材的规格、尺寸

锯材按其厚度、宽度可分为薄板、中板、厚板，见表 1 - 35。

表 1 - 35   针叶树、阔叶树锯材宽度、厚度   （mm）

分 类	厚 度	宽 度	
		尺寸范围	进 级
薄板	12，15，18，21	50～240	
中板	25，30	50～260	10
厚板	40，50，60	60～300	

2. 锯材的分等

锯材有特等锯材和普通锯材之分。根据《针叶树锯材》（GB/T 153—2009）和《阔叶树锯材》（GB/T 4817—2009）的规定，普通锯材分为一、二、三等。见表 1 - 36。

表 1-36　　　　　　　　　　　　　木 材 的 要 求

缺陷名称	检量方法	允 许 限 度							
		特等锯材	针叶树普通锯材			特等锯材	阔叶树普通锯材		
			一等	二等	三等		一等	二等	三等
活节 死节	最大尺寸不得超过材宽的	10%	20%	40%	不限	10%	20%	40%	不限
	任意材长1m范围内的个数不得超过	3	5	10		2	4	6	
腐朽	面积不得超过所在材面面积	不许有	不许有	10%	25%	不许有	不许有	10%	25%
裂纹、夹皮	长度不得超过材长的	5%	10%	30%	不限	10%	15%	40%	不限
虫害	任意材长1m范围内的个数不得超过	不许有	不许有	15	不限	不许有	不许有	8	不限
弯曲	横弯不得超过	0.3%	0.5%	2%	3%	0.5%	1%	2%	4%
	顺弯不得超过	1%	2%	3%	不限	1%	2%	3%	不限
斜纹	顺纹倾斜高不得超过水平长的	5%	10%	20%	不限	5%	10%	20%	不限

1.7.3　木材保管及防护措施

木材的防护主要是防腐和防火两方面。

1. 防止木材腐朽的措施

（1）破坏真菌生存的条件。破坏真菌生存条件最常用的办法是：使木结构、木制品和储存的木材处于经常保持通风干燥的状态，并对木结构和木制品表面进行油漆处理，油漆涂层既使木材隔绝了空气，又隔绝了水分。

（2）利用化学防腐剂处理，把木材变成有毒的物质。将化学防腐剂注入木材中，使真菌无法寄生。木材防腐剂有氯化锌、氟化钠、硅氟酸钠、煤焦油、煤沥青等。

2. 木材的防火

木材的防火就是将木材经过具有阻燃性能的化学物质处理后，变成难燃的材料，以达到遇小火能自熄，遇大火能延缓或阻滞燃烧蔓延，从而赢得扑救的时间。

木材阻燃处理的方法主要是表面处理法和耐火剂注入法。表面处理法是通过结构措施，用金属、水泥砂浆、熟石膏等不燃材料覆盖木材表面避免与火焰接触，或在木材表面涂刷以硅酸钠、磷酸铵、硼酸氨等为基料的耐火涂料，耐火剂注入法则是通过浸渍、加压、冷热槽作业，将耐火剂注入木材内部，常用的耐火剂有硼砂、氯化铵、磷酸铵、醋酸钠等。

1.8 防水材料

1.8.1 沥青的主要技术性能及应用

沥青是一种有机胶凝材料，是各种碳氢化合物及其衍生物组成的复杂混合物。沥青具有良好的粘结性、塑性、不透水性及耐化学侵蚀性，并能抵抗大气的风化作用。按状态分为固体沥青、半固体（黏稠的、接近于固体）、液体沥青。按沥青的来源分为石油沥青、煤沥青、天然沥青。

在建筑工程上主要用于屋面及地下室防水、车间耐腐蚀地面及道路路面等。此外，还可用来制造防水卷材、防水涂料、油膏、胶结剂及防腐涂料等。

1. 石油沥青

（1）按用途分类。

1）建筑石油沥青，牌号小，耐热。

2）道路石油沥青，牌号大，不耐热。

（2）组分。将化学成分及物理性质相似又有相同特征的一组成分，称为组分。

三大组分包括油分、树脂、地沥青质。三大组分不稳定，在温度、阳光、空气及水等作用下，各组分之间会不断演变，油分、树脂逐渐减少，地沥青质逐渐增多，流动性、塑性降低、沥青变脆变硬，这一过程称为沥青的老化。

（3）主要技术性质。包括黏滞性、塑性、温度稳定性、大气稳定性，它们是评价沥青质量好坏的主要依据。

1）黏滞性。在外力作用下抵抗发生变形的性能。液态沥青的黏滞性用黏滞度表示，半固体或固体沥青的黏滞性用针入度表示。黏滞度是液态沥青在一定温度下，经规定直径的孔洞漏下 50mL 所需要的时间（s）。针入度是指在温度为 25℃ 的条件下，以质量 100g 的标准针，经 5s 沉入沥青中的深度，每沉入 0.1mm 称为 1 度。沥青的牌号划分主要是依据针入度的大小确定的。针入度越大，牌号越大，越不粘。

2）塑性。塑性是指沥青在外力作用下，产生变形而不被破坏的能力。沥青夏季易粘流，冬季容易开裂，温度升高，具有自愈合能力。沥青能做成柔性防水卷材是由其塑性决定的。

塑性的指标是延度，是在一定的试验条件下被拉伸的最大长度。塑性的大小与组分和所处温度有关。沥青质含量相同时，油分、树脂含量愈多，沥青塑性愈大。牌号一定时，质量越好，拉成细丝越长，塑性越好。沥青的塑性随温度升高而增大。

3）温度稳定性。温度稳定性是指石油沥青的黏滞性和塑性随温度升降而变化的性能。随温度的升高，沥青的黏滞性降低，塑性增加，这样变化的程度越大，则表示沥青的温度稳定性越差。常用软化点表示，用环球法测定。工程中希望有高的软化点，避免夏季出现流淌的现象；低的脆化点，避免冬季出现脆裂现象。

4）闪点和燃点。闪点是指沥青达到软化点后再继续加热，初次产生蓝色闪光时的沥青温度。

燃点又称着火点。与火接触而产生的火焰能持续燃烧 5s 以上时的温度即为燃点。各种沥青的最高加热温度都必须低于其闪点和燃点。

石油沥青的质量指标见表 1-37。

表 1-37　　　　　　　　　　　　　　　　　　石油沥青的质量指标

项　目	道路石油沥青 (NB/SH/T 0522—2010)							建筑石油沥青 (GB/T 494—2010)	
	200	180	140	100甲	100乙	60甲	60乙	30	10
针入度（25℃，100g），0.1mm	201～300	161～200	121～160	91～120	81～120	51～80	41～50	25～40	10～25
延伸度（25℃，cm）不小于	—	100①	100①	90	60	70	40	3	1.5
软化点（环球法）（℃），不低于	30～45	35～45	38～48	42～52	42～52	45～55	45～55	70	95
溶解度（三氯乙烯、三氯甲烷、四氯化碳或苯），不小于（%）	99.0	99.0	99.0	99.0	99.0	99.0	99.0	99.5	99.5
蒸发损失（160℃，5h）（%），不大于	1	1	1	1	1	1	1	1	1
蒸发后针入度比，不小于（%）	50	60	60	65	65	70	70	65	65
闪点（开口）（℃），不低于	180	200	230	230	230	230	230	230	230

2. 煤沥青

许多性能都不及石油沥青。煤沥青塑性、温度稳定性较差，冬季易脆，夏季易于软化，老化快。加热燃烧时，烟呈黄色，有刺激性臭味，略有毒性，但具有较高的抗微生物侵蚀作用，适用于地下防水工程或作为防腐材料用。

3. 改性沥青

(1) 橡胶改性沥青。常用的是丁苯橡胶（SBS）。SBS 热塑性橡胶兼有橡胶和塑料的特性，常温下具有橡胶的弹性，在高温下又能像塑料那样熔融流动，成为可塑的材料。所以采用 SBS 橡胶改性沥青，其耐高、低温性能均有较明显提高。

(2) 树脂改性沥青。常用的无规聚丙烯（APP）。

1.8.2　改性沥青防水制品、高分子防水材料的技术性能及应用

防水卷材有石油沥青防水卷材、改性沥青防水卷材、合成高分子防水卷材等三类。这些防水材料的分类都是根据基胎的材料、沥青的材料、隔离材料的种类来分类。具体用哪种防水卷材要根据建筑的防水等级要求。防水卷材的分类和品种见表 1-38。

表 1 - 38 防水卷材的分类及品种

分类方法	品种名称
按生产工艺分	浸渍卷材（有胎）、辊压卷材（无胎）
按浸渍材料品种分	石油沥青卷材、改性沥青卷材、合成高分子卷材
按使用基胎分	纸胎、布胎、玻布胎、玻纤胎、聚酯胎
按面层隔离剂分	粉、片、粒、膜（塑料、铝箔）

卷材屋面施工方法有三种：

（1）胶粘剂。与基材相应的胶，如传统三毡四油中的油有以下3种：

1）热玛蹄脂。沥青中加入滑石粉等制成，热施工。

2）溶剂型。沥青溶入有机溶剂、冷施工，成本高。

3）水乳型。加表面活性剂强力搅拌成乳浊液，像牛奶。

（2）热粘。底面均匀受热、再辊压。

（3）自粘。既不用任何胶粘剂也不用热粘，类似双面胶。

1. 改性沥青防水卷材（工程中常用）

高聚物改性沥青防水卷材是指以合成高分子聚合物改性沥青为涂盖层，纤维织物或纤维毡为胎体，粉状、粒状、片状或薄膜材料为防粘隔离层制成的可卷曲的片状防水材料。

高聚物改性沥青防水卷材克服了沥青防水卷材的温度稳定性差、延伸率小，难以适应基层开裂及伸缩的缺点，具有高温不流淌、低温不脆裂、拉伸强度较高、延伸率较大等优异性能。

（1）弹性体（SBS）改性沥青防水卷材。弹性体改性沥青防水卷材（SBS）是以玻纤毡或聚酯毡为胎基，以苯乙烯－丁二烯－苯乙烯（SBS）热塑性弹性体作改性剂，两面覆以隔离材料所制成的建筑防水卷材，简称SBS卷材。

SBS卷材按胎基分为聚酯胎（PY）和玻纤胎（G）两类。按上表面隔离材料分为聚乙烯膜（PE）、细砂（S）与矿物粒（片）料（M）三种。按物理力学性能分为Ⅰ型和Ⅱ型。卷材按不同胎基、不同上表面材料分为6个品种，见表1-39。

表 1 - 39 SBS卷材品种（GB 18242—2008）

胎基上表面材料	聚酯胎	玻纤胎
聚乙烯膜	PY-PE	G-PE
细砂	PY-S	G-S
矿物粒（片）料	PY-M	G-M

SBS卷材宽1000mm，聚酯胎卷材厚度为3mm和4mm，玻纤胎卷材厚度为2、3和4mm。每卷面积为15、10、7.5m² 三种。

SBS卷材适用于工业与民用建筑的屋面及地下防水工程，尤其适用于较低气温环境的建筑防水。SBS卷材的物理力学性能应符合表1-40的规定。SBS改性沥青卷材以聚酯纤维无纺布为胎体，以SBS橡胶改性沥青为面层，以塑料薄膜为隔离层，油毡表面带有砂粒。它的耐撕裂强度比玻璃纤维胎油毡大15～17倍，耐刺穿性大15～19倍，可用氯丁粘合剂进行冷粘贴施工，也可用汽油喷灯进行热熔施工，是目前性能最佳的油毡之一。

表 1-40　　　　　　　　　SBS 弹性体沥青防水卷材物理力学性能

序号	胎　基			PY		G	
	型　号			I	II	I	II
1	可溶物含量/(g/m²) ≥		2mm	—		1300	
			3mm	2100			
			4mm	2900			
2	不透水性	压力/MPa≥		0.3		0.2	0.3
		保持时间/min≥		30			
3	耐热度/℃			90	105	90	105
				无滑动、流淌、滴落			
4	拉力/(N/50mm) ≥	纵向		450	300	350	500
		横向				250	300
5	最大拉力时延伸率（%）≥	纵向		30	40	—	
		横向					
6	低温柔度/℃			−18	−25	−18	−25
				无裂纹			
7	撕裂强度/N≥	纵向		250	350	250	350
		横向				170	200
8	人工气候加速老化	外观		1 级			
				无滑动、流淌、滴落			
		拉力保持率（%）≥	纵向	80			
		低温柔度/℃		−10	−20	−10	−20
				无裂纹			

（2）塑性体（APP）改性沥青防水卷材。与 SBS 的区别是改性沥青变为 APP。塑性体改性沥青防水卷材，是以聚酯毡或玻纤毡为胎基、无规聚丙烯（APP）或聚烯烃类聚合物（APAO、APO）作改性剂，两面覆以隔离材料所制成的建筑防水卷材，统称 APP 卷材。性能见表 1-41。

表 1-41　　　　　　　　APP 卷材物理力学性能（GB 18243—2008）

序号	胎　基			PY		G	
	型　号			I	II	I	II
1	可溶物含量/(g/m²) ≥		2mm	—		1300	
			3mm	2100			
			4mm	2900			
2	不透水性	压力/MPa≥		0.3		0.2	0.3
		保持时间/min≥		30			
3	耐热度/℃			110	130	110	130
				无滑动、流淌、滴落			

续表

序号	胎 基		PY		G	
	型 号		Ⅰ	Ⅱ	Ⅰ	Ⅱ
4	拉力/（N/50mm）≥	纵向	450	800	350	500
		横向			250	300
5	最大拉力时延伸率（%）≥	纵向	25	40	—	
		横向				
6	低温柔度/℃		−5	−15	−5	−15
			无裂纹			
7	撕裂强度/N≥	纵向	250	350	250	350
		横向			170	200
8	人工气候加速老化	外观	1 级			
			无滑动、流淌、滴落			
		拉力保持率（%）≥　纵向	80			
		低温柔度/℃	3	−10	3	−10
			无裂纹			

APP 卷材的品种、规格与 SBS 卷材相同。APP 卷材适用于工业与民用建筑的屋面和地下防水工程，以及道路、桥梁等建筑物的防水，尤其适用于较高气温环境的建筑防水。

2. 合成高分子防水卷材

合成高分子防水卷材分为三类，即橡胶类、树脂类、橡塑共混类。

合成高分子防水卷材是以合成橡胶、合成树脂或它们两者的共混体为基料，加入适量的化学助剂和填充料等，经不同工序加工而成可卷曲的片状防水材料；或把上述材料与合成纤维等复合形成两层或两层以上可卷曲的片状防水材料。

合成高分子防水卷材具有拉伸强度高、断裂伸长率大、抗撕裂强度高、耐热性能好、低温柔性好，耐腐蚀、耐老化以及可以冷施工等一系列优异性能，是我国大力发展的新型高档防水卷材。

（1）三元乙丙橡胶防水卷材。是以乙烯、丙烯和少量双环戊二烯三种单体共聚合成的以三元乙丙橡胶为主，掺入适量的丁基橡胶、硫化剂、促进剂、软化剂、补强剂和填充料等，经密炼、压延或挤出成型、硫化和分卷包装等工序而制成的一种高弹性的防水卷材。

三元乙丙橡胶卷材具有优良的耐候性、耐臭氧性和耐热性，还具有抗老化性好、质量轻、抗拉强度高、断裂伸长率大、低温柔韧性好及耐酸碱腐蚀等优点。三元乙丙橡胶防水卷材的主要技术性能见表 1-42。

表 1-42　　　　　　　三元乙丙橡胶防水卷材的主要技术性能

指标名称	一等品	合格品	指标名称	一等品	合格品
拉伸强度/MPa≥	8.0	7.0	脆性温度/℃≤	−45	−40
断裂伸长率（%）≥	450	450	不透水性/MPa，保持 30min	0.3	0.1
撕裂强度/（N/cm）≥	280	245			

（2）聚氯乙烯防水卷材。是以聚氯乙烯树脂为主要原料，掺加适量的改性剂、增塑剂和填充料等，经混炼、压延或挤出成型、分卷包装等工序制成的柔性防水卷材。

聚氯乙烯防水卷材根据基料的组成与特性分为 S 型和 P 型。

聚氯乙烯防水卷材具有抗拉强度高，断裂伸长率大，低温柔韧性好，使用寿命长及尺寸稳定性、耐热性、耐腐蚀性较好等特性。聚氯乙烯防水卷材的主要技术性能见表 1-43。

表 1-43 聚氯乙烯防水卷材的主要技术性能

指 标 名 称	P 型			S 型	
	优等品	一等品	合格品	一等品	合格品
拉伸强度/MPa	15.0	10.0	7.0	5.0	2.0
断裂伸长率（%）≥	250	200	150	200	120
热处理尺寸变化率（%）≥	2.0	2.0	3.0	5.0	7.0
低温弯折性	−20℃，无裂纹				
抗渗透性	不透水				
抗穿孔性	不渗水				
剪切状态下的粘合性	$\sigma \geq 2.0\text{N/mm}$ 或接缝处断裂				

1.8.3 防水制品的品种和应用（防水涂料与密封材料）

1. 防水涂料

防水涂料分为沥青类、高聚物改性沥青类和合成高分子涂料。

（1）氯丁橡胶沥青防水涂料。氯丁橡胶沥青防水涂料可分为溶剂型和水乳型两种。

溶剂型氯丁橡胶沥青防水涂料是氯丁橡胶和石油沥青溶于甲基而形成的一种混合胶体溶液，其主要成膜物质是氯丁橡胶和石油沥青。

水乳型氯丁橡胶沥青防水涂料是以阳离子型氯丁胶乳与阳离子型沥青乳液混合构成，是氯丁橡胶及石油沥青的微粒借助于阳离子型表面活性剂的作用，稳定分散在水中而形成的一种乳状液。它具有橡胶和沥青的双重优点，有较好的耐水性、耐腐蚀性，成膜快、涂膜致密完整、延伸性好，抗基层变形性能较强，能适应多种复杂层面，耐候性能好，能在常温及较低温度条件下施工。可用于工业与民用建筑混凝土屋面防水层，防腐蚀地坪的隔离层、旧油毡屋面维修，以及厨房、水池、厕所、地下室的抗渗防潮等。

（2）聚氨酯防水涂料。聚氨酯防水涂料为双组分反应型涂料。其中甲组分为含异氰酸基的聚氨酯预聚物，乙组分由含多羟基或氨基的固化剂与填充剂、增韧剂和稀释剂等组成。甲乙组分按一定比例混合后，常温下即能发生交联固化反应，形成均匀而富有弹性、耐水、抗裂的厚质防水涂膜。

聚氨酯涂膜防水有透明、彩色、黑色等品类，并兼有耐磨、装饰及阻燃等性能。

2. 密封材料（嵌缝材料）

密封材料常用于屋面、厨房、卫生间管道周围，散水与楼体之间。

（1）改性沥青防水嵌缝油膏。是以石油沥青为基料，加入橡胶改性材料及填充料等经混合加工而成的一种冷用膏状材料，具有优良的防水防潮性能，适用于嵌填建筑物的缝隙及各种构件的防水等。该油膏粘结性能好，延伸率高，当基层结构变形时，能随之伸缩，嵌缝防水性能不受影响。

（2）聚氨酯建筑密封膏。是以聚氨基甲酸酯聚合物为主要成分的双组分反应固化型的建筑密封材料。它具有延伸率大、弹性高、粘结性好、耐低温、耐火、耐油、耐酸碱、抗疲劳及使用年限长等优点。

（3）丙烯酸酯建筑密封膏。是以丙烯酸酯乳液为基料的建筑密封膏。这种密封膏弹性好，能适应一般基层伸缩变形的需要。耐候性能优异，其使用年限在 15 年以上。耐高温性好，在 -20~100℃ 情况下，长期保持柔韧性。粘结强度高，耐水、耐酸碱性好，并有良好的着色性。

它适用于混凝土、金属、木材、天然石料、砖、砂浆、玻璃、瓦及水泥石之间密封防水。

（4）硅酮密封膏。大多是以硅氧烷聚合物为主体，加入适量的硫化剂、硫化促进剂以及填料等组成，具有优异的耐热性、耐寒性、耐候性和耐水性，耐拉压疲劳性强，与各种材料都有较好的粘结性能。

硅酮密封膏按用途分为建筑接缝用（F 类）和镶装玻璃用（G 类）两类。

1.9 建筑装饰材料

1.9.1 天然石材的主要技术性能及应用

1．石材分类

天然岩石按地质成因可分为火成岩、沉积岩、变质岩三大类。

（1）火成岩。也称岩浆岩，由地壳深处熔融岩浆上升冷却而成，具有结晶结构而没有层理。

（2）沉积岩。也称水成岩，是各种岩石经风化、搬运、沉积和再造岩作用而形成的岩石。沉积岩呈层状构造，孔隙率和吸水率大，强度和耐久性较火成岩低。但因沉积岩分布广容易加工，在建筑上应用广泛。

（3）变质岩。是地壳中原有的岩石在地质运动过程中受到高温、高压的作用，在固态下发生矿物成分、结构构造和化学成分变化形成的新岩石。建筑中常用的变质岩有大理岩、蛇纹岩、石英岩、片麻岩、板岩等。

2．石材的技术性质

（1）表观密度。石材的表观密度与其矿物组成、孔隙率等因素有关。表观密度大的石材孔隙率小、抗压强度高、耐久性好。

按照表观密度的大小可将石材分为：

1）重质石材，表观密度大于 $1800kg/m^3$。

2）轻质石材，表观密度小于 $1800kg/m^3$。

（2）强度。石材的强度等级分为 9 个：MU100、MU80、MU60、MU50、MU40、MU30、MU20、MU15 和 MU10。

它是以 3 个边长为 70mm 的立方体试块的抗压强度平均值确定划分的。

石材的硬度取决于组成矿物的硬度和构造。硬度影响石材的易加工性和耐磨性。石材的硬度常用莫氏硬度表示，它是一种刻画硬度。

3. 石材的应用

石材分为毛石、料石、饰面石材和色石子。

（1）毛石。也称片石，是采石场由爆破直接获得的形状不规则的石块。根据平整程度又将其分为乱毛石和平毛石两类。

1）乱毛石。形状不规则，一般高度不小于 150mm，一个方向长度达 300～400mm，重为 20～30kg。

2）平毛石。是由乱毛石略经加工而成。基本上有 6 个面，但表面粗糙。

（2）料石。是由人工或机械开采出的较规则的六面体石块，再略经凿琢而成。

根据表面加工的平整程度分为毛料石、粗料石、半细料石和细料石四种。

1）毛料石。外形大致方正，一般不加工或稍加修整，高度不小于 200mm，长度为高度的 1.5～3 倍。叠砌面凹凸深度不大于 25mm。

2）粗料石。高度和厚度都不小于 200mm，且不小于长度的 1/4，叠砌面凹凸深度不大于 20mm。

3）半细料石。规格尺寸同上，叠砌面凹凸深度不大于 15mm。

4）细料石。规格尺寸同上，叠砌面凹凸深度不大于 10mm。

（3）饰面石材。是用于建筑物内外墙面、柱面、地面、栏杆、台阶等处装修用的石材。饰面石材的外形有加工成平面的板材，或者加工成曲面的各种定型件。

饰面石材从岩石种类分主要有大理石和花岗石两大类。

大理石是指变质或沉积的碳酸盐类岩石，有大理岩、白云岩、石英岩、蛇纹岩等。花岗石是指可开采为石材的各类火成岩，有花岗岩、安山岩、辉绿岩、辉长岩、玄武岩等。大理石饰面材料因主要成分碳酸钙不耐大气中酸雨的腐蚀，所以除了少数几个含杂质少、质地较纯的品种，如汉白玉、艾叶青等外，不宜用于室外装修工程，否则面层会很快失去光泽，并且耐久性会变差。而花岗石饰面石材抗压强度高，耐磨性、耐久性均高，不论用于室内或室外使用年限都很长。

（4）色石碴。也称色石子，是由天然大理石、白云石、方解石或花岗岩等石材经破碎筛选加工而成，作为骨料主要用于人造大理石、水磨石、水刷石、干粘石、斩假石等建筑物面层的装饰工程。

1.9.2 建筑陶瓷的主要技术性能及应用

建筑装饰陶瓷通常是指用于建筑物内外墙面、地面及卫生洁具的陶瓷材料和制品，另外还有在园林或仿古建筑中使用的琉璃制品。它具有强度高、耐久性好、耐腐蚀、耐磨、防水、防火、易清洗以及花色品种多、装饰性好等优点。

1. 建筑陶瓷的分类

陶瓷制品又可分为陶、炻、瓷三类。陶、瓷通常又各分为精（细）、粗两类。瓷质砖吸水率小于等于 0.5%；炻瓷质吸水率大于 0.5% 小于等于 3%；细炻质吸水率大于 3% 小于等于 6%；炻质砖吸水率大于 6% 小于等于 10%；陶质砖吸水率大于 10%。

瓷砖按用途分为外墙砖、内墙砖、地砖、广场砖、工业砖等；按品种分为釉面砖、通体砖（同质砖）、抛光砖、玻化砖、瓷质釉面砖（仿古砖）。

釉面砖就是砖的表面经过烧釉处理的砖。主体又分为陶土和瓷土两种，陶土烧制的背面呈红色，瓷土烧制的背面呈灰白色。釉面砖表面可以做各种图案和花纹，比抛光砖色彩和图案丰富，因为表面是釉料，所以耐磨性不如抛光砖。

广场砖用于铺砌广场及道路的陶瓷砖。

吸水率低于 0.5％ 的陶瓷都称为玻化砖。抛光砖吸水率低 0.5％，也属玻化砖，抛光砖只是将玻化砖进行镜面抛光而得。市场上玻化砖、玻化抛光砖、抛光砖实际是同类产品。吸水率越低，玻化程度越好，产品理化性能越好。

渗花砖是指将可溶性色料溶液渗入坯体内，烧成后呈现色彩或花纹的陶瓷砖。

仿古砖不同于抛光砖和瓷片，它"天生"就有一幅"自来旧"的面孔，因此，人们称它为仿古砖，还有复古砖、古典砖、泛古砖、瓷质釉面砖等。仿古砖设计的本质就是再现"自然"。

陶瓷锦砖俗称马赛克，是由各种颜色的多种几何形状的小瓷片（长边一般不大于50mm），按照设计的图案反贴在一定规格的正方形牛皮纸上，每张（联）牛皮纸制品面积约为 0.093m²，每 40 联装一箱，每箱可铺贴面积约 3.7m²。陶瓷锦砖分为无釉和有釉两种。

2. 瓷砖的性质

（1）尺寸。产品大小片尺寸齐一，可节省施工时间，而且整齐美观。

（2）吸水率。吸水率越低，玻化程度越好，产品理化性能越好，越不易因气候变化热胀冷缩而产生龟裂或剥落。

（3）平整性。平整性佳的瓷砖，表面不弯曲、不翘角、容易施工、施工后地面平坦。

（4）强度。抗折强度高，耐磨性佳且抗重压，不易磨损，历久弥新，适合于公共场所使用。

（5）色差。将瓷砖平放于地板上，拼排成 1m²，离 3m 观看是否有颜色深浅不同或无法衔接，造成美观上的障碍。

1.9.3　玻璃及其制品的主要技术性能及应用

1. 玻璃的性质

（1）玻璃的密度为 2.45～2.55g/cm³，其孔隙率接近于零。

（2）玻璃没有固定熔点，宏观均匀，体现各向同性性质。

（3）普通玻璃的抗压强度一般为 600～1200MPa，抗拉强度为 40～80MPa。脆性指数（弹性模量与抗拉强度之比）为 1300～1500，玻璃是脆性较大的材料。

（4）玻璃的透光性良好。

（5）玻璃的折射率为 1.50～1.52，可以着色。

（6）热物理性质。玻璃的热稳定性差，当产生热变形时，易导致炸裂。

（7）玻璃的化学稳定性很强，除氢氟酸外，能抵抗各种介质腐蚀作用。

2. 常用的建筑玻璃

习惯上将窗用玻璃、压花玻璃、磨砂玻璃、磨光玻璃、有色玻璃等统称为平板玻璃。平板玻璃的生产方法有两种，普通的和浮法的。将玻璃液漂浮在金属液（如锡液）面上，让其自由摊平，经牵引逐渐降温退火而成，称为浮法玻璃。

（1）普通平板玻璃。国家标准规定，引拉法玻璃按厚度 2、3、4、5mm 分为四类；浮法玻璃按厚度 3、4、5、6、8、10、12mm 分为七类。并要求单片玻璃的厚度差不大于 0.3mm。标准规定，普通平板玻璃的尺寸不小于 600mm×400mm；浮法玻璃尺寸不小于 1000mm×1200mm，且不大于 2500mm×3000mm。目前，我国生产的浮法玻璃原板宽度可达 2.4～4.6m，可以满足特殊使用要求。

由引拉法生产的平板玻璃分为优等品、一等品和二等品三个等级，浮法玻璃分为优等品、一级品与合格品三个等级。普通平板玻璃产量以重量箱计量，即以 50kg 为一重量箱，即相当于 2mm 厚的平板玻璃 10m^2 的重量，其他规格厚度的玻璃应换算成重量箱。

（2）磨光玻璃。磨光玻璃是把平板玻璃经表面磨平抛光而成，分单面磨光和双面磨光两种，厚度一般为 5、6mm。其特点是表面非常平整，物像透过后不变形，且透光率高（大于 84%），用于高级建筑物的门窗或橱窗。

（3）钢化玻璃。钢化玻璃是将平板玻璃加热到一定温度后迅速冷却（即淬火）而制成。机械强度比平板玻璃高 4～6 倍，且耐冲击、安全、破碎时碎片小且无锐角，不易伤人，属于安全玻璃，能耐急热急冷，透光率大于 82%。主要用于高层建筑门窗、车间天窗及高温车间等处。

装饰玻璃有压花玻璃、磨砂玻璃、有色玻璃、热反射玻璃、防火玻璃、釉面玻璃、水晶玻璃、玻璃空心砖、玻璃锦砖等品种。

玻璃保管不当，易破碎和受潮发霉。透明玻璃一旦受潮发霉，轻者出现白斑、白毛或红绿光，影响外观质量和透光度；重者发生粘片而难分开。

平板玻璃应轻放，堆垛时应将箱盖向上，不得歪斜与平放，不得受重压，并应按品种、规格、等级分别放在干燥、通风的库房里，并与碱性的或其他有害物质（如石灰、水泥、油脂、酒精等）分开。

1.9.4 金属装饰材料的主要技术性能及应用

金属板材经常用于屋面及幕墙系统，有现代、时尚、奢华或低调的装饰效果。

（1）建筑铝合金型材的生产方法分为挤压和轧制两类。

经挤压成型的建筑铝型材表面存在着不同的污垢和缺陷，同时自然氧化膜薄而软，耐蚀性差，因此必须对表面进行清洗和阳极氧化处理，以提高表面硬度、耐磨性、耐蚀性。然后进行表面着色，使铝合金型材获得多种美观大方的色泽。

建筑铝合金型材使用的合金，主要是铝镁硅合金（LD30、LD31），它具有良好的耐蚀性能和机械加工性能，广泛用于加工各种门窗及建筑工程的内外装饰制品。铝合金门窗具有质轻、密封性好、色调美观、耐腐蚀、使用维修方便、便于进行工业化生产等特点。配以尼龙 66 制造断桥铝门窗应用前景广阔。

铝合金装饰板具有质轻、耐久性好、施工方便、装饰华丽等优点，适用于公共建筑室内外装饰，颜色有本色、古铜色、金黄色、茶色等，分为铝合金花纹板、铝合金压型板、铝合金冲孔平板。

（2）钛锌板、建筑铜板及系统、铝镁锰合金板，采用 U 型扣槽式板通过扣压系统进行安装，它能应用于弧形、平面或者立式窗的装饰。

1）钛板。原钛、发丝或锤纹处理、氧化膜发色。

2）铜板。原铜（紫色），预钝化板（咖啡古色，绿色），镀锡铜。

3）钛锌板。原色、预钝化板（蓝灰色、青铜色）。

4）铝板。原色锤纹、不锈铝板、普通涂层、预辊涂氟碳涂层。

5）不锈钢板。

6）镀铝锌钢板。

7）钛锌复合板。钛锌板与铝合金板用防火聚合物粘贴而成。

8）钛锌—铝复合蜂窝板。

9）铜复合板。铜板与铝合金板用防火聚合物粘贴而成安装为一体的专业金属屋面、幕墙系统，目前已应用于金属屋面工程有很多。

1.9.5　涂料等的主要技术性能及应用

1. 分类

按涂层使用的部位常分为外墙涂料、内墙涂料、地面涂料、顶棚涂料。按涂膜厚度常分为薄涂料、厚涂料、砂粒状涂料（彩砂涂料）。按主要成膜物质可分为有机涂料、无机高分子涂料、有机无机复合涂料。按涂料所使用的稀释剂分为以有机溶剂作为稀释剂的溶剂型涂料，以水作稀释剂的水性涂料。按涂料使用的功能分为防火涂料、防水涂料、防霉涂料、防结露涂料。

2. 外墙装饰涂料

外墙装饰涂料是用于涂刷建筑外立面的，主要功能是装饰和保护建筑物的外墙面。所以最重要的一项指标就是抗紫外线照射，要求达到长时间照射不变色。外墙涂料还要求有抗水性能，要求有自涤性。漆膜要硬而平整，脏污一冲就掉。外墙涂料能用于内墙涂刷使用是因为它也具有抗水性能；而内墙涂料却不具备抗晒功能，所以不能把内墙涂料当外墙涂料用。

外墙涂料的种类很多，可以分为强力抗酸碱外墙涂料、有机硅自洁抗水外墙涂料、钢化防水腻子粉、纯丙烯酸弹性外墙涂料、有机硅自洁弹性外墙涂料、高级丙烯酸外墙涂料、氟碳涂料、瓷砖专用底漆、瓷砖面漆、高耐候憎水面漆、环保外墙乳胶漆、丙烯酸油性面漆、外墙油霸、金属漆、内外墙多功能涂料等。

主要品种有：

（1）合成树脂乳液外墙涂料。合成树脂乳液外墙涂料目前广泛使用苯乙烯—丙烯酸乳液作主要成膜物质，属薄型涂料。

（2）合成树脂乳液砂壁状建筑涂料。合成树脂乳液砂壁状建筑涂料（简称"彩砂涂料"）使用的合成树脂乳液常用苯乙烯—丙烯酸丁酯共聚乳液 BB-01 和 BB-02。

砂壁状建筑涂料通常采用喷涂方法施涂于建筑物的外墙形成粗面厚质涂层。

3. 内墙装饰涂料

内墙装饰涂料主要功能是用来装饰及保护室内墙面。要求涂料便于涂刷，涂层应质地平滑、色彩丰富，并具有良好的透气性、耐碱、耐水、耐污染等性能。

（1）合成树脂乳液内墙涂料。合成树脂乳液内墙涂料为薄型内墙装饰涂料。

（2）水溶性内墙涂料。水溶性内墙涂料是以水溶性化合物为基料（如聚乙烯醇），加一定量填料、颜料和助剂，经过研磨、分散后而制成的，可分为Ⅰ类和Ⅱ类两大类。

常用的内墙装饰涂料还有聚乙烯醇系内墙涂料、聚醋酸乙烯乳液涂料、多彩和幻彩内墙涂料、纤维状涂料、仿瓷涂料等。

4. 地面涂料

地面涂料主要功能是保护地面，使其清洁、美观。地面涂料应具有良好的耐碱、耐水、耐磨性能。

常用的地面装饰涂料有过氧乙烯地面涂料、聚氨酯—丙烯酸酯地面涂料、丙烯酸硅树脂地面涂料、环氧树脂厚质地面涂料、聚氨酯地面涂料等。

就目前用于建筑装饰的材料而言，较为突出的污染物有氨、甲醛、芳香烃等挥发性气体，铅、铬、镉、汞等重金属元素，放射性及光污染等。

《室内装饰装修材料　内墙涂料中有害物质限量》（GB 18582—2008）标准作为国家强制性标准已于 2008 年 10 月 1 日起正式施行。新标准对水溶性内墙涂料中有害物质含量做了更加严格的限制，作出如下修改：一是增加了水性墙面腻子，并对其规定了有害物质限量值；二是增加了苯、甲苯乙苯和二甲苯总和控制项目，规定其总和含量不大于 300mg/kg；三是大幅度降低了挥发性有机化合物的限量值，规定水性墙面涂料 VOC 含量不大于 120g/L，水性墙面腻子 VOC 含量不大于 15g/kg。

1.10　建筑塑料

1.10.1　了解常用建筑塑料的主要技术性能及应用

1. 塑料的分类

根据塑料的热性为可分为热塑性塑料和热固性塑料。热塑性塑料经加热成形、冷却硬化后，再经加热还具有可塑性；热固性塑料是经初次加热成型并冷却固化后，其中多数有机高分子已发生聚合反应，形成了热稳定的高聚物，此物质即使再经加热也不会软化和产生塑性。总之，热塑性塑料的塑化和硬化过程是可逆的，而热固性塑料的塑化是不可逆的。

2. 塑料的性质和应用

（1）塑料在工业与民用建筑中可生产塑料管材、板材、门窗、壁纸、地毯、器皿、绝缘材料、装饰材料、防水及保温材料等。

（2）在基础工程中可制作塑料排水板或隔离层、塑料土工布或加筋网等。

（3）在其他工程中可制作管道、容器、粘结材料或防水材料等，有时也可制作结构材料。

随着建筑塑料工业的发展，玻璃钢门窗、全塑料门窗、喷塑钢门窗和塑钢门窗将逐步取代木门窗、金属门窗，得到越来越广泛的应用。与其他门窗相比，塑料门窗具有耐水、耐腐蚀、气密性、水密性、绝热性、隔声性、耐燃性、尺寸稳定性、装饰性好，而且不需要粉刷油漆，维修保养方便，节能效果显著，节约木材、钢材、铝材等优点。

塑料管材与金属管材相比，具有生产成本低，容易模制；质量轻，运输和施工方便；表面光滑，流体阻力小；不生锈，耐腐蚀，适应性强；韧性好，强度高，使用寿命长，能回收加工再利用等优点。

塑料管材按用途可分为受压管和无压管；按主要原料可分为聚氯乙烯管、聚乙烯管、聚丙烯管、ABS管、聚丁烯管、玻璃钢管、铝塑复合管等；还可分为软管和硬管等。

塑料壁纸可分三大类，即普通壁纸、发泡壁纸和特种壁纸。

塑料地板与传统的地面材料相比，具有质轻、美观、耐磨、耐腐蚀、防潮、防火、吸声、绝热、有弹性、施工简便、易于清洗与保养等特点。

其他塑料制品，还有塑料饰面板、塑料薄膜等也广泛应用于建筑工程及装饰工程中。

在选择和使用塑料时应注意其耐热性、抗老化能力、强度和硬度等性能指标。

3. 建筑上常用塑料

（1）聚乙烯塑料 PE。是由聚乙烯树脂聚合而成。按聚合方法分为高压、中压、低压三种，为白色半透明材料，具有优良的电绝缘性能和化学稳定性，但机械强度不高，质地较柔韧，不耐高温。在建筑上主要制成管子或作水箱，用于排放或储存冷水；制成薄膜用于防潮、防水工程，或作绝缘材料。聚乙烯由石油裂解分离而得，材料来源丰富。

（2）聚氯乙烯塑料 PVC。是目前应用最多的塑料，由聚氯乙烯树脂加入增塑剂填料、颜料和其他附加剂等制成各色半透明、不透明的塑料。按加入不同量的增塑剂，可制得硬质或软质制品。它的使用温度范围为$-15\sim+55℃$，化学稳定性好，可耐酸、碱盐的腐蚀，并耐磨，具有消声、减震功用，其抗弯强度大于 60MPa。

（3）酚醛塑料。酚醛树脂是酚类和醛类结合而成的，有热塑料和热固性两类，具有耐热、耐湿、耐化学侵蚀和电绝缘等性能。颜色有棕色和黑色两种，但较脆，不耐撞击。在建筑工程中主要用作电木粉、玻璃钢、层压板等。

（4）聚甲基丙烯酸甲酯塑料 PMMA。聚甲基丙烯酸甲酯是由丙酮、氰化物和甲醇反应、聚合而成。在不加其他组分时制成的塑料具有高度透明性，在建筑上制成采光用的平板或瓦楞板（也称有机玻璃）；在树脂中加入颜料、染料、稳定剂和填充剂，可挤压或模塑制成表面光洁的建筑制品；用玻璃纤维增强的树脂可制成浴缸等卫生用品。

1.10.2　了解塑料制品的保管措施

塑料制品一般具有耐酸、耐碱、耐腐蚀等优点，但是往往在温度变化时和外界阳光空气和水的作用下发生变形或老化现象，所以塑料制品保管试要注意避免阳光长期直射，避免接触长期的高温环境，减少变形和老化现象发生的程度。

本 章 练 习 题

1. 三大密度的定义、应用和公式的区别是什么？

2. 导热系数和比热对建筑物有什么影响？

3. 与水有关的性质有哪几项？各自的指标是什么？

4. 抗拉、抗压、抗剪强度如何计算？

5. 石灰应用时是生石灰还是熟石灰？为什么？熟石灰为什么要进行陈伏？

6. 建筑石膏的成分是什么？为什么适用于装饰装修？

7. 水玻璃的特点有哪些？

8. 熟料中的四种矿物成分是什么？

9. 生产水泥为什么要加入适量石膏？

10. 硅酸盐水泥的强度等级如何确定？

11. 五种通用水泥的区别是什么？

12. 水泥的受潮如何鉴别和处理？

13. 混凝土和易性的概念是什么？如何评定？如何分等级？

14. 混凝土强度等级表示方法是什么？如何评定？

15. 砂的粗细程度和颗粒级配如何判断？

16. 外加剂的种类和作用是什么？

17. 砌筑砂浆的组成材料各有何要求？

18. 烧结砖如何划分质量等级？

19. 对比水泥、混凝土、砂浆、砖的强度等级表示方法和测定（见表 1-44）。

表 1-44　　　　对比水泥、混凝土、砂浆、砖的强度等级表示方法和测定

材料品种	划分等级依据	试件尺寸	表示方法	强度等级
水泥				
混凝土				
砂浆				
砖				

20. 抹灰砂浆分层施工法各层作用及要求是什么？

21. 低碳钢拉伸的四阶段是什么？各自的特点是什么？各种指标是什么？

22. 钢材试件直径 10mm，标距 50mm，屈服荷载为 21kN，钢筋的极限荷载为 38kN，拉断后拼合标距 68mm，颈缩部位直径 6.4mm，计算屈服强度、抗拉强度、伸长率 δ_5、断面收缩率 ϕ。

23. 不同品种钢材的表示方法？Q235-BF、Q345-C、45Mn、20CrNi3 的含义是什么？

24. 热轧钢筋如何划分牌号？

25. 木材的各种强度之间有什么关系？

26. 木材防腐和防火的措施有哪几个？

27. 石油沥青的三个基本性质及其指标是什么？

28. SBS 卷材、APP 卷材、三元乙丙卷材性质上的主要区别是什么？

29. 大理石和花岗岩的区别是什么？

30. 平板玻璃的种类有哪些？

31. 金属装饰板的种类有哪些？

32. 热塑性塑料和热固性塑料的区别是什么？

33. 常用的建筑塑料有哪些？主要应用有哪些？

第2章

建 筑 力 学 知 识

2.1 力的基本知识及平面力系的应用

2.1.1 力的基本知识

1. 力的概念

在长期的生产实践中，人们通过观察和分析，逐步形成并建立了力的概念。例如，手拉弹簧，弹簧伸长，同时手也会感到弹簧的强烈作用；桥在车辆的作用下发生弯曲变形等。无数的现象都反映出了力的特征，即力是物体间相互的机械作用，这种作用会使物体的运动状态发生变化（外效应）或使物体发生变形（内效应）。

实践证明，力对物体的作用效果取决于三个要素，即力的大小、方向和作用点（作用线），其中任何一个要素发生改变，力的作用效果就会改变。所以，在描述一个力时，必须全面表明力的三个要素。

力是一个有大小和方向的量，所以力是矢量，通常用一带箭头的线段来表示，称为力的图示。线段的长度（按预先选定的比例）表示力的大小；方向由线段的方位和箭头的指向来表示；作用点由线段的起点或终点表示。如图 2 - 1 所示的力 F。

一般用黑体字母 **F** 表示力矢量，明体字母 F 只表示力矢量的大小。

2. 静力学公理

公理 1 力的平行四边形公理

作用于物体上同一点的两个力 F_1 和 F_2，可以合成为一个合力 F_R，合力的作用点也在该点，合力的大小和方向由这两个力为边构成的平行四边形的对角线表示，如图 2 - 2 所示。

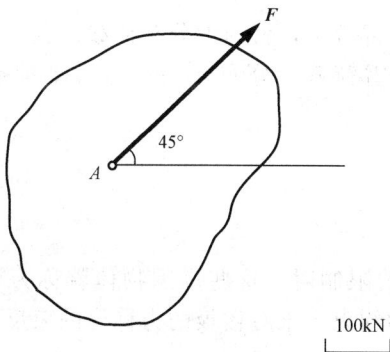

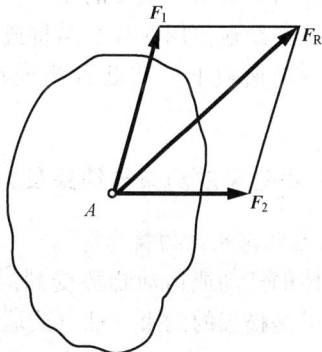

图 2 - 1 力是矢量	图 2 - 2 力的平行四边形示意图

公理 2　作用力与反作用力公理

两物体间的作用力与反作用力，总是大小相等，方向相反，沿同一直线并分别作用于两个物体上。

公理 3　二力平衡公理

作用在同一刚体上的两个力，使刚体处于平衡的必要和充分条件是：这两个力大小相等，方向相反，且在同一直线上。这个公理说明了一个物体在两个力作用下处于平衡状态时应满足的条件。

实际工程中把只受两个力作用而平衡的构件称为二力构件，若其为直杆，则称为二力杆。

应当注意，作用力与反作用力与二力平衡力的区别，前者作用于两个不同的物体上，后者作用于同一个物体上。

公理 4　加减平衡力系公理

在已知力系上加上或减去任意的平衡力系，并不改变原力系对刚体的作用效果。

推论　力的可传性原理

作用在刚体上某点的力，可以沿着它的作用线移动到刚体内任一点，而不改变该力对刚体的作用效果。

生活中，推车和拉车可以得到相同的效果。如图 2-3 所示。

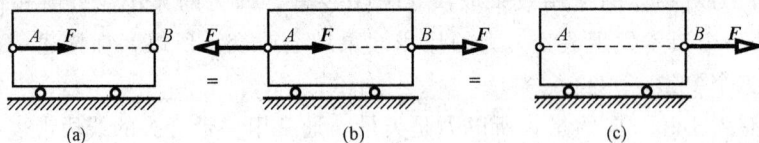

图 2-3　力的可传性示意图

由力的可传性原理可知，对于刚体来说，力的作用点已被作用线所取代，所以，力的三要素可改为力的大小、方向和作用线。

3. 荷载的分类

荷载按作用范围分为集中荷载和分布荷载

如果荷载作用在结构上的面积与结构的尺寸相比很小，就叫做集中荷载。如屋架和梁对柱子或墙的压力，次梁对主梁的压力等。

如果荷载连续地作用在整个结构或结构的一部分上，就叫做分布荷载。

分布在一定面积上的荷载称为面荷载，如雪荷载。分布在一条直线上的荷载称为线荷载。

2.1.2　工程中常见的约束与约束反力

1. 约束与约束反力的概念

一个物体的运动或运动趋势受到周围物体的限制时，这些周围物体就称为该物体的约束。例如，梁是楼板的约束，柱（或墙）是梁的约束。梁对楼板的力称为约束反力，简称反力。约束反力的方向总是与该约束所能限制的运动方向相反。

2. 工程中几种常见的约束及其约束反力

（1）柔体约束。柔软的绳索、链条、皮带等用于阻碍物体的运动时，称为柔体约束。由于柔体本身只能承受拉力,所以柔体约束只能限制物体沿柔体中心线且离开柔体的运动。因此,柔体约束对物体的约束反力是:通过接触点、沿柔体中心线且背离物体的拉力。常用字母 T 表示,如图2-4所示。

(2)光滑接触面约束。当物体在接触处的摩擦很小,可以略去不计时,就是光滑接触面约束。这种约束只能限制物体沿接触面公法线且指向被约束物体的运动。因此,光滑接触面约束对物体的约束反力是:作用于接触点处,沿接触面的公法线,并指向被约束的物体的压力,常用字母 N 表示,如图2-5所示。

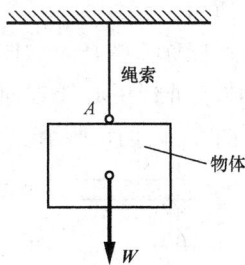

图2-4 柔体约束及受力图示

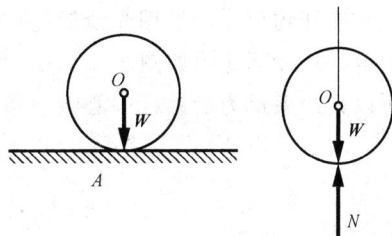

图2-5 光滑接触面约束及受力图示

(3)圆柱铰链约束。圆柱铰链简称铰链,由一个圆柱形销钉插入两个物体的圆孔中构成如图2-6(a)所示。常见的铰链如门窗用的合页。这种约束只能限制物体在垂直于销钉轴线平面内任意方向的相对移动,而不能限制物体绕销钉的转动。所以,圆柱铰链的约束反力是在垂直于销钉轴线的平面内并通过销钉中心,而方向未定,如图2-6(b)所示。圆柱铰链的简图如图2-6(c)所示。圆柱铰链的约束反力可以用一个大小与方向均未知的力表示,也可用两个相互垂直的未知分力来表示,如图2-6(d)所示。

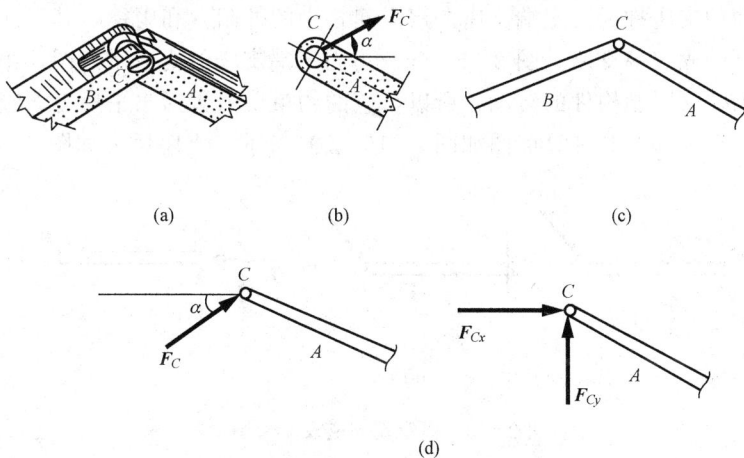

(a)   (b)   (c)

(d)

图2-6 圆柱铰链约束及受力图示

(4)固定铰支座。工程上将构件连接在墙、柱、基础等支承物上的装置称为支座。将构件用光滑的圆柱形销钉与支座相连,并将支座固定在支承物上,就构成了固定铰支座,如图2-7(a)所示。

它可以限制构件沿某些方向的移动,不能限制构件绕销钉的转动,其计算简图如图2-7(b)、(c)所示。这种约束的特点与圆柱铰链完全相同,其约束反力如图2-7(d)、(e)所示。与支座这种特殊约束对应的反力，习惯上称为支座反力。

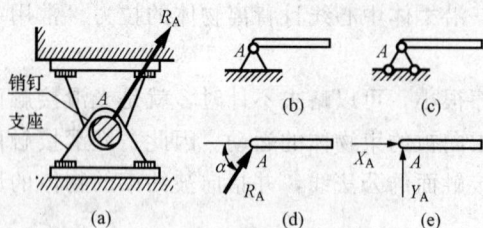

图 2-7　固定铰支座及受力图示

（5）可动铰支座。在固定铰支座下面加几个辊轴支承于平面上，就构成了可动铰支座。如图 2-8（a）所示。这种支座只能限制构件沿垂直于支承面方向的移动。所以，可动铰支座的支座反力通过销钉中心，且垂直于支承面，指向未定。其计算简图如图 2-8（b）所示，支座反力如图 2-8（c）所示。

（6）连杆约束。两端用光滑铰链与其他物体相连而不计自重的直杆称为链杆，如图 2-9（a）所示，其计算简图如图 2-9（b）所示。这种约束只能限制物体沿链杆中心线方向的运动，所以其约束反力沿链杆中心线，指向未定。链杆的约束反力如图 2-9（c）所示。

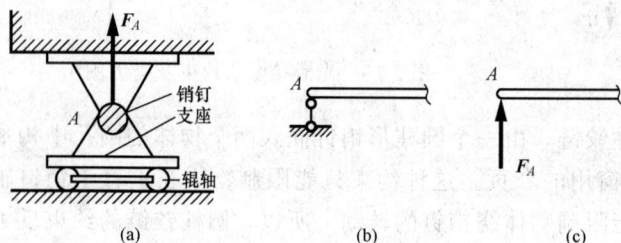

图 2-8　可动铰支座及受力图示

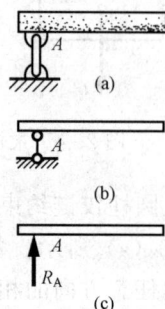

图 2-9　连杆约束及受力图示

（7）固定端支座。把构件和支承物完全连接为一体，构件在固定端既不能沿任意方向移动，也不能转动的支座称为固定端支座。房屋建筑中的外阳台和雨篷，其嵌入墙身的挑梁的嵌入端就是典型的固定端支座。图 2-10（a）为固定端支座的构造示意图，由于这种支座既限制构件的移动，又限制构件的转动，所以，它的约束反力包括水平反力、竖向反力和一个阻止转动的约束反力偶。其计算简图如图 2-10（b）所示，支座反力如图 2-10（c）所示。

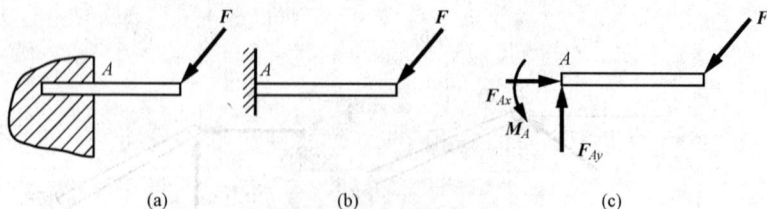

图 2-10　固定端支座及受力图示

2.1.3　物体的受力图

在工程实际中，通常是几个物体或构件相互联系，形成一个系统。例如，板放在梁上，梁支承在柱子上，柱子支承在基础上，形成了房屋的传力系统。因此，进行受力分析时，首先要明确研究对象，并将它从周围的物体中分离出来，被分离出来的研究对象叫分离体（或脱离体）。在分离体上画出周围物体对它的全部作用力（包括主动力和约束反力），这样的图形叫做受力图。

画受力图的一般步骤是：先画出研究对象的简图，再将已知的主动力画在简图上，然后在各相互作用点上画出相应的约束反力。

[例 2-1]　如图 2-11（a）所示，梁 AB 受荷载 F 作用，A 端为固定铰支座，B 端为链杆，梁的自重不计，画出梁 AB 的受力图。

解：（1）取梁 AB 为研究对象，画出梁 AB 的分离体。

（2）按已知条件画出主动力 F。

（3）A 处为固定铰支座，用两个互相垂直的未知力 F_{Ax}、F_{Ay} 表示，B 处为链杆支座，它的反力沿链杆轴线，指向假设。梁 AB 的受力图如图 2-11（b）所示。

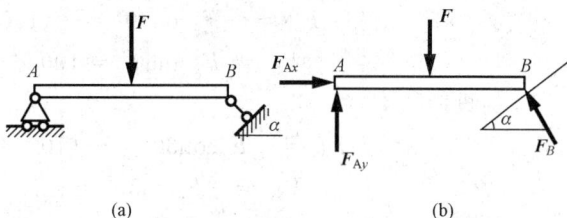

图 2-11　[例 2-1] 题图

2.1.4　平面力系的合成与平衡

1. 力系分类概述

作用在物体上的一群力称为力系。按力系中各力作用线在空间的分布状况，力系分为空间力系和平面力系。各力的作用线都在同一平面内的力系，称为平面力系。各力的作用线不全在同一平面内的力系，则称为空间力系。

本书中，我们以讨论平面力系为主，平面力系按照各力作用线的相对位置可分为三类：

（1）平面汇交力系。在同一平面内，各力的作用线全都汇交于一点的力系。

（2）平面平行力系。在同一平面内，各力的作用线全都互相平行的力系。

（3）平面一般力系。在同一平面内，各力的作用线任意分布的力系，又称为平面任意力系。

2. 平面汇交力系的合成

力在直角坐标轴上的投影。从力 F 的始端 A 和末端 B 分别向某一选定的坐标轴作垂线，从两垂线在坐标轴上所截取的线段 ab（$a'b'$）加上正号或者负号即表示该力在坐标轴上的投影，如图 2-12 表示。当从力的始端的投影到终端的投影方向与坐标轴的正向一致时，该投影取正值；反之，取负值。

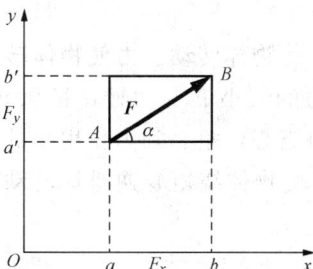

图 2-12　力在直角坐标
轴上的投影

力的投影数值可用下式计算。

$$\left.\begin{array}{l} F_x = \pm F\cos\alpha \\ F_y = \pm F\sin\alpha \end{array}\right\} \qquad (2-1)$$

[例 2-2]　试分别求图 2-13 中各力在 x 轴和 y 轴上的投影。已知各力大小均为 100N，各力的方向如图 2-13 所示。

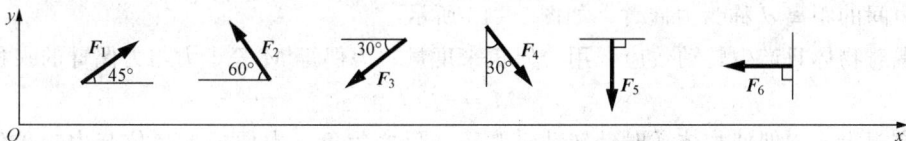

图 2-13　[例 2-2] 题示意图

解： 由式（2-1）可得出各力在 x，y 轴上的投影为

F_1 的投影

$$F_{1x} = F_1 \cos 45° = 100 \times 0.707 = 70.7 \text{kN}$$
$$F_{1y} = F_1 \sin 45° = 100 \times 0.707 = 70.7 \text{kN}$$

F_2 的投影

$$F_{2x} = -F_2 \cos 60° = -(100 \times 0.5) = -50 \text{kN}$$
$$F_{2y} = F_2 \sin 60° = 100 \times 0.866 = 86.6 \text{kN}$$

F_3 的投影

$$F_{3x} = -F_3 \cos 30° = -(100 \times 0.866) = -86.6 \text{kN}$$
$$F_{3y} = -F_3 \sin 30° = -100 \times 0.5 = -50 \text{kN}$$

F_4 的投影

$$F_{4x} = F_4 \cos 60° = 100 \times 0.5 = 50 \text{kN}$$
$$F_{4y} = -F_4 \sin 60° = -100 \times 0.866 = -86.6 \text{kN}$$

F_5 的投影

$$F_{5x} = 0$$
$$F_{5y} = -F_5 = 100 \text{kN}$$

F_6 的投影

$$F_{6x} = -F_6 = -100 \text{kN}$$
$$F_{6y} = 0$$

3. 平面汇交力系的平衡条件

平面汇交力系平衡的条件是：力系中所有各力在两个坐标轴上投影的代数和分别等于零。用公式表示为

$$\left. \begin{array}{l} \sum F_x = 0 \\ \sum F_y = 0 \end{array} \right\} \tag{2-2}$$

式（2-2）称为平面汇交力系的平衡方程。这是两个独立的方程，可以求解两个未知量。

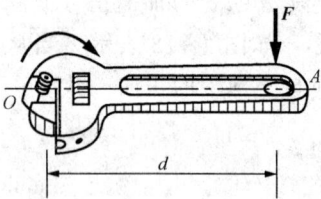

图 2-14　力对点的矩

4. 力对点的矩的概念

力不仅能使物体移动，还能使物体转动。力使物体转动的效应用力矩来度量，它等于力的大小 F 与力臂 d 的乘积。如图 2-14 所示。转动中心 O 叫矩心，矩心到力作用线的垂直距离叫力臂 d。一般规定：力使物体绕矩心逆时针转动为正，反之为负，即

$$M_O(F) = \pm Fd \tag{2-3}$$

5. 力偶及其基本性质

（1）力偶。由大小相等、方向相反、作用线平行的两个力构成的力系，称为力偶。力偶的两个力间的距离 d 称为力偶臂，如图 2-15 所示。

力偶对物体只产生转动效应，用力偶矩来度量。力偶矩 M 等于力与力偶臂的乘积。

$$M = \pm Fd \tag{2-4}$$

通常规定：力偶使物体逆时针转动时为正，反之为负。力偶矩的单位与力矩单位相同，也是 N·m 或 kN·m。

力偶可以用等值、反向、平行的两个力表示，如图 2-15 所示，也可以用一带箭头的弧线表示，如图 2-16 所示。

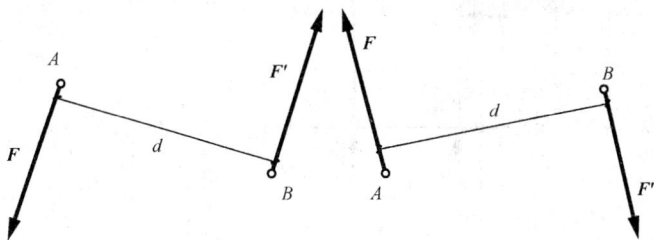

图 2-15　力偶用等值反向、平行的两个力来表示

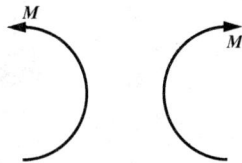

图 2-16　力偶用两个带箭头的
弧线来表示

（2）力偶的基本性质。

1）力偶在任一轴上的投影恒为零。

2）力偶不能与力等效，力偶只能与力偶等效或平衡。

3）力偶对其作用平面内任一点之矩恒等于力偶矩，而与矩心位置无关。

6. 平面一般力系的平衡

平面一般力系的平衡条件为：力系中所有各力在两个坐标轴上投影的代数和都等于零，而且力系中所有各力对任一点的力矩的代数和也等于零，用公式表示为

$$\left.\begin{array}{l} \sum F_x = 0 \\ \sum F_y = 0 \\ \sum m_O(F) = 0 \end{array}\right\} \tag{2-5}$$

式（2-5）称为平面一般力系平衡方程的基本形式，当物体在平面一般力系的作用下平衡时，可用三个独立的平衡方程求解三个未知量。

除了式（2-5）这种基本形式外，还可将平衡方程表示为二力矩形式或三力矩形式。

二力矩形式的平衡方程

$$\left.\begin{array}{l} \sum F_x = 0 \\ \sum M_A(F) = 0 \\ \sum M_B(F) = 0 \end{array}\right\} \tag{2-6}$$

式中，投影轴 x 不可与 A、B 两点连线垂直。

三力矩形式的平衡方程

$$\left.\begin{array}{l} \sum M_A(F) = 0 \\ \sum M_B(F) = 0 \\ \sum M_C(F) = 0 \end{array}\right\} \tag{2-7}$$

式中，A、B、C 三点不共线。

[例 2-3]　刚架受荷载及支承情况如图 2-17（a）所示。已知 $F_P = 6\text{kN}$，$M = 3\text{kN} \cdot \text{m}$，刚架自重不计，求支座 A、B 的反力。

解：取刚架为研究对象，画其受力图如图 2-17（b）所示。

由 $\sum F_x = 0$ 得

$$F_P + F_{Ax} = 0$$

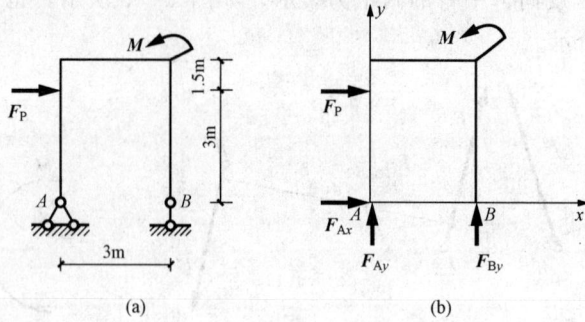

图 2-17 ［例 2-3］题图

$$F_{Ax} = -F_P = -6kN(\leftarrow)$$

由 $\sum M_A(F) = 0$ 得

$$F_{By} \times 3m + M - F_P \times 3m = 0$$

$$F_{By} = \frac{3 \times 6 - 3}{3} = 5kN(\uparrow)$$

由 $\sum F_y = 0$ 得

$$F_{Ay} + F_{By} = 0$$

$$F_{Ay} = -F_{By} = -5kN(\downarrow)$$

本题中，计算结果为负，说明力的实际指向与假设指向相反，在答案后面的括号内应标注出实际指向。

2.2 杆件内力分析

2.2.1 杆件的强度、刚度和稳定性

1. 基本概念

为了保证建筑结构安全、正常地工作，我们必须保证组成结构的每个构件都安全、可靠，能够承担相应的荷载，即构件要满足承载能力的要求。构件的承载能力主要包括以下三个方面：

（1）强度。强度是构件抵抗破坏的能力。

（2）刚度。刚度是构件抵抗变形的能力。

（3）稳定性。稳定性是构件保持原有平衡状态的能力。

2. 杆件的几何特征

杆件是长度方向的尺寸远大于其另外两个方向尺寸的构件。如房屋中的梁、柱，都可视为杆件。通常，将垂直于杆件长度方向的截面称为横截面（断面），各横截面形心的连线称为杆件的轴线。

3. 杆件变形的基本形式

工程中，杆件在不同形式的外力作用下，将产生不同形式的变形。经研究发现，杆件变形的基本形式有以下四种。

（1）轴向拉伸或轴向压缩。

受力特点：外力或合外力的作用线与杆轴线重合。

变形特点：杆件主要沿轴向伸长或缩短，如图 2-18 所示。

（2）剪切。

受力特点：反向外力垂直于杆件轴线并相互平行、相距很近。

变形特点：两外力间的截面沿外力方向产生相对错动，如图 2-19 所示。

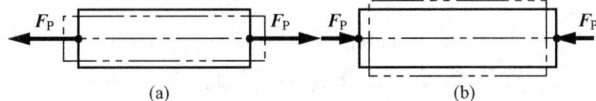

图 2-18　轴向拉伸或压缩示意图

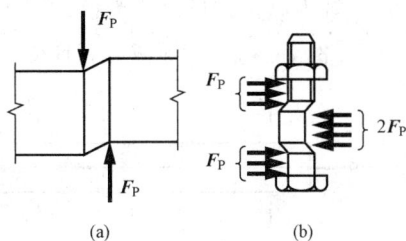

图 2-19　剪切示意图

（3）扭转。

受力特点：外力偶作用在垂直于杆件轴线的平面内。

变形特点：外力偶间的横截面绕轴线发生相对转动，如图 2-20 所示。

（4）平面弯曲。

受力特点：垂直于轴线的外力都在同一纵向对称面内。

变形特点：杆轴线由直线变成平面曲线，如图 2-21 所示。

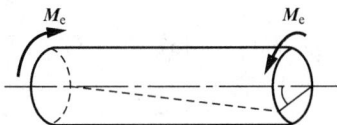

图 2-20　扭转示意图

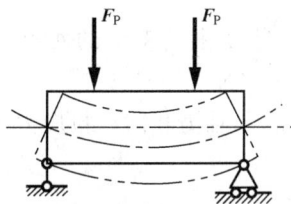

图 2-21　平面弯曲示意图

4．内力和应力的概念

（1）内力的概念。杆件在外力作用下会产生变形。变形时，杆件内部各质点之间的相对位置发生变化，从而使各部分之间产生相互作用力，这种内部的相互作用力称为内力。可见内力由外力作用而产生，且随外力增大而增大，而杆件所能承受的内力有一定限度，当内力超过这一限度杆件就会破坏。所以，为了保证杆件能够安全、正常地工作，在使用过程中要求杆件具有足够的抵抗破坏的能力，即具有足够的强度。

（2）应力的概念。杆件在外力作用下会产生变形和内力，由于杆件材料是连续的，所以内力连续分布在整个截面上。分布内力在一点处的集度，称为这一点的应力。应力的大小反映了截面上某点分布内力的强弱程度。如应力垂直于截面，称为正应力，用 σ 表示；如应力相切于截面，称为切应力，用 τ 表示。

在国际单位制中应力的单位常用 Pa（帕）或 MPa（兆帕）。

$$1Pa=1N/m^2 \quad 1MPa=1N/mm^2 \quad 1MPa=10^6Pa$$

2.2.2 轴向拉伸和轴向压缩

1. 轴向拉（压）杆的内力——轴力

拉杆或压杆在外力作用下会产生作用线与杆轴相重合的内力，称为轴力。用符号 F_N 表示。其单位为 N（牛顿）或 kN（千牛顿）。

轴力在数值上等于该截面任意一侧所有外力沿杆轴方向投影的代数和。外力背离截面时，轴力取正；反之，为负。

[例 2-4] 一等截面直杆受力如图 2-22 所示，试求 1—1、2—2 截面上的内力。

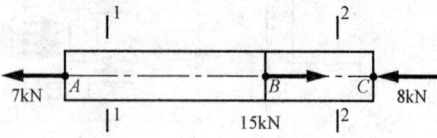

图 2-22 [例 2-4] 题图

解：1—1 截面上的轴力

看 1—1 截面左侧：$F_{N1} = 7kN$

看 1—1 截面右侧：$F_{N2} = 15 - 8 = 7kN$

计算结果说明，无论看左侧还是右侧所得结果相同，为了使计算简单，经常取外力少的一侧进行计算。

2—2 截面上的轴力

$$F_{N2} = -8kN$$

2. 轴向拉（压）杆的应力

轴向拉（压）杆横截面上只有一种应力——正应力，它与杆件的横截面垂直，并且正应力在横截面上是均匀分布的，所以轴向拉（压）杆横截面上正应力的计算公式为

$$\sigma = \frac{F_N}{A} \tag{2-8}$$

式中 A——拉（压）杆横截面的面积（m^2）；

F_N——轴力（N）。

正应力的符号与轴力相同，拉应力为正，压应力为负。由式（2-8）计算的应力经常叫做工作正应力。

3. 应变的概念

杆件在受到轴向拉力或轴向压力作用时将主要产生沿轴线方向（纵向）的伸长或缩短变形，这种沿纵向的变形习惯上称之为纵向变形，将与杆轴线相垂直方向的变形称为横向变形。

图 2-23 所示正方形截面杆，受轴向力作用，产生轴向拉伸或压缩变形，设杆件变形前的长度为 l，其横截面边长为 a，变形后的长度为 l_1，横截面边长为 a_1。

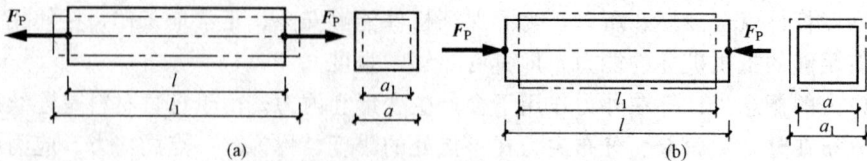

图 2-23 正方形截面杆的轴向拉伸或压缩变形

纵向变形量：$\Delta l = l_1 - l$，拉伸时为正，压缩时为负，其单位为 m 或 mm。

为说明杆件的变形程度，将杆件的纵向变形 Δl 除以杆的原长 l 得到杆件单位长度的纵

向变形，即

$$\varepsilon = \frac{\Delta l}{l} \qquad (2-9)$$

ε 称为纵向线应变，简称线应变。ε 的正负号与 Δl 相同，是一个无量纲的量。

试验表明：工程中使用的大部分材料都有一个弹性范围，在弹性范围内（即满足 $\sigma < \sigma_p$ 时），应力与应变成正比，用公式表示为

$$\sigma = E\varepsilon \qquad (2-10)$$

这一关系式是英国科学家胡克首先提出的，所以称为胡克定律。

2.2.3　梁的内力——剪力和弯矩

1. 梁的类型

通常根据支座情况将单跨静定梁分为三种基本形式。

（1）简支梁。一端为固定铰支座，另一端为可动铰支座的梁，如图 2-24（a）所示。

（2）外伸梁。梁身的一端或两端伸出支座的简支梁，如图 2-24（b）所示。

（3）悬臂梁。一端为固定端支座，另一端为自由端的梁，如图 2-24（c）所示。

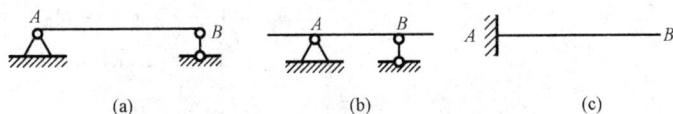

图 2-24　单跨静定梁的三种形式

2. 梁的内力

梁在外力作用下会产生与横截面相切的内力 Q 及作用面与横截面相垂直的内力偶矩 M，我们分别称之为剪力和弯矩。如图 2-25 所示。

3. 剪力、弯矩正负号规定

当截面上的剪力 Q 使所研究的梁段有顺时针方向转动趋势时，剪力为正；反之，为负。如图 2-26（a）所示。

当截面上的弯矩 M 使所研究的水平梁段产生向下凸的变形时（即该梁段的下部受拉，上部受压）弯矩为正，产生向上凸的变形时（即该梁段的上部受拉，下部受压）弯矩为负。如图 2-26（b）所示。

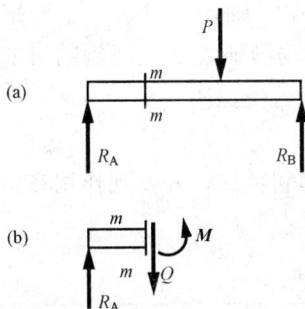

图 2-25　剪力正负号图示

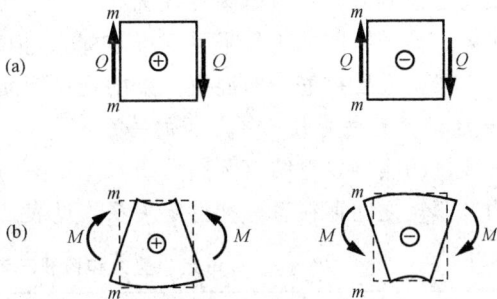

图 2-26　剪力弯矩图示

4. 剪力和弯矩的计算

梁内任一截面上的剪力 Q 在数值上等于该截面一侧（左侧或右侧）梁段上所有外力在平行于剪力方向投影的代数和。

截面左侧梁上所有向上的外力取正号，向下的外力取负号，右侧梁相反。简称：左上右下正，反之为负。由于力偶在任何坐标轴上的投影都等于零，因此作用在梁上的力偶对剪力没有影响。

梁内任一截面上的弯矩 M 等于该截面一侧（左侧或右侧）所有外力对该截面形心取力矩的代数和。

左侧梁段上的外力对截面形心的力矩为顺时针转向时取正号，逆时针转向时取负号；右侧梁相反。简称：左顺右逆正，反之为负。

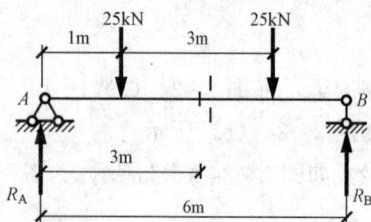

图 2-27 [例2-5] 题图

[例2-5] 简支梁受力如图2-27所示，求1—1截面上的剪力和弯矩。

解：（1）求支座反力。以梁整体为研究对象，列平衡方程

由 $\sum M_A = 0$ 得

$$-25 \times 1 - 25 \times 4 + R_B \times 6 = 0$$
$$R_B = 21\text{kN}(\uparrow)$$

由 $\sum F_y = 0$ 得

$$R_A + R_B - 25 - 25 = 0$$
$$R_A = 29\text{kN}(\uparrow)$$

（2）计算1—1截面的内力。看着1—1截面左侧直接写内力

$$Q_1 = R_A - 25 = 29 - 25 = 4\text{kN}$$
$$M_1 = R_A \times 3 - 25 \times 2 = 29 \times 3 - 25 \times 2 = 37\text{kN}$$

2.2.4 梁的内力图——剪力图和弯矩图

为了了解内力在全梁范围内的变化情况，通常用平行于梁轴的横坐标表示梁横截面的位置，垂直于梁轴的纵坐标表示相应横截面上的剪力或弯矩，按一定比例画出的图形，分别叫做剪力图和弯矩图，即梁的内力图。

在建筑工程中，习惯上把正剪力画在 x 轴的上方，负剪力画在 x 轴的下方；而把弯矩图画在梁的受拉侧（即正弯矩画在 x 轴的下方，负弯矩画在 x 轴的上方，由于弯矩图画在梁的受拉侧，故弯矩图的正负号可标可不标）。把弯矩图画在梁轴线受拉一侧的目的，是便于在混凝土梁中配置钢筋，即混凝土梁的受拉钢筋配置在梁的受拉侧。

1. 弯矩、剪力和荷载三者之间的关系

通过大量的实例，总结出了剪力图和弯矩图的一些规律和特征，并发现作用在梁上的荷载与剪力、弯矩之间存在着一种特定关系，见表2-1。

表2-1 弯矩、剪力和荷载三者之间的关系

序号	梁段上荷载情况	剪力图形状或特征	弯矩图形状或特征	说明
1	无均布荷载（$q=0$）	剪力图为平行线	弯矩图为斜直线或平行线	平行线是指与 x 轴平行的直线，斜直线是指与 x 轴斜交的直线

序号	梁段上荷载情况	剪力图形状或特征	弯矩图形状或特征	说明
2	有均布荷载	剪力图为斜直线	弯矩图为二次抛物线在 $Q=0$ 处，M 有极值	抛物线的凸向与均布荷载的指向一致
3	集中力作用处	剪力图出现突变	弯矩图出现尖角	·剪力突变的数值等于集中力的大小 ·弯矩图尖角的方向与集中力的指向一致
4	集中力偶作用处	剪力图无变化	弯矩图出现突变	弯矩突变的数值等于集中力偶的力偶矩大小

2. 用简捷法绘制梁的剪力图和弯矩图

（1）求支座反力。对于悬臂梁由于其一端为自由端，所以可以不求支座反力。

（2）将梁进行分段。梁的端截面、集中力、集中力偶的作用截面、分布荷载的起止截面都是梁分段时的界限截面。

（3）由各梁段上的荷载情况，根据规律确定其对应的剪力图和弯矩图的形状。

（4）确定控制截面，求控制截面的剪力值、弯矩值，并作图。

[例 2-6]　用简捷法作图 2-28（a）所示外伸梁的剪力图和弯矩图。

解：（1）求支座反力。

由 $\sum M_A = 0$ 得

$$R_B \times 4m - 20 \times 2m - 4 \times 2m \times 5m = 0$$

$$R_B = 20kN(\uparrow)$$

由 $\sum F_y = 0$ 得

$$R_A + R_B - 20 - 4 \times 2 = 0$$

$$R_A = 8kN(\uparrow)$$

（2）将梁分段。根据梁上外力情况分为三段：AC 段、CB 段、BD 段。

（3）由各段梁上的荷载情况，根据规律确定其对应的剪力图和弯矩图形状，见表 2-2。

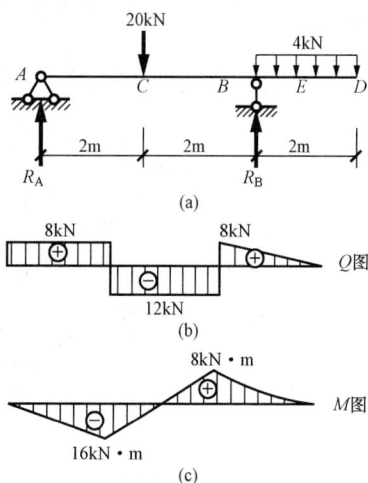

图 2-28　[例 2-6] 题图

表 2-2　　　　　　　　各梁段的剪力图和弯矩图形状

梁段名称	剪力图形状	弯矩图形状
AC 段	水平直线	斜直线
CB 段	水平直线	斜直线
BD 段	斜直线	下凸抛物线

（4）确定控制截面，求控制截面的剪力值、弯矩值，见表2-3，并作图，如图2-28（b）、（c）所示。

表2-3　　　　　　　　　　　各梁段的剪力控制值和弯矩控制值

梁段	剪力控制值		弯矩控制值		
AC段	$Q_{A右}=8kN$		$M_{A右}=0$	$M_{C左}=16kN\cdot m$	
CB段	$Q_{C右}=-12kN$		$M_{C右}=16kN\cdot m$	$M_{B左}=-8kN\cdot m$	
BD段	$Q_{B右}=8kN$	$Q_D=0$	$M_{B右}=-8kN\cdot m$	$M_D=0$	$M_E=-2kN\cdot m$

2.2.5　超静定结构的弯矩图

1. 两端均为固定端支座的梁

图2-29（a）所示两端均为固定端支座的梁是超静定梁，在竖直向下的荷载作用下，其变形曲线如图2-29（b）所示。可以判断：梁在两端产生上部受拉的弯矩；跨中区段产生下部受拉的弯矩。在均布荷载作用下，根据弯矩图形的规律，其弯矩图是一条下凸的二次抛物线，如图2-29（c）所示；在集中荷载的作用下，如图2-29（d）所示，其弯矩图如图2-29（e）所示。弯矩图形在集中力作用的截面发生转折，而在无荷载作用区的图形为斜直线。

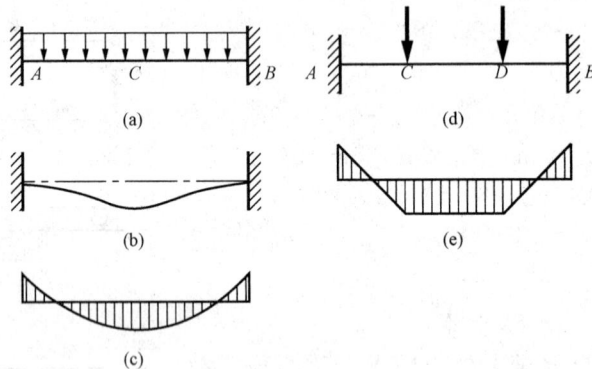

图2-29　两端均为固定端支座的梁的弯矩图

2. 连续梁

如图2-30（a）所示连续梁是超静定结构，在竖向均布荷载作用下的变形曲线如图2-30（b）所示。可以判断：连续梁在中间支座处均产生上部受拉的负弯矩；而在每跨的跨中区段则产生下部受拉的正弯矩。在均布荷载作用下连续梁的弯矩图，是一列下凸的二次抛物线，如图2-30（c）所示；在集中荷载作用下的弯矩图形为折线，如图2-30（d）所示。

3. 超静定刚架

在定性画超静定刚架的弯矩图时，可首先判断刚架中横杆的变形情况，再根据弯矩图的规律，其弯矩图形就可大体确定。例如，图2-31（a）中的超静定刚架：在竖直向下的荷载

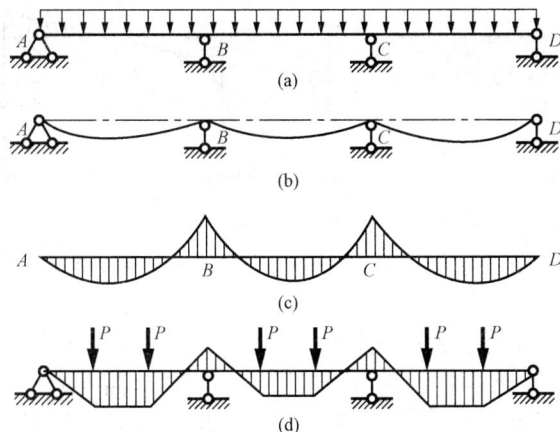

图 2 - 30 连续梁的弯矩图

作用下，横杆 BC 的变形与一根两端固定的梁相似，变形图如图 2 - 31（b）所示，所以横杆的弯矩图与两端固定的梁相似；在刚节点 B、C 处，横杆与竖杆的弯矩值应相等，且受拉边在同一侧，所以，竖杆上 B、C 两截面的弯矩值可以确定，且为外侧受拉；在竖杆 BA、CD 上均无横向荷载作用，它们的弯矩图均为斜直线，两支座 A、D 是内侧受拉的弯矩，如图 2 - 31（c）所示，这一结果与刚架的变形情况及固定端支座的约束性能均相符。同理，可定性画出该刚架在集中荷载作用下的弯矩图，如图 2 - 31（d）所示。

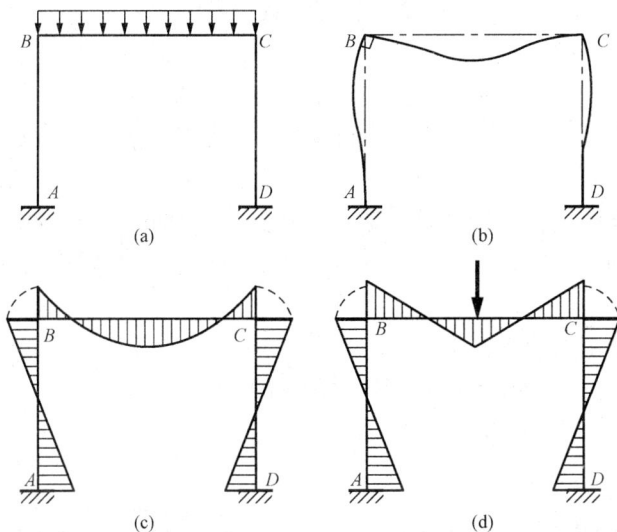

图 2 - 31 超静定刚架在竖向荷载作用下的弯矩图

图 2 - 32（a）中的刚架在水平力 P 作用下，刚节点 C、D 都将发生水平侧移。由于 A、B 两端均为固定支座，不允许截面的移动和转动，就形成了图中的变形曲线。由此可判断出：AC 杆的 A 端产生外侧受拉的弯矩；C 端则为内侧受拉的弯矩。再根据弯矩图的规律，可顺次画出 CD、DB 杆的弯矩图，如图 2 - 32（b）所示。同理，图 2 - 33（a）、（b）中刚架的弯矩图也不难画出。

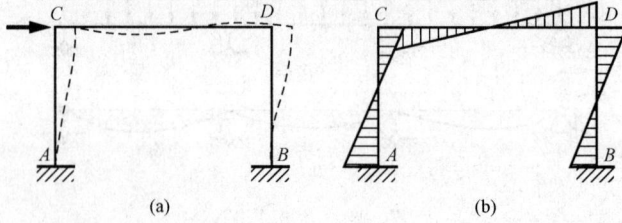

图 2 - 32　超静定刚架在水平力作用下的弯矩图

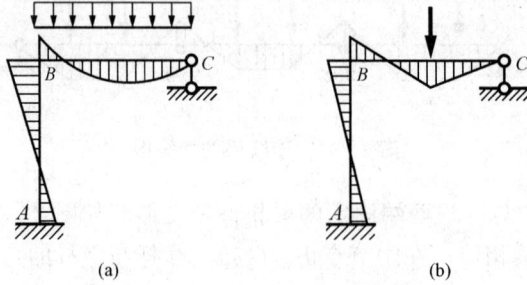

图 2 - 33　刚架的弯矩图

通过以上分析，即可定性画出超静定结构的弯矩图，并大体判断出危险截面。

本 章 练 习 题

1. 工程中常见的三类支座是什么？其约束反力是什么？

2. 二力平衡公理及作用力与反作用力公理的区别是什么？相同点是什么？

3. 根据力的平行四边形公理，合力一定比分力大吗？

4. 如果两个力在同一轴上的投影相等，这两个力的大小一定相等吗？

5. 当力与坐标轴垂直时，力在轴上的投影等于多少？力与轴平行时，力在轴上的投影有等于多少？

6. 力偶在坐标轴上的投影等于多少？

7. 悬臂梁受力如图 2 - 34 所示，求固定端 A 的支座反力。

8. 简支梁受力如图 2 - 35 所示，求支座反力。

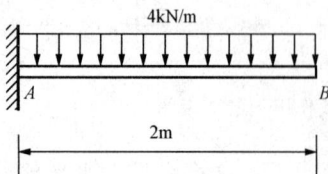

图 2 - 34　题 7 图

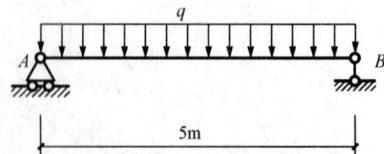

图 2 - 35　题 8 图

9. 图 2 - 36 所示塔式起重机，机身总重 $W = 220kN$，最大起重量 $P = 50kN$，配重为 Q，求：

（1）满载时，起重机不致倾覆的最小配重 Q 值。

（2）空载时，起重机不致倾覆的最大配重 Q 值。

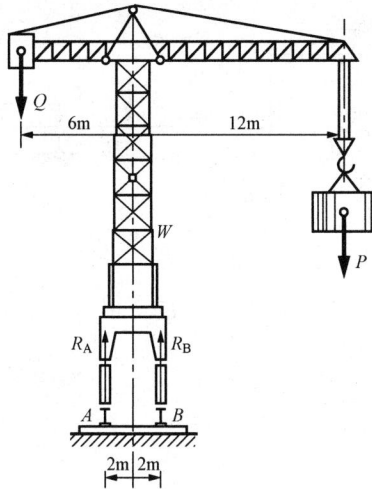

图 2-36　题 9 图

10. 悬臂梁长为 l，自由端受集中力 F 作用，求其最大弯矩值及位置。

11. 简支梁长为 l，跨中受集中力 F 作用，求其最大弯矩值及位置。

12. 简支梁长为 l，满跨受均布荷载 q 作用，求其最大弯矩值及位置。

13. 连续梁在向下的均布线荷载作用下，支座附近及跨中区段弯矩具有什么规律？

14. 求图 2-37 中指定截面的剪力 Q 和弯矩 M。

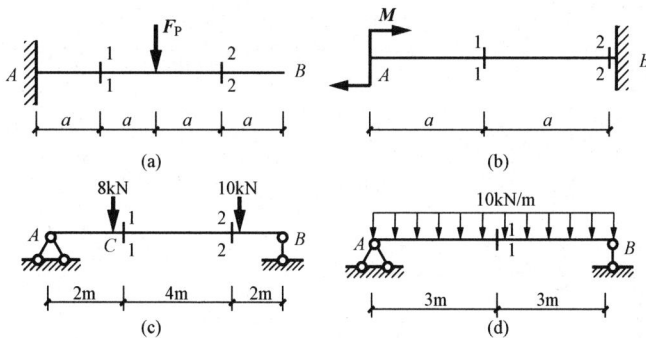

图 2-37　题 14 图

15. 画图 2-38 中梁的剪力图和弯矩图。已知：$F_P = 20\text{kN}$，$q = 10\text{kN/m}$。

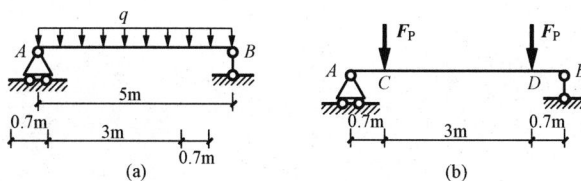

图 2-38　题 15 图

16. 请定性绘出图 2-39 中各超静定结构的弯矩图。

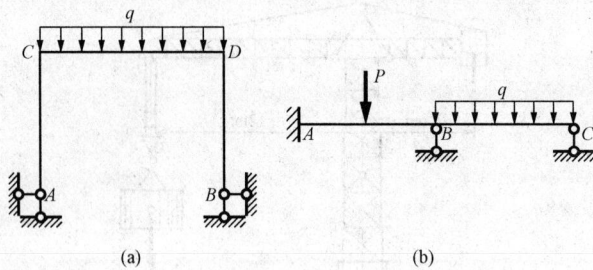

图 2-39 题 16 图

第3章

建 筑 工 程 图 识 读

3.1 熟悉建筑制图标准

为了使工程图统一规范，使图面符合施工要求和便于技术交流，国家对于建筑工程图样的内容、格式、画法、尺寸标注、比例、图例及符号等颁布了统一的规范，如《房屋建筑制图统一标准》（GB/T 50001—2010）、《总图制图标准》（GB/T 50103—2010）和《建筑制图标准》（GB/T 50104—2010）等，以下简称"国标"。

3.1.1 图纸幅面

图纸幅面的基本尺寸规定有五种，其代号分别为 A0、A1、A2、A3 和 A4，见表 3-1。

表 3-1 图框及图框尺寸/mm

幅面尺寸	A0	A1	A2	A3	A4
$B \times L$	841×1189	594×841	420×594	297×420	210×297
C	10			5	
A	25				

3.1.2 比例

比例是指图形大小与实物相对应的线性尺寸之比，它是线段之比而不是面积之比。比例的大与小，是指比值的大与小。比值大于1的比例，称为放大的比例；比值小于1的比例，称为缩小的比例。建筑工程图上常采用缩小的比例，见表 3-2。但不论图形是缩小还是放大，图形尺寸仍应按实物的尺寸数值注写。

表 3-2 建筑工程图选用的比例

常用比例	1:1, 1:2, 1:5, 1:10, 1:20, 1:50, 1:100, 1:200, 1:500, 1:1000
可用比例	1:3, 1:15, 1:25, 1:30, 1:40, 1:60, 1:150, 1:250, 1:300, 1:400, 1:600

3.1.3 尺寸标注

尺寸标注由尺寸界限、尺寸线、起止符号及尺寸数字组成，如图 3-1 所示。其中，尺寸数字单位除建筑总平面图以 m 为单位外，其余一律以 mm 为单位。

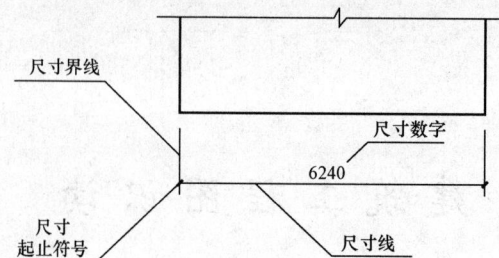

图 3 - 1　尺寸组成

3.2　建筑识图基本知识

3.2.1　熟悉房屋施工图的内容

一套房屋施工图一般有以下施工图构成。

1. 建筑施工图（简称建施）

建筑施工图主要表达建筑物的外部形状、内部布置、装饰构造、施工要求等。这类基本图有施工图首页、建筑总平面图、平面图、立面图、剖面图以及墙身、楼梯、门、窗详图等。

2. 结构施工图（简称结施）

结构施工图主要表达承重结构的构件类型、布置情况以及构造作法等。这类基本图有基础平面图、基础详图、楼层及屋盖结构平面图、楼梯结构图和各构件的结构详图等（梁、柱、板）。

3. 设备施工图（简称设施）

设备施工图主要表达房屋各专用管线和设备布置及构造等情况。这类基本图有给水排水、采暖通风、电气照明等设备的平面布置图、系统图和施工详图。

3.2.2　房屋施工图的有关规定

1. 定位轴线及编号

房屋施工图中的定位轴线是设计和施工中定位、放线的重要依据。

凡承重的墙、柱子、大梁、屋架等构件，都要画出定位轴线并对轴线进行编号，以确定其位置。

对于非承重的分隔墙、次要构件等，有时用附加轴线（分轴线）表示其位置，也可注明它们与附近轴线的相关尺寸，以确定其位置。

（1）定位轴线的画法。定位轴线应用细单点长画线绘制，轴线末端画细实线圆圈，直径为8～10mm。定位轴线圆的圆心，应在定位轴线的延长线或延长线的折线上，且圆内应注写轴线编号，如图3-2所示。

（2）定位轴线的编号。

1）平面图上定位轴线的编号，宜标注在图样的下方与左侧，如图3-2所示。

2）在两轴线之间，有的需要用附加轴线表示，附加轴线用分数编号，如图3-3所示。

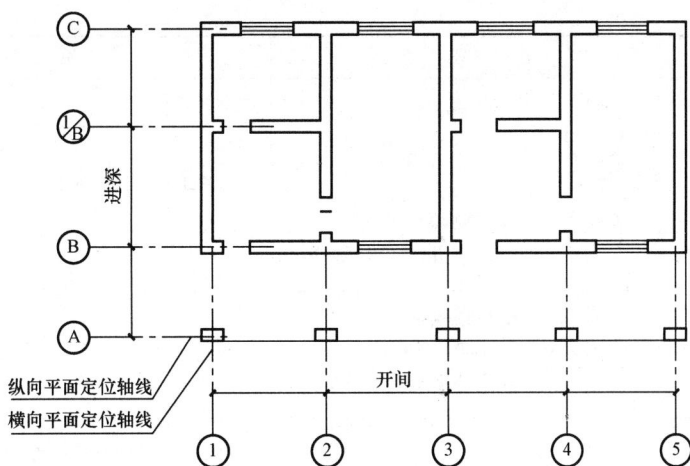

图 3 - 2　定位轴线及编号方法

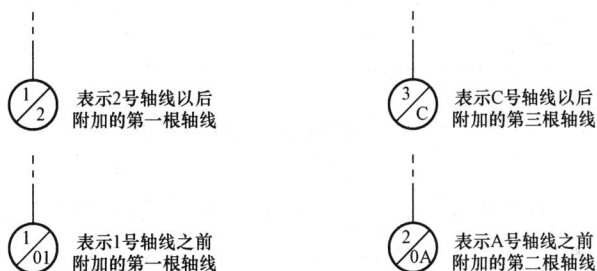

图 3 - 3　附加轴线的编号

3）对于详图上的轴线编号，若该详图同时适用多根定位轴线，则应同时注明各有关轴线的编号，如图 3 - 4 所示。

图 3 - 4　详图的轴线编号

2. 索引符号和详图符号（见表 3 - 3）

表 3 - 3　　　　　　　　　　　　　　索引符号和详图符号

名　称	符　　号	说　　明
详图的索引符号	详图的编号 　详图在本张图纸上 　局部剖面详图的编号 　剖面详图在本张图纸上	细实线单圆圈直径应为 10mm，详图在本张图纸上，剖开后从上往下投影

续表

名称	符号	说明
详图的索引符号	(5)/(4) —— 详图的编号 / 详图所在的图纸编号	详图不在本张图纸上，剖开后从下往上投影
	(5)/(4) —— 局部剖面详图的编号 / 剖面详图所在的图纸编号	
	J103 —— 标准图册编号 / (5)/(4) —— 标准详图编号 / 详图所在的图纸编号	标准详图
详图的符号	(5) —— 详图的编号	粗实线单圆圈直径应为14mm，被索引的在本张图纸上
	(5)/(2) —— 详图的编号 / 被索引的图纸编号	被索引的不在本张图纸上

局部剖切符号中引出线所在的一侧表示剖切后的投影方向。

3. 标高

（1）标高符号。标高符号按图3-5（a）、（b）所示形式用细实线画出。

短横线是需标注高度的界线，长横线之上或之下注出标高数字，如图3-5（c）、（d）所示。

总平面图上的标高符号宜用涂黑的三角形表示，具体画法如图3-5（a）所示。

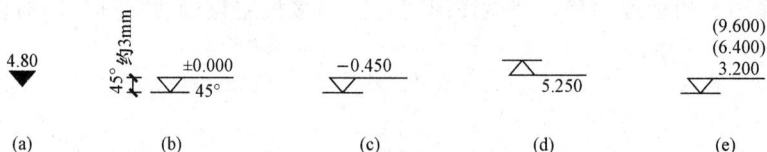

图3-5 符号及标高数字的注写

（a）总平面图标高；（b）零点标高；（c）负数标高；（d）正数标高；（e）一个标高符号标注多个标高数字

（2）标高的分类。

1）相对标高。凡标高的基准面是根据工程需要，自行选定而引出的，称为相对标高。

2）绝对标高。根据我国的规定，凡是以青岛的黄海平均海平面作为标高基准面而引出的标高，称为绝对标高。

3）建筑标高。建筑物及其构配件在装修、抹灰以后表面的相对标高，称为建筑标高。

4）结构标高。建筑物及其构配件在没有装修、抹灰以前表面的相对标高，称为结构标高。

4. 引出线

（1）引出线用细实线绘制，并宜用与水平方向成30°、45°、60°、90°的直线或经过上述角度再折为水平的折线，如图3-6所示。

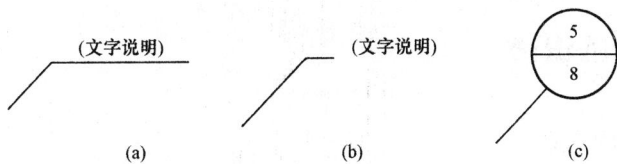

图 3-6　引出线

（2）同时引出几个相同部分的引出线，宜相互平行，也可画成集中于一点的放射线，如图 3-7 所示。

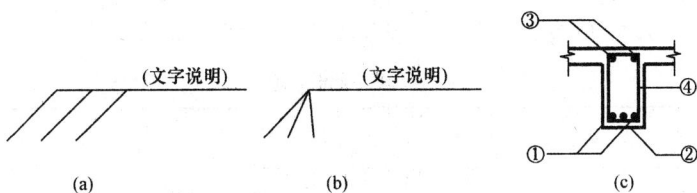

图 3-7　共用引出线

（3）为了对多层构造部位加以说明，可以用引出线表示，如图 3-8 所示。

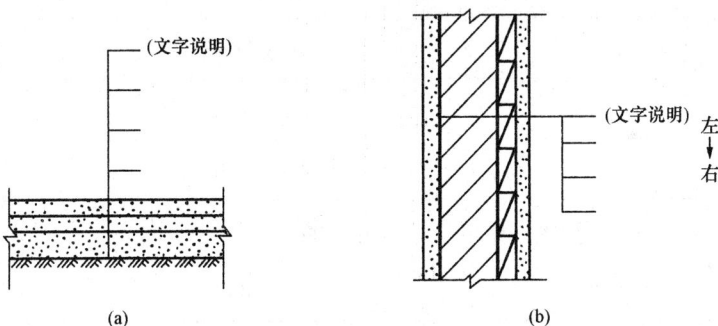

图 3-8　多层构造引出线

（a）上下分层的构造；（b）从左到右分层的构造

5．其他符号

指北针、对称符号及连接符号分别如图 3-9～图 3-11 所示。

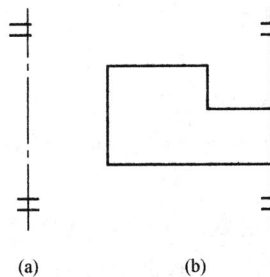

图 3-9　指北针　　　图 3-10　对称符号　　　图 3-11　连接符号

（a）对称符号；（b）对称符号的应用

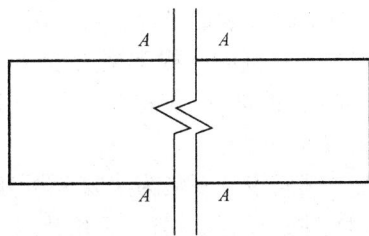

3.3 建筑施工图的识读

3.3.1 施工图首页的识读

首页图是建筑施工图的第一页，它的内容一般包括图纸目录、设计总说明、建筑装修及工程做法、门窗表等。

1. 图纸目录的识读

图纸目录主要说明本工程的图纸类别、各专业图纸名称、张数、图号顺序，以方便查阅图纸。图纸目录中一般包括图别、图号、图纸名称及备注等（见表 3 - 4）。

表 3 - 4 图 纸 目 录

图　别	图　号	图 纸 名 称	备　注
建施	1	设计说明、工程做法、门窗表	
建施	2	总平面图	
建施	3	一层平面图	
建施	4	标准层平面图	
建施	5	屋顶平面图	
建施	6	建筑立面图	
建施	7	建筑剖面图	
建施	8	墙身大样图	
建施	9	楼梯详图	

2. 设计说明的识读

设计说明是施工图样的必要补充，主要是对图样中未能表达清楚的内容加以详细的说明，通常包括工程概况、建筑设计的依据、采用的标准图集、构造要求、施工要求及建筑节能措施等。

下面是某工程的设计说明举例：

（1）此建筑的结构类型为框架—剪力墙，层数为地上 15 层、地下 1 层，建筑高度为 64.15m，屋面防水等级为 Ⅱ 级，建筑耐久年限为 50 年，耐火等级为 Ⅰ 级，建筑面积 19498.72m²。

（2）建筑设计图集为《05 系列建筑设计图集》（05J1—J13）。

（3）建筑设计依据。《民用建筑设计通则》（GB 50352—2005）、《高层民用建筑设计防火规范（2005 版）》（GB 50045—1995）、《办公建筑设计规范》（JGJ 67—2006）、《公共建筑节能设计标准》（GB 50189—2005）、《屋面工程技术规范》（GB 50345—2012）及甲方提供的设计要求和上级有关部门对工程的有关文件。

（4）墙体。

1）内墙为 200mm 厚加气混凝土砌块，外墙为 250mm 厚加气混凝土砌块。

2）墙身水平防潮层为 20mm 厚防水砂浆。

（5）门窗。

1）门窗选型见门窗表，窗料白色塑钢框，玻璃为中空玻璃。

2）图示门窗仅是门窗的开启方式、洞口大小、分格大小。

3）窗的气密性不应低于三级。

（6）卫生间地面低于其他地面 20mm，坡度为 0.5%，在地漏周围 500mm 地面坡度为 1%，防水层构造见装修表。

（7）建筑节能。在屋顶及外墙设保温层；墙体采用加气混凝土材料；窗料为塑钢，并选择中空玻璃；建筑体形系数为 0.23。

（8）说明中未尽事宜见施工图。

3．工程做法的识读

工程做法一般用表格的形式对建筑各部位的构造做法加以详细说明。在表中对各施工部位的名称、做法等详细表达清楚，如采用标准图集中的做法，应注明所采用标准图集的代号、做法编号，如有改变则在备注中说明（见表 3-5）。

表 3-5　　　　　　　　　　　　工　程　做　法　表

项　　目	名　　称	采用标准图集号	备　　注
屋面	上人屋面	屋 6（B1-50-F1）	
外墙面	外墙涂料	05J1—外墙 22、24	颜色见立面
内墙面	石膏砂浆墙面	05J1 内墙 20、涂 24	
楼面	地砖楼面	05J1 楼 10	
地面	地砖地面	05J1 地 19	
顶棚	抹灰顶棚	05J1 顶 3、浆 2	
踢脚	面砖踢脚	05J1 踢 23	高度 100mm
墙裙	面砖墙裙	05J1 裙 5、6	至吊顶上 200mm
台阶	实铺台阶	05J9-1-67-2E	

4．门窗表的识读

门窗表是对建筑物所有门窗统计后列成的表格，以备施工、预算需要。在门窗表中反映门窗的类型、编号、尺寸、数量、所选用标准图集号。如有特殊要求，应在备注中加以说明（见表 3-6）。

表 3-6　　　　　　　　　　门窗统计表

类别	门窗编号	延口尺寸/mm 宽	高	数量 一层	二层	三层	四层	五层	六层	层数	总数	门窗选用图案	备注
门	FHN-1	1200	1800	2	2	2	2	2	2	1	13	参 05J4-2 MFN01-1521	丙级大门 由甲方向厂家统一订购
	FHN-2	1500	2100	—	—	—	—	—	—		1	05J4-2　MFN01-1521	甲级大门 由甲方向厂家统一订购
	M-1	11900	3050	1	—	—	—	—	—	—	1		由甲方向厂家统一订购
	M-2	1000	2400	18	19	7	19	19	11	—	93	05J4-1　M-4PM-1024	
	M-3	1000	2000	1	—	—	—	—	—		1	05J4-1 参 SB0A-1PM$_3$-1021	
	M-4	1500	2100	1	2	8	2	2	3	3	18	05J4-1　S80-1PN-1521	
窗	C-1	1900	2001	2	1	1	1	1	1	—	7	见详图	
	C-2	2400	2000	31	30	30	30	30	29	—	180	见详图	
	C-3	1500	2000	2	2	2	2	2	2	3	44	见详图	
	C-4	2400	1200	13	20	9	10	10	6	—	181	05J4-1 参 STORE-1TC-2112	
	C-5	1000	1500	—	1	1	1	1	1	1	6	05J4-1 参 STORE-2TC-2115	
	C-6	2400	1800	—	1	1	1	1	1		5	05J4-1 参 STORE-2TC-2118	
	MO-1	1500	17150	1						—	1		由甲方向厂家统一订购
	MO-2	2400	16400	1						—	1		
	MO-3	11500	16400	1						—	1		

注　1. 标准图选自 05J4-1，专用门窗标准图集 05J4-2，塑钢窗框为 80 系列，塑钢门框为 80 系列。

　　2. 过梁选用图集 02G05。

　　3. 本门窗表尺寸只做参考，实际定做以实际洞口尺寸为准。

　　4. 可推拉、可开启的外窗均加纱窗；管道井的防火门下做 200mm 高砖门槛。

3.3.2 建筑总平面图的识读

1. 建筑总平面图的形成及作用

将新建工程四周一定范围内的新建、扩建、原有和拆除的建筑物、构筑物连同其周围的地形、地物状况用水平投影的方法和相应的图例所画出的图样，即建筑总平面图。主要表达新建房屋的位置和朝向，与原有建筑物的关系，周围道路、绿化布置及地形地貌等内容。它可作为新建房屋定位、施工放线、土方施工以及施工总平面布置的依据。

2. 建筑总平面图的内容

（1）图名、比例。其比例通常为 1∶500、1∶1000 或 1∶2000。

（2）新建建筑所处的地形、地物。如地形变化较大，应画出相应的等高线。

（3）新建建筑的位置，一般有三种定位方式：

1）利用新建建筑与原有建筑或道路间的距离定位。

2）利用施工坐标确定新建建筑的位置。

3）利用测量坐标确定新建建筑的位置。

（4）注明新建房屋底层室内地坪和室外设计地坪的绝对标高。

（5）新建建筑周围的原有、拆除及拟建建筑的位置、大小或范围及周围的绿化、道路等。

（6）表示建筑的朝向。利用指北针或风向频率玫瑰图表示。

3. 建筑总平面的图例符号（见表 3-7）

表 3-7　　　　　　　　　　　总 平 面 图 图 例

序号	名称	图　例	备　注
1	新建建筑物	$X=$ $Y=$ ① 12F/2D $H=59.00$m	新建建筑物以粗实线表示与室外地坪相接处±0.00 外墙定位轮廓线 建筑物一般以±0.00 高度处的外墙定位轴线交叉点坐标定位。轴线用细实线表示，并标明轴线号 根据不同设计阶段标注建筑编号，地上、地下层数，建筑高度，建筑出入口位置（两种表示方法均可，但同一图纸采用一种表示方法） 地下建筑物以粗虚线表示其轮廓 建筑上部（±0.00 以上）外挑建筑用细实线表示 建筑物上部连廊用细虚线表示并标注位置
2	原有建筑物		用细实线表示
3	计划扩建的预留地或建筑物		用中粗虚线表示

序号	名称	图例	备注
4	拆除的建筑物		用细实线表示
5	建筑物下面的通道		—
6	围墙及大门		—
7	挡土墙	5.00 1.50	挡土墙根据不同设计阶段的需要标注 墙顶标高 墙底标高
8	挡土墙上设围墙		—
9	坐标	1. $X=105.00$ $Y=425.00$ 2. $A=105.00$ $B=425.00$	1. 表示地形测量坐标系 2. 表示自设坐标系 坐标数字平行于建筑标注
10	方格网交叉点标高	-0.50 | 77.85 78.35	"78.35"为原地面标高 "77.85"为设计标高 "-0.50"为施工高度 "$-$"表示挖方（"$+$"表示填方）
11	填方区、挖方区、未整平区及零线	$+$ / $-$ $+$ / $-$	"$+$"表示填方区 "$-$"表示挖方区 中间为未整平区 点画线为零点线
12	填挖边坡		—
13	室内地坪标高	▽ 151.00 (±0.00)	数字平行于建筑物书写
14	室外地坪标高	▼ 143.00	室外标高也可采用等高线

4. 建筑总平面图的识读

(1) 了解图名及比例。由图 3 - 12 可知：比例为 1：1500，总平面图。

(2) 了解工程性质、用地范围、地形地貌及周围环境情况。

本总平面图中左侧为生活区、右侧为厂区。新建建筑为生活区内的四栋六层住宅楼，其相对标高±0.000 相当于绝对标高 782.00m，室外地坪标高为 780.90m，室内外地坪高差为 1100mm。从等高线可看出，厂区地形为北面高、南面低。

(3) 新建建筑的定形、定位尺寸。新建建筑的长度为 31.70m，宽度为 10.40m；西边的定位尺寸为 6.00m，南北的定位尺寸为 23.00m。

(4) 了解所反映的朝向。建筑是朝向可用指北针或风向频率玫瑰图表明。由图中的风向频率玫瑰图可知，该总平面图为上北下南、左西右东。

3.3.3 建筑平面图的识读

假想用一个水平的剖切平面沿房屋窗台以上的部位剖开，移去上部后向下投影所得的水平投影图，称为建筑平面图。主要反映房屋的平面形状、大小和房间布置，墙（或柱）的位置、厚度和材料，门窗的位置、开启方向等。可作为施工放线，砌筑墙、柱，门窗安装和室内装修及编制预算的重要依据。

一般来讲，房屋有几层就应画几个平面图，并在图的下方标注相应的图名，如底层平面图、二层平面图……顶层平面图、屋顶平面图。高层及多层建筑中存在着许多平面布局相同的楼层，它们可用一个平面图来表达，称为"标准层平面图"或"×～×层平面图"。

在底层平面图（一层平面图或首层平面图）中要画出室外台阶（坡道）、花池、散水、雨水管的形状及位置、室外地坪标高、建筑剖面图的剖切符号及指北针，而其他各图不表示。在二层平面图（或标准层平面图）中表示出雨篷。

1. 建筑平面图的内容

(1) 建筑物的平面组合及形状，定位轴线及总尺寸。

(2) 建筑物内部各房间的名称、形状、大小，表示墙体、柱、门窗的位置、尺寸及编号。

(3) 建筑物的室内外地坪标高。

(4) 表示室内设备。

(5) 表示台阶、阳台、散水、雨篷、楼梯、烟道、通风道等的位置及尺寸。

(6) 详图索引符号、剖切符号及相关图例。

2. 建筑平面图的识读

(1) 了解图名、比例及文字说明。如图 3 - 13 所示为住宅楼底层平面图，比例为 1：100。由说明可知，有水作用的房间地面比其他房间地面低 20mm。

(2) 了解建筑朝向及平面布局。由指北针可知，此建筑为南北向。此建筑为两单元式组合住宅楼。每个单元为一梯两户式组合，每户的户型为三室、两厅、一厨、两卫。

(3) 识读平面图中各项尺寸及其意义。建筑平面图中的尺寸标注有内部和外部两种形式。

1) 内部尺寸。说明室内构配件及设备的大小与位置。如进户门（M-1）的洞口宽为 1000mm、定位尺寸 300mm；卫生间的隔墙厚度为 120mm、楼梯间的内墙厚 370mm、其他

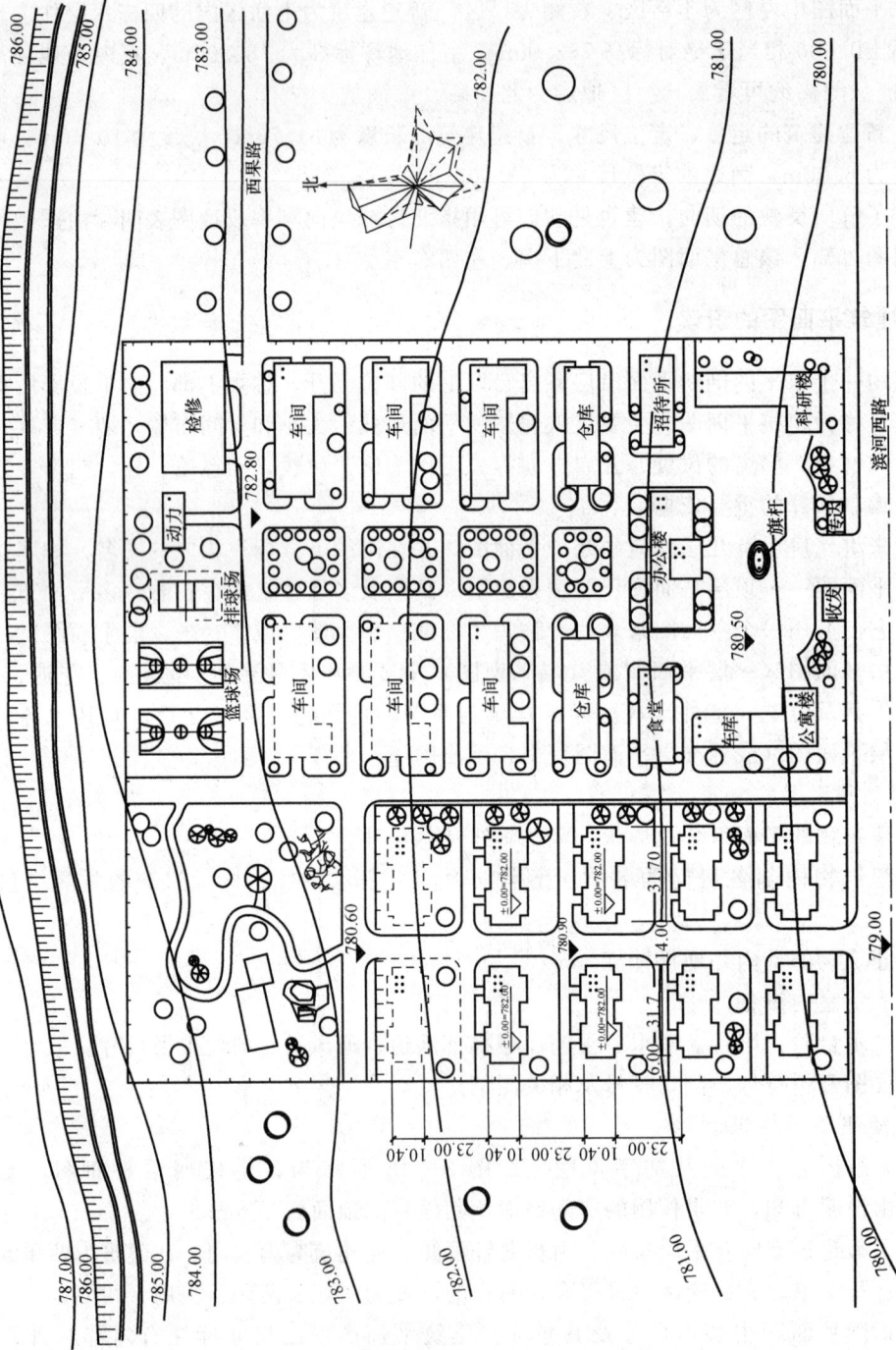

图 3 - 12　总平面图

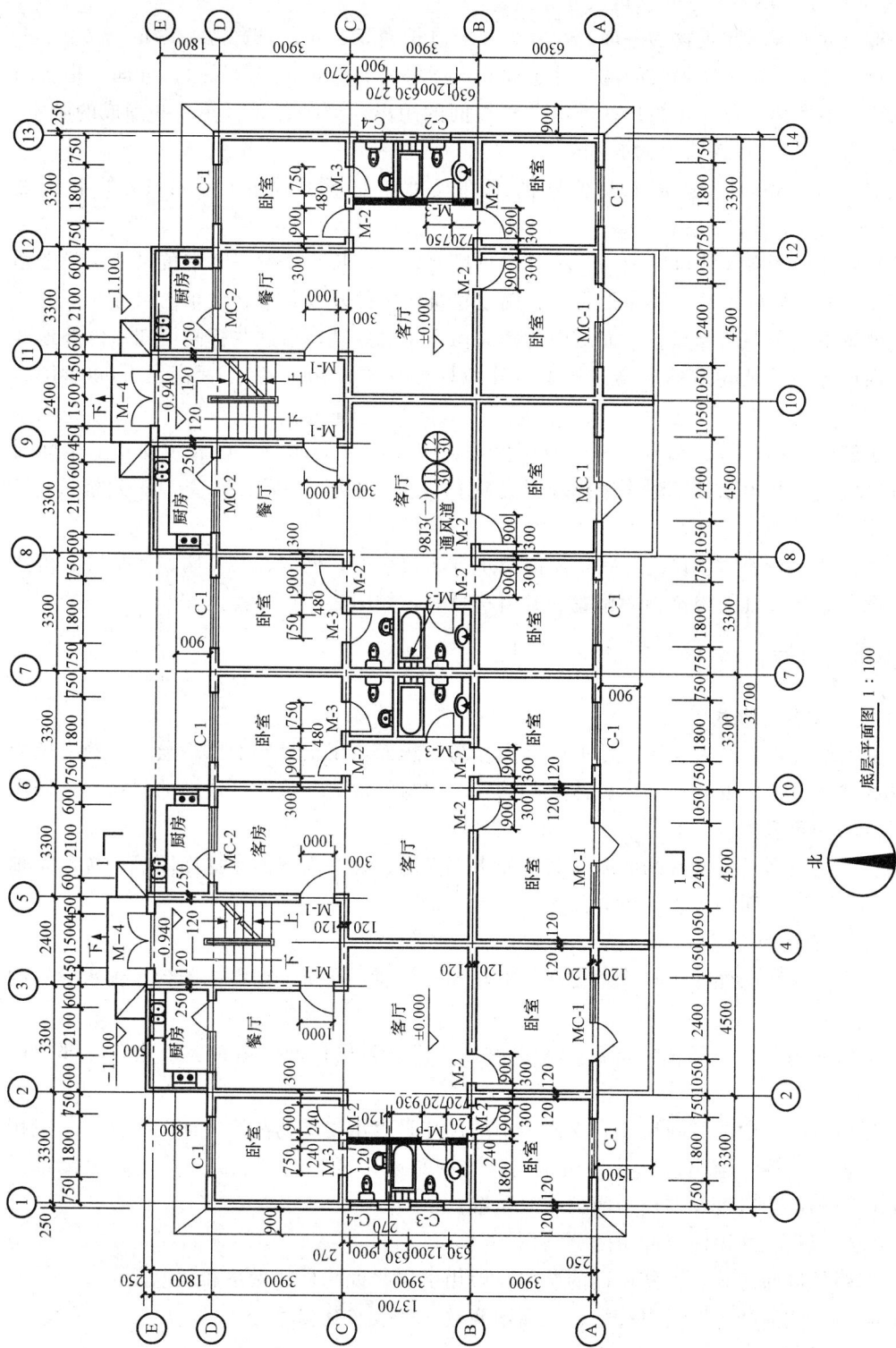

底层平面图 1:100

图 3-13 底层平面图

内墙厚 240mm。

2）外部尺寸。外部尺寸分三道尺寸标注。

第一道尺寸：表示建筑物的平面总尺寸。如图总长为 31.7m、总宽为 13.7m。

第二道尺寸：表示定位轴线间的尺寸，据此识读房间的开间、进深尺寸。开间是指房间两横向轴线间的距离；进深是指房间两纵向轴线间的距离。如①、②、Ⓐ、Ⓑ围成的卧室，其开间尺寸为 3.3m，进深尺寸为 3.6m。

第三道尺寸：表示门窗大小及位置的细部尺寸。如下部尺寸中，c—1 的洞口宽 1800mm、定位尺寸为 750mm。

建筑平面图中所有尺寸可归纳为三种：①总尺寸。即总长、总宽；②定位尺寸。确定建筑构配件及设备位置的尺寸；③定形尺寸。确定建筑构配件及设备形状大小的尺寸。

（4）熟悉平面图中的标高。平面图中的标高均为相对标高，由这些标高可知室内外地坪高差、室内地坪高差及建筑的层高。如由室外地坪标高－1.100、客厅标高±0.000 可知，室内外地坪高差为 1.1m。

（5）了解图中的代号、编号、符号及图例等。图中，M 表示门、C 表示窗；卫生间通风道的详图索引符号表示其做法采用标准图集 98J3（一）中第 30 页的第⑩、⑫号做法。

3. 屋顶平面图的识读

屋顶平面图主要表明屋顶的形状，屋面排水方法及坡度、檐沟、女儿墙、屋脊线、落水口、上人孔、水箱及其他构筑物的位置和索引符号等，如图 3-14 所示。

3.3.4 建筑立面图的识读

1. 建筑立面图的形成

建筑立面图是以平行于房屋外墙面的平面作为投影面，用正投影的原理绘制出的房屋投影图，称为立面图。主要反映房屋的体形和外貌、门窗的形式和位置、墙面的材料和装修做法等，是施工的重要依据。

建筑立面图的命名主要有按朝向命名，如南立面图、北立面图、东立面图等；按首尾轴线命名，如①～⑬立面图、Ⓐ～Ⓑ立面图。

2. 建筑立面图的内容

（1）表明建筑物的外部形状，主要有外形轮廓、门窗、台阶、雨篷、阳台、雨水管等的位置。

（2）标出外墙各主要部位的标高。如室内外地面、各层楼面、窗台、及檐口等部位的标高。

（3）标注立面图中的竖向尺寸。立面图中的尺寸是表示建筑物高度方向的尺寸，一般用三道尺寸线表示。第一道为总尺寸，表示建筑物的总高；第二道为层高；第三道是细部尺寸，反映门窗洞口的高度及与楼地面的相对位置。

（4）画出门窗、外墙面等部位的分格。

（5）标明外墙面的装修。外墙面的装修一般用引出线说明材料做法和颜色。

（6）其他，如墙身详图索引符号、立面图两端的轴线及其编号等。

3. 建筑立面图的识读

（1）了解图名和比例。由图 3-15 可知，此图为建筑的北立面图，比例为 1：100，如果

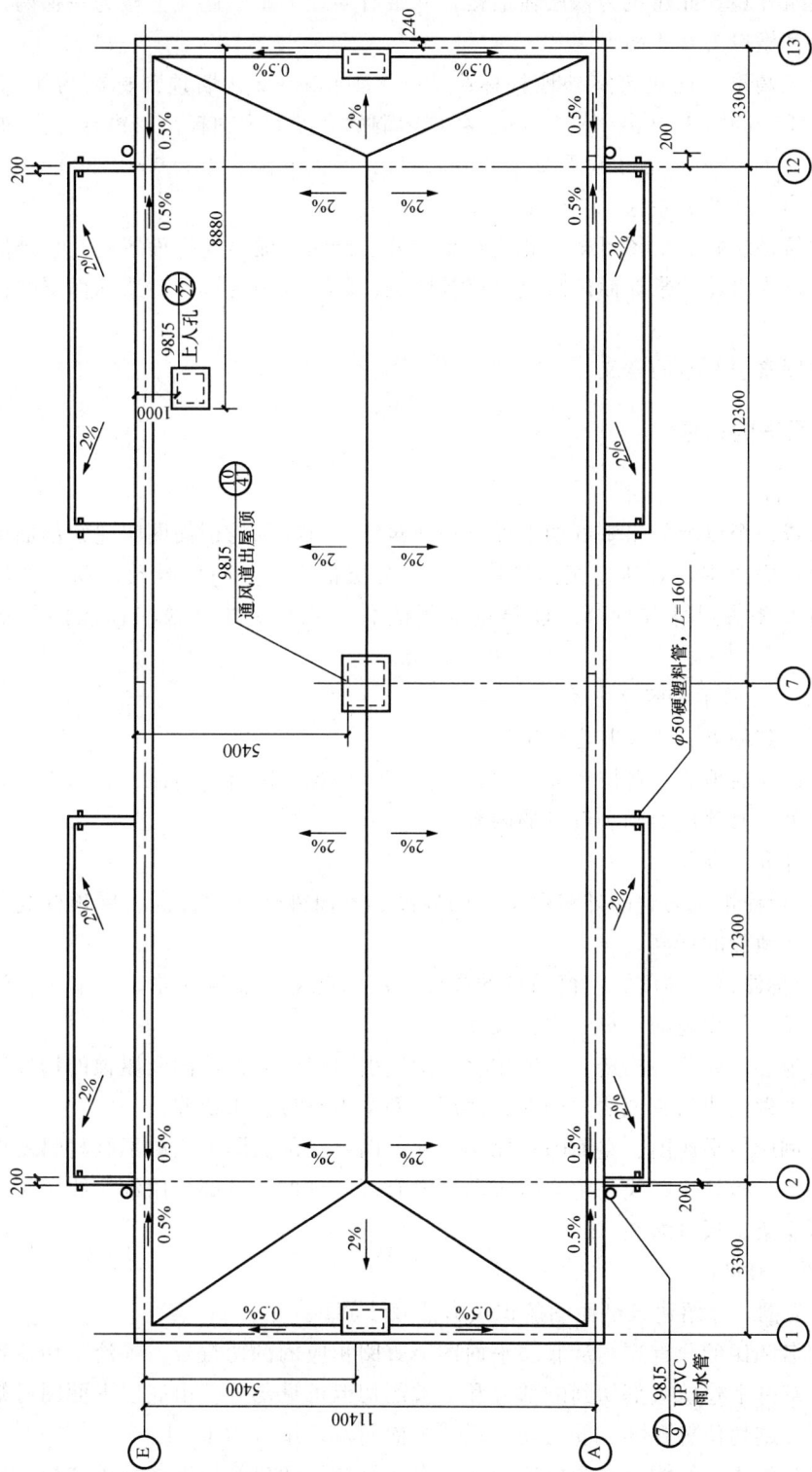

图 3 - 14 屋顶平面图

用两端轴线命名，此图应为⑬～①轴立面图。

（2）了解建筑外貌。此建筑为六层住宅楼，并带有半地下室。此住宅楼为一梯两户，每户均设有阳台。其檐口为女儿墙。

（3）了解建筑高度。此建筑室外地坪标高为－1.100m，女儿墙顶部标高为17.500m，故此建筑高度是17.500＋1.100＝18.600m。各层窗洞的高度为窗顶标高与窗台标高的差值，如2.500－1.000＝1.500m，表示窗洞高1.500m。楼梯间窗洞高为4.000－2.800＝1.200m。另外，此建筑室内外地坪高差为1.100m。

（4）了解建筑外装修。由图可知，此建筑阳台外装修为水泥砂浆抹面罩砖红色外墙乳胶漆；勒脚部分装修为水泥砂浆抹面砖灰色外墙乳胶漆；墙体墙面为水泥砂浆抹面罩白色外墙乳胶漆的外装修。

（5）了解详图索引符号的意义。

3.3.5　建筑剖面图的识读

1. 建筑剖面图的形成及作用

假想用一个或一个以上的铅垂剖切平面剖切建筑物，所得到的剖面图叫建筑剖面图，简称剖面图。建筑剖面图用以表达建筑的结构形式、分层情况、竖向墙身及门窗、各层楼地面、屋顶的构造及相关尺寸和标高。建筑剖面图的名称应与一层建筑平面图的剖切符号一致。

2. 建筑剖面图的图示内容及方法

（1）表示剖切到的墙、梁及其定位轴线。

（2）表示室内底层地面、各层楼面、屋顶、门窗、楼梯、阳台、雨篷、踢脚板、室外地坪、散水及室内外装修等剖切到和可见的内容。

（3）标注尺寸和标高。

1）标高。应标注被剖切到的外窗门窗洞的标高、室内外地面的标高、屋顶标高、檐口顶部标高及各层楼地面的标高。

2）尺寸。应标注窗台高度、门窗洞口的高度、层间高度和建筑的总高，室内标注内墙上门窗洞口高度及内部设施的定形、定位尺寸。

（4）表示楼地层、屋顶的构造。一般用多层构造引出线说明楼地面及屋顶的构造层次和做法。如选择标准做法或已有说明，则在剖面图中用索引符号引出说明。

剖面图的比例应与平面图、立面图的比例一致，因此在剖面图中一般不画材料图例，被剖切到的墙体、梁、板等轮廓线用粗实线表示，没有剖切到但可见部分用细实线表示，被剖切到的钢筋混凝土梁、板可涂黑。

3. 建筑剖面图的识读

以图3-16为例，介绍建筑剖面图的识读方法及步骤。

（1）了解图名和比例。首先，从底层平面图上查阅相应的剖切符号，弄清剖切位置及剖视方向，大致了解一下建筑被剖切到的部分和未被剖切但可见部分。由底层平面图可知此剖面图为全剖面图，剖切位置在⑤～⑥之间，透视方向向左，编号为1—1。

（2）了解建筑的主要结构材料和构造形式。由图可知，此建筑为墙体承重结构，水平承重构件为现浇钢筋混凝土板。各层楼板处均设有钢筋混凝土圈梁。阳台为现浇钢筋混凝土挑

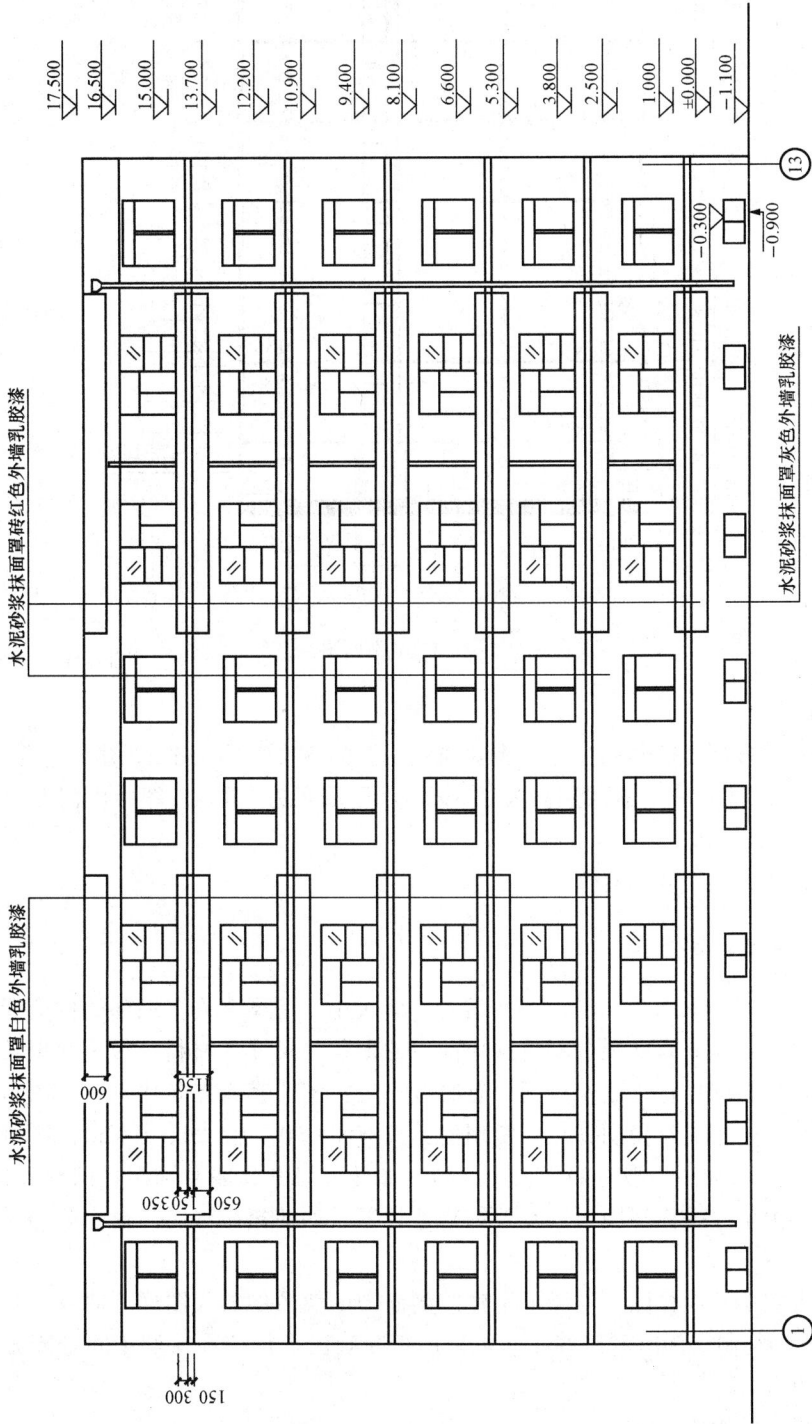

图 3 - 15　北立面图

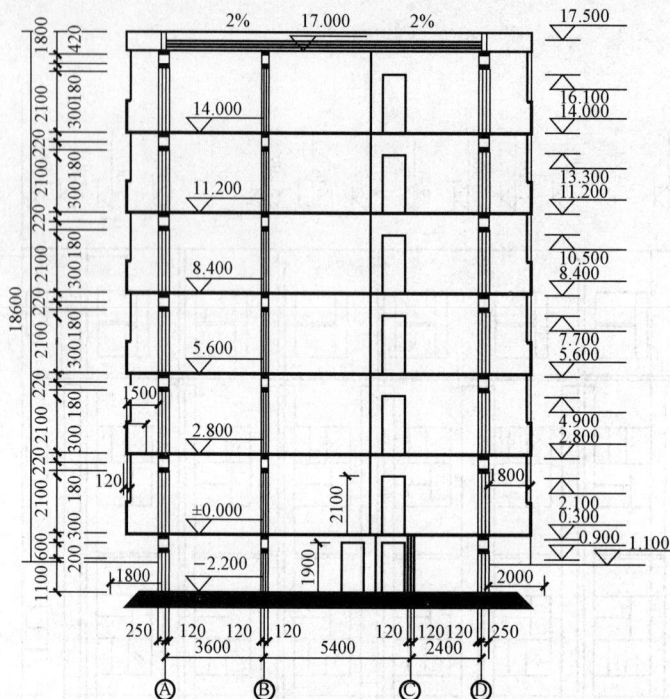

图 3 - 16 1—1 剖面图

阳台。

（3）熟悉建筑各部位的竖向尺寸。本建筑室内外地坪高差为 1.1m，建筑总高为 18.6m。地下室的层高为 2.2m，一～五层层高为 2.8m，六层层高为 3.0m。图中内门高度，地下室为 1.9m，其他各层为 2.1m。

（4）了解详图索引符号的意义。

3.3.6 建筑详图的识读

由于建筑平面图、立面图、剖面图所用的比例较小，房屋上许多细部的构造无法表示清楚，为了满足施工的需要，必须分别将这些部位的形状、尺寸、材料、做法等用较大的比例详细画出图样，这种图样称为建筑详图，有时也称大样图。其特点是比例大、图示内容详尽清楚、尺寸标注齐全、文字说明详尽，常用的比例有 1：50、1：25、1：20、1：10、1：5、1：2、1：1 等。建筑详图一般有局部构造详图（如楼梯详图、墙身详图、门窗详图等）、局部平面详图（如卫生间平面详图等）及装饰构造详图（如墙裙做法、门窗套装饰做法等）。

1. 墙身详图的识读

墙身详图也叫墙身大样图，实际上是建筑剖面图中墙体的放大图样。墙身详图一般采用 1：20 的较大比例绘制。为节省图幅，通常采用折断画法，往往在窗洞中间处断开，成为几个节点详图的组合。

（1）墙身详图的内容。

1）表明墙身的定位轴线编号，墙体的厚度、材料及本身与轴线的关系。

2）表明墙脚的构造。包括勒脚、散水、防潮层及首层地面的构造。

3）表示中间节点构造。包括楼板层、门窗过梁及圈梁的形状、大小、材料及构造情况，还应表示出楼板与外墙的关系。

4）表示檐口构造。应表示出屋顶、檐口、女儿墙及屋顶圈梁的形状、大小、材料及各种情况。

5）标明节点详图的所引符号。

（2）墙身详图的识读。现以图 3-17 为例，介绍墙身详图的识读方法及步骤。

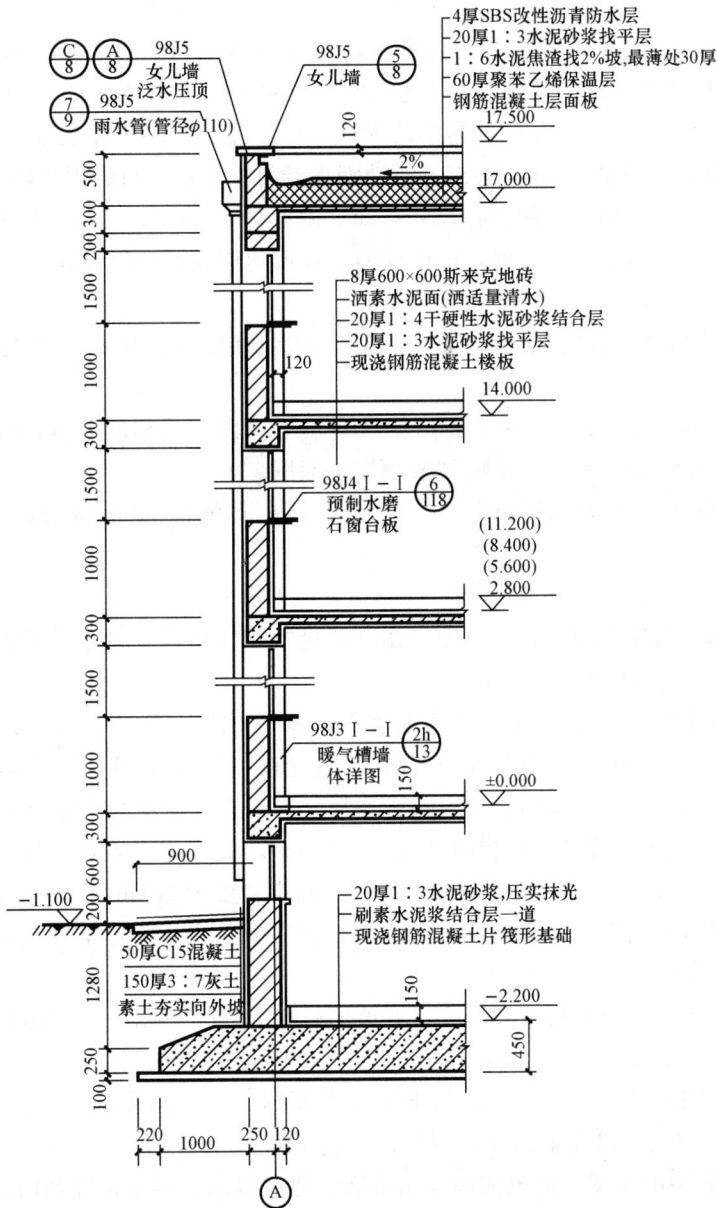

墙身详图 1∶25

图 3-17　墙身详图

1）了解图名、比例及该墙的位置、厚度和定位。由图可知，此图为1:25的外墙详图，轴线编号为Ⓐ，墙厚370mm，定位轴线与墙内缘相距120mm，与墙外皮相距250mm。

2）识读墙脚构造。由图可知，此建筑基础为钢筋混凝土筏形基础，板厚450mm。其地下室为半地下室。图中散水为混凝土散水，宽度为900mm。

3）识读中间节点构造。如图所示，各层楼板均为现浇式钢筋混凝土板式结构，每层设有板平圈梁，且圈梁兼过梁构造。各层窗下墙体均设暖气槽。暖气槽及内窗台板的构造均见标准图集。

4）识读檐口构造。此建筑为女儿墙檐口，女儿墙厚240mm，高500mm，上部设钢筋混凝土压顶（其构造见标准图集）。该建筑屋顶是平屋顶，排水坡为2%，屋面构造是：现浇钢筋混凝土屋面板，上铺60mm厚聚苯乙烯泡沫板保温层，1:6水泥焦渣找坡层，20mm厚1:2.5水泥砂浆找平层，4mm厚SBS改性沥青卷材防水层（自带保护层）。

5）熟悉相关尺寸。由图右侧所标尺寸可知，圈梁高300mm，窗台（室外地坪以上）高1000mm，窗洞口高1500mm。另外，图中标明了各楼地层及屋顶的标高。

2. 楼梯详图的识读

楼梯是建筑中构造比较复杂的部位，其详图一般包括楼梯平面图、楼梯剖面图及节点详图三部分。

（1）楼梯平面图的识读。楼梯平面图就是建筑平面图中楼梯间部分的放大图，一般用1:50比例绘制，通常只画底层、中间层及顶层平面图。

楼梯平面图除注出楼梯间的开间、进深尺寸，楼地面和平台面尺寸外，还需注出楼梯各细部的详细尺寸。

现以图3-18为例，说明楼梯详图的识读方法及步骤。

1）了解楼梯在房屋中的位置。由图可知，该建筑的楼梯分别位于横轴③～⑤与⑨～⑪范围内及纵轴Ⓒ～Ⓔ区域内。

2）了解楼梯间的开间、进深，墙体厚度及门窗的位置。从图可知，该楼梯间开间为2400mm，进深为5700mm；墙体厚度为内纵墙（Ⓒ轴）240mm，其他墙体厚370mm。

3）熟悉楼梯段、楼梯井和休息平台的平面形式、位置，踏步的宽度和数量。

该楼梯为双跑式平行楼梯。楼梯段宽度为1050mm（2400/2-120-60/2=1050）、长度有1960mm（7个踏面）和2240mm（8个踏面）。踏步宽度为280mm，梯井宽60mm。

4）了解楼梯走向及上下的起步位置。楼梯走向用箭头表示。地下室楼梯的起步定位尺寸为1000mm，其他见图。

5）了解楼梯各层平台标高。一层入口处地面标高为-0.940m，其他各层休息平台标高分别为1.400m、4.200m、7.000m、9.800m及12.600m。

6）了解楼梯剖面图的剖切符号。从地下室平面图（一般画在一层平面图中）中可知，楼梯剖面图的编号为3，沿向上的梯段剖开，向左投影。

（2）楼梯剖面图的识读。假想用一个铅垂面，通过各层的一个梯段和门窗洞，将楼梯剖开，向另一个未剖的梯段方向投影所得到的剖面图，即为楼梯剖面图。楼梯剖面图主要表达楼梯踏步、平台的构造与连接，以及栏杆的形式和相关尺寸。习惯上，楼梯间的屋顶没有特殊之处，一般可不画出。在楼房中，若中间各层的楼梯构造相同时，则剖面图可只画出底层、中间层和顶层剖面，中间用折断线分开。

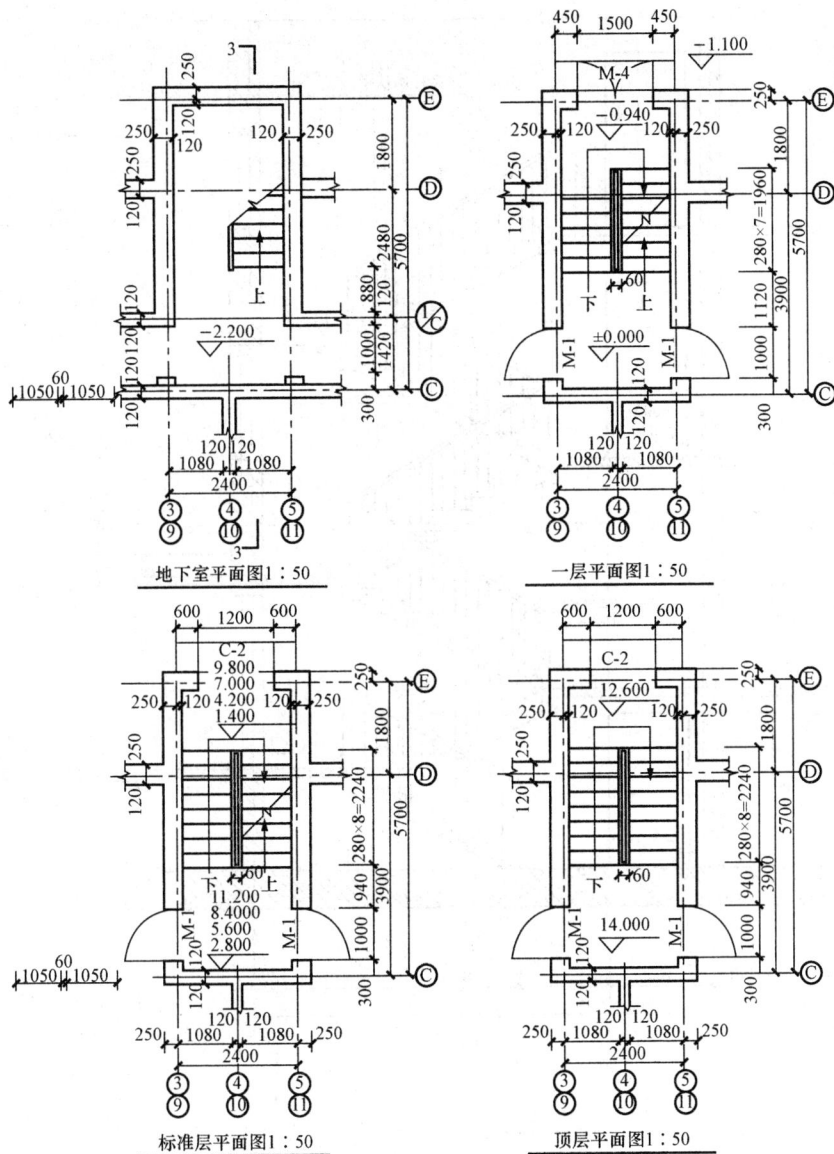

图 3-18 楼梯平面图

在楼梯剖面图中应注明各层楼地面、平台、楼梯间窗洞的标高，每一个梯段踢面的高度、踏步的数量以及栏杆的高度等。

以图 3-19 为例，介绍楼梯剖面图的识读方法。

1）了解楼梯的材料、构造形式、结构形式。由图可知，该楼梯为双跑式现浇钢筋混凝土板式楼梯。

2）熟悉楼梯在竖向和进深方向的有关标高、尺寸和详图索引符号。此楼梯间层高2.800m，进深5.700m。在扶手及雨篷处标有详图索引符号。

3）了解楼梯段、平台、栏杆、扶手等相互间的连接构造。楼梯段及平台现浇为一个整体，栏杆与梯段及栏杆与扶手间的连接见详图。

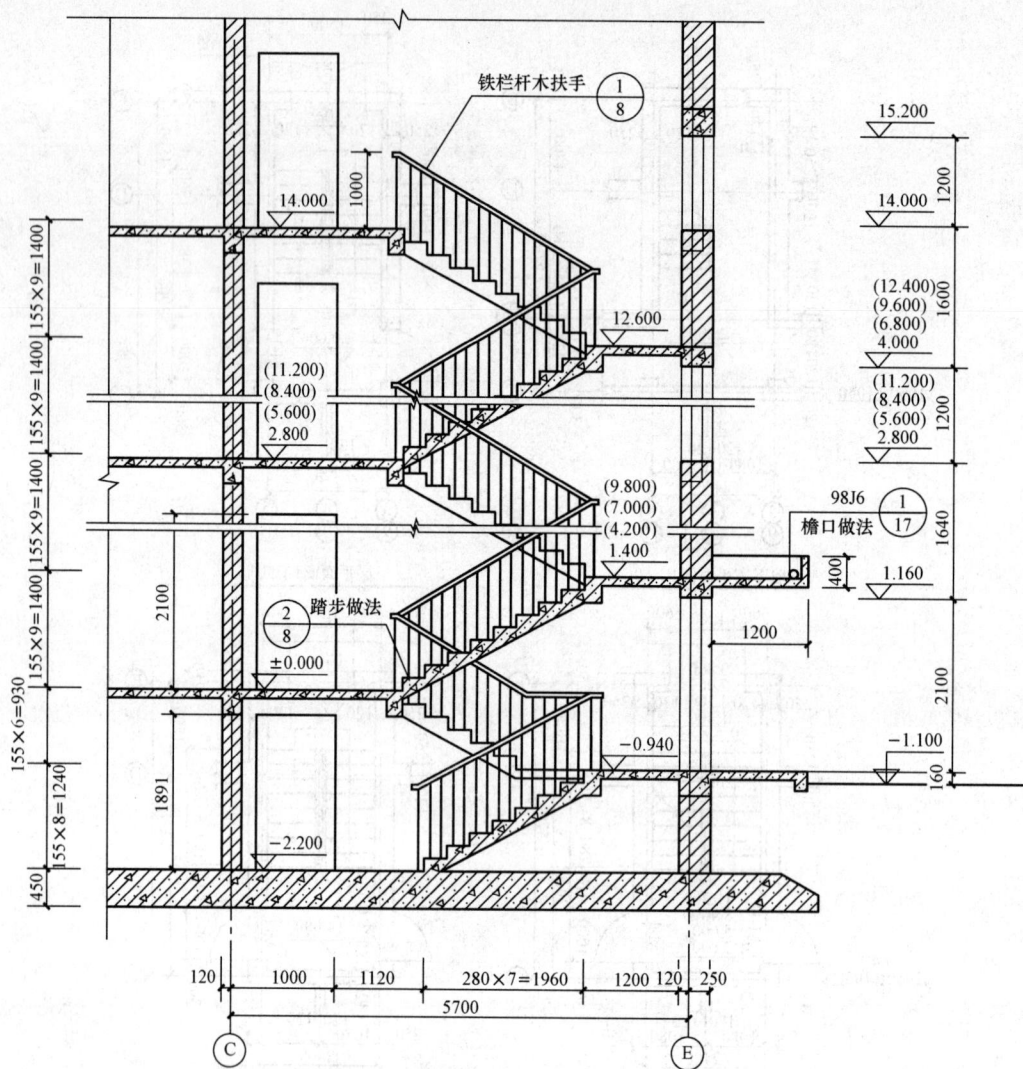

图 3-19　楼梯剖面图

4）熟悉相关尺寸。此楼梯踏步宽度为 280mm、高度为 155mm；第一个梯段有 8 级，第二个梯段有 6 级，以上每个梯段级数均为 9 级（级数×踏步高＝梯段投影高度）；各楼层标高分别为：±0.000m、2.800m、5.600m、8.400m、11.200m 及 14.000m，各楼层平台标高分别为：−0.940m、1.400m、4.200m、7.000m、9.800m 及 12.600m。

3.4　结构施工图的识读

3.4.1　结构施工图的组成

结构施工图一般包括结构设计图纸目录、结构设计总说明、结构平面图和构件详图。

1. 结构设计图纸目录和结构设计总说明

图纸目录可以使我们了解图纸的张数和每张图纸的内容，核对图纸的完整性，查找所需要的图纸。结构设计说明主要说明建筑的结构类型，耐久年限，抗震设防烈度，地基状况，材料品种、规格、型号、强度等级，选用的标准图集，地基基础的设计类型和设计等级等。

2. 结构平面布置图

结构布置图是房屋承重结构的整体布置图，主要表示结构构件的位置、数量、型号及相互关系，与建筑平面图一样，属于全局性的图纸，通常包含基础布置平面图、楼层结构平面图、屋顶结构平面图、柱网平面图。

3. 结构构件详图

结构构件详图是表达结构构件的形状、大小、材料及具体做法的图样，属于局部性的图纸。主要包括梁、板、柱构件详图，基础详图，楼梯详图及其他详图。

3.4.2　结构施工图的有关规定

房屋结构中的构件繁多，布置复杂，绘制的图纸除应遵守《房屋建筑制图统一标准》（GB/T 50001—2010）中的基本规定外，还必须遵守《建筑结构制图标准》（GB/T 50105—2010）。现将有关介绍如下：

1. 构件代号

在结构施工图中，构件的名称用代号来表示，这些代号用构件汉语拼音的第一个大写字母表示。常见的构件代号见表 3-8。

表 3-8　　　　　　　　　　　　　常用结构构件代号

序号	名　　称	代号	序号	名　　称	代号
1	板	B	16	圈梁	QL
2	屋面板	WB	17	过梁	GL
3	空心板	KB	18	连系梁	LL
4	槽形板	CB	19	基础梁	JL
5	折板	ZB	20	楼梯梁	TL
6	密肋板	MB	21	框架梁	KL
7	楼梯板	TB	22	屋架	WJ
8	盖板或沟盖板	GB	23	托架	TJ
9	挡雨板或檐口板	YB	24	天窗架	CJ
10	吊车安全走道板	DB	25	框架	KJ
11	墙板	QB	26	钢架	GJ
12	天沟板	TGB	27	支架	ZJ
13	梁	L	28	柱	Z
14	屋面梁	WL	29	基础	J
15	吊车梁	DL	30	设备基础	SJ

序号	名　称	代号	序号	名　称	代号
31	桩	ZH	37	阳台	YT
32	柱间支撑	ZC	38	梁垫	LD
33	水平支撑	SC	39	预埋件	M
34	垂直支撑	CC	40	天窗端壁	TD
35	梯	T	41	钢筋网	W
36	雨篷	YP	42	钢筋骨架	G

2. 常用钢筋符号

钢筋按其强度和品种分成不同等级。普通钢筋一般采用热轧钢筋，符号见表 3-9。

表 3-9　　　　　　　　　常 用 钢 筋 符 号

种　类		强度等级	符号	强度标准值 f_{yk}（N/mm²）
热轧钢筋	HPB300	Ⅰ	Φ	300
	HRB335（20MnSi）	Ⅱ	Φ	335
	HRB400（20MnSiWi、20MnSiNb、20MnTi）	Ⅲ	Φ	400
	HRB400（K20MnSi）	Ⅳ	ΦR	400

3. 钢筋名称、作用和标注方法

配置在钢筋混凝土构件中的钢筋，一般按其作用分为以下几类。

（1）受力钢筋。它是承受构件内拉、压应力的受力钢筋，其配置通过受力计算确定，且应满足构造要求。梁、柱的受力筋也称纵向受力筋，应标注数量、品种和直径，如 4 Φ 18，表示配置 4 根 HRB335 级钢筋，直径为 18mm。板的受力钢筋，应标注品种、直径和间距，如 Φ 10@150，表示配置 HPB300 级钢筋，直径 10mm，间距 150mm。

（2）架立筋。架立筋一般设置在梁的受压区，与纵向受力钢筋平行，用于固定梁内钢筋的位置，并与受力钢筋形成钢筋骨架。架立筋是按构造筋配置的，其标注方法同梁内受力筋。

（3）箍筋。箍筋的作用是承受梁、柱中的剪力、扭矩和固定纵向受力钢筋的位置等。标注时应说明箍筋的级别、直径、间距，如 Φ 8@100。构件配筋图中箍筋的长度尺寸，应指箍筋的里皮尺寸，弯起钢筋的高度尺寸应指箍筋的外皮尺寸。

（4）分布筋。它用于单向板、剪力墙中。单向板的分布筋与受力筋垂直，其作用是将承受的荷载均匀地传递给受力筋，并固定受力筋的位置以及抵抗热胀冷缩引起的温度变形，标注方法同板中受力筋；剪力墙中布置的水平和竖向分布筋，除上述作用外，还可参与承受外荷载，其标注方法同板中受力筋。

（5）构造筋。因构造要求及施工安装需要而配置的钢筋，如腰筋、吊筋、拉结筋等。

各种钢筋的形式及在梁、板、柱中的位置及其形状，如图 3-20 所示。

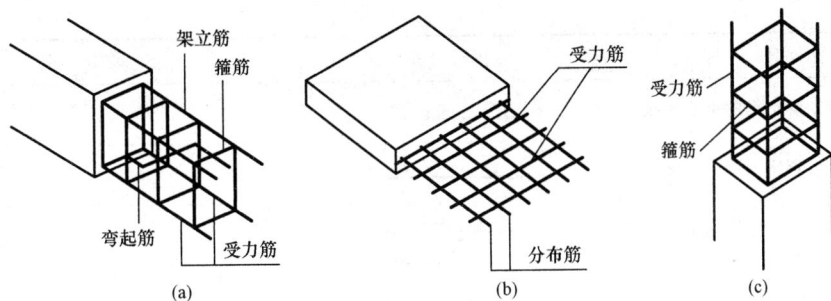

图 3 - 20　钢筋混凝土梁、板、柱配筋示意图

(a) 梁；(b) 板；(c) 柱

4. 钢筋的弯钩

为了增强钢筋和混凝土的粘结力，表面光圆的钢筋两端需要做弯钩。弯钩的形式如图 3 - 21 所示。

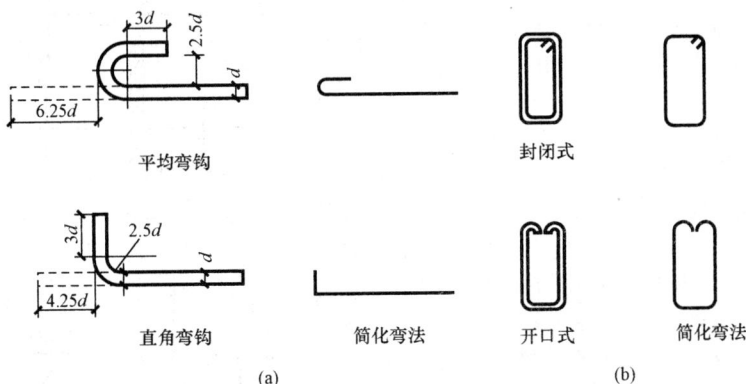

图 3 - 21　弯钩的形式

5. 钢筋的常用表示方法

钢筋的常用表示方法参见表 3 - 10 和表 3 - 11。

表 3 - 10　　　　　　　　　　　　一般钢筋的表示方法

序号	名　　称	图　例	说　　明
1	钢筋横断面	•	
2	无弯钩的钢筋端部		下图表示长、短钢筋投影重叠时，短钢筋的端部用 45° 斜画线表示
3	带半圆形弯钩的钢筋端部		
4	带直钩的钢筋端部		
5	带丝扣的钢筋端部		
6	无弯钩的钢筋搭接		

续表

序号	名　称	图　例	说　明
7	带半圆形钩的钢筋搭接		
8	带直钩的钢筋连接		
9	花篮螺栓钢筋接头		
10	机械连接的钢筋接头		用文字说明机械连接的方式（或冷挤压，或锥螺纹等）

表 3-11 　　　　　　　　　　　　　钢筋在结构构件中的画法

序号	说　明	图　例
1	在结构平面图中配置双层钢筋时，底层钢筋的弯钩应向上或向左，顶层钢筋的弯钩则向下或向右	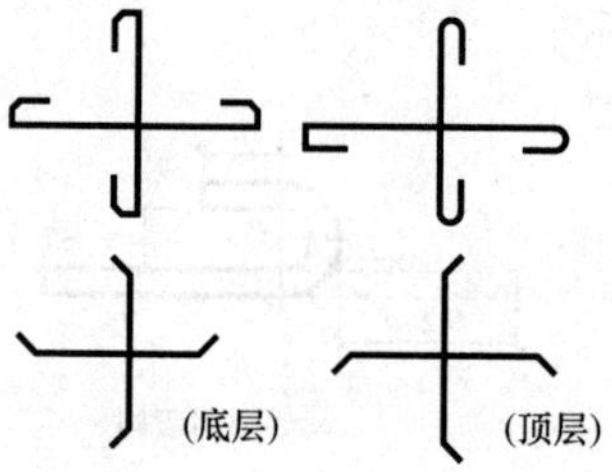 （底层）　　　（顶层）
2	钢筋混凝土墙体双层钢筋时，在配筋立面图中，远面钢筋的弯钩向上或向左，而近面钢筋的弯钩向下或向右（JM 近面；YM 远面）	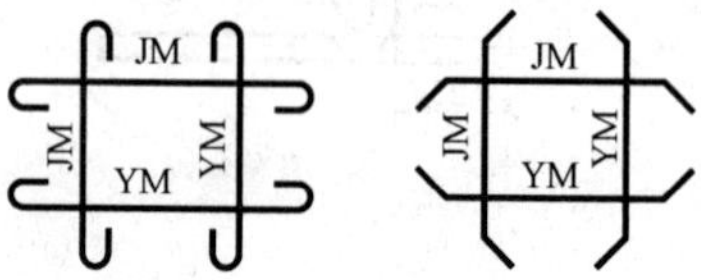
3	若在断面图中不能表达清楚的钢筋布置，应在断面图外增加钢筋大样图（钢筋混凝土墙、楼梯等）	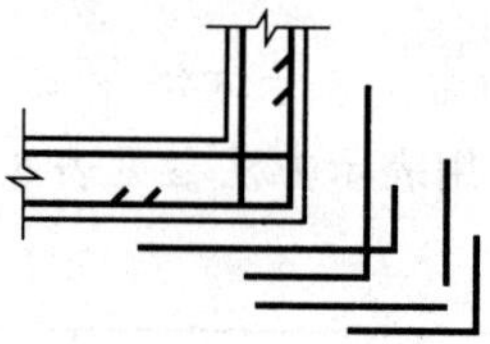
4	图中表示的箍筋、环筋等若布置复杂时，可加固钢筋大样图（如钢筋混凝土墙、楼梯等）	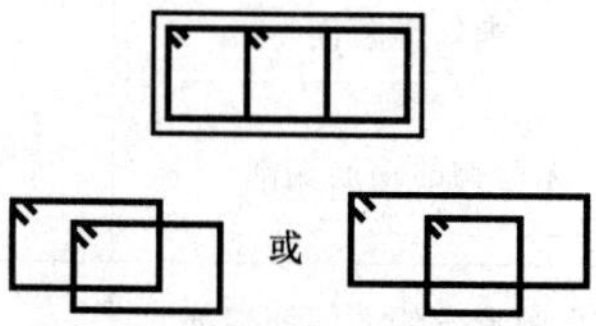 或
5	每组相同的钢筋，箍筋或杆筋，可用一根粗实线表示，同时用一两端带斜短画线的横穿细线，表示其余钢筋及起止范围	

3.4.3 混凝土结构施工图平面整体表示方法制图规则

按照《混凝土结构施工图平面整体表示方法制图规则和构造详图》（11G101-1）进行绘制和识读。下面简要介绍平面整体表示法的制图规则。

（1）梁平法施工图制图规则。梁平法施工图系在梁平面布置图上采用平面注写方式或截面注写方式表达。

1）平面注写方法。平面注写方式，是在梁平面布置图上分别在不同编号的梁中各选一根，在其上注写截面尺寸和配筋具体数值的方式来表达梁平法施工图。

梁的平面注写包括集中标注和原位标注。集中标注表达梁的通用数值，原位标注表达梁的特殊数值。当集中标注中的某项数值不适于梁的某部位时，则将该项数值原位标注，施工时原位标注取值优先，如图 3-22 所示。

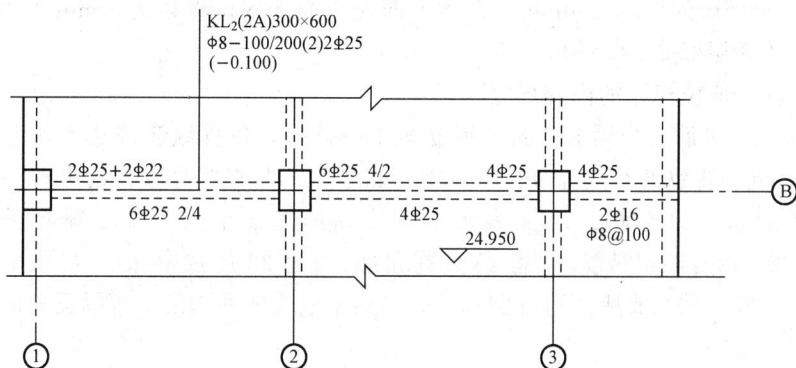

图 3-22 梁平面整体配筋图平面注写方式

①梁集中标注。梁集中标注的内容为四项必注值和一项选注值，它们分别是：

a. 梁的编号。梁的编号为必注值，编号方法见表 3-12。

表 3-12 梁 编 号

梁的类型	代号	序号	跨数及是否带有悬挑
楼层框架梁	KL	××	(××)、(××A) 或 (××B)
屋面框架梁	WKL	××	(××)、(××A) 或 (××B)
框支梁	KZL	××	(××)、(××A) 或 (××B)
非框架梁	L	××	(××)、(××A) 或 (××B)
悬挑梁	XL	××	(××)、(××A) 或 (××B)

注 表中（××A）为一端悬挑，（××B）为两端悬挑，悬挑不计入跨数。

b. 梁截面尺寸。梁截面尺寸为必注值，用 $b \times h$ 表示。当有悬挑梁，且根部和端部不同时，用 $b \times h_1/h_2$ 表示。

c. 梁箍筋。梁箍筋为必注值，包括箍筋级别、直径、加密区与非加密区的间距及肢数。

箍筋加密区与非加密区的不同间距及肢数需用"/"分隔，箍筋肢数应写在括号内。

d. 梁上部通长筋或架立筋配置。此项为必注值，当同排纵筋中既有通长筋又有架立筋时，应用"＋"将通长筋和架立筋相连。注写时将角部纵筋写在加号前面，架立筋写在加号后面的括号内。当全部采用架立筋时，则将其写入括号内，如"2Φ22＋（4Φ12）"表示梁中有2Φ22通长筋，4Φ12的架立筋。当梁的上部纵筋和下部纵筋均为通长筋时，可同时将梁上部、下部的通长筋表示，用"；"分隔开，如"3Φ22；3Φ20"表示梁上部配置3Φ22的通长筋，下部配置3Φ20的通长筋。

e. 梁顶面标高高差。该项为选注值。梁顶面标高高差是指相对于结构层楼面标高的高差值。有高差时，将高差写入括号内，无高差时不注。

如图3-23中的集中标注值"KL$_2$（2A）300×600"表示2号框架梁，有两跨，一端悬挑，梁截面尺寸为300×600mm。"Φ8－100/200（2）2Φ25"表示梁箍筋直径为8mm，间距为200mm，加密区间距为100mm；在梁上部通长筋2根，直径为25mm。"（－0.100）"表示梁顶相对于楼层标高24.950m，低0.100m。

②原位标注。原位标注的内容规定如下：

a. 梁支座上部纵筋。当梁上部纵向钢筋多于一排时，各排纵筋按从上往下的顺序用斜线"/"分开；同一排纵筋有两种直径时，则用加号"＋"将两种直径的纵筋相连，注写时角部纵筋写在前面（例6Φ25 4/2表示上一排纵筋为4Φ25，下一排纵筋为2Φ25；2Φ25＋2Φ22表示有四根纵筋，2Φ25放在角部，2Φ22放在中部）。当梁中间支座两边的上部纵筋不同时，须在支座两边分别标注；当梁中间支座两边的上部纵筋相同时，可仅在支座的一边标注配筋值。

b. 梁下部纵筋。梁下部纵向钢筋多于一排时，各排纵筋按从上往下的顺序用斜线"/"分开；同一排纵筋有两种直径时，则用加号"＋"将两种直径的纵筋相连，注写时角部纵筋写在前面。当梁下部纵筋不全部伸入支座时，将梁支座下部纵筋减少的数量写在括号内。

c. 附加箍筋或吊筋。将其直接画在平面图中的主梁上，用线引注总配筋值（附加箍筋的肢数注在括号内）。

d. 如图3-23所示，第一跨梁上部"2Φ25＋2Φ22"表示梁支座上部有2根直径25mm（HRB335级）角筋和2根直径22mm（HRB335级）纵筋；梁下部标注"6Φ25 2/4"表示梁下部有两排纵筋，上排为2根直径25mm的纵筋，下排为4根直径25mm的纵筋。在第二跨中两端支座的上部配筋不同，左面"6Φ25 4/2"表示梁上部有两排六根纵筋，上排为4根直径25mm的纵筋（HRB335级），下排为2根直径25mm的纵筋，而右侧上部配筋为4Φ25，梁下部纵筋为4Φ25。右侧为悬挑部分，梁上部配筋4Φ25，下部配筋2Φ16，箍筋为Φ8@100。

2）截面注写方式。截面注写方式是在分标准层绘制的梁平面布置图上，分别在不同编号的梁中各选择一根梁用剖面号引出配筋图，并在其上注写截面尺寸和配筋具体数值的方式来表达梁平法施工图。如图3-23所示。

在截面配筋图注写截面尺寸$b×h$、上部筋、下部筋、侧面筋和箍筋的具体数值时，其表达方式与平面注写方式相同。

从图3-23中可知，L3的配筋用截面表示在平面图的下面，1—1截面表示梁下部配双排筋，上面配置的是2Φ22，下面配置的是4Φ22；梁的上部配置4Φ16箍筋。

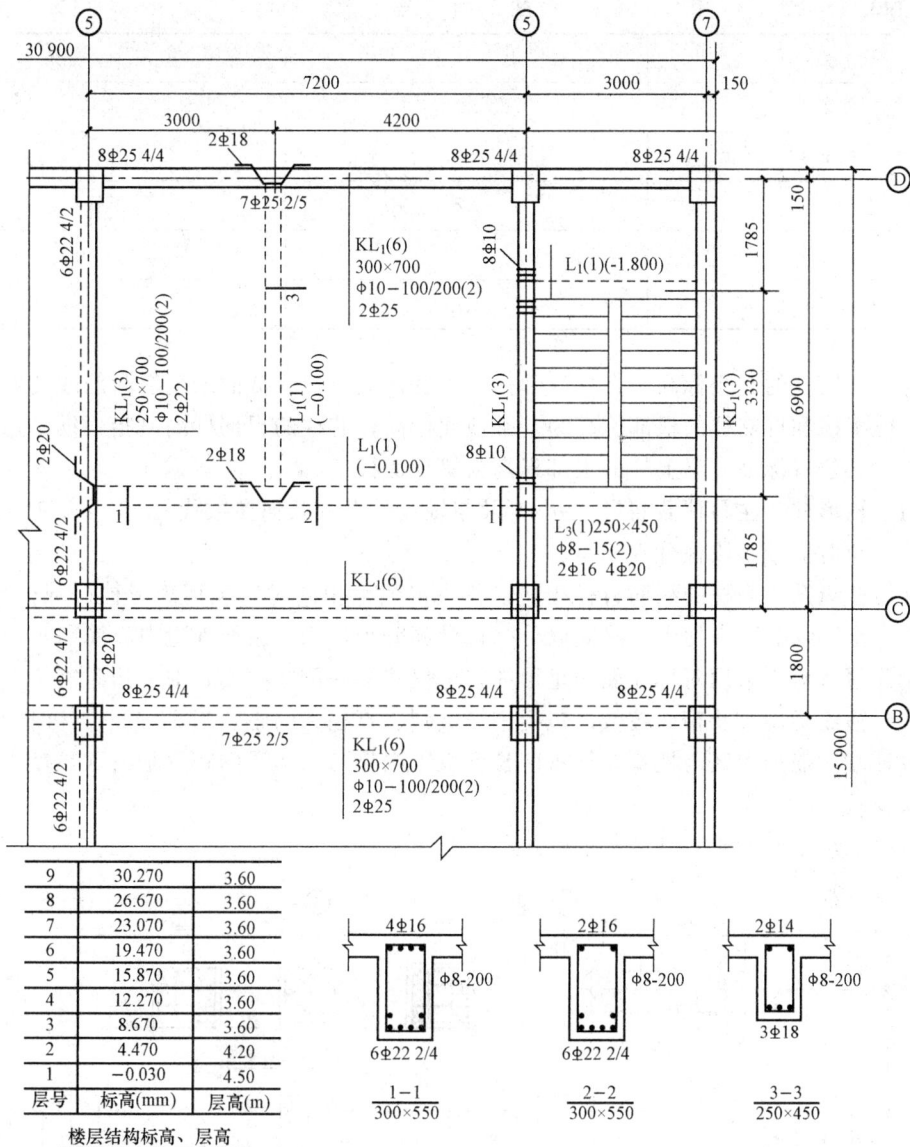

图 3-23　梁平法施工图截面注写方式

（2）柱平法施工图制图规则。柱平法施工图是在柱平面布置图上采用列表注写方式或截面注写方式表达。

1）列表注写方式。列表注写方式是在柱平面布置图上，分别在同一编号的柱中选择一个或几个截面标注几何参数代号；在柱表中注写柱号、柱段起止标高、几何尺寸与配筋的具体数值，并配以各种柱截面形状及箍筋类型图的方式表达柱平法施工图。

柱表中自柱根部（基础顶面标高）往上以变截面位置或配筋改变处为界分段注写。

柱表应注写下列规定内容：

①注写柱的编号。柱编号由类型代号和序号组成，应符合表 3-13 的规定。

表3-13

柱　编　号

柱　类　型	代　　　号	序　　　号
框架柱	KZ	××
框支柱	KZZ	××
芯柱	XZ	××
梁上柱	LZ	××
剪力墙上柱	QZ	××

②注写各段柱的起止标高。自柱根部往上以变截面位置或截面未变但配筋改变处为界分段注写。框架柱和框支柱的根部标高为基础顶面标高；芯柱的根部标高是指根据结构实际需要而定的起始位置标高；梁上柱的根部标高为梁顶面标高。

③对于矩形柱。注写柱截面尺寸 $b \times h$ 及与轴线关系的几何参数代号 b_1、b_2 和 h_1、h_2 的具体数值，须对应于各段柱分别注写。

④注写柱纵筋。当柱的纵筋直径相同，各边根数也相同时（包括矩形柱、圆柱），将纵筋注写在"全部纵筋"一栏中；除此以外，柱纵筋分为角筋、断面 b 边中部筋和 h 边中部筋三项分别注写（对于采用对称配筋的矩形柱，可仅注写一侧中部筋，对称边省略不注）。

⑤注写箍筋类型号及箍筋肢数。包括钢筋级别、直径和间距。当为抗震设计时，用斜线"/"区分柱端箍筋加密区与柱身非加密区长度范围内箍筋的不同间距（加密区长度由标准构造详图来反映）。

图3-24为柱平法施工图列表注写方式示例。

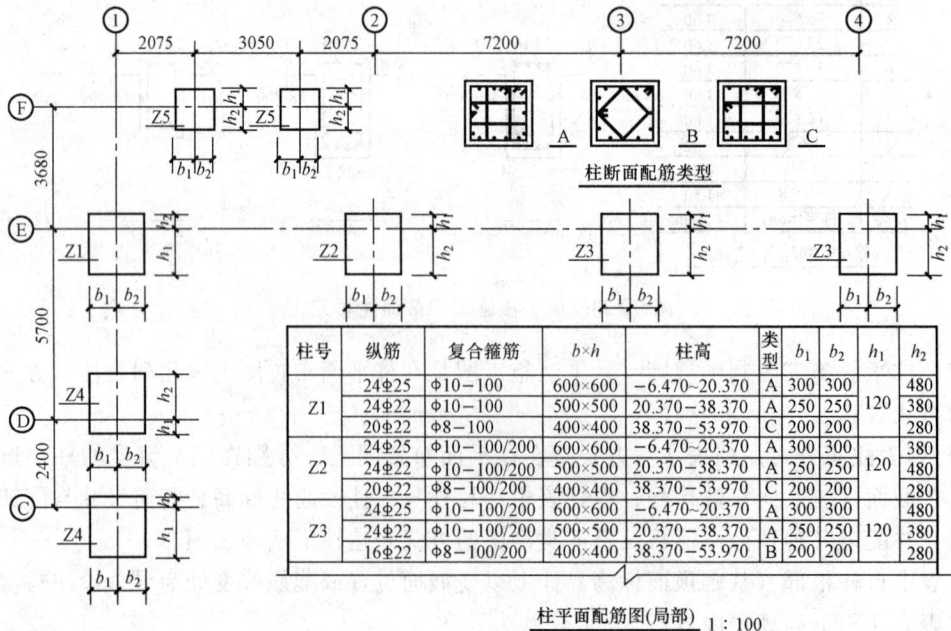

柱号	纵筋	复合箍筋	$b \times h$	柱高	类型	b_1	b_2	h_1	h_2
	24⌀25	Φ10-100	600×600	-6.470~20.370	A	300	300		480
Z1	24⌀22	Φ10-100	500×500	20.370~38.370	A	250	250	120	380
	20⌀22	Φ8-100	400×400	38.370~53.970	C	200	200		280
	24⌀25	Φ10-100/200	600×600	-6.470~20.370	A	300	300		380
Z2	24⌀22	Φ10-100/200	500×500	20.370~38.370	A	250	250	120	480
	20⌀22	Φ8-100/200	400×400	38.370~53.970	C	200	200		280
	24⌀25	Φ10-100/200	600×600	-6.470~20.370	A	300	300		480
Z3	24⌀22	Φ10-100/200	500×500	20.370~38.370	A	250	250	120	380
	16⌀22	Φ8-100/200	400×400	38.370~53.970	B	200	200		280

柱平面配筋图（局部）　1:100

图3-24　柱列表注写方式

从图 3 - 24 中可知，代号为 Z1 的柱子，根据配筋及截面的变化情况分为三部分。标高从 -6.47m 到 20.370m 处，柱截面尺寸 600mm×600mm，箍筋配筋类型为 A 型，b_1、b_2 均为 300mm，h_1 为 120mm，h_2 为 480mm，箍筋为 φ10@100，24 根直径为 25mm 的 HRB335 级纵筋；在标高为 20.370～38.370m 处，柱截面尺寸 500mm×500mm，箍筋配筋类型为 A 型，b_1、b_2 均为 250mm，h_1 为 120mm，h_2 为 380mm，箍筋为 φ10@100，24 根直径为 22mm 的 HRB335 级纵筋；标高为 38.370～53.970m 处，柱截面尺寸 400mm×400mm，箍筋配筋类型为 C 型，b_1、b_2 均为 200mm，h_1 为 120mm，h_2 为 280mm，箍筋为 φ8@100，20 根直径为 22mm 的 HRB335 级纵筋。代号 Z2、Z3 柱读法相同。

2）截面注写方式。柱平法施工图截面注写方式，是在分标准层绘制的柱平面布置图的柱截面上，分别在同一编号的柱中选择一个截面，以直接注写截面尺寸和配筋具体数值的方式来表达柱平法施工图。如图 3 - 25 所示。

①对除芯柱之外所有柱截面进行编号，从相同编号的柱中选择一个截面，按另一种比例原位放大绘制柱截面配筋图，并在各配筋图上继其编号后再注写截面尺寸 b×h、角筋或全部纵筋（当纵筋采用同一种直径且能够图示清楚时）、箍筋的具体数值。在柱截面配筋图上标注柱截面与轴线关系 b_1、b_2 和 h_1、h_2 的具体数值。

②当纵筋采用两种直径时，须再注写截面各边中部纵筋的具体数值（对于采用对称配筋的矩形截面柱，可仅在一侧注写中部纵筋，对称边省略不注）。当在某些框架柱的一定高度范围内，在其内部的中心位置设置芯柱时，其标注方式详见平法标准图集 11G101 - 1 有关规定。

③注写柱子箍筋，同列表注写方式。

④断面注写方式中，如柱的分段截面尺寸和配筋均相同，仅分段截面与轴线的关系不同时，可将其编为同一柱号。但此时，应在未画配筋的柱截面上注写该柱截面与轴线关系的具体尺寸。

3）其他。当柱与填充墙需要拉结时，设计者应绘制构造详图。

图 3 - 25 是柱平法施工图截面注写方式示例。

在图中每类型柱子取一个为代表，将截面按比例放大，直接在上面注写其截面尺寸、配筋数值，如 KZ2，从左面结构层楼面标高的表中可知分为两种，六层及六层以上为一种（上柱），六层以下为一种（下柱），上柱截面尺寸为 550mm×500mm，纵筋 22 φ 22，箍筋 φ 10@100/200，下柱截面尺寸为 650mm×600mm，纵筋 22 φ 25，箍筋 φ 8@100/200。其他柱的读法相同。

4）柱平法施工图的识读要点。

识读原则。先校对平面，后校对构件；先阅读各构件，再查阅节点与连接。

①阅读结构设计说明中的有关内容。

②检查各柱的平面布置与定位尺寸。根据相应的建筑、结构平面图，查对各柱的平面布置与定位尺寸是否正确。特别应注意变截面处，上下截面与轴线的关系。

③从图中（断面注写方式）及表中（列表注写方式）逐一检查柱的编号、起止标高、断面尺寸、纵筋、箍筋、混凝土的强度等级。

④柱纵筋的搭接位置、搭接方法、搭接长度、搭接长度范围的箍筋要求。

⑤柱与填充墙拉结。

KZ3
650×600(550×500)
24Φ25(24Φ22)
Φ10−100/200(Φ10−100/200)

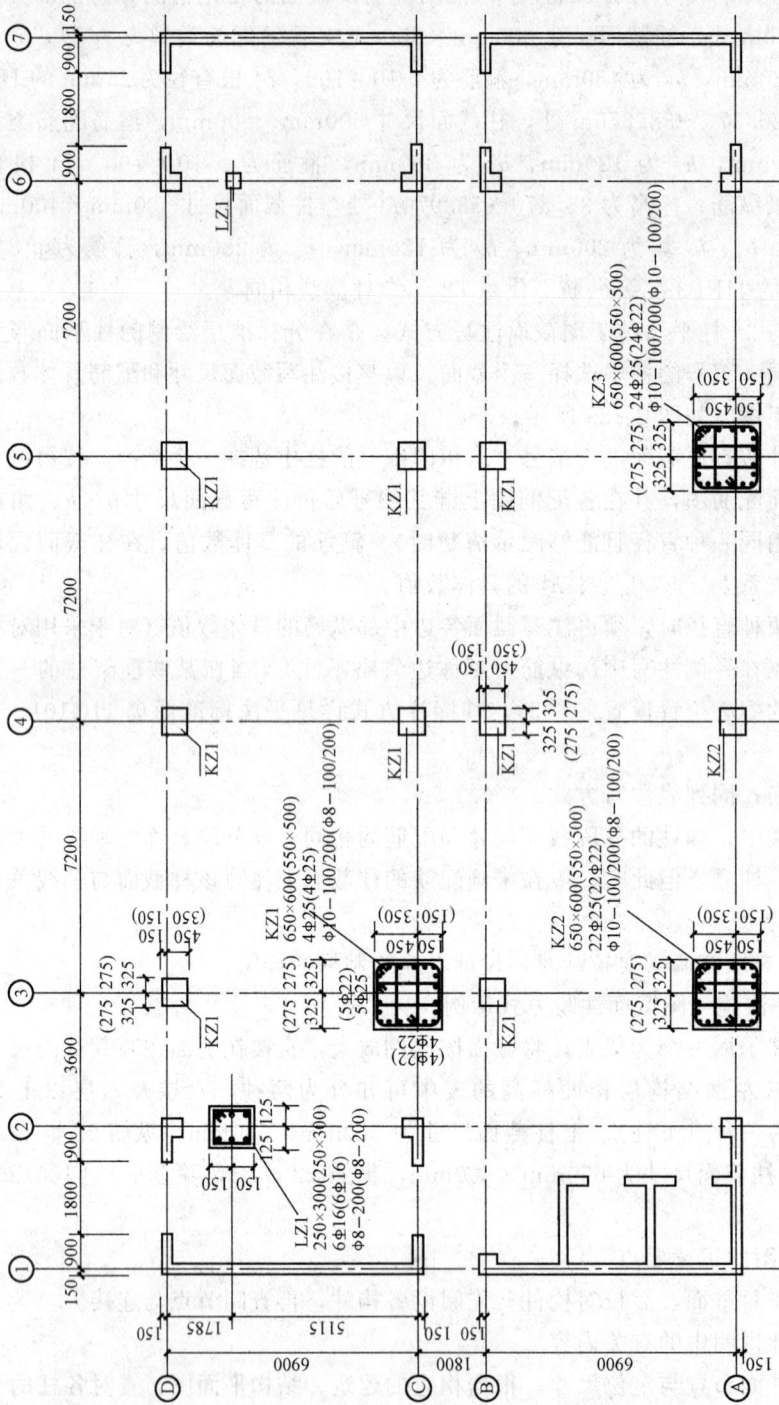

注：KZ3标高19.470至59.070以及KZ1和KZ2标高37.470至59.070均采用焊接封闭箍

KZ1
650×600(550×500)
4Φ25(4Φ25)
Φ10−100/200(Φ8−100/200)
(5Φ22)
5Φ25
(4Φ22)
4Φ22

KZ2
650×600(550×500)
22Φ25(22Φ22)
Φ10−100/200(Φ8−100/200)

LZ1
250×300(250×300)
6Φ16(6Φ16)
Φ8−200(Φ8−200)

19.470~37.470 柱平法施工图
(37.470~59.070)

柱平法施工图

图 3-25 柱平法施工图截面注写方式示例

层号	标高(m)	层高(m)
屋面2	65.670	
塔面2	62.370	3.30
屋面1(塔面1)	59.070	3.30
16	55.470	3.60
15	51.870	3.60
14	48.270	3.60
13	44.670	3.60
12	41.070	3.60
11	37.470	3.60
10	33.870	3.60
9	30.270	3.60
8	26.670	3.60
7	23.070	3.60
6	19.470	3.60
5	15.870	3.60
4	12.270	3.60
3	8.670	4.20
2	4.470	4.20
1	-0.030	4.50
-1	-4.530	4.50
-2	-9.030	4.50
层号	标高(m)	层高(m)

结构层楼面标高
结构层高

3.4.4 结构布置平面图

结构平面图是建筑物各构件平面布置的图样，分为基础平面图、楼层结构布置平面图、屋顶结构布置平面图。这里仅介绍民用建筑的楼层结构布置平面图。

楼层结构布置平面图是假想将房屋沿楼板面水平剖开后所得的水平剖面图，用以表示房屋中每一层楼面板及板下的梁、墙、柱等承重构件的布置情况，或现浇板的构造和配筋。

1. 楼板结构布置平面图的阅读方法

(1) 看图名、比例。

(2) 与建筑平面图对照，了解楼层结构平面图的定位轴线。

(3) 通过结构构件代号了解该楼层中结构构件的位置及类型。

(4) 了解现浇板的配筋情况及板的厚度。

(5) 了解各部位的标高情况，并与建筑标高对照，了解装修层的厚度。

(6) 如有预制楼板，了解预制板的规格、数量等级和布置情况。

2. 有梁楼盖平法施工图内容

板平法施工图是在楼面板和屋面板布置图上，采用平面注写的表达方式。板平面注写主要包括板块集中标注和板支座原位标注。

(1) 板块集中标注。

1) 板块编号。对于普通楼面，两向均以一跨为一板块。所有板块应逐一编号，相同编号的板块可择其一做集中标注，见表 3-14。

表 3-14　　　　　　　　板　块　编　号

板　类　型	代　号	序　号
楼面板	LB	××
屋面板	WB	××
悬挑板	XB	××

2) 板厚。板厚注写为 $h=×××$（为垂直于板面的厚度）；当悬挑板的端部改变截面厚度时，用斜线分隔根部与端部的高度值，注写为 $h=×××/×××$。

3) 贯通纵筋。为了方便识图，结构平面坐标方向规定：当两向轴网正交布置时，图面从左至右为 X 向，从下至上为 Y 向；当轴网向心布置时，切向为 X 向，径向为 Y 向。

贯通纵筋按板块的下部和上部分别注写，以 B 代表下部，以 T 代表上部，B&T 代表下部与上部；X 向贯通纵筋以 X 打头，Y 向贯通纵筋以 Y 打头，两向贯通纵筋配置相同时则以 X&Y 打头；悬挑板 XB 的下部配置有构造钢筋时，则 X 向以 X_c，Y 向以 Y_c 打头注写。

[例 3-1]　楼面板块注写为：LB5　$h=110$mm

B：$X \Phi 12@120$；$Y \Phi 10@110$

表示 5 号楼面板，板厚 110mm，板下部配置的贯通纵筋 X 向为 $\Phi 12@120$，Y 向为 $\Phi 10@110$。

[例 3-2]　悬挑板注写为：XB2　$h=150/100$mm

$$B: X_c \,\&\, Y_c \, \underline{\Phi} \, 8@200$$

表示 2 号悬挑板，板根部厚 150mm，端部厚 100mm，板下部配置构造钢筋双向均为 $\underline{\Phi}$ 8@200。

[例 3-3]　楼面板块注写为：LB5　$h=110mm$
$$B: X \, \underline{\Phi} \, 10/12@100; \ Y \, \underline{\Phi} \, 10@110$$

表示 5 号楼面板，板厚 110mm，板下部配置的贯通纵筋 X 向为 $\underline{\Phi}$ 10、$\underline{\Phi}$ 12 隔一布一，$\underline{\Phi}$ 10 与 $\underline{\Phi}$ 12 之间间距为 100mm；Y 向为 $\underline{\Phi}$ 10@110；板上部未配置贯通纵筋。

4）板面标高高差。当结构层楼面标高存在高差时，应标注标高的高差差值。

[例 3-4]　　LB5　$h=110$
$$B: X \, \underline{\Phi} \, 12@120; \ Y \, \underline{\Phi} \, 10@110$$
$$(-0.07)$$

表示 5 号楼面板顶面低于本楼层楼面板顶面 0.07m。

（2）板支座原位标注。板支座原位标注包括板支座上部非贯通纵筋和悬挑板上部受力钢筋。

板支座原位标注，应标注钢筋编号（如①、②等）、配筋值、横向连续布置的跨数（注写在括号内，且当为一跨时可不注），以及是否横向布置到梁的悬挑端。

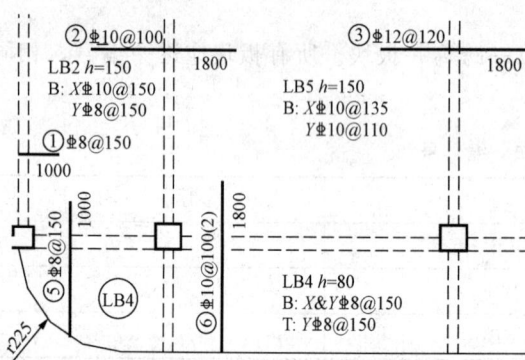

图 3-26　板平法施工图

[例 3-5]　　如图 3-26 所示：①号钢筋自支座中心向 LB2 伸出 1000mm；②号钢筋自支座中心向两侧对称伸出 1800mm；⑥号钢筋自支座中心向 LB5 跨内伸出 1800mm，另一端覆盖 LB4 板跨，连续布置两跨。

3.4.5　基础结构图

基础结构图是表示建筑基础施工做法的图样，一般由基础设计说明、基础平面图和基础详图组成。

1. 基础设计说明

基础设计说明主要有场地的质量、基础材料的强度等级、质量要求、基槽开挖深度的要求及基础各部位施工要求。

2. 基础平面图

（1）基础平面图的形成及作用。假想用一水平剖切平面沿建筑底层地面下一点剖切建筑，将剖切平面以上部分去掉，并移去回填土所得到的水平投影图，称为基础平面图。

基础平面图主要表达基础的平面位置、形式及其类型，是基础施工时定位、放线、开挖基槽的依据。

基础平面图的比例一般与建筑平面图的比例相同。基础平面图中，只反映基础墙、柱及它们基础底面的轮廓线。画图时，如基础为条形基础或独立基础，被剖切到的基础墙或柱用粗实线表示，基础底部的投影用细实线表示。如基础为筏形基础，则用细实线表示基础的平面形状，用粗实线表示基础中钢筋的配置情况。

（2）基础平面图的识读步骤如下：

1）了解图名、比例。

2）与建筑平面图对照，了解基础平面图的定位轴线。

3）了解基础的平面布置，结构构件的类型、位置、代号。如为筏形基础，还应了解基础的配筋情况。

4）了解剖切符号，通过剖切符号了解基础的种类，各类基础的平面尺寸。

5）阅读基础设计说明，了解基础的施工要求、用料。

6）联合阅读基础平面图与设备施工图，了解设备管线穿越基础的准确位置，洞口的形状、大小以及洞口上方的过梁要求。

3. 基础详图

（1）基础详图的形成及作用。基础详图是基础断面图，具体表示基础的形状、大小、材料、构造做法及基础标高等内容，是基础施工的重要依据。如基础是钢筋混凝土基础，应重点突出钢筋在混凝土基础中的位置、形状、数量和规格。

（2）基础详图的识读步骤。

1）了解图名和比例，因基础的种类往往比较多，读图时，将基础详图的图名与基础平面图的剖切符号、定位轴线对照，了解基础在建筑中的位置。

2）了解基础形状、大小和材料。

3）了解基础各部位的标高，计算基础的埋置深度。

4）了解基础的配筋情况。

5）了解垫层的厚度尺寸与材料。

6）了解基础梁的配筋情况。

7）了解管线穿越洞口的详细做法。

4. 11G101-3 基础平面整体表示法制图规则

（1）独立基础平法施工图制图规则。

1）独立基础平法施工图的表示方法。独立基础平法施工图，有平面注写与截面注写两种表达方式。

2）独立基础编号。独立基础编号由类型、基础底板截面形状、代号和序号组成。独立基础的编号见表3-15。

表 3-15   独 立 基 础 编 号

类型	基础底板截面形状	代号	序号
普通独立基础	阶形	DJ_J	××
	坡形	DJ_P	××
杯口独立基础	阶形	BJ_J	××
	坡形	BJ_P	××

3）独立基础的平面注写方式。独立基础的平面注写方式分为集中标注和原位标注两部分。

①集中标注的具体内容。

a. 注写独立基础编号（必注内容，见表 3 - 15）。

b. 注写独立基础截面竖向尺寸（必注内容）。普通独立基础，注写为 $h_1/h_2/\cdots\cdots$ 用分号"/"分隔多阶或坡形自而上的高度，如图 3 - 27 所示。

[例 3 - 6]　当阶形截面普通独立基础 $DJ_J\times\times$ 的竖向尺寸注写为 400/300/300 时，表示基础为三阶，自下而上第一节高 $h_1=400mm$，第二阶高 $h_2=300mm$，第三节高 $h_3=300mm$，基础底板总厚为 1000mm，如图 3 - 27（a）所示。

[例 3 - 7]　当坡形截面普通独立基础 $DJ_P\times\times$ 的竖向尺寸注写为 350/300 时，表示基础为坡形，最边缘高度 350mm，根部比边缘再厚 200mm，根部高度为 650mm，如图 3 - 27（b）所示。

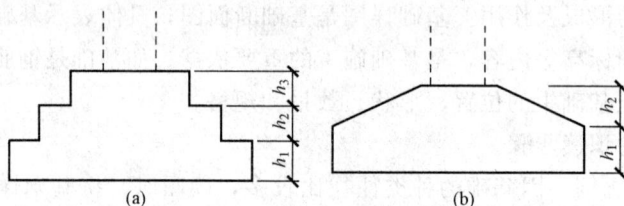

图 3 - 27　普通独立基础截面竖向尺寸

(a) 阶形截面；(b) 坡形截面

c. 注写独立基础配筋（必注内容）。独立基础底板配筋注写规定：以 B 代表各种独立基础底板的底部配筋；X 向配筋以 X 打头、Y 向配筋以 Y 打头注写；当双向配筋相同时，则以 $X\&Y$ 打头注写。

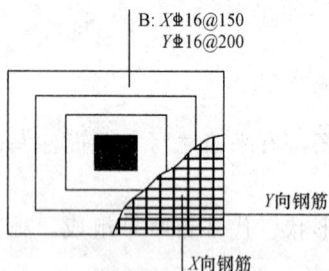

图 3 - 28　独立基础底板的底部双向配筋示意图

[例 3 - 8]　当独立基础底板配筋标注为：B：$X \phi 16@130$　Y：$\phi 16@150$，表示基础底板的底部配置 X 向钢筋直径为 $\phi 16$、间距为 130，Y 向钢筋直径为 $\phi 16$、间距为 150，如图 3 - 28 所示。

d. 注写基础底面标高（选注内容）。当独立基础底面标高与基础底面基准标高不同时，应将独立基础底面标高直接注写在括号（　）内。

e. 必要的文字注解（选注内容）。当独立基础的设计有特殊要求时，宜增加必要的文字注解。

②原位标注。原位标注是在基础平面布置图上标注独立基础的平面尺寸。对相同编号的基础，可选择一个进行原位标注，其他相同编号者仅注编号。

普通独立基础。原位标注 x，y，x_c，y_c（柱截面尺寸或圆柱直径 d_c），x_i，y_i（$i=1$，2，3……），其中，x，y 为普通独立基础两向边长；x_c，y_c 为柱截面尺寸；x_i，y_i 为阶宽或坡形平面尺寸（当设置短柱时，尚应标注短柱截面尺寸 x_{DZ}，y_{DZ}），如图 3 - 29 所示。

③独立基础平面注写方式示意图如图 3 - 30 所示。

④多柱独立基础注写方法。独立基础通常为单柱独立基础，也可为多柱独立基础（双柱或四柱等）。多柱独立基础的编号、几何尺寸和配筋的标注方法与单柱独立基础相同。

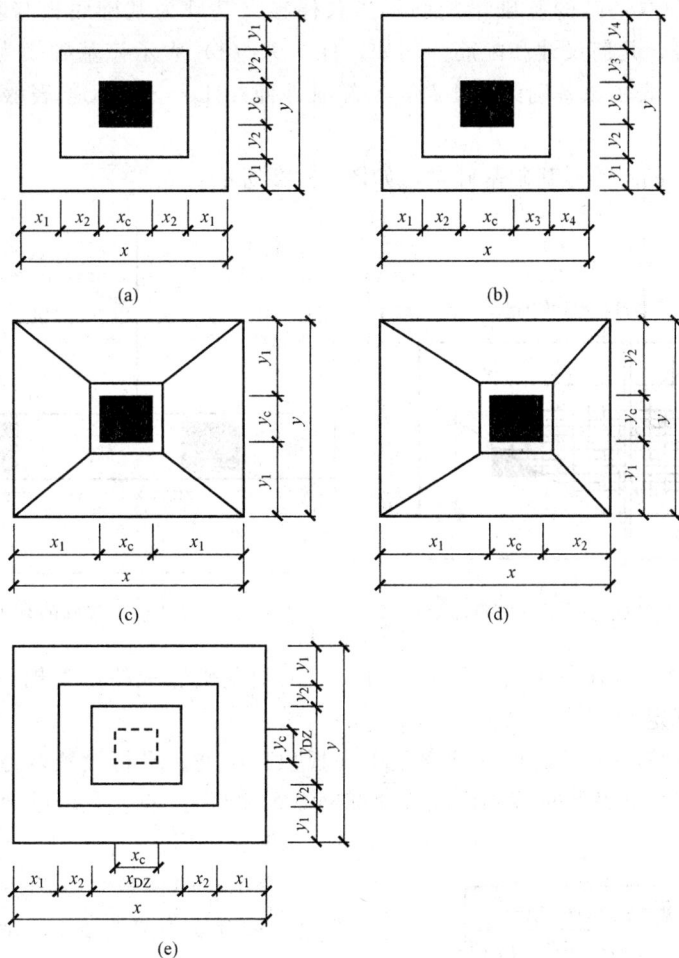

图 3 - 29　普通独立基础原位标注

（a）对称阶形截面；（b）非对称阶形截面；（c）对称坡形截面；
（d）非对称坡形截面；（e）设置短柱独立基础的原位标注

当为双柱独立基础且柱距较小时，通常仅配置基础底部钢筋；当柱距较大时，为了避免独立基础上部开裂，尚需在两柱间配置基础顶部钢筋或设置基础梁；当为四柱基础时，通常可设置两道平行的基础梁，需要时可在两道基础梁之间配置基础顶部钢筋。

a. 注写双柱独立基础底板顶部配筋。双柱独立基础底板顶部配筋，通常对称分布在双柱中心线两侧，注写为 T：双柱间纵向受力筋/分布钢筋。当纵向受力筋在基础底板顶部非满布时，应注明其总根数。

[例 3 - 9]　标注 T：11 Φ 18@100/ϕ 10@200；表示独立基础顶部配置纵向受力钢筋直径为 Φ18、根数为 11 根、间距为 100mm；分布筋直径为 ϕ 10 间距为 200mm，如图 3 - 31 所示。

DJ$_{JXX}$, h_1/h_2
B: x: Φxx@xxx
　　y: Φxx@xxx

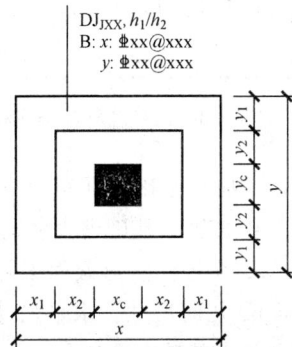

图 3 - 30　普通独立基础平面注写方式示意图

b. 注写双柱独立基础的基础梁配筋。当双柱独立基础为基础底板与基础梁相结合时，注写基础梁的编号、几何尺寸和配筋。例如，JL××（1）表示该基础梁为1跨，两端无外伸；JL××（1A）表示该基础梁为1跨，一端有外伸；JL××（1B）表示该基础梁为1跨，两端有外伸。

基础梁注写规定同条形基础基础梁，如图3-32所示。

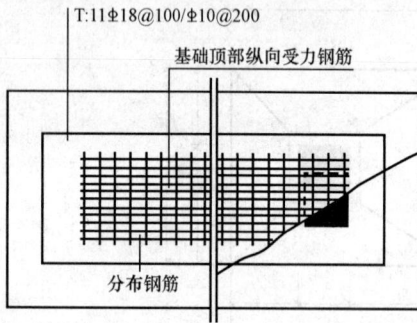

图3-31　双柱独立基础底板顶部配筋示意图

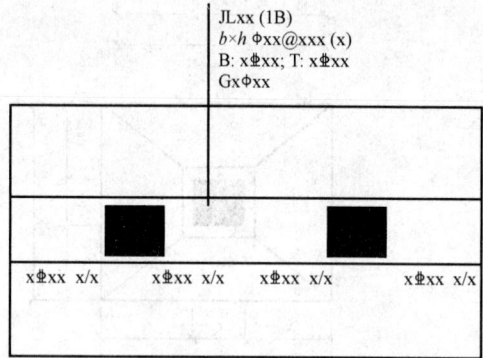

图3-32　双柱独立基础的基础梁配筋示意图

c. 注写双柱独立基础底板底部配筋。可以按条形基础底板的注写规定，也可以按独立基础底板的注写规定。

d. 注写配置两道基础梁的四柱独立基础底板顶部配筋。平行设置两道基础梁的四柱独立基础，可在双梁之间及梁长范围内配置顶部钢筋，注写为：T：梁间受力钢筋/分布钢筋。

[例3-10] 标注：T：Φ16@120/ϕ10@200；表示在四柱独立基础底板顶部两道基础梁之间配置受力筋为Φ16，间距120；分布筋为ϕ10，间距200，如图3-33所示。

平行设置两道基础梁的四柱独立基础底板配筋，也可按双梁条形基础底板配筋的注写规定。

⑤施工图示例。独立基础平面注写施工图示例如图3-34所示。

4）独立基础的截面注写方式。分为截面标注和列表注写两种表达方式。采用截面注写

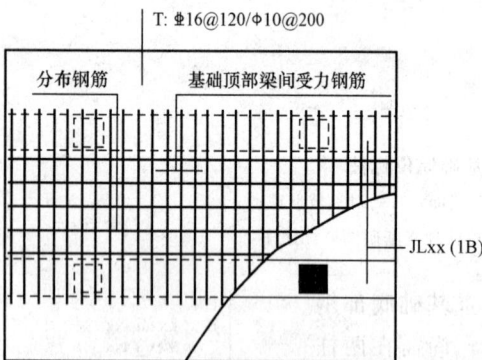

图3-33　四柱独立基础底板顶部配筋示意图

方式，应在基础平面布置图上对所有基础进行编号。

普通独立基础列表注写内容如下：

a. 编号：阶形截面编号为DJ_j××，坡形截面编号为DJp××。

b. 几何尺寸：水平尺寸x，y，x_c、y_c、x_i、y_i（$i=1$，2，3……），其中，x，y分别为普通独立基础两向边长；x_c，y_c为柱截面尺寸或圆柱直径d_c；x_i、y_i为阶宽或坡形平面尺寸；竖向尺寸$h_1/h_2/$……为多阶或坡形自下而上的高度。

c. 配筋：B：X：Φ××@×××，Y：Φ××@×××。

普通独立基础列表格式见表3-16。

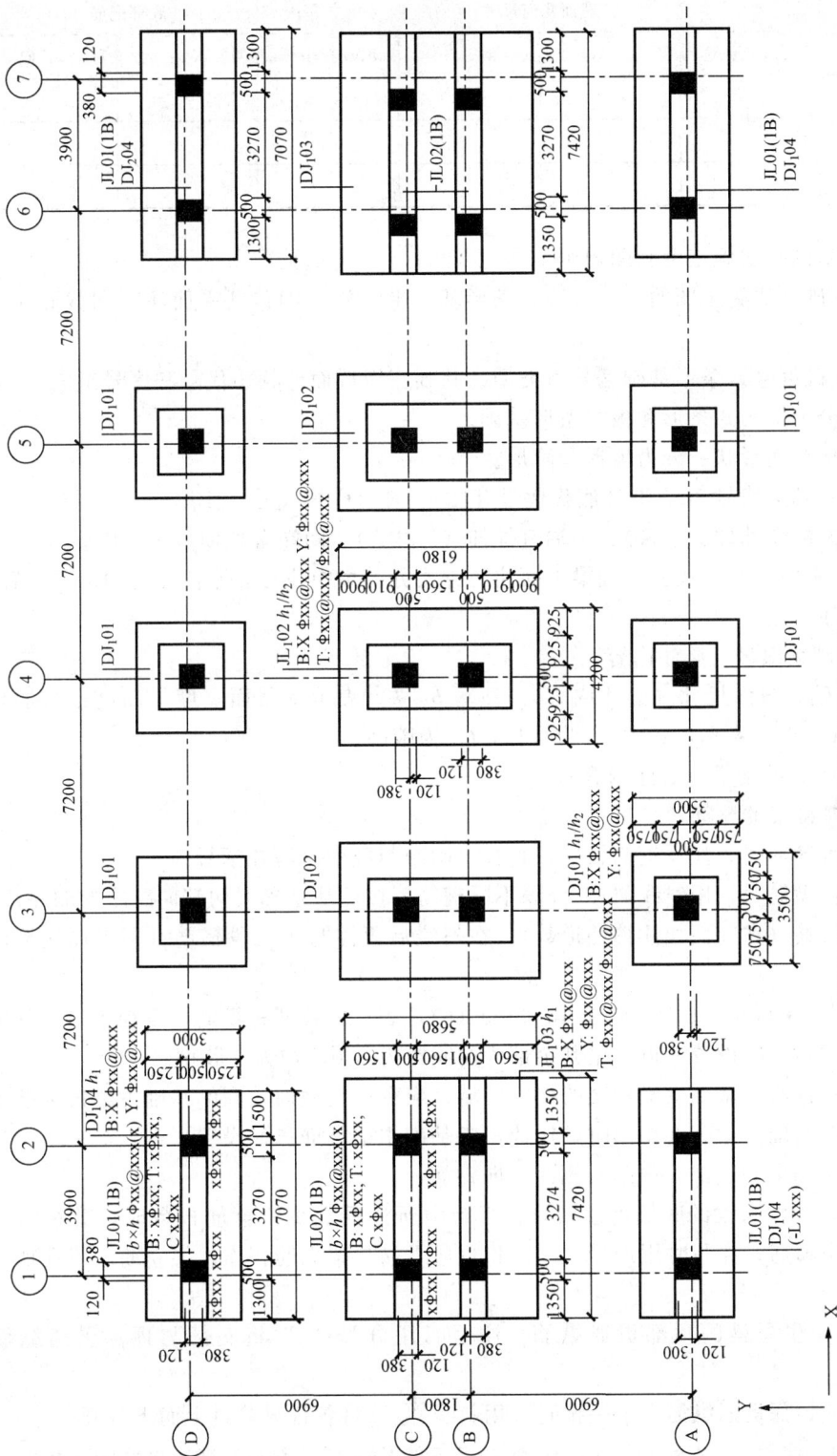

图 3 - 34　独立基础平面注写施工图示例

采用平面注写方式表达的独立基础设计施工图示

表 3-16   普通独立基础几何尺寸和配筋表

基础编号/截面号	截面几何尺寸				底部配筋（B）	
	x、y	x_c、y_c	x_i、y_i	$h_1/h_2/\cdots\cdots$	X 向	Y 向

（2）条形基础平法施工图制图规则。

1）条形基础平法施工图的表示方法。条形基础平法施工图包括平面注写和截面注写两种表达方式。

2）条形基础编号。条形基础编号由类型、基础底板截面形状、代号和序号组成。

①类型：分为梁板式条形和板式条形基础。

②基础底板截面形状：分为坡形和阶形。

③代号：基础梁代号 JL，坡形底板代号 TJB_P、阶形底板代号 TJB_J。

④序号：两端无外伸（××）、一端有外伸（××A）、两端有外伸（××B）。

3）基础梁平面注写方式。基础梁平面注写方式分为集中注写和原位注写两部分内容。

①集中标注。

a. 注写基础梁编号（必注内容）。

b. 注写基础梁截面尺寸（必注内容）。注写 $b×h$，表示梁截面宽度与高度；当加腋梁时，用 $b×h\ YC_1×C_2$ 表示，其中 C_1 为腋长，C_2 为腋高。

c. 注写基础梁的配筋（必注内容）。

（a）注写基础梁的箍筋。

当采用一种箍筋时，注写钢筋级别、直径、间距与肢数（写在括号内）。

当采用两种箍筋时，用斜线"/"分隔不同箍筋，按照从基础梁两端向跨中的顺序注写。先注写第一段箍筋（在前面加注箍筋道数），在斜线后再注写第二段箍筋（不再加注箍筋道数）。

[例 3-11]　注写 9 ϕ 16@100/ϕ 16@200（6），表示配置两种箍筋，直径ϕ 16，从梁两端起向跨内按间距 100 设置 9 道，梁其余部为的间距为 200，均为 6 肢箍。

施工时注意：两向基础主梁相交的柱下区域，应有一向截面较高的基础主梁按梁端箍筋贯通设置；当两基础主梁高度相同时，任选一向基础主梁箍筋贯通设置。

（b）注写基础梁的底部、顶部及侧面纵向钢筋。

以 B 打头，先注写梁的底部贯通纵筋。当跨中所注根数少于箍筋根数时，需在跨中加设架立筋以固定箍筋，注写时用加号"+"将贯通纵筋与架立筋相连，架立筋注写在加号后面的括号内。

以 T 打头，注写梁的顶部贯通纵筋。注写时用分号"；"将底部与顶部贯通纵筋分隔开。

当梁底部或顶部贯通纵筋多于一排时，用斜线"/"将各排纵筋自上而下分开。

[例 3-12]　注写 B：4 ϕ 25；T：12 ϕ 25 7/5，表示梁底部配置贯通纵筋为 4 ϕ 25；梁顶部配置贯通纵筋上一排为 7 ϕ 25，下一排为 5 ϕ 25。

以大写字母 G 打头注写梁两侧面对称设置的纵向构造钢筋的总配筋值。

[**例 3 - 13**]　注写 G8 Φ 14，表示梁每个侧面配置纵向构造钢筋 4 Φ 14，共配置 8 Φ 14。

(c) 注写基础梁底面标高（选注内容）。

当基础梁的底面与基础底面基准标高不同时，将基础梁底面标高注写在括号内，无高差时不注。

(d) 必要的文字注解（选注内容）。

②原位标注。

a. 原位注写基础梁端（支座）区域的底部全部纵筋。底部全部纵筋系指包括已经集中注写过的贯通纵筋在内的所有纵筋，注写规则如下：

当底部纵筋多于一排时，用斜线"/"将各排纵筋自上而下分开。

当同排纵筋有两种直径时，用加号"＋"将两种直径的钢筋相连。

当梁中间支座两边的底部纵筋配置不同时，需在支座两边分别标注；当梁中间支座两边的底部纵筋相同时，可仅在支座的一边标注配筋值。

当梁端（柱下）区域的底部全部纵筋与集中注写过的贯通纵筋相同时，可不再重复做原位标注。

b. 原位注写基础梁的附加钢筋或（反扣）吊筋。将其直接画在平面图中的主梁上，原位直接引注总配筋值（附加箍筋的肢数注写在括号内），当多数附加钢筋或（反扣）吊筋相同时，可在基础梁平法施工图上统一注明，少数与统一注明值不同时，再原位直接引注。

c. 原位注写基础梁外伸部位的变截面高度尺寸。当基础梁外伸部位变截面高度时，在该部位原位注写 $b \times h_1/h_2$，h_1 为根部截面高度，h_2 为尽端截面高度。

d. 原位注写修正内容。当在基础梁上集中标注的某项内容（如梁截面尺寸、箍筋、底部与顶部贯通纵筋或架立筋、梁侧面纵向构造筋、梁底面标高等）不适用于某跨或某外伸部位时，则将其修正内容原位注写在该跨或该外伸部位，施工时原位标注取值优先。

当在多跨基础梁的集中标注中已注明加腋，而该梁某跨根部不需要加腋时，则在该跨原位标注等截面的 $b \times h$，以修正集中标注中的加腋要求。

4) 条形基础底板的平面注写方式。条形基础底板的平面注写方式分为集中标注和原位标注两部分内容。

①集中标注。

a. 注写条形基础底板编号（必注内容）。阶形截面编号为 $TJB_J \times \times$（$\times \times$），坡形截面编号为 $TJB_P \times \times$（$\times \times$）。

b. 注写条形基础底板截面竖向尺寸（必注内容）。注写为 $h_1/h_2/\cdots\cdots$，用分号"/"分隔多阶或坡形自下而上的高度，如图 3 - 35 所示。

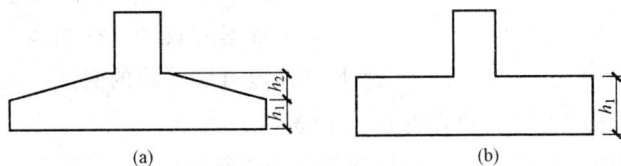

图 3 - 35　条形基础底板截面竖向尺寸
(a) 坡形截面；(b) 阶形截面

c. 注写条形基础底板底部及顶部配筋（必注内容）。以 B 打头，注写基础底板底部的横向受力钢筋；以 T 打头，注写条形基础底板顶部的横向受力钢筋；用斜线"/"分割横向受力钢筋与构造筋。

[例 3 - 14] 当条形基础底板配筋标注为：B：$\Phi 14@150/\phi 8@250$，表示条形基础底板底部配置横向受力筋为 $\Phi 14@150$。如图 3 - 36 所示。

[例 3 - 15] 当为双梁（或双墙）条形基础底板时，除在底板底部配置钢筋外，一般尚需在两根梁或两道墙之间的底板顶部配置钢筋，其中横向受力钢筋的锚固从基础梁的内边缘（或墙边缘）算起。标注 B：$\Phi 14@150/\phi 8@250$；T：$\Phi 14@200/\phi 8@250$，表示基础底板底部配置横向受力筋为 $\Phi 14@150$，分布筋为 $\phi 8@250$；顶部横向受力筋为 $\Phi 14@200$，分布筋为 $\phi 8@250$，如图 3 - 37 所示。

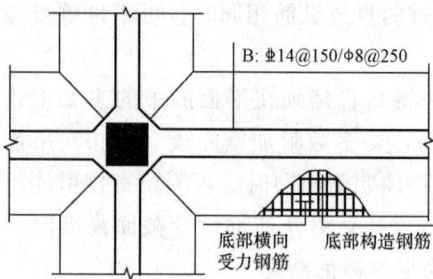

图 3 - 36 条形基础底板配筋

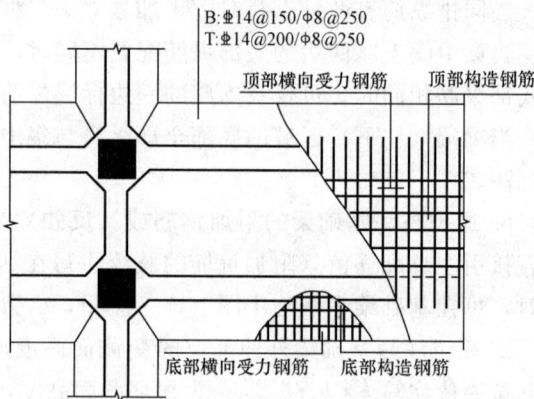

图 3 - 37 双梁条形基础底板顶部配筋

d. 注写基础底板底面标高（选注内容）。当条形基础底板的底面标高与条形基础底面基准标高不同时，将基础底板底面标高注写在括号内，无高差时不注。

e. 必要的文字注解（选注内容）。

②原位标注。原位标注是在基础平面布置图上标注条形基础的平面尺寸。规定如下：

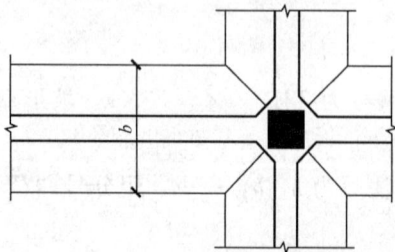

图 3 - 38 条形基础底板平面尺寸
原位标注

a. 原位注写条形基础底板的平面尺寸。原位标注 b、b_i（$i=1$，2，……）。其中，b 为基础底板总宽度，b_i 为基础底板台阶的宽度。当基础底板采用对称于基础梁的坡形截面或单阶形截面时，b_i 可不注。如图 3 - 38 所示。

梁板式条形基础存在双梁共用同一基础底板、墙下条形基础也存在双墙共用同一基础底板的情况，当为双梁或双墙且梁或墙荷载差别较大时，条形基础两侧可取不同的宽度，实际宽度以原位标注的基础底板两侧非对称的不同台阶宽度 b_i 进行表达。

对于相同编号的条形基础底板，可仅选择一个进行标注。

b. 原位注写修正内容。当在条形基础底板上集中标注的某项内容，如底板截面竖向尺寸、底板配筋、底板底面标高等，不适用于底板的某跨或某外伸部分时，可将其修正内容原位标注在该跨或该外伸部位，施工时原为标注取值优先。

③施工图示例。条形基础平面注写施工图示例如图 3-39 所示。

5）条形基础截面注写方式。条形基础的截面注写方式分为截面标注和列表注写两种表达方式。采用截面注写方式，应在基础平面布置图上对所有条形基础进行编号。

①对单个条形基础进行截面标注的内容和形式，与传统单构件正投影表示方法基本相同。对于已在基础平面布置图上原位标注清楚该条形基础和条形基础底板的水平尺寸，可不在截面图上重复表达。

②对多个条形基础可采用列表注写（结合截面示意图）的方式进行集中表达。表中内容为条形基础截面的几何数据和配筋，在截面示意图上应标注与表中栏目相对应的代号。

a. 基础梁列表注写内容。

编号：注写 JL×× （××）、JL×× （××A）、JL×× （××B）。

几何尺寸：注写 $b×h$ 表示梁截面宽度与高度；加腋时注写 $b×h\ YC_1×C_2$ （C_1 为腋长，C_2 为腋高）。

配筋：注写基础梁底部贯通筋＋非贯通纵筋，顶部贯通纵筋，箍筋。当设计为两种箍筋时，箍筋注写为：第一种箍筋/第二种箍筋，第一种箍筋为梁端部箍筋，注写内容包括箍筋的箍数、钢筋级别、直径、间距与肢数。

基础梁列表格式见表 3-17。

表 3-17　　　　　　　　　　　　　　基础梁几何尺寸和配筋表

基础梁编号/截面号	截面几何尺寸		配筋	
	$b×h$	加腋 C_1/C_2	底部贯通筋＋非贯通纵筋，顶部贯通纵筋	第一种箍筋/第二种箍筋

b. 条形基础底板列表注写内容。

编号：

坡形截面编号为 TJBp×× （××）、TJBp×× （××A）、TJBp×× （××B）；

阶形截面编号为 TJB_J×× （××）、TJB_J×× （××A）、TJB_J×× （××B）。

几何尺寸：水平尺寸 b、b_i （$i=1$，2，……），竖向尺寸 h_1/h_2。

配筋：B：φ××@×××/φ××@×××。

条形基础底板列表格式见表 3-18。

表 3-18　　　　　　　　　　　　　　条形基础底板列表

基础底板编号/截面号	截面几何尺寸			底部配筋 （B）	
	b	b_i	h_1/h_2	横向受力钢筋	纵向受力钢筋

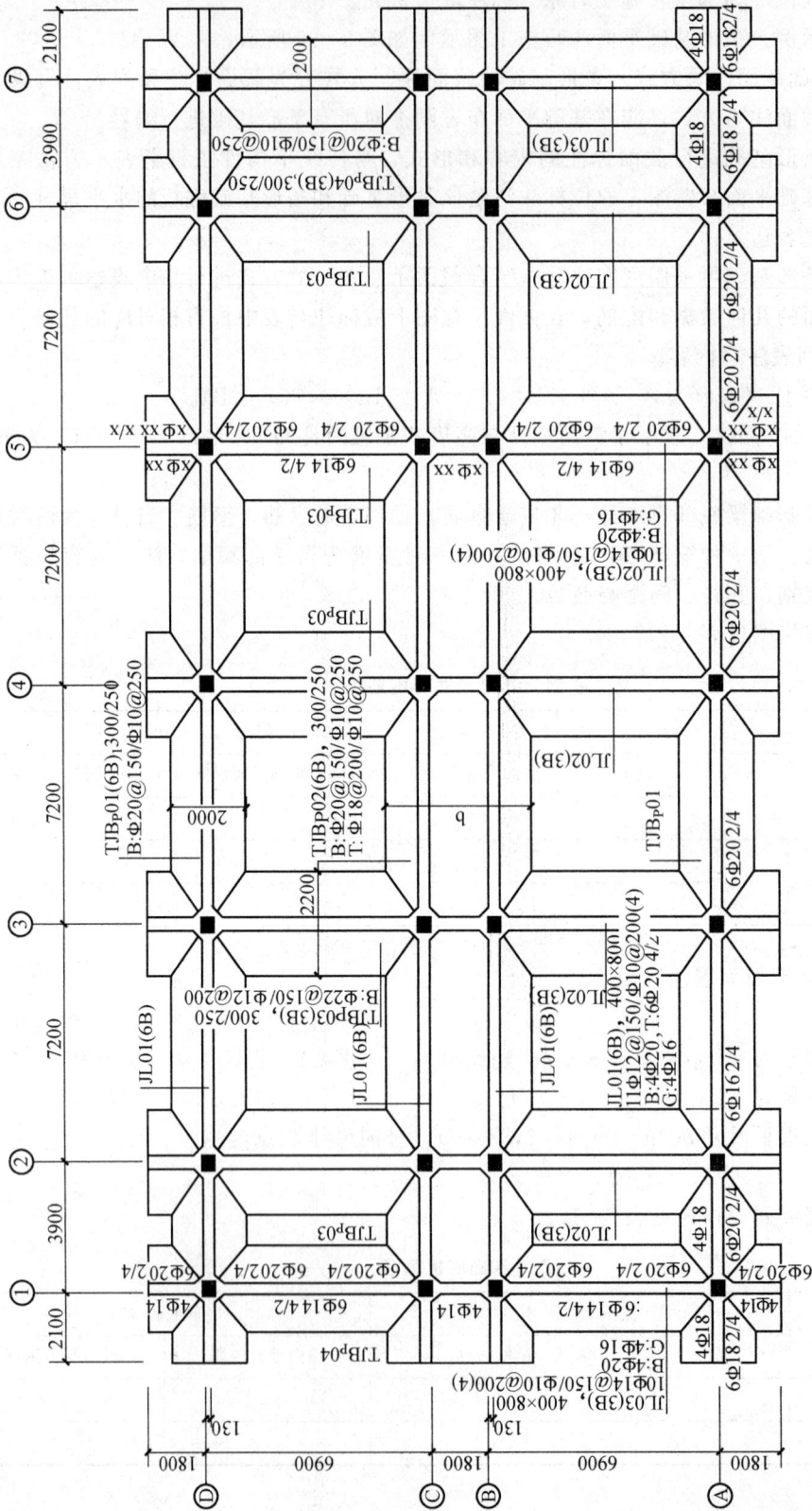

图 3 - 39　条形基础平面注写施工图示例

本 章 练 习 题

1. 什么是比例？比例的大小怎样规定？

2. 尺寸由哪几部分组成？对尺寸数字单位有什么要求？

3. 分别用 1：50 和 1：100 的比例绘制 5000mm 的线段。

4. 一套房屋施工图包括哪些图纸？

5. 什么是绝对标高？什么是相对标高？什么是建筑标高？什么是结构标高？

6. 定位轴线的作用是什么？对其编号有什么规定？

7. 总平面图的作用是什么？

8. 建筑平面图是如何形成的？应标注哪些尺寸及标高？

9. 什么是开间？什么是进深？什么是房屋的总长？

10. 建筑立面图是如何形成的？主要反映哪些内容？

11. 什么是建筑剖面图？它主要表达哪些内容？

12. 墙身详图主要反映哪些内容？楼梯详图有哪些内容？

第4章

民 用 建 筑 构 造

4.1 民用建筑构造概述

4.1.1 民用建筑的构造组成

民用建筑是供人们居住、生活和从事各种社会活动的建筑。一般民用建筑由基础、墙或柱、楼板层及地坪层、楼梯、屋顶、门窗等构配件组成，如图 4-1 所示。

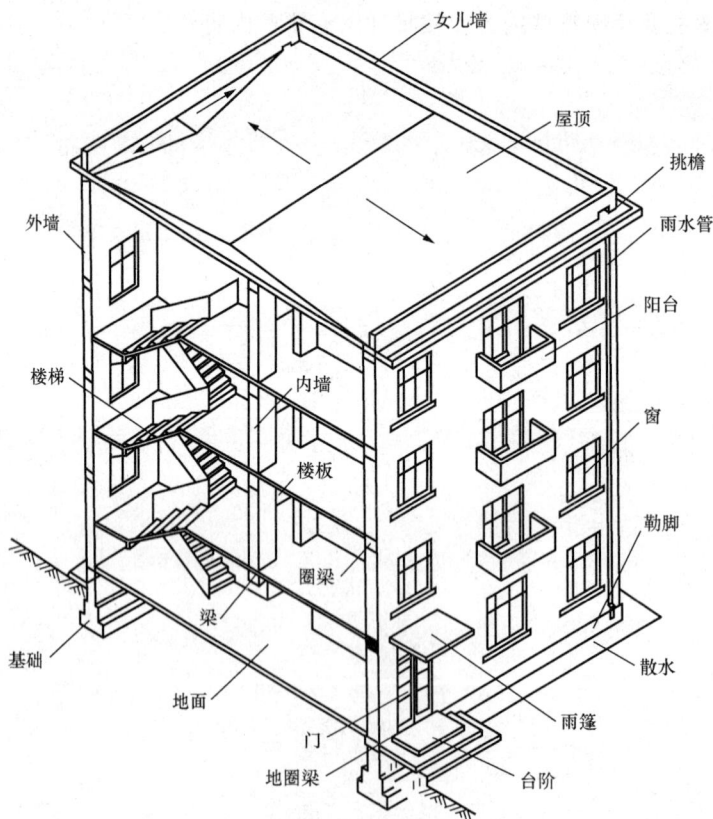

图 4-1 建筑的构造组成

1. 基础

基础是建筑物最下面埋在土层中的部分，它承受建筑物的全部荷载，并将荷载传给地基，它是建筑物最下部的承重构件。

基础应坚固、稳定，且能抵抗冰冻、地下水和化学侵蚀等。

2. 墙和柱

墙体是建筑物的承重构件和围护构件，内墙还起着分隔房间创造室内舒适环境的作用。墙体应具有足够的强度、稳定性、保温、隔热、隔声、防水、防火等能力以及具有一定的经济性和耐久性。

柱也是建筑物的承重构件，除不具备围护和分隔的作用外，其他与墙体相差不多。

3. 楼板层及地坪层

楼板层是建筑物水平方向的承重构件，起水平分隔、水平承重和水平支撑作用。楼板层应具有足够的抗弯强度、刚度和隔声能力，防水、防潮能力。

地坪层承受底层房间的荷载，应满足耐磨、防潮、防水和保温等能力要求。

4. 楼梯

楼梯是建筑物中联系上下各层的垂直交通设施，供人们上下楼层及紧急疏散使用。楼梯应坚固、安全、具有足够的通行及疏散能力。

5. 屋顶

屋顶是建筑物最上部的承重及围护构件，起着承重、围护和美观作用。屋顶应具有足够的强度和刚度，并能防水、排水及保温隔热。

6. 门窗

门的主要作用是供人们内外交通及安全疏散，窗的主要作用是采光、通风。门窗同时具有围护及分隔的作用。

建筑物除上述基本组成部分外，还有如阳台、雨篷、散水、台阶、通风道、勒脚等配件。

4.1.2　建筑物的分类与等级

1. 建筑物的分类

（1）按功能分。

1）民用建筑。指供人们工作、学习、生活、居住用的建筑物。

①居住建筑。供家庭或集体生活起居用的建筑物。如住宅、宿舍及公寓。

②公共建筑。供人们进行各种社会活动的建筑物。如办公楼、教学楼、医院、火车站、体育馆等。

2）工业建筑。为工业生产服务的生产车间及为生产服务的辅助车间、动力用房、仓储等。

3）农业建筑。指供农（牧）业生产和加工用的建筑，如种子库、温室、畜禽饲养场、农副产品加工厂、农机修理厂（站）等。

（2）民用建筑按地上层数或高度分。

1）住宅建筑按层数分类。一～三层为低层住宅，四～六层为多层住宅，七～九层为中高层住宅，十层及十层以上为高层住宅。

2）除住宅建筑之外的民用建筑高度不大于 24m 者为单层和多层建筑，大于 24m 者为高层建筑（不包括建筑高度大于 24m 的单层公共建筑）。

3）建筑高度大于 100m 的民用建筑为超高层建筑。

（3）按规模和数量分。

1）大量性建筑。建造量多、规模不大的建筑。

2）大型性建筑。单体量大而数量少的公共建筑。

（4）民用建筑按设计使用年限分类。

民用建筑的设计使用年限应符合表4-1的规定。

表4-1　　　　　　　　　　　　设计使用年限分类

类　别	设计使用年限/年	示　例
1	5	临时性建筑
2	25	易于替换结构构件的建筑
3	50	普通建筑物和构筑物
4	100	纪念性建筑和特别重要的建筑

2. 民用建筑耐火等级

现行《建筑设计防火规范》把普通建筑的耐火等级划分成四级（见表4-2），高层建筑耐火等级分为二级，见表4-3。

表4-2　　　　　　　　普通建筑构件的燃烧性能和耐火极限

构件名称		耐火等级			
		一级	二级	三级	四级
墙	防火墙	非燃烧体 4.00h	非燃烧体 4.00h	非燃烧体 4.00h	非燃烧体 4.00h
	承重墙、楼梯间、电梯井的墙	非燃烧体 3.00h	非燃烧体 2.50h	非燃烧体 2.50h	难燃烧体 0.50h
	非承重外墙、疏散走道两侧的隔墙	非燃烧体 1.00h	非燃烧体 1.00h	非燃烧体 0.50h	难燃烧体 0.25h
	房间隔墙	非燃烧体 0.75h	非燃烧体 0.50h	难燃烧体 0.50h	难燃烧体 0.25h
柱	支承多层的柱	非燃烧体 3.00h	非燃烧体 2.50h	非燃烧体 2.50h	难燃烧体 0.50h
	支承单层的柱	非燃烧体 2.50h	非燃烧体 2.00h	非燃烧体 2.00h	燃烧体
梁		非燃烧体 2.00h	非燃烧体 1.50h	非燃烧体 1.00h	难燃烧体 0.50h
楼板		非燃烧体 1.50h	非燃烧体 1.00h	非燃烧体 0.50h	难燃烧体 0.25h
屋顶承重构件		非燃烧体 1.50h	非燃烧体 0.50h	燃烧体	燃烧体

表 4 - 3　　　　　　　　　　**高层民用建筑构件的燃烧性能及耐火极限**

构 件 名 称		一级	二级
墙	防火墙	非燃烧体 3.00h	非燃烧体 3.00h
	承重墙、楼梯间、电梯间和住宅单元之间的墙	非燃烧体 2.00h	非燃烧体 2.00h
	非承重外墙、疏散过道两侧的墙	非燃烧体 1.00h	非燃烧体 1.00h
	房间隔墙	非燃烧体 0.75h	非燃烧体 0.50h
柱		非燃烧体 3.00h	非燃烧体 2.50h
梁		非燃烧体 2.00h	非燃烧体 1.50h
楼板、疏散楼梯、屋顶的承重构件		非燃烧体 1.50h	非燃烧体 1.00h
吊顶（包括吊顶格栅）		非燃烧体 0.25h	难燃烧体 0.25h

燃烧性能。指建筑构件在明火或高温作用下是否燃烧，以及燃烧的难易程度。建筑构件按燃烧性能分为非燃烧体、难燃烧体及燃烧体。

耐火极限。在耐火试验中，从构件受到火的作用时起，到构件失去支持能力或完整性被破坏、或失去隔火作用时为止的这段时间，就是该构件的耐火极限，用小时表示。

4.2　基础构造

4.2.1　相关名词

（1）基础。是建筑物地面以下的承重构件，它承受建筑物上部结构传下来的全部荷载，并把这些荷载与基础自身荷载一起传给地基。基础是建筑物的组成部分。

（2）地基。是基础下面承受荷载的土层，承受着基础传来的全部荷载。地基不属于房屋组成部分。

（3）基础的埋置深度。建筑物室外设计地面到基础底面的垂直距离，如图 4 - 2 所示。

4.2.2　基础的类型和构造

1. 基础的类型

（1）基础按材料分为砖基础、毛石基础、混凝土基础、毛石混凝土基础、灰土基础和钢筋混凝土基础。

（2）基础按构造形式分为条形基础、独立基础、井格基础、筏形基础、箱形基础和桩基础等。

图 4 - 2　基础的埋置深度

（3）由砖、毛石、混凝土或毛石混凝土、灰土和三合土等材料制成的墙下条形基础或柱下独立基础，称为无筋扩展基础；由钢筋混凝土制成的柱下独立基础和墙下条形基础，称为

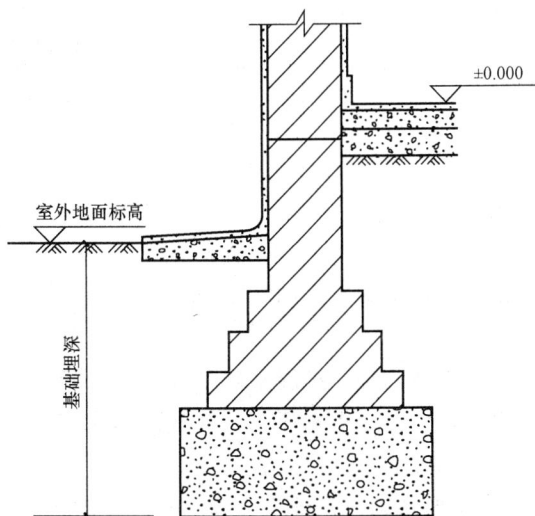

扩展基础。

2. 基础构造

（1）无筋扩展基础。

1）砖基础。砖条形基础一般由垫层、大放脚和基础墙三部分组成。大放脚的做法有间隔式和等高式两种，如图4-3所示。

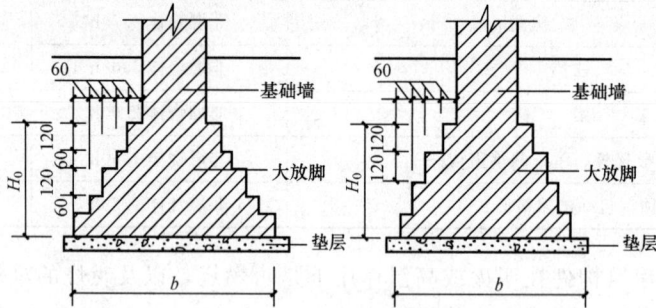

图4-3 砖基础

2）混凝土基础。混凝土基础是用不低于C15的混凝土浇捣而成，其剖面形式有阶梯形和锥形，如图4-4所示。

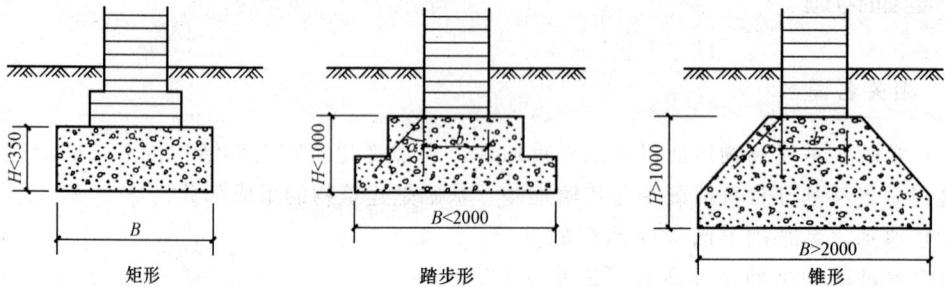

图4-4 混凝土基础

3）灰土与三合土基础。

灰土——石灰∶黏土＝3∶7或2∶8。

三合土——石灰∶砂∶骨料＝1∶3∶6或1∶2∶4加水拌和夯实而成。

施工时每虚铺厚度约220mm，夯实后厚度为150mm，称为一步，一般做二～三步，如图4-5所示。

（2）扩展基础。扩展基础是指钢筋混凝土独立基础和墙下条形基础，钢筋混凝土基础因配有钢筋，可以做得宽而薄，其剖面形式多为扁锥形，如图4-6所示。

（3）基础的构造形式。

1）条形基础。基础为连续的长条状时称为条形基础，如图4-7所示。

2）独立基础。当建筑物上部结构采用柱承重时，其基础常采用单独基础，如图4-8所示。

独立基础是柱下基础的基本形式。当柱采用预制构件时，则基础做成杯口形，然后将柱子插入。并嵌固在杯口内，故称杯形基础，如图4-9所示。

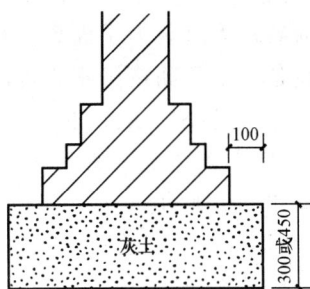

图 4-5 灰土基础

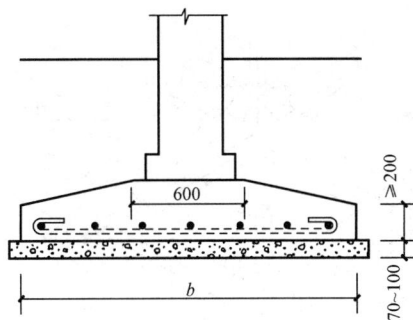

图 4-6 钢筋混凝土基础

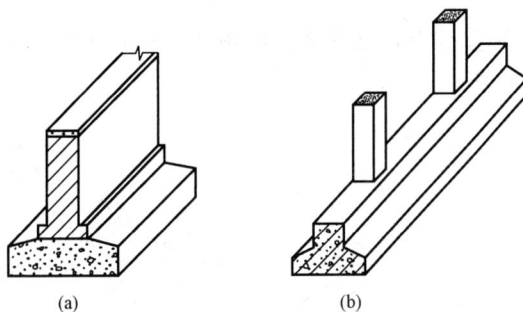

(a)   (b)

图 4-7 条形基础

(a) 墙下条形基础；(b) 柱下条形基础

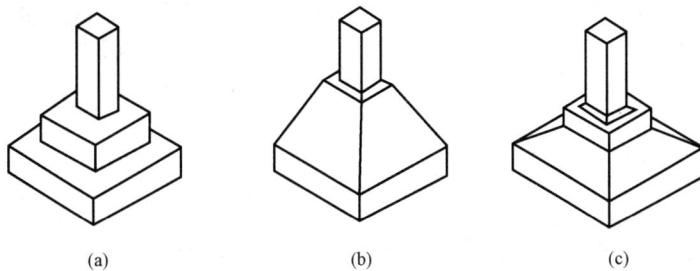

(a)   (b)   (c)

图 4-8 独立基础

(a) 台阶形基础；(b) 锥形基础；(c) 杯形基础

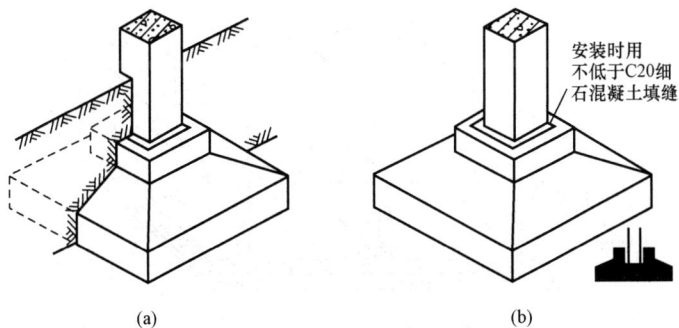

(a)   (b)

图 4-9 现浇柱及预制柱下基础

(a) 现浇基础；(b) 杯形基础

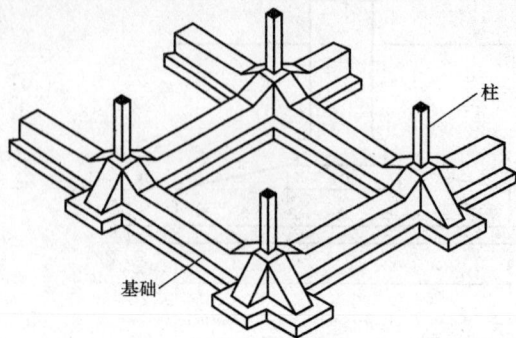

图 4-10 井格式基础

3）井格式基础。当地基条件较差或上部结构荷载较大时，为了提高建筑物的整体性，避免各柱子之间产生不均匀沉降，常将柱下独立基础沿纵、横方向连接起来，做成十字交叉的井格基础，故又称十字带形基础，如图 4-10 所示。

4）筏形基础。当建筑物上部荷载较大，所在地的地基承载能力比较弱，采用简单的条形基础或井格式基础不能适应地基变形的需要时，常将墙或柱下基础连成一片，使整个建筑物的荷载承受在一块整板上，这种满堂的板式基础称为筏形基础。筏形基础有平板式和梁板式之分，如图 4-11 所示。

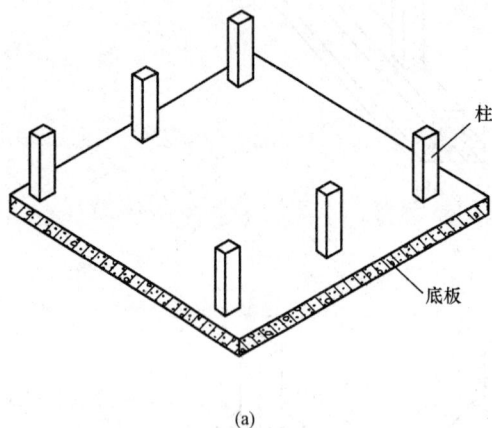

(a)

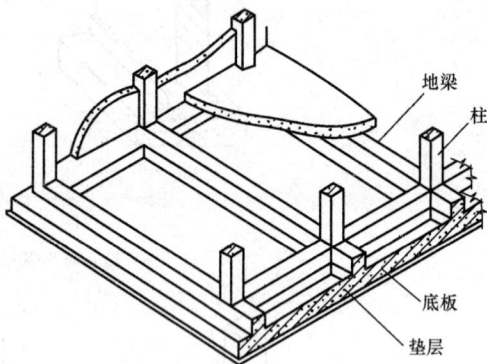

(b)

图 4-11　筏形基础

（a）平板式；（b）梁板式

5）箱形基础。箱形基础是由钢筋混凝土的底板、顶板和若干纵横墙组成的，形成空心箱体整体结构，共同承受上部结构荷载，如图 4-12 所示。

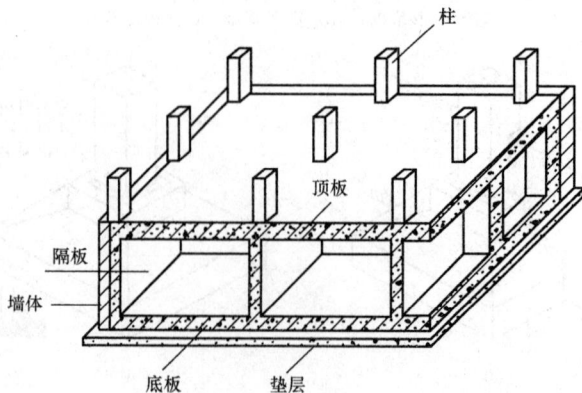

图 4-12　箱形基础

6）桩基础。桩基础由桩身和承台组成。桩身伸入土中，承受上部荷载；承台用来连接上部结构和桩身，如图 4-13 所示。

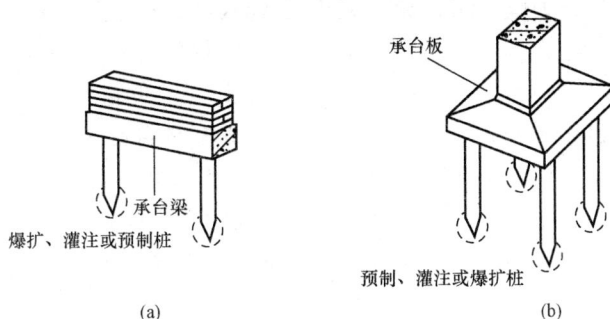

承台板

承台梁

爆扩、灌注或预制桩

预制、灌注或爆扩桩

(a)   (b)

图 4-13 桩基础

（a）墙下桩基础；（b）柱下桩基础

4.3 墙体构造

4.3.1 墙体的类型及要求

1. 墙体的类型

（1）按墙体位置，分为内墙和外墙。

（2）按墙体方向，分为横墙和纵墙。与建筑物长轴方向平行的墙称为纵墙，与建筑物短轴方向平行的墙称为横墙。

外横墙习惯称为山墙，外纵墙习惯称为檐墙，窗与窗、窗与门之间的墙称为窗间墙，窗洞口下部的墙称为窗下墙，屋顶上部的墙称为女儿墙，如图 4-14 所示。

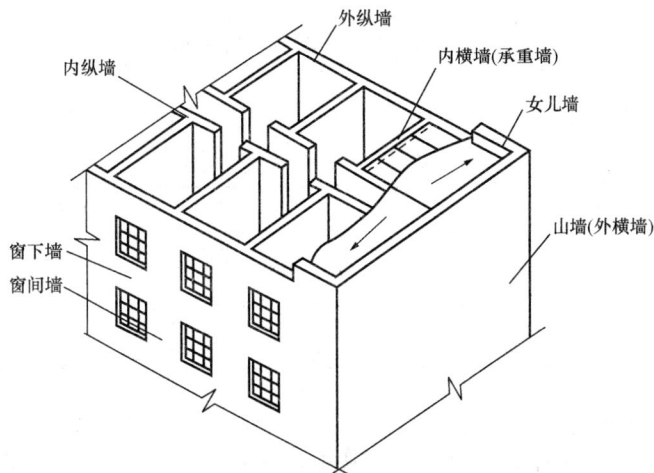

外纵墙

内纵墙

内横墙(承重墙)

女儿墙

山墙(外横墙)

窗下墙

窗间墙

图 4-14 墙体位置及类型

（3）按墙的受力情况，分为承重墙和非承重墙。凡是直接承受屋顶、楼板传来的荷载的墙称为承重墙；凡不承受上部传来荷载的墙均是非承重墙。非承重墙又分为自承重墙、隔墙、框架填充墙及幕墙。

（4）按墙的构造形式，分为空体墙、实体墙和复合墙。

（5）按施工方式，分为叠砌墙、板筑墙和板材墙。

（6）按材料不同，分为砖墙、钢筋混凝土墙、砌块墙等。

2. 墙体的设计要求

（1）具有足够的强度和稳定性。墙体的强度与所用材料有关。墙体的稳定性与墙的长度、高度、厚度以及纵、横向墙体间的距离有关。当墙身高度、长度确定后，通常可通过增加墙体厚度，增设墙垛、壁柱、圈梁等办法增加墙体的稳定性。

（2）满足热工要求。墙体的热工要求即建筑的节能技术。提高墙体保温能力的措施有：增加墙体的厚度、选择导热系数小的材料及采取复合墙的构造。

（3）隔声要求。墙体主要是阻隔空气传声，方法有增加墙厚、选择密度大的材料及采用有空气间层的墙体构造等。

（4）其他要求。墙体还要满足防火、防潮、防水及经济要求等。

4.3.2　砖墙构造

1. 砖墙材料及尺寸

（1）墙体材料主要有砖和砂浆（见第1章建筑材料）。

（2）墙体的厚度。实心砖墙的厚度是按半砖的倍数确定的，如图4-15所示。

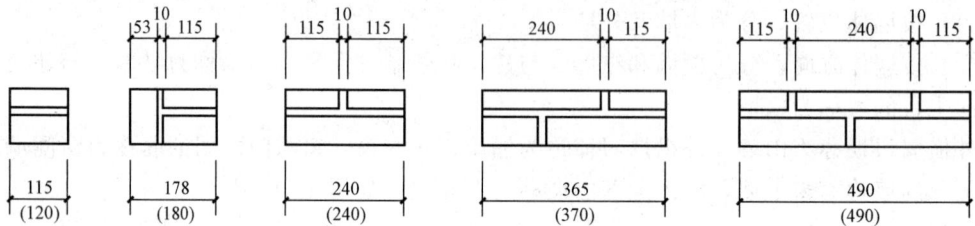

图4-15　墙厚与砖规格的关系

墙体厚度名称见表4-4。

表4-4　　　　　　　　　　　　　墙 体 厚 度 名 称

墙厚名称	习惯称呼	实际尺寸/mm	墙厚名称	习惯称呼	实际尺寸/mm
半砖墙	12墙	115	一砖半墙	37墙	365
3/4砖墙	18墙	178	二砖墙	49墙	490
一砖墙	24墙	240	二砖半墙	62墙	615

2. 砖墙的细部构造

墙体细部构造包括墙身防潮、勒脚、散水、窗台、门窗过梁、圈梁和构造柱等，如图4-16所示。

（1）散水。为保护墙不受雨水的侵蚀，常在外墙四周将地面做成向外倾斜的坡面，以便将屋面雨水排至远处，这一坡面称散水。散水坡度一般为3%～5%，宽度一般为600～1000mm。当屋面排水方式为自由落水时，要求其宽度比屋檐长出200mm。

散水构造主要为混凝土散水。用混凝土做散水时，为防止散水开裂，每隔 6～12m 留一条 20mm 的变形缝，用嵌缝材料嵌缝；在散水与墙体交接处设 10mm 缝分开，用嵌缝材料嵌缝，如图 4 - 17 所示。

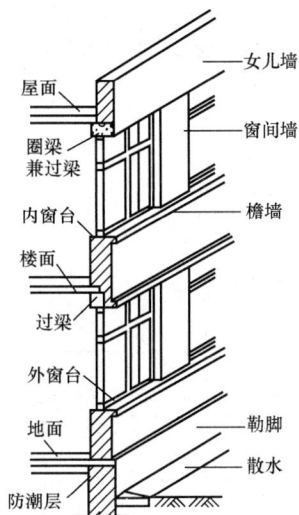

图 4 - 16　外墙墙身构造图

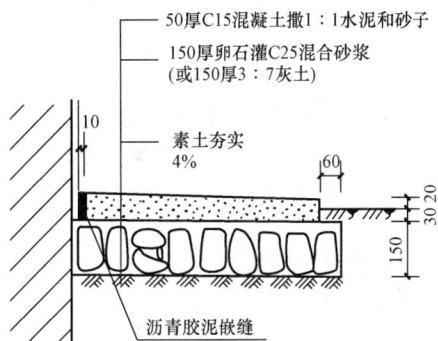

图 4 - 17　混凝土散水

（2）勒脚。外墙与室外地面接近部位称为勒脚。勒脚的作用：一是防止外界机械性碰撞对墙体的损坏；二是防止屋檐滴下的雨、雪水及地表水对墙的侵蚀；三是美化建筑外观。

勒脚的做法是：①抹灰勒脚：1：2.5 水泥砂浆，厚 20mm，或水刷石面、斩假石面；②贴面勒脚：标准高的建筑物可用贴面砖、花岗石、水磨石、大理石或人造石材等。勒脚用耐久性、防水性好的材料砌筑，如石材。如图 4 - 18 所示。

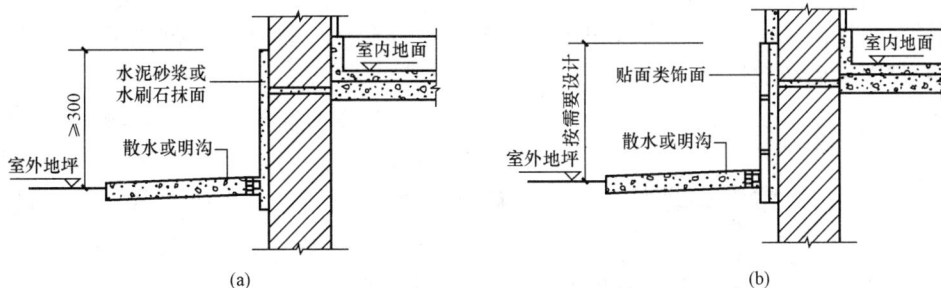

(a)

(b)

图 4 - 18　勒脚

（a）抹灰勒脚；（b）贴面勒脚

（3）墙身防潮。由于毛细管作用，地下土层中的水分从基础墙上升，致使墙身受潮，从而容易引起墙体冻融破坏，墙身饰面发霉、剥落等。因此，为了防止毛细水上升侵蚀墙体，需在内外墙上连续设置水平防潮层，以隔绝地下土层中的水分上升。

1）墙身水平防潮层。

①墙身水平防潮层的位置。当室内地面垫层为混凝土等密实材料时，防潮层设在垫层厚度中间位置，一般低于室内地坪 60mm；当室内地面垫层为三合土或碎石灌浆等非刚性垫层

时，防潮层的位置应与室内地坪平齐或高于室内地坪60mm。如图4-19所示。

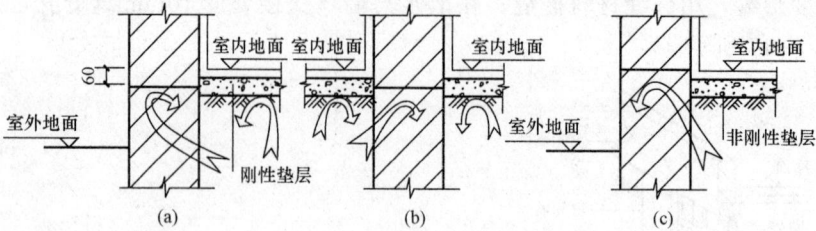

图4-19 防潮层的位置

（a）地面实铺不透水；（b）内墙两侧地面等高；（c）地面实铺透水

②墙身水平防潮层的做法，如图4-20所示。

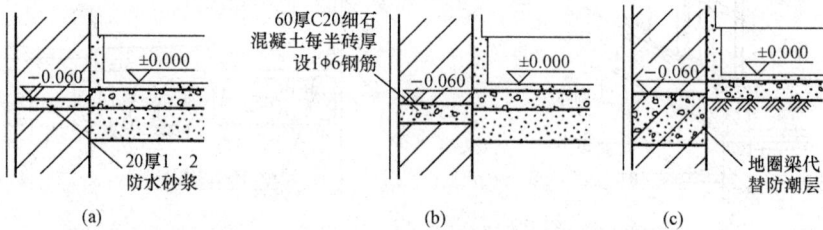

图4-20 墙身水平防潮层

a. 防水砂浆防潮层。在1:2水泥砂浆中，掺入占水泥重量3%～5%的防水剂，就成为了防水砂浆，厚20～25mm。优点是砂浆防潮层不破坏墙体的整体性，且省工省料；但因砂浆为刚性材料，宜断裂，不宜用于地基，以防产生不均匀沉降的建筑。

b. 细石混凝土防潮层。用60mm厚C20细石混凝土，内配3Φ6钢筋，分布筋中距200mm。防潮层不易断裂，防潮效果好。多用于整体刚度要求较高的建筑。

不设防潮层的条件是，墙脚采用不透水材料（混凝土、料石）或防潮层位置有地圈梁时，可利用圈梁做防潮层。

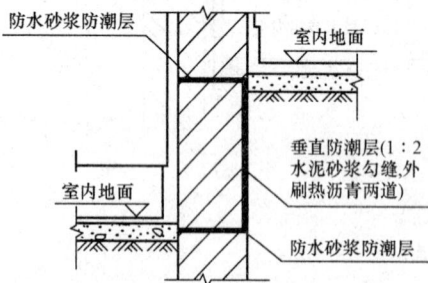

图4-21 墙身垂直防潮层

2）墙身垂直防潮层。当室内地面出现高差或室内地面低于室外地面时，应在墙体靠土层一侧设置垂直防潮层。具体做法是：墙面做20mm厚1:2.5水泥砂浆找平层，再涂刷防水涂料。如图4-21所示。

（4）窗台。窗台有内、外窗台之分，外窗台主要是防止窗扇流下的雨水渗入墙内，防止外墙面受到流下雨水的污染。做法通常有砖砌窗台和预制混凝土窗台两种。

砖砌窗台包括平砌和侧砌，为防止雨水污染墙面，窗台一般向外挑出60mm，窗台的厚度为60～120mm。窗台面覆盖透水性较差的材料，如水泥砂浆、水刷石、面砖等，并做成向外倾斜且有一定的排水坡度，在挑砖的下缘处做出滴水。窗台不悬挑时，在窗台面抹灰成斜面，此类窗台面流下的雨水易污染墙面。如图4-22所示。

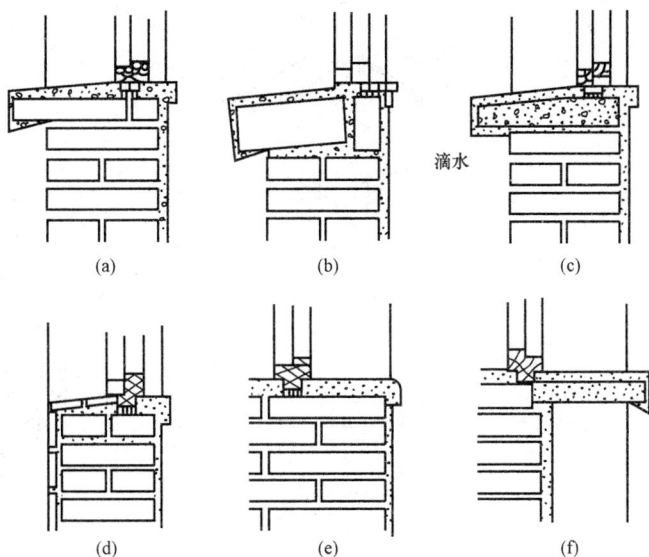

图 4 - 22　窗台构造

(a) 平砌砖外窗台；(b) 侧砌砖外窗台；(c) 预制钢筋混凝土窗台；(d) 不悬挑窗台；

(e) 抹灰内窗台；(f) 预制内窗台板（带暖气槽）

外窗台的长度一般根据立面需要而定，可有下面几种处理方式：①将所有窗台连起来形成通长腰线；②将几个窗台连起来形成分段腰线；③将窗台沿窗洞口四周挑出形成窗套。

（5）过梁。墙体上开设门窗洞口时，为了支撑洞口上部砌体所传来的各种荷载，并将这些荷载传给窗间墙，常在门窗洞口中设置横梁，该梁称过梁。常见的是钢筋混凝土过梁。

钢筋混凝土过梁常用断面形式有矩形和 L 形。矩形多用于内墙和混水墙（对墙面要进行抹灰装修），L 形多用于外清水墙。在寒冷地区为避免出现热桥和凝结水，常采用 L 形，减少钢筋混凝土外露面积。如图 4 - 23 所示。

钢筋混凝土过梁的截面尺寸及配筋应进行结构计算，其高度应是砖厚的整数倍，宽度同墙厚，两端伸入墙内每端各不小于 240mm。

（6）墙身的加固措施。当墙身由于承受集中荷载、开洞及地震因素，墙身稳定性不满足要求时，需要对墙身进行加固措施。

1）壁柱及门垛。当墙体的窗间墙上出现集中荷载，而墙厚又不足以承受时或墙体的长度和高度超过一定限度并影响墙体稳定性时，常在墙身局部适当位置增设凸出墙面的壁柱，以提高墙体刚度。壁柱的尺度为 120mm×370mm、240mm×370mm、240mm×490mm 等。如图 4 - 24 (a) 所示。

当墙上开设门洞且门洞开在两墙转角处或丁字墙交接处时，为了便于门框的安置和保证墙体的稳定性，在门靠墙的转角部位或丁字交接的一边设置门垛。如图 4 - 24 (b) 所示。

2）圈梁。圈梁是沿建筑物外墙、内纵墙及部分横墙设置的连续而封闭的梁。其作用可提高建筑的空间刚度和整体性，增强墙体的稳定性，减少由于地基不均匀沉降而引起的开裂。对抗震设防地区，利用圈梁加固墙身尤为重要。

圈梁的数量和位置与建筑物的高度、层数、地基状况和地震烈度有关。圈梁有钢筋砖圈梁和钢筋混凝土圈梁两种。钢筋混凝土圈梁宜设置在与楼板或屋面板同一标高处（称为板平

洞宽+500

100 120
(250、370)
60
220
(350、470)

60
115 115
(240、370)

180
(120、240)

115
(180、240、370、490)

(a)　(b)　(c)

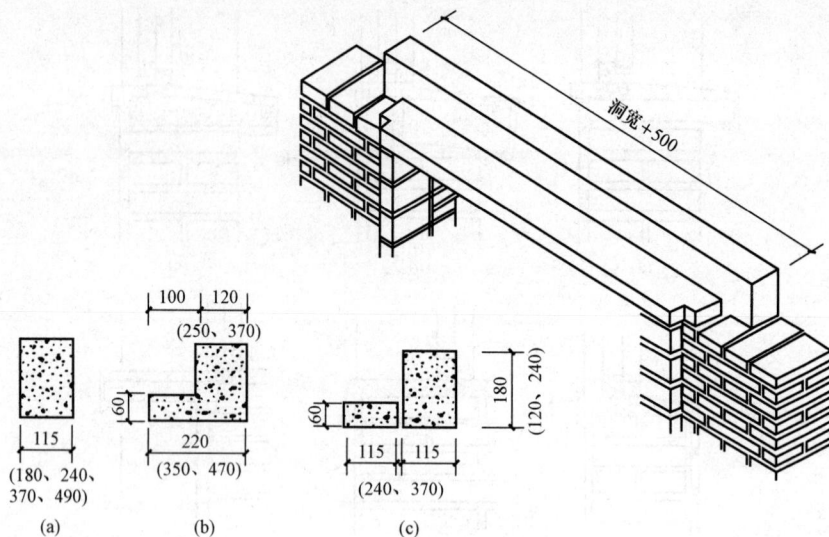

图4-23　钢筋混凝土过梁

（a）矩形过梁；（b）L形过梁；（c）组合式过梁

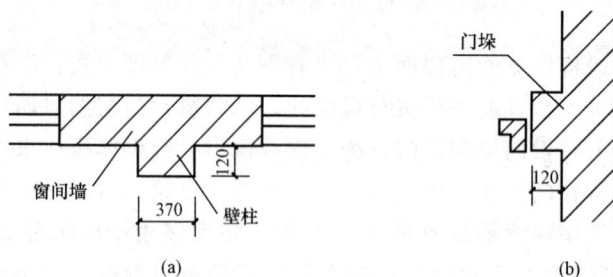

门垛

窗间墙
370
壁柱
120

门垛
120

(a)　(b)

图4-24　壁柱及门垛

（a）壁柱；（b）门垛

圈梁），或紧贴板底（称为板底圈梁），也可设在门窗洞口上部，兼起过梁作用。如图4-25
所示。

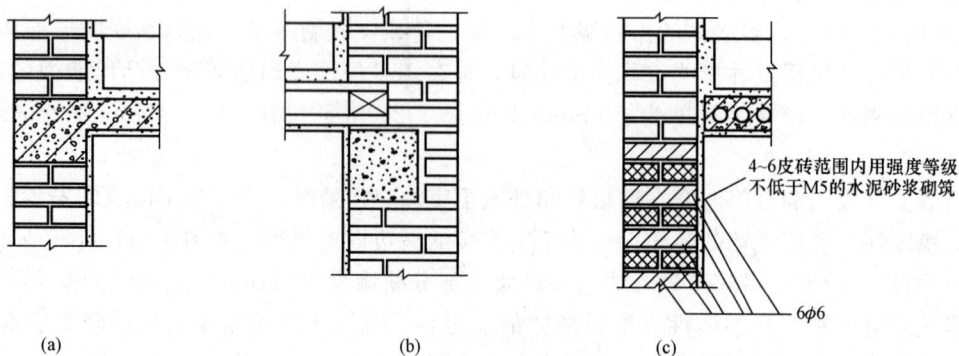

4~6皮砖范围内用强度等级
不低于M5的水泥砂浆砌筑

6φ6

(a)　(b)　(c)

图4-25　圈梁构造

（a）钢筋混凝土板平圈梁；（b）钢筋混凝土板下圈梁；（c）钢筋砖圈梁

圈梁应连续设在同一水平面上，并形成封闭状。当遇到门窗洞口使圈梁不能闭合时，应在洞口上部增设附加圈梁搭接补强，附加圈梁与圈梁的搭接长度不应小于其中到中垂直间距的 2 倍，且不得小于 1m。如图 4 - 26 所示。

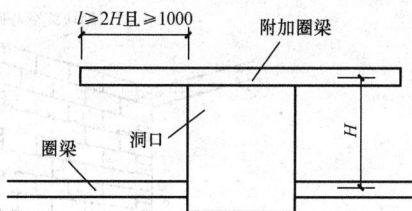

图 4 - 26　附加圈梁

3）构造柱。钢筋混凝土构造柱是从构造角度考虑设置的，一般设在建筑物的四角、内外墙交接处，楼梯间、电梯间及较长的墙体中。构造柱必须与圈梁及墙体紧密连接。对整个建筑物形成空间骨架，从而增强建筑物的整体刚度，提高墙体的应变能力，使墙体由脆性变为延性较好的结构，做到裂而不倒。如图 4 - 27 所示。

具体构造要求是：先砌墙后浇钢筋混凝土柱，构造柱与墙的连接处宜砌成马牙槎，并沿墙高每隔 500mm 设 2Φ6 水平拉结钢筋连接，每边伸入墙内不少于 1m，如图 4 - 28 所示；柱截面应不小于 180mm×240mm；混凝土的强度等级不小于 C15；构造柱下端可不设基础，下端可伸入室外地面下 500mm 或基础圈梁内；构造柱应与圈梁连接。

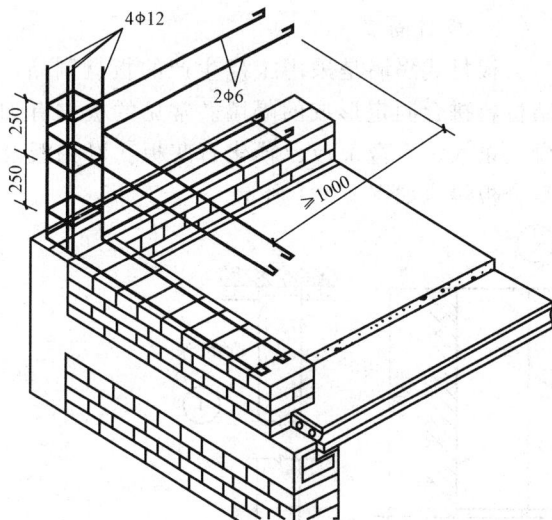

图 4 - 27　构造柱

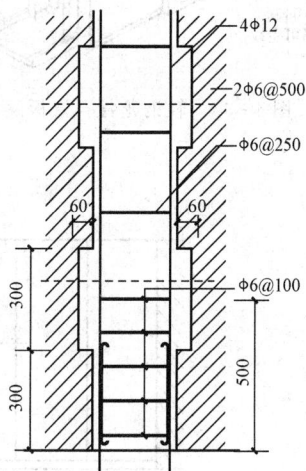

图 4 - 28　平直墙面处的构造柱

4.3.3　隔墙构造

隔墙是用来分隔建筑空间的非承重构件。隔墙的构造有块材隔墙、轻骨架隔墙和板材隔墙。

1. 块材隔墙

块材隔墙是用普通砖、空心砖及各种轻质砌块砌筑的隔墙，如图 4 - 29 所示。具有取材方便、造价低、隔声效果好的优点，但自重大、湿作业多、拆装不便。

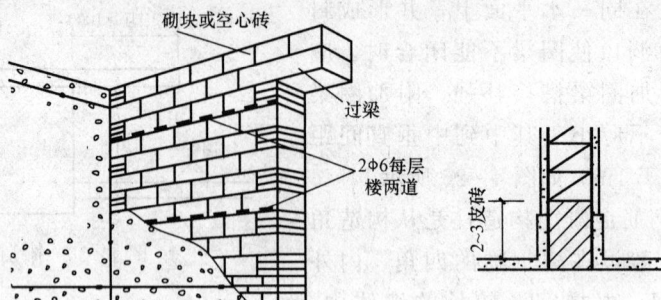

图 4-29　砌块隔墙

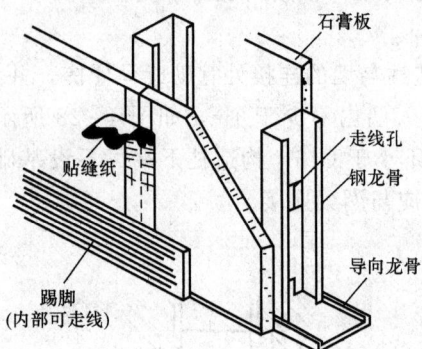

图 4-30　轻钢龙骨石膏板隔墙

2. 轻骨架隔墙

轻骨架隔墙是以木材、钢材或铝合金等构成骨架，把面层粘贴、涂抹、镶嵌、钉在骨架上形成的隔墙。这类隔墙自重轻，一般可直接搁置在楼板上，具有代表性的是轻钢龙骨石膏板隔墙，如图 4-30 所示。

3. 板材隔墙

板材式隔墙是采用工厂生产的板材制品，用粘结材料拼合固定形成的隔墙。常见的板材有加气混凝土条板、石膏条板、碳化石灰板、泰柏板及各种复合板等。如图 4-31 所示。

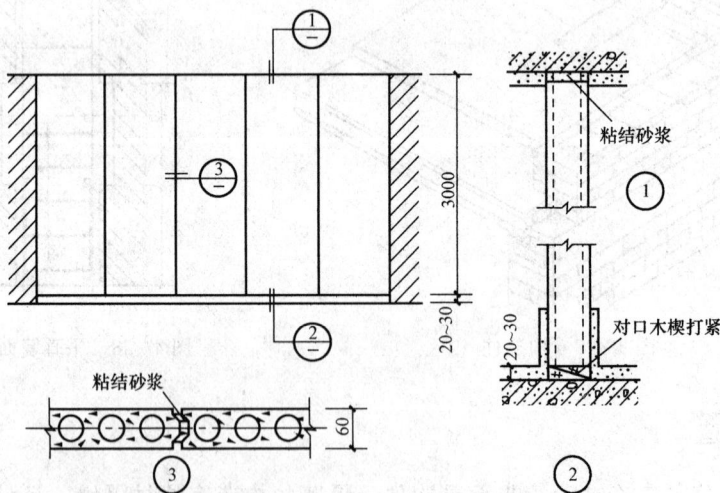

图 4-31　板材隔墙

4.3.4　幕墙构造

幕墙由金属构件与各种板材组成的悬挂在建筑主体结构上的轻质外围护墙。它除承受自重和风力外，一般不承受其他荷载。幕墙按饰面材料分为玻璃幕墙、金属板幕墙和石板幕墙等。

玻璃幕墙主要由骨架及各种玻璃组成。骨架又由构成骨架的各种型材，以及连接与固定的各种连接件、紧固件组成，如图 4-32 所示。

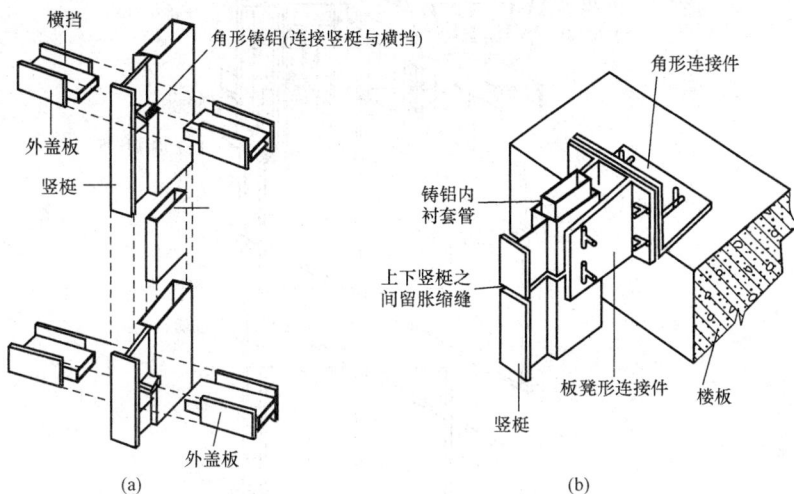

图 4-32　幕墙铝框连接构造

（a）竖梃与横挡的连接；（b）竖梃与楼板的连接

玻璃是脆性材料且幕墙的面积较大，为了避免因温度变形使玻璃幕墙破裂，密缝材料应采用弹性密封材料，不宜采用传统的玻璃腻子，并且在玻璃的周边留有一定的间隙，如图 4-33 所示。

几种常见的幕墙结构类型：型钢框架体系；铝合金型材框架体系（图 4-34）；不露骨架结构体系（图 4-35）；没有骨架的玻璃幕墙体系（图 4-36）。

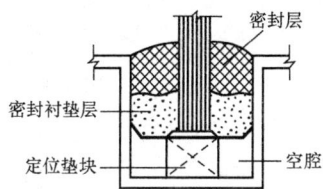

图 4-33　玻璃的安装

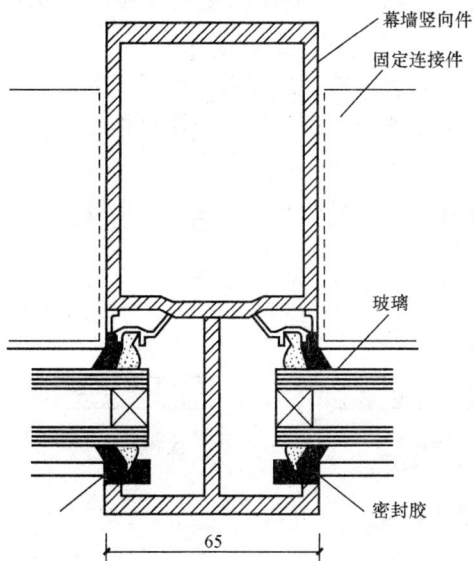

图 4-34　铝合金型材框架体系比率幕墙

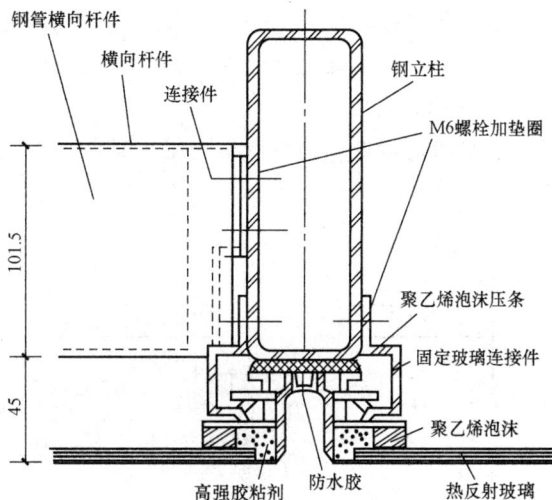

图 4-35　不露骨架的玻璃幕墙构造

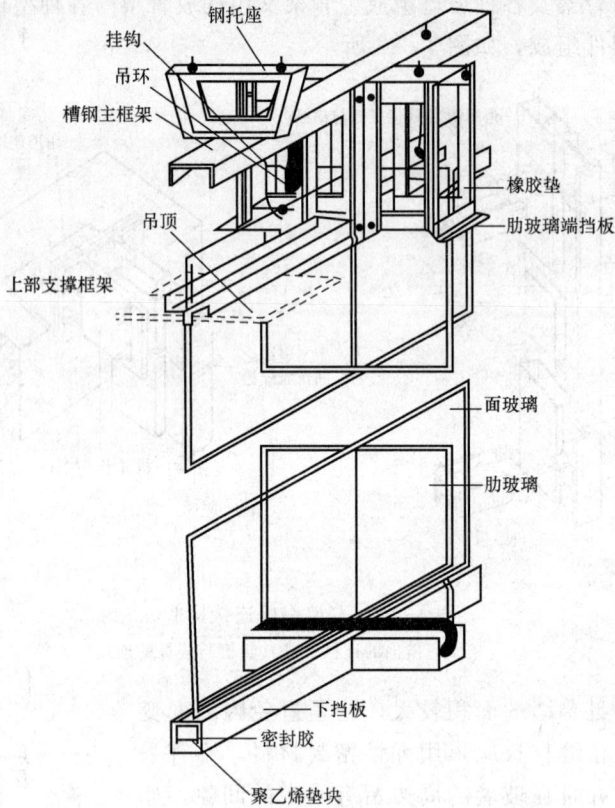

图 4 - 36 没有骨架的玻璃幕墙构造

4.3.5 墙面装修构造

墙面装修可以改善和提高墙体的使用功能，保护墙体、延长墙体的使用年限，美化环境、提高艺术效果。

墙面装修按部位分有外墙面装饰装修和内墙面装饰装修两种。按材料及施工工艺分有清水墙饰面、抹灰类饰面、涂料类饰面、饰面砖（板）类饰面、裱糊类饰面及镶钉类等。

1. 清水墙饰面

清水墙构造处理的重点是勾缝，其勾缝形式主要有平缝、平凹缝、斜缝、弧形缝等，如图 4 - 37 所示。

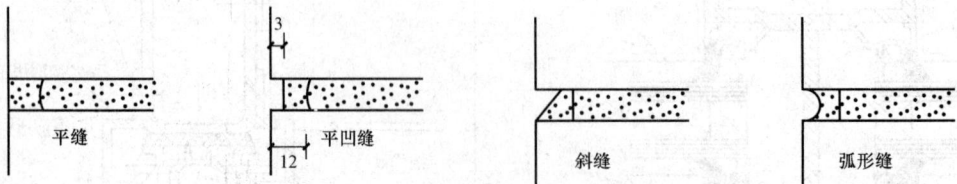

图 4 - 37 清水墙勾缝形式

2. 抹灰类饰面

墙面抹灰是以水泥、石灰或石膏为胶凝材料，加入砂或石碴，用水拌和成砂浆或石碴浆作为墙面的饰面层。为保证抹灰牢固、平整，颜色均匀和面层不开裂、脱落，施工时应分层操作，且每层不宜抹得太厚。分层构造一般分为底层、中层和面层，如图 4-38 所示。

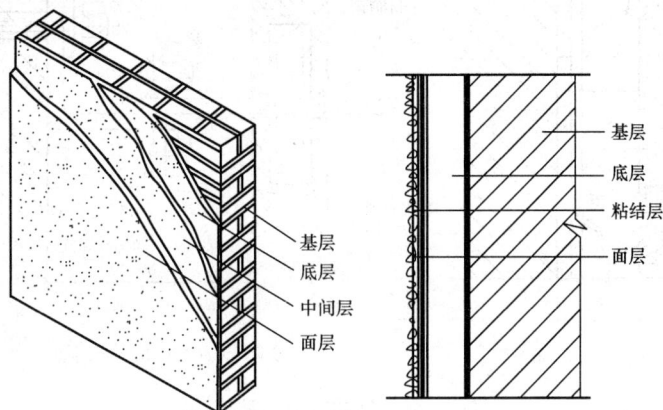

图 4-38　外墙抹灰分层构造

墙面抹灰按材料分有一般抹灰和装饰抹灰；按质量等级分有普通抹灰、中级抹灰和高级抹灰三级。

3. 饰面砖（板）类饰面

贴面类装修是利用各种天然或人造板、块，通过绑、挂或直接粘贴于基层表面的装饰装修做法。主要有粘贴和挂贴两种做法。

（1）饰面砖粘贴构造。通常用水泥砂浆将它们粘贴于墙上，如图 4-39 所示。

（2）饰面板的挂贴构造。在墙体或结构主体上先固定龙骨骨架，形成饰面板的结构层，然后利用粘贴、紧固件连接、嵌条定位等手段，将饰面板安装在骨架上。对于石材类饰面板主要有湿挂和干挂两种，如图 4-40 所示。

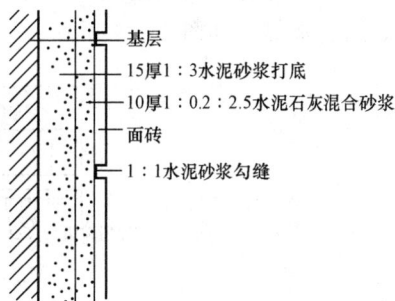

图 4-39　面砖饰面构造

4. 涂料类墙面

涂料类墙面是利用各种涂料敷于基层表面而形成整体牢固的涂膜层的一种装修做法。其特点是造价低、装饰性好、工期短、工效高、自重轻，以及操作简单、维修方便、更新快。涂料的施涂方法有刷涂、滚涂、喷涂和弹涂。

5. 裱糊类饰面

裱糊类饰面是将各种装饰的墙纸、墙布通过裱糊、软包等方法形成的内墙面饰面的做法。其特点是装饰性强、造价低、施工方法简捷高效、材料更换方便，并可在曲面和墙面转折处粘贴，能获得连续的饰面效果。常用的装饰材料有 PVC 塑料壁纸、纺织物面墙纸、金属面墙纸、玻璃纤维墙布等。

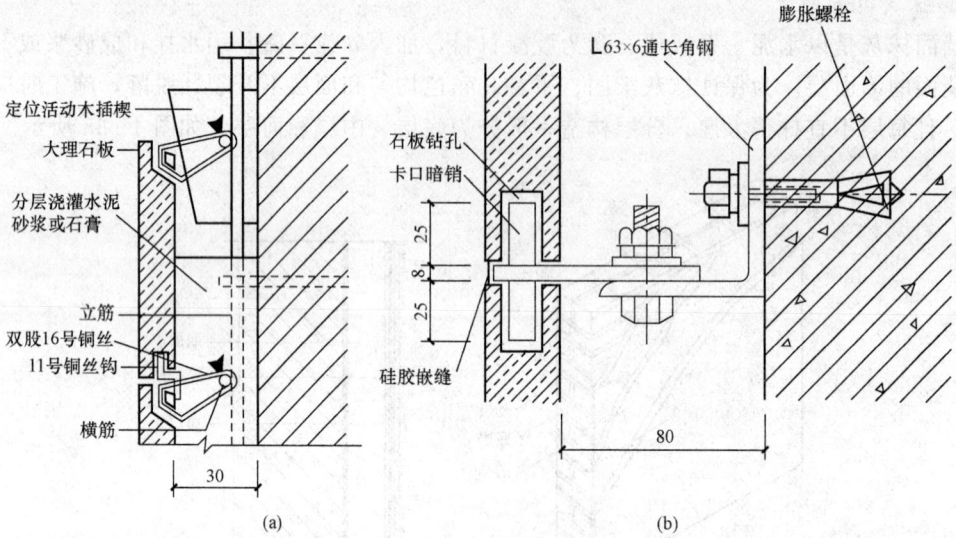

图 4-40 饰面板的挂贴构造

(a) 湿挂构造；(b) 干挂构造

6. 镶钉类饰面

镶钉类饰面是把各种人造的薄板铺钉或胶粘在墙体的龙骨上，形成装修层的做法。镶钉装修墙面由龙骨和面板组成，龙骨骨架有木骨架和金属骨架，面板有硬木板、胶合板、纤维板、石膏板等，如图 4-41 所示。

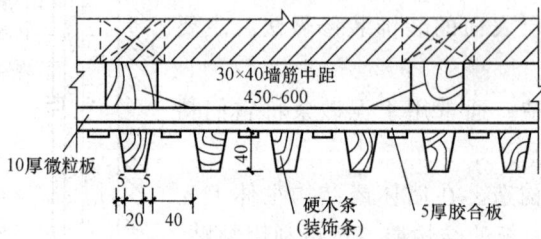

图 4-41 镶钉木墙面装修构造

4.4 楼地层构造

4.4.1 楼地层的组成及设计要求

楼地层是楼板层和底层地坪层的统称，它们是房屋的重要组成部分。

1. 楼地层的组成

楼板层主要由面层、结构层和顶棚组成，如图 4-42 所示。地坪层主要由面层、垫层和基层组成，如图 4-43 所示。楼地层有时还需设置附加构造层，如找平层、结合层、防水层、隔声层、保温层等。

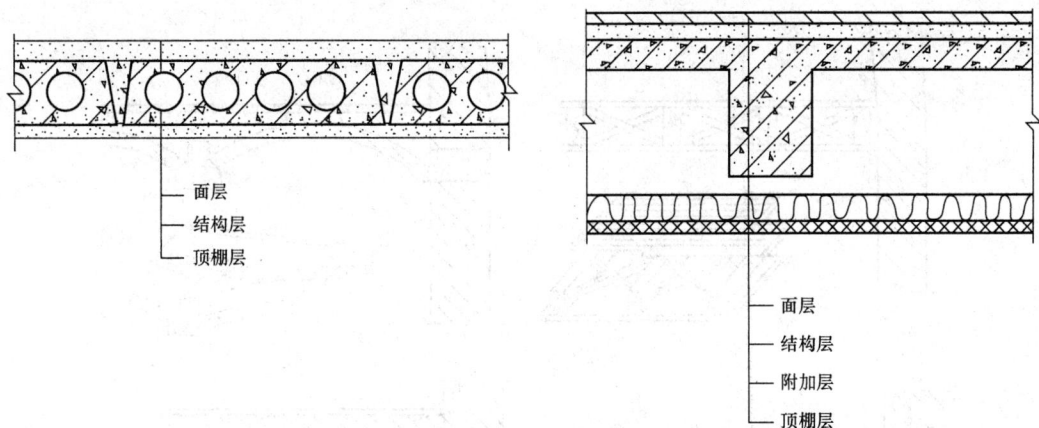

図 4-42　楼板层的组成

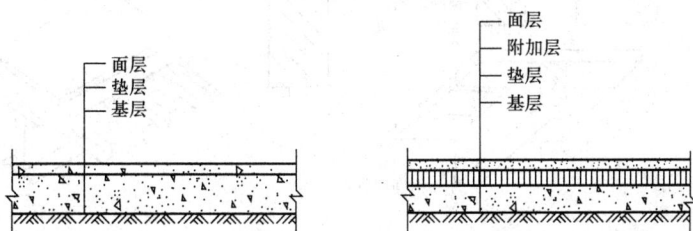

图 4-43　地坪层的组成

（1）面层。楼板层和地坪层的面层部分，楼板层的面层称楼面，地层的面层称地面。起着保护结构层、装饰室内和清洁的作用。

（2）结构层。又称楼板。它是楼板层的承重构件，承受楼板层上的全部荷载，并将其传给墙或柱，同时对墙体起水平支撑的作用，增强建筑物的整体刚度和墙体的稳定性。

（3）顶棚层。它是楼板层下表面的面层，也是室内空间的顶界面，其主要功能是保护楼板、装饰室内、敷设管线及改善楼板在功能上的某些不足。

（4）垫层。是地坪层的承重层。它必须有足够的强度和刚度，以承受面层的荷载并将其均匀地传递给垫层下面的基层。

（5）基层。垫层下面的支承土层。它也必须有足够的强度和刚度，以承受垫层传下来的荷载。

（6）附加层。在楼地层中起隔声、保温、找坡和暗敷管线等作用的构造层。

2. 楼板的类型

楼板层按其结构层所用材料的不同，可分为木楼板、砖拱楼板、钢筋混凝土楼板及压型钢板与混凝土组合楼板等多种形式，如图 4-44 所示。

其中，钢筋混凝土楼板因其承载能力大、刚度好，且具有良好的耐久性、防火性和可塑性，目前被广泛采用。按其施工方式不同，钢筋混凝土楼板可分为现浇式、装配式和装配整体式三种类型。

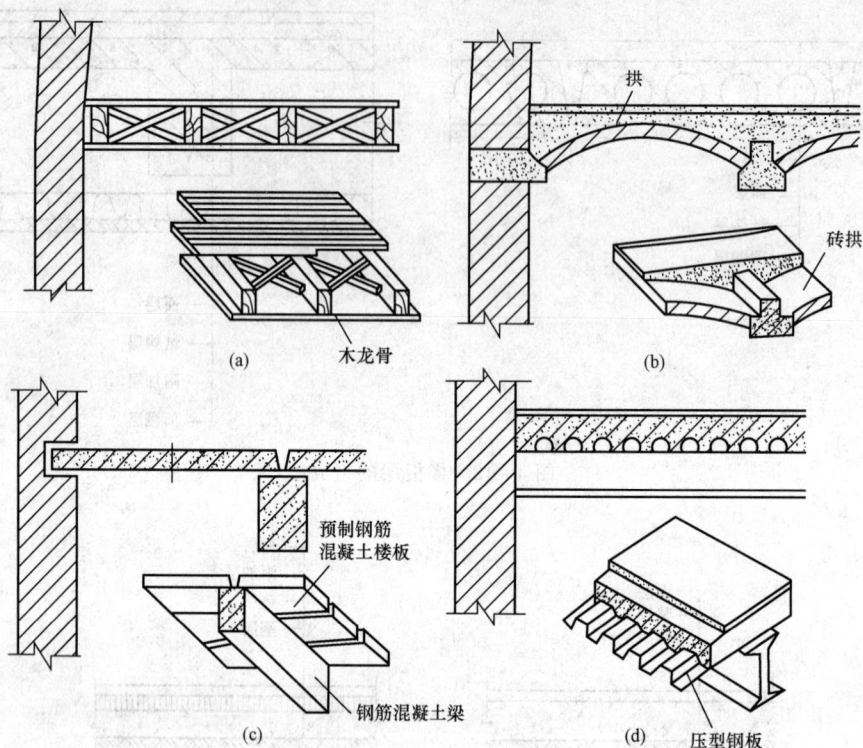

图 4 - 44　楼板的类型
（a）木楼板；（b）砖拱楼板；（c）钢筋混凝土楼板；（d）压型钢板与混凝土组合楼板

4.4.2　现浇式钢筋混凝土楼板

现浇式钢筋混凝土楼板根据受力和传力情况分，有板式楼板、梁板式楼板、无梁式楼板和压型钢板混凝土组合楼板等。

1. 板式楼板

板内不设梁，板直接搁置在四周墙上的板称为板式楼板。

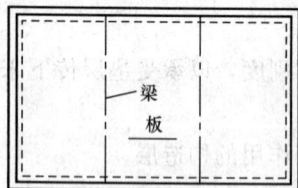

图 4 - 45　单梁式楼板

2. 梁板式楼板

由板、梁组成的楼板称为梁板式楼板（又称肋形楼板）。

（1）单梁式楼板。只在房间一个方向设梁，梁直接搁置在墙上（图 4 - 45）。

（2）复梁式楼板。在房间两个方向设梁，有时还应设柱子。其中一方向为主梁，另一方向为次梁，如图 4 - 46 所示。

（3）井式楼板。沿两个方向交叉布置等距离、等截面梁，形成井式楼板。此板中的梁无主次之分，如图 4 - 47 所示。

3. 无梁式楼板

将板直接支承在墙和柱上，且不设梁的楼板，分为有柱帽和无柱帽两种，如图 4 - 48 所示。

图 4 - 46　复梁式楼板

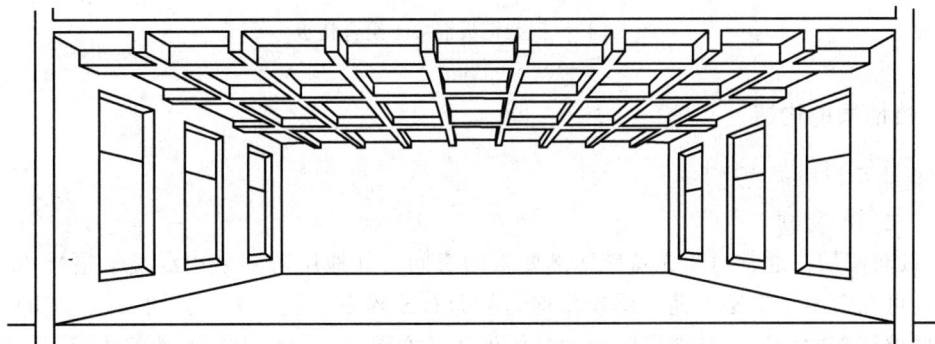

图 4 - 47　井式楼板

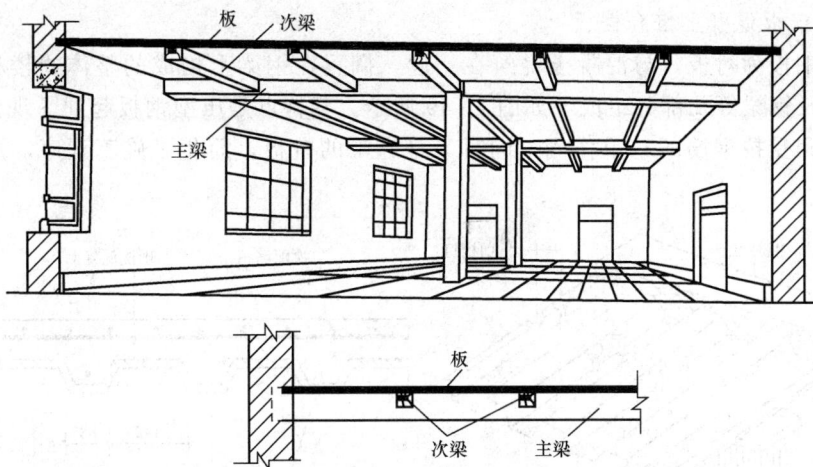

(a)

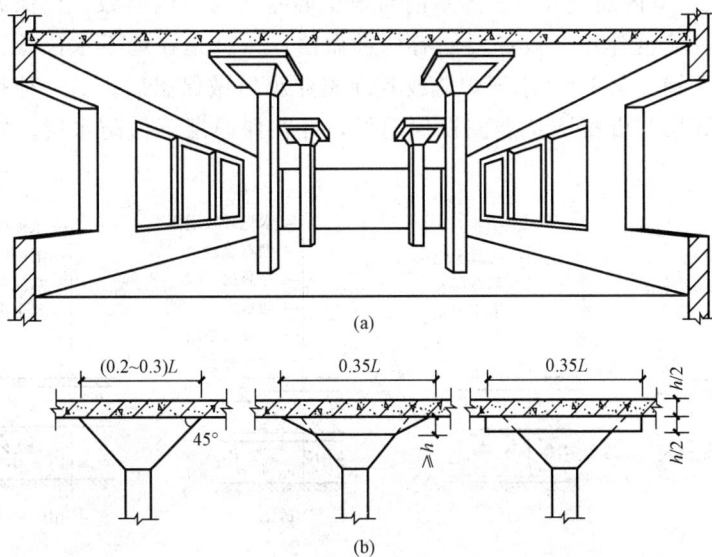

(b)

图 4 - 48　无梁式楼板

（a）透视图；（b）柱帽形式

4. 压型钢板混凝土组合楼板

以压型钢板为衬板，与混凝土浇筑在一起，搁置在钢梁上构成的整体式楼板。由楼面层、组合板及钢梁等几部分组成，如图4-49所示。其特点是压型钢板起到了现浇混凝土的永久性模板和受拉钢筋的双重作用，同时又是施工的台板，简化了施工程序，加快了施工进度。

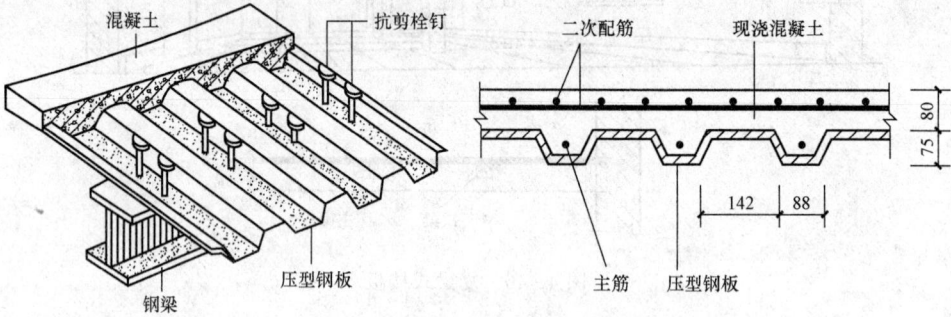

图4-49 压型钢板混凝土组合楼板

4.4.3 楼地层的构造

1. 楼地层的细部构造

（1）地层的防潮。

1）设防潮层。通常对于无特殊防潮要求的房间，其地层防潮采用混凝土垫层60mm厚即可，也可在混凝土垫层下铺一层粒径均匀的卵石或碎石、粗砂等，如图4-50（b）所示。对防潮要求较高的房间，其地层防潮的具体做法是在混凝土垫层上、刚性整体面层下刷一道冷底子油，然后憎水的热沥青两道或两步三涂防水层，如图4-50（a）所示。

2）设保温层。室内潮气大多因为室内与地层温差大的原因所致，设保温层可以降低温差，对防潮也起一定的作用。设保温层有两种做法：一种是在地下水位低、土壤较干燥的地面，可在垫层下铺一层1:3水泥炉渣或其他工业废料做保温层；另一种是在地下水位较高的地区，可在面层与混凝土垫层间设保温层，并在保温层下做防水层。如图4-50（c）、（d）所示。

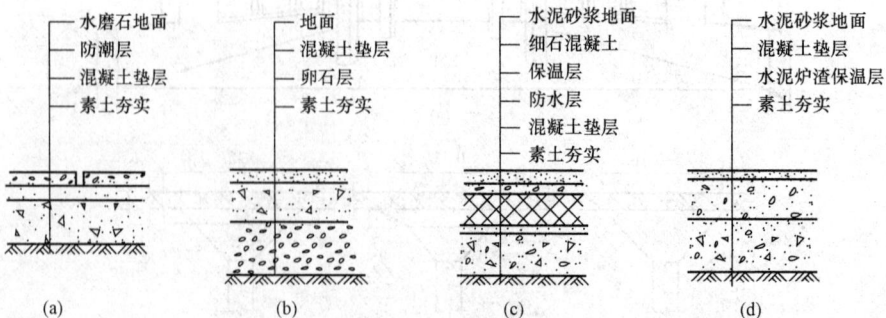

图4-50 地层防潮构造

（a）设防潮层；（b）铺卵石层；（c）设保温层及防水层；（d）设保温层

3）架空地层。将地层底板搁置在地垄墙上，将地层架空，形成空铺地层，使地层与土壤间形成通风道，可以带走地下潮气。

（2）楼地层的防水。对于室内积水机会多，容易发生渗水现象的房间（如浴室、卫生间等），应做好楼地层的排水和防水构造。

1）楼面排水。为便于排水，首先要设置地漏，并使地面由四周向地漏有一定坡度，从而引导水流入地漏。地面排水坡度一般为 0.5%～1%。另外，有水房间的地面标高应比周围其他房间或走廊低 20～30mm，若不能实现标高差时，也可在门口做高为 20～30mm 的门槛，以防水多时或地漏不畅通时积水外溢。

2）楼层防水。有防水要求的楼层，其结构应以现浇钢筋混凝土楼板为好。面层也宜采用水泥砂浆、水磨石地面或贴缸砖、瓷砖、陶瓷锦砖等防水性能好的材料。常见的防水材料有防水卷材、防水砂浆和防水涂料等，如图 4-51（a）、（b）所示。

竖向管道穿越的地方是楼层防水的薄弱环节。工程上有两种处理方法：一种是普通管道穿过的周围用 C20 干硬性混凝土填充捣实，再用两布两油橡胶酸性沥青防水涂料做密封处理，如图 4-51（c）所示；另一种是热力管穿越楼层时，先在楼层热力管处通过预埋管径比立管稍大的套管，套管高出地面 30mm 左右，套管四周用上述方法密封，如图 4-51（d）所示。

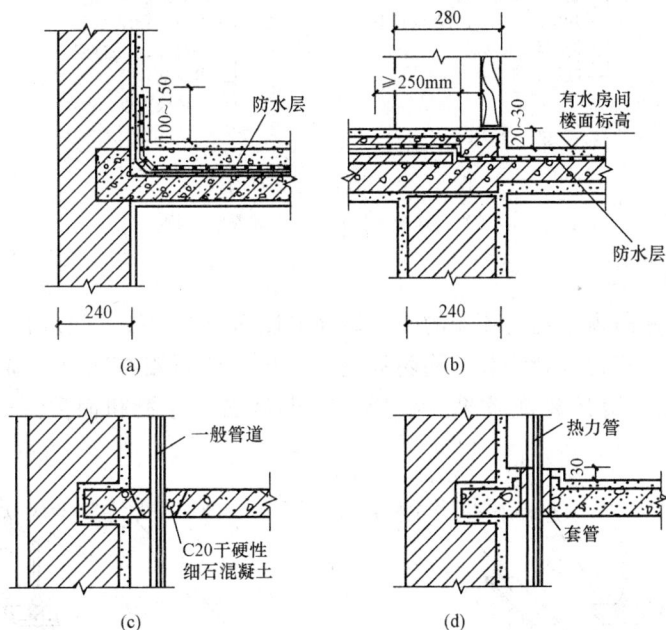

图 4-51 有水房间楼板层的防水处理及管道穿过楼板时的处理
(a) 墙身防水；(b) 门口处防水；(c) 普通管道的处理；(d) 热力管道的处理

2. 楼地面构造

（1）地面类型及构造。楼地面名称是以面层的材料来命名的。根据面层材料和施工工艺不同，将楼地面分为现浇整体式地面、块材式地面、卷材式地面及木地面等。

（2）踢脚和墙裙。踢脚是室内地面与墙面交接处的构造处理，其主要作用是遮盖墙面与地面的接缝，并保护墙面，防止外界的碰撞损坏和清洁地面时污染。高度一般为 100～150mm。常用的踢脚板有水泥砂浆、水磨石、釉面砖、木板等。

在墙体的内墙面所做的保护处理称为墙裙（又称台度）。一般居室内的墙裙，主要起装饰作用，常使用木板、大理石板等板材，高度为900～1200mm。卫生间、厨房的墙裙，作用是防水和便于清洗，多使用水泥砂浆、釉面瓷砖，高度为900～2000mm。

4.4.4 顶棚构造

1. 直接式顶棚

直接式顶棚是在钢筋混凝土楼板下直接喷刷涂料、抹灰，或粘贴饰面材料的构造做法。多用于大量性的民用建筑中，常有以下几种做法：

（1）直接喷涂式顶棚。在结构层下直接（或稍加修补）喷刷大白浆或涂料等。

（2）直接抹灰式顶棚。在结构层下先抹灰后喷刷各种涂料，如图4-52（a）所示。

（3）直接贴面式顶棚。在板底直接粘贴壁纸、壁布及装饰吸声板材，如石膏板、矿棉板等，如图4-52（b）所示。

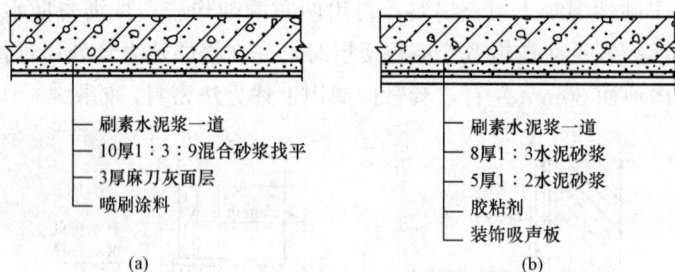

（a） 刷素水泥浆一道 / 10厚1:3:9混合砂浆找平 / 3厚麻刀灰面层 / 喷刷涂料

（b） 刷素水泥浆一道 / 8厚1:3水泥砂浆 / 5厚1:2水泥砂浆 / 胶粘剂 / 装饰吸声板

图4-52 直接式顶棚构造

（a）直接抹灰顶棚；（b）直接粘贴顶棚

2. 悬挂式顶棚

悬挂式顶棚简称吊顶，是指顶棚的装修表面与屋面板或楼板之间留有一定距离，这段距离形成的空腔，可以将设备管线和结构隐藏起来，也可使顶棚在这段空间高度上产生变化，形成一定的立体感，增强装饰效果。吊顶一般由吊筋、骨架和面层三部分，如图4-53所示。

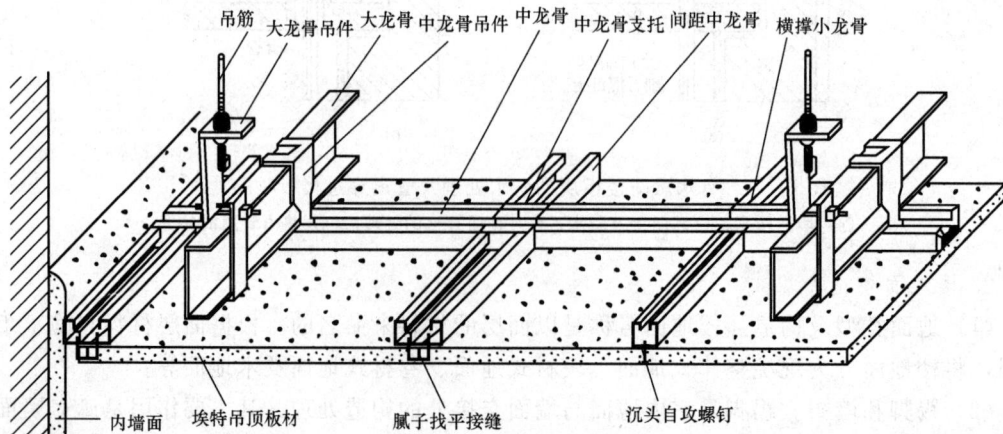

吊筋 大龙骨吊件 大龙骨 中龙骨吊件 中龙骨 中龙骨支托 间距中龙骨 横撑小龙骨

内墙面 埃特吊顶板材 腻子找平接缝 沉头自攻螺钉

图4-53 悬挂式顶棚构造

4.4.5 阳台与雨篷构造

1. 阳台

阳台是多层及高层建筑中供人们室外活动的平台,有生活阳台和服务阳台之分。

阳台按其与外墙的相对位置分,有凸阳台、凹阳台和半凸半凹阳台。凹阳台实为楼板层的一部分,构造与楼板层相同,而凸阳台的受力构件为悬挑构件,其挑出长度和构造做法必须满足结构抗倾覆的要求。

(1)凸阳台的承重构件。凸阳台的承重构件目前大都采用钢筋混凝土结构。现浇式钢筋混凝土凸阳台有三种结构类型,如图4-54所示。

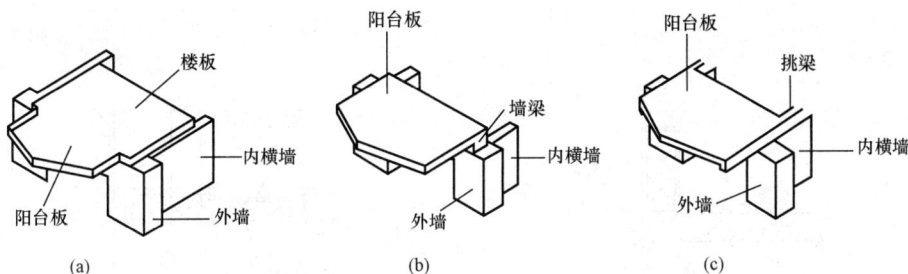

图 4-54 现浇式钢筋混凝土凸阳台
(a)挑板式;(b)压梁式;(c)挑梁式

(2)阳台构造。

1)栏杆与扶手。

栏杆的形式有三种:空花栏杆、栏板和由空花栏杆与栏板组合而成的组合式栏杆。

栏杆是为保证人们在阳台上活动安全而设置的竖向构件,要求坚固可靠,舒适美观。其净高应高于人体的重心,不宜小于1.05m,也不应超过1.2m,如图4-55所示。

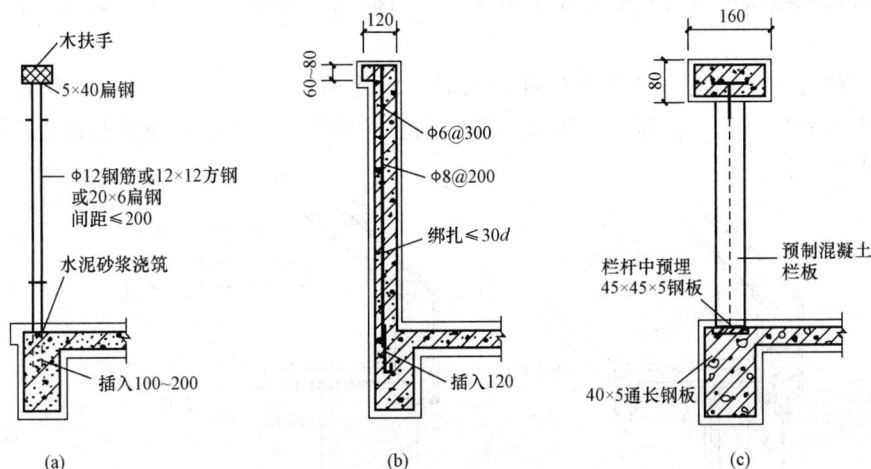

图 4-55 阳台栏杆与扶手构造
(a)金属栏杆;(b)现浇钢筋混凝土栏杆;(c)预制钢筋混凝土栏杆

2）阳台排水。为避免阳台上的雨水积存和流入室内，阳台需做好排水处理。阳台地面应低于室内地面 20～30mm，在阳台一侧或两侧设排水口，阳台地面方向排水口做 1‰～2‰ 的坡度，排水口内埋设 $DN40～50$ 镀锌钢管或塑料管（称水舌），外挑长度不小于 80mm，以防雨水溅到下层阳台，如图 4 - 56 所示。

阳台排水口可与雨水管相连，由雨水管排除阳台雨水，保证建筑立面美观，如图 4 - 56（b）所示。

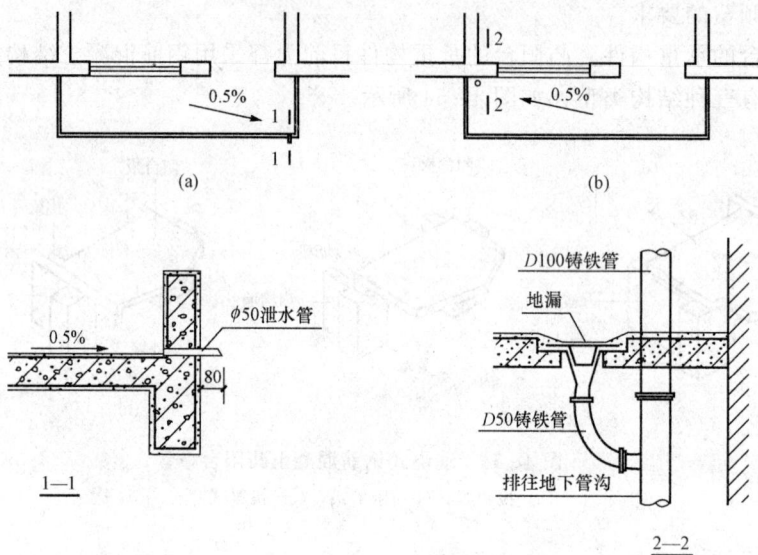

图 4 - 56　阳台排水构造

（a）水舌排水；（b）雨水管排水

2. 雨篷

雨篷是建筑入口处和顶层阳台上部用来遮挡雨雪、保护外门免受雨淋的构件。雨篷形式多样，以材料和结构可分为钢筋混凝土雨篷、钢结构悬挑雨篷、玻璃采光雨篷、软面折叠多用雨篷等。

（1）钢筋混凝土雨篷。当挑出长度较大时，雨篷由梁、板、柱组成，其构造与楼板相同；当挑出长度较小时，雨篷与凸阳台一样做成悬臂构件，一般由雨篷梁和雨篷板组成，如图 4 - 57 所示。

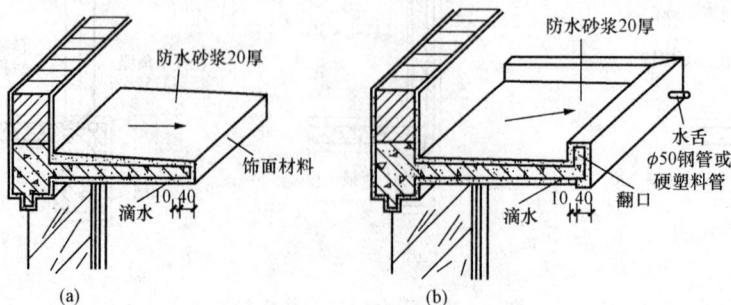

图 4 - 57　雨篷

（a）板式；（b）梁板式

（2）钢结构悬挑雨篷。钢结构悬挑雨篷由支撑系统、骨架系统和板面系统三部分组成。板面常用阳光板、钢化玻璃等。

4.5　楼梯构造

4.5.1　楼梯概述

楼梯一般由楼梯段、楼梯平台、栏杆和扶手三部分组成，如图 4-58 所示。它所处的空间称楼梯间。

1．楼梯的组成

（1）楼梯段。楼梯的主要使用和承重部分，它由若干个连续的踏步组成。

（2）楼梯平台。楼梯段两端的水平段，主要用来解决楼梯段的转向问题，并使人们在上下楼层时能够缓冲休息。

（3）楼梯井。相邻楼梯段和平台所围成的上下连通的空间。

（4）栏杆和扶手。设置在楼梯段和平台临空侧的围护构件，应有一定的强度和安全度，并应在上部设置供人们手扶持用的扶手。

2．楼梯的类型

（1）按照楼梯的主要材料分，有钢筋混凝土楼梯、钢楼梯、木楼梯等。

（2）按照楼梯在建筑物中所处的位置分，有室内楼梯和室外楼梯。

（3）按照楼梯的使用性质分，有主要楼梯、辅助楼梯、疏散楼梯、消防楼梯等。

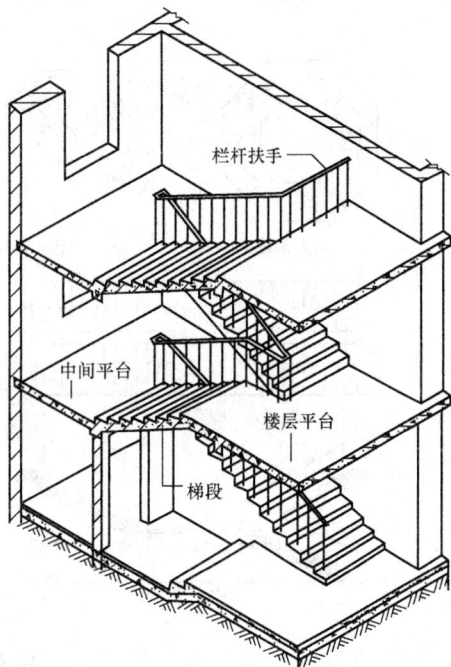

图 4-58　楼梯的组成

（4）按照楼梯的形式分，有单跑楼梯、双跑折角楼梯、双跑平行楼梯、双跑直楼梯、三跑楼梯、四跑楼梯、双分式楼梯、双合式楼梯、八角形楼梯、圆形楼梯、螺旋形楼梯、弧形楼梯、剪刀式楼梯、交叉式楼梯等，如图 4-59 所示。

（5）按照楼梯间的平面形式分，有封闭式楼梯、非封闭式楼梯、防烟楼梯等，如图 4-60 所示。

3．楼梯尺度

（1）楼梯的坡度。楼梯的坡度指的是楼梯段的坡度，即楼梯段的倾斜角度。

（2）楼梯的踏步尺寸。楼梯的踏步尺寸包括踏面宽和踢面高。

（3）楼梯段的宽度。指楼梯段临空侧扶手中心线到另一侧墙面（或靠墙扶手中心线）之间的水平距离。

（4）平台宽度。为了保证通行顺畅和搬运家具设备的方便，楼梯平台的宽度应不小于楼梯段的宽度。

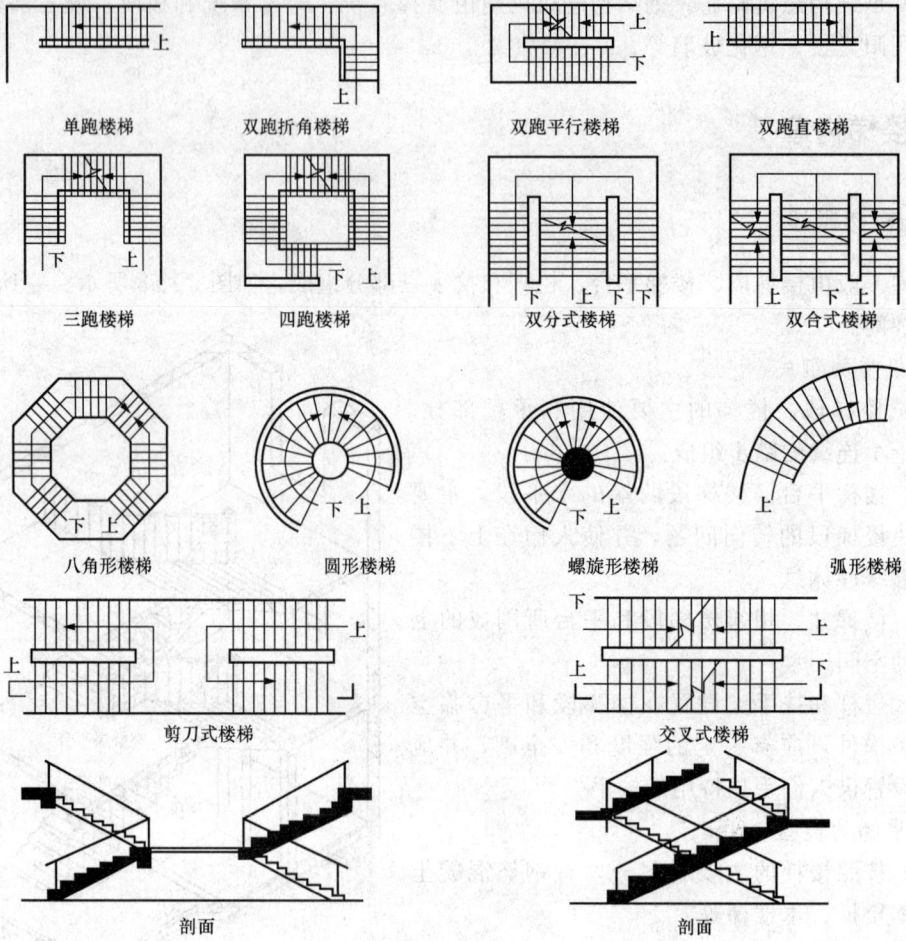

图 4-59　楼梯形式

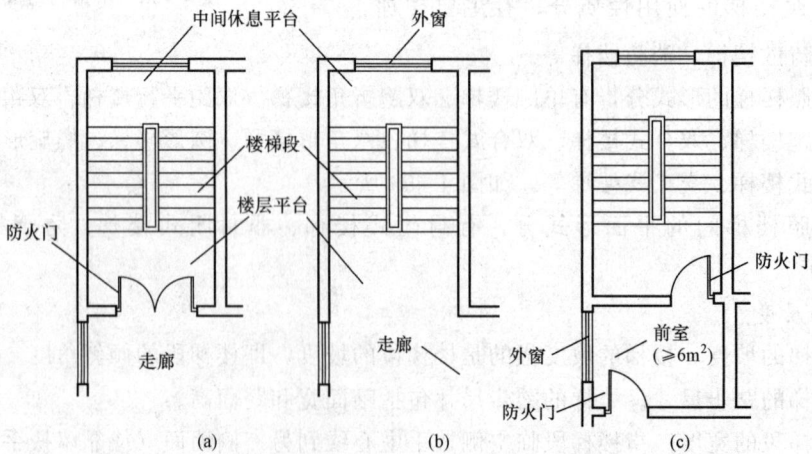

图 4-60　楼梯间的平面形式
(a) 封闭式；(b) 非封闭式；(c) 防烟式

（5）扶手高度。指踏步前缘到扶手顶面的垂直距离。

4.5.2　现浇式钢筋混凝土楼梯构造

现浇式钢筋混凝土楼梯是指把楼梯段和平台整体浇筑在一起的楼梯。现浇式钢筋混凝土楼梯按结构形式不同，分为板式楼梯和梁板式楼梯。

1. 板式楼梯

板式楼梯是指把楼梯段看作一块斜放的板，楼梯板分为有平台梁和无平台梁两种情况。

（1）有平台梁的板式楼梯的梯段两端放置在平台梁上，平台梁之间的距离为楼梯段的跨度，如图 4-61（a）所示。其传力过程为楼梯段→平台梁→楼梯间墙。

（2）无平台梁的板式楼梯是将楼梯段和平台板组合成一块折板，这时板的跨度为楼梯段的水平投影长度与平台宽度之和，如图 4-61（b）所示。

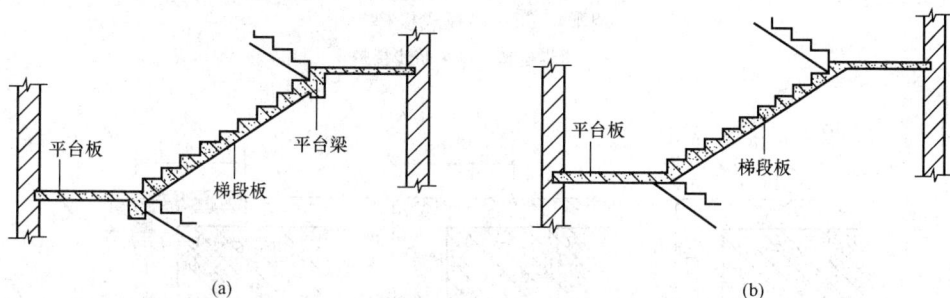

图 4-61　现浇板式楼梯

（a）有平台梁；（b）无平台梁

2. 梁板式楼梯

梁板式楼梯是指楼梯段由踏步板和斜梁组成，踏步板把荷载传给斜梁，斜梁两端支承在平台梁上。楼梯荷载的传力过程为踏步板→斜梁→平台梁→楼梯间墙。

（1）明步。斜梁一般设两根，位于踏步板两侧的下部，这时踏步外露，如图 4-62（a）所示。

（2）暗步。斜梁位于踏步板两侧的上部，这时踏步被斜梁包在里面，如图 4-62（b）所示。

4.5.3　楼梯的细部构造

1. 踏步面层和防滑构造

楼梯踏步的踏面应光洁、耐磨，易于清扫。面层常采用水泥砂浆、水磨石等，也可采用铺地砖、铺大理石板等。

为防止行人在上下楼梯时滑跌，特别是水磨石面层以及其他表面光滑的面层，常在踏步近踏口处，用不同于面层的材料做出略高于踏面的防滑条，或用带有槽口的陶土块或金属板包住踏口。如果面层采用水泥砂浆抹面，由于表面粗糙，可不做防滑条。常用的防滑条材料有水泥铁屑、金刚砂、金属条（铸铁、铝条、铜条）、马赛克及带防滑条的缸砖等，如图 4-63所示。

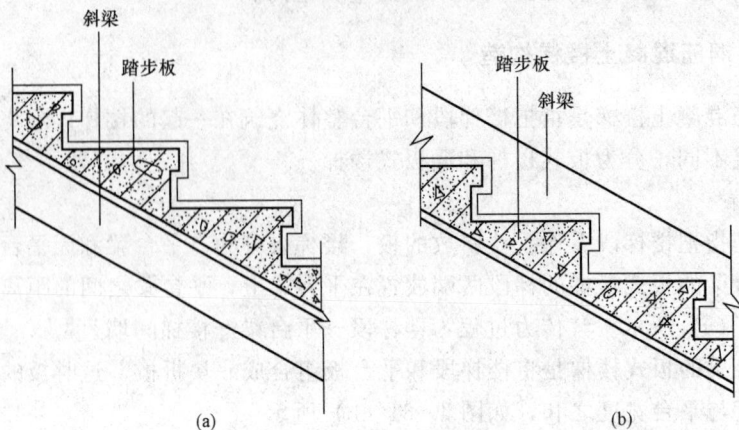

图 4-62 梁板式楼梯
(a) 明步楼梯；(b) 暗步楼梯

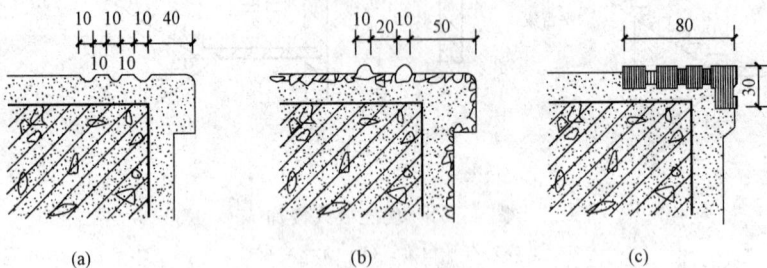

图 4-63 踏步防滑构造
(a) 防滑凹槽；(b) 金刚砂防滑条；(c) 缸砖或橡胶包口

2. 栏杆和扶手构造

为保证楼梯的使用安全，应在楼梯段及平台的临空的一侧设栏杆，并在其上部设扶手。栏杆形式如图 4-64 所示。

栏杆与梯段连接形式及扶手的形式，分别如图 4-65 和图 4-66 所示。

4.5.4 台阶与坡道构造

室外台阶与坡道是设在建筑物出入口的垂直设施，用来解决建筑物室内外的高差问题。台阶与坡道的形式如图 4-67 所示。

1. 室外台阶构造

室外台阶由平台和踏步组成。台阶由面层、垫层、基层等构造层组成，面层应采用水泥砂浆、混凝土、水磨石、缸砖、天然石材等耐气候作用的材料，如图 4-68 所示。

台阶应等建筑物主体工程完成后再进行施工，并与主体结构之间留出约 10mm 的沉降缝。

2. 坡道构造

坡道分为行车坡道和轮椅坡道，行车坡道又分为普通坡道和回车坡道。

(a)

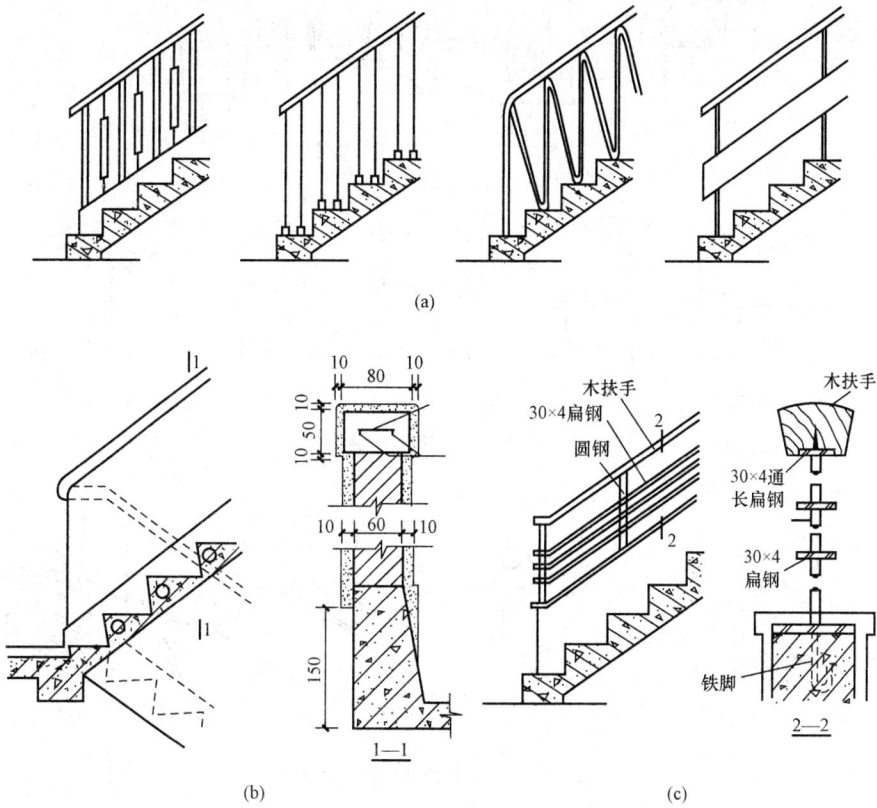

(b)   (c)

图 4 - 64 栏杆形式

（a）空花式栏杆；（b）栏板式栏杆；（c）组合式栏杆

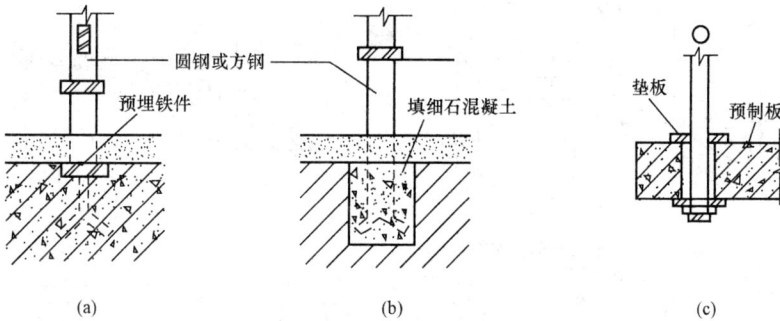

(a)   (b)   (c)

图 4 - 65 栏杆与梯段的连接

考虑人在坡道上行走时的安全，坡道的坡度受面层做法的限制：光滑面层坡道不大于 1：12，粗糙面层坡道不大于 1：6，带防滑齿坡道不大于 1：4。

坡道的构造与台阶基本相同，垫层的强度和厚度应根据坡道上的荷载来确定，季节冰冻地区的坡道需在垫层下设置非冻胀层，如图 4 - 69 所示。

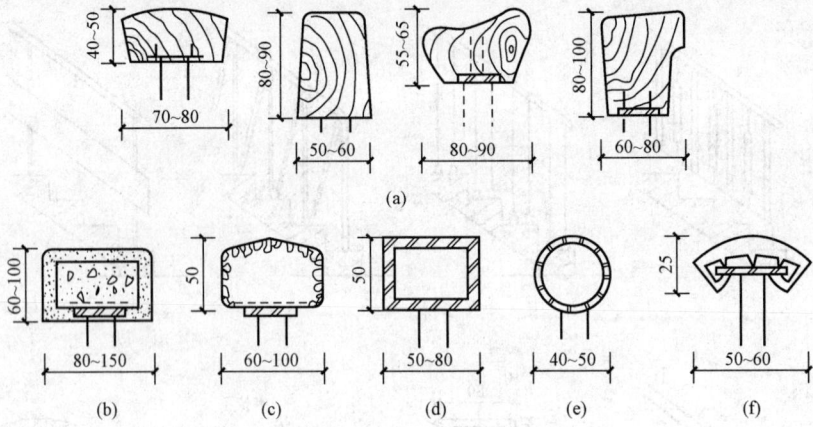

图 4-66 扶手形式

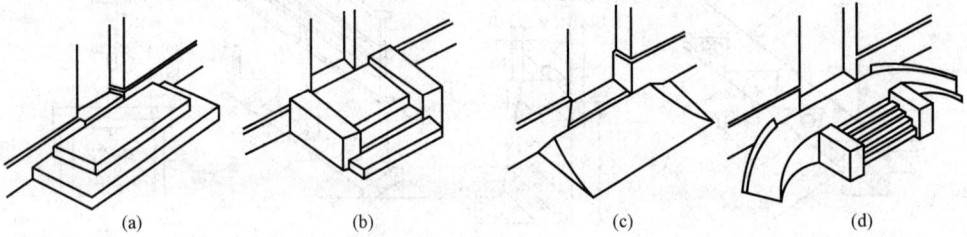

图 4-67 台阶与坡度的形式

（a）三面踏步式；（b）单面踏步式；（c）坡道式；（d）踏步坡道结合式

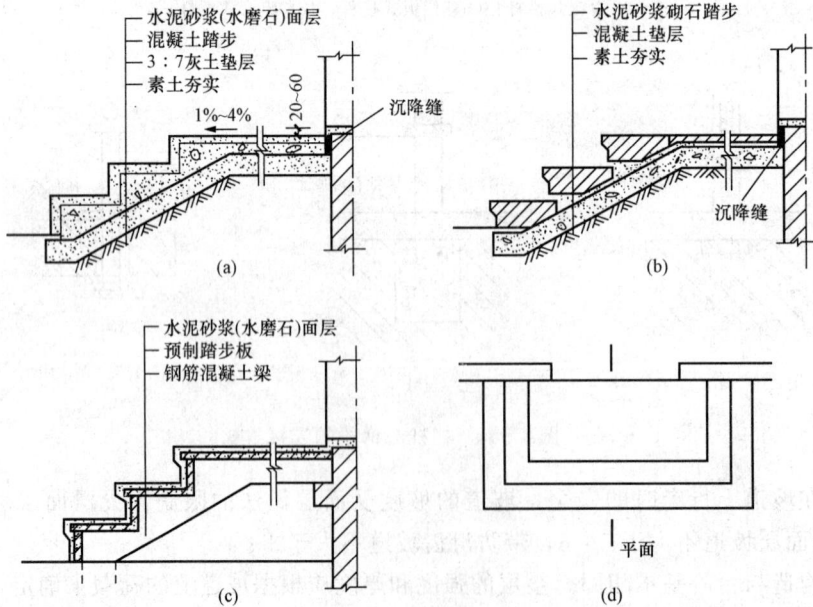

图 4-68 台阶构造

（a）混凝土台阶；（b）石砌台阶；（c）钢筋混凝土架空台阶；（d）台阶平面图

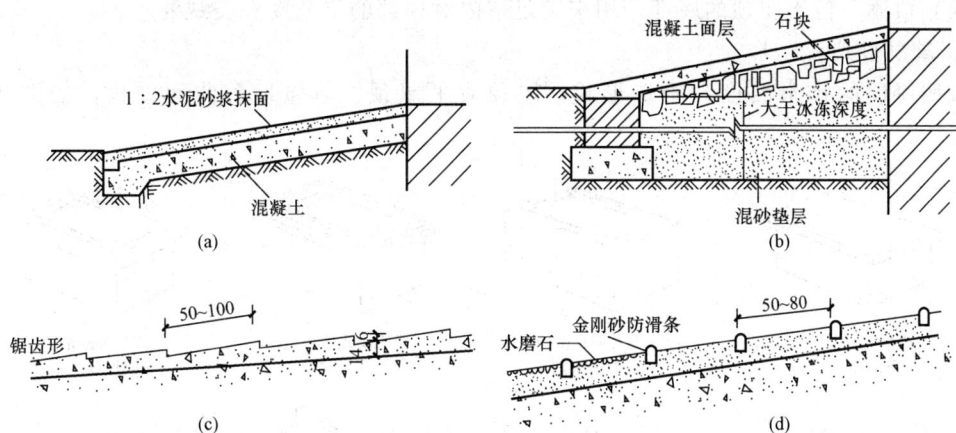

图 4-69　坡道构造

(a) 混凝土坡道；(b) 块石坡道；(c) 防滑锯齿坡道；(d) 防滑条坡道

4.6　屋顶构造

4.6.1　屋顶概述

1. 屋顶的组成

屋顶的组成如图 4-70 所示。

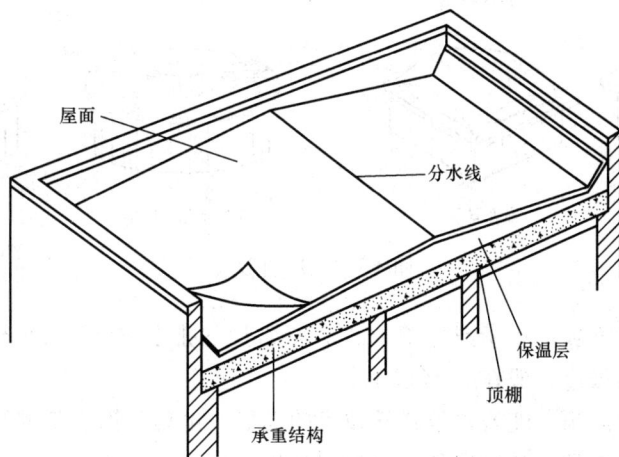

图 4-70　平屋顶构造组成

（1）屋面。位于屋顶各水平构造层的最上部，暴露在大气中，直接承受自然界风、霜、雨、雪和大气的作用，故选择的屋面材料要具有防水性和一定的强度。

（2）承重结构。承受上部传来的荷载及自重。

（3）保温、隔热层。保温层是指在寒冷地区，为防止室内热量透过屋顶散失而设置的构造层。隔热层是指炎热地区的夏季，太阳辐射强，为隔绝太阳辐射进入室内而设置的构造层。

（4）顶棚。位于屋顶的底部，用来满足室内对顶部的平整度和美观要求。

2. 屋顶形式

按照屋顶的排水坡度和构造形式，屋顶有平屋顶、坡屋顶和曲面屋顶，如图 4 - 71 所示。

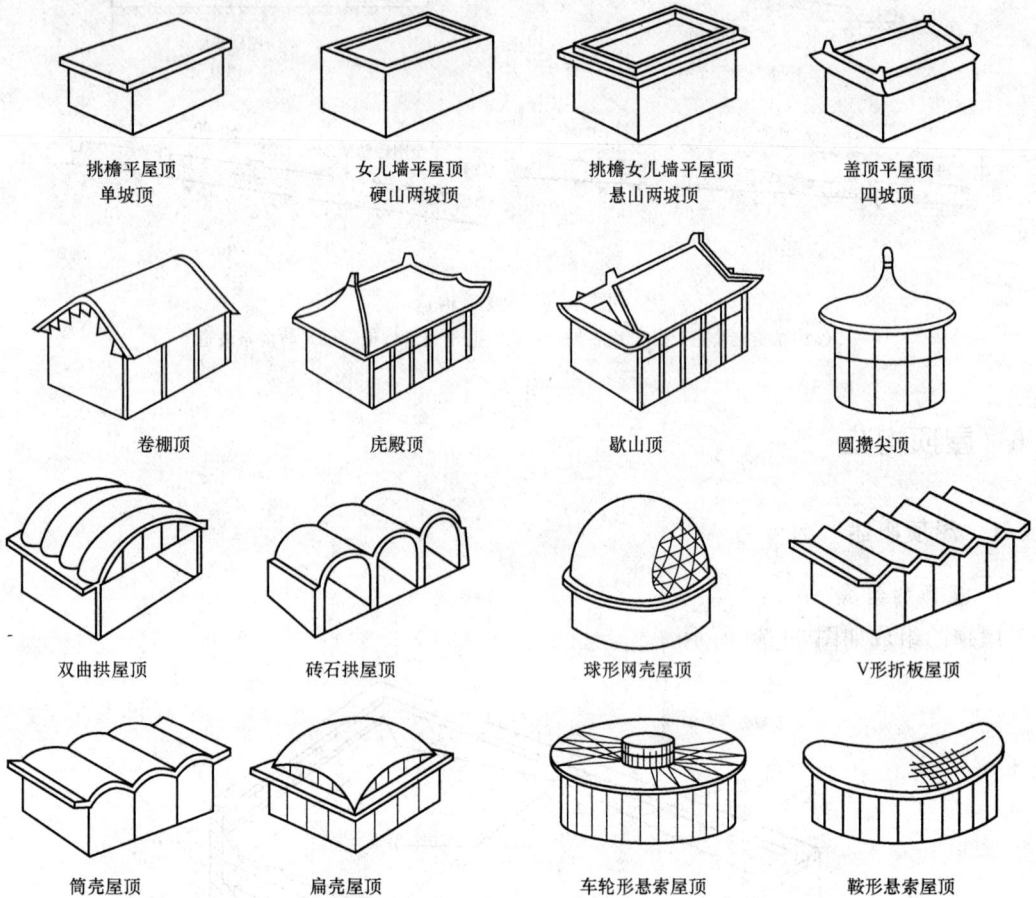

图 4 - 71　屋顶形式

（1）平屋顶。屋面坡度小于或等于 10%，最常用的排水坡度为 2%～3%。

（2）坡屋顶。其坡度一般在 10% 以上。

（3）其他形式的屋顶。随着建筑科学技术的发展，出现了许多新型结构的屋顶，如拱屋顶、折板屋顶、薄壳屋顶、悬索屋顶、网架屋顶等。

4.6.2　平屋顶构造

1. 平屋顶排水

（1）排水坡度的形成。平屋顶排水坡度小于 5%，一般可通过两种方法实现，即材料找坡和结构找坡，如图 4 - 72 所示。

1）材料找坡（又称垫置坡度）。屋面板水平搁置，在板上用轻质材料垫置坡度。即利用垫置材料在板上的厚度不一，形成一定的排水坡度。

2）结构找坡（又称搁置坡度）。将屋面板倾斜搁置，利用结构本身起坡至所需坡度，不在屋面上另加找坡材料。

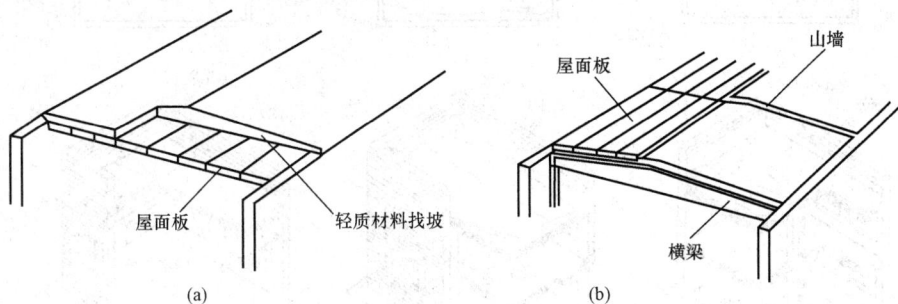

图 4-72 坡度的形成

(a) 材料找坡；(b) 结构找坡

（2）平屋顶的排水方式。平屋顶排水方式分无组织排水和有组织排水两大类。

1）无组织排水（又称自由落水）。指屋面雨水自由地从檐口（挑檐）滴落至室外地面，如图 4-73 所示。

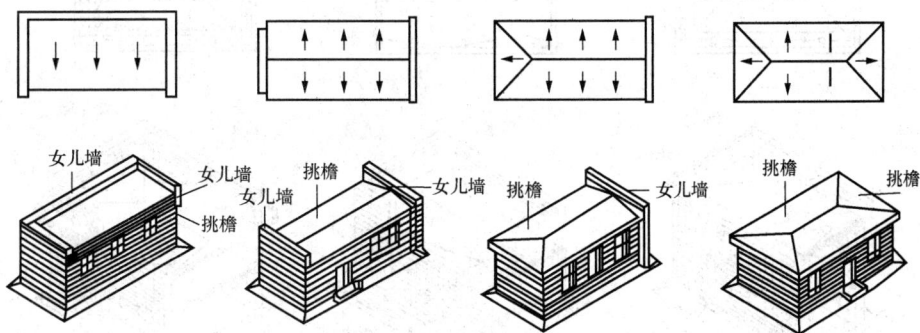

图 4-73 无组织排水

2）有组织排水。在屋顶设置与屋面排水方向相垂直的纵向天沟，汇集雨水后，将雨水由雨水口、雨水管有组织地排到室外地面或室内地下排水系统，如图 4-74 所示。

①外排水。即雨水管设在室外的一种排水方式。一般有檐沟外排水（图 4-75）和女儿墙外排水（图 4-76）。

②内排水。即雨水管设在室内的一种排水方式。一般见于多跨房屋、高层建筑以及有特殊需要的建筑。

2. 平屋顶防水

（1）柔性防水屋面。柔性防水屋面是用具有良好的延伸性，能较好地适应结构变形和温度变化的材料做防水层的屋面，包括卷材防水屋面和涂膜防水屋面。

卷材防水屋面是用防水卷材和胶结材料分层粘贴形成防水层的屋面，具有优良的防水性和耐久性，因而被广泛采用。

1）卷材防水屋面的构造层如图 4-77 所示。

①结构层。一般采用现浇钢筋混凝土屋面板。

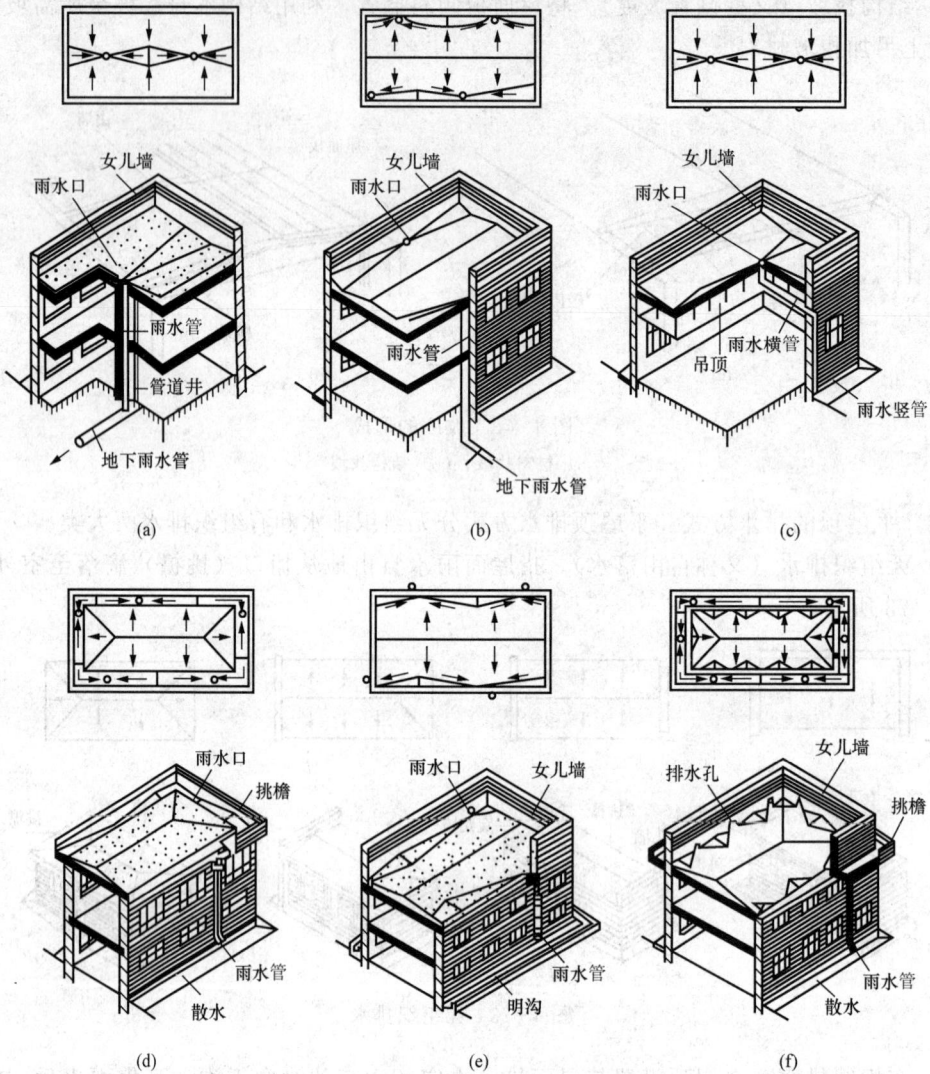

图 4-74 有组织排水

(a)、(b)、(c) 内排水；(d)、(e)、(f) 外排水

②找坡层。对于水平搁置屋面板，层面排水坡度的形成常采用材料找坡，用 1:8 的水泥焦渣或石灰炉渣，根据找坡材料的厚度不一，形成排水坡度。

③找平层。防水卷材应铺设在平整而坚固的基层上，以避免卷材凹陷或断裂，故在松散的找坡材料上设置找平层，找平层一般采用 20mm 厚 1:3 水泥砂浆，也可采用 1:8 的沥青砂浆。

④结合层。其作用是使卷材与基层胶结牢固。沥青类卷材通常用冷底子油作结合层，高分子卷材则多用配套基层处理剂。

⑤防水层。由卷材和相应的卷材胶粘剂构成，目前使用的卷材有沥青卷材、高聚物改性沥青防水卷材、合成高分子防水卷材等。

⑥保护层。防水层上方保护卷材防水层，延长其使用寿命，同时降低夏季室内温度。

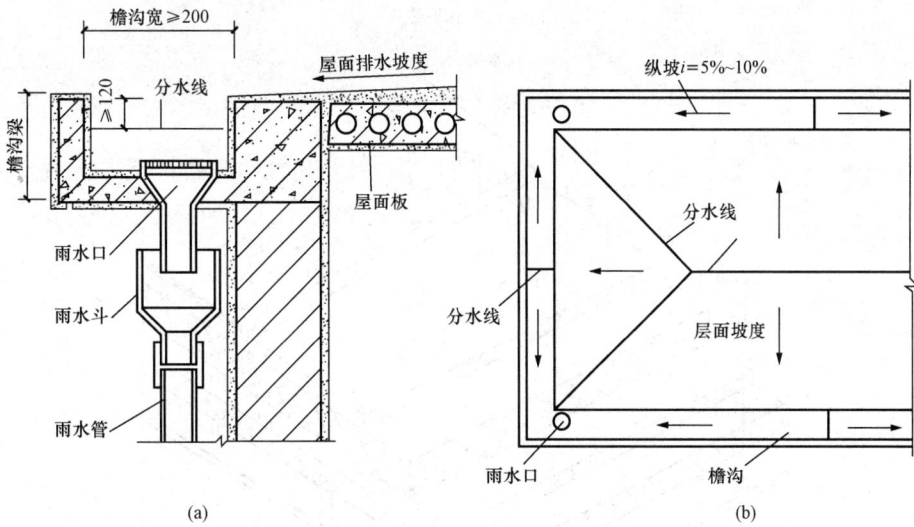

图 4-75 檐沟外排水
（a）剖面图；（b）平面图

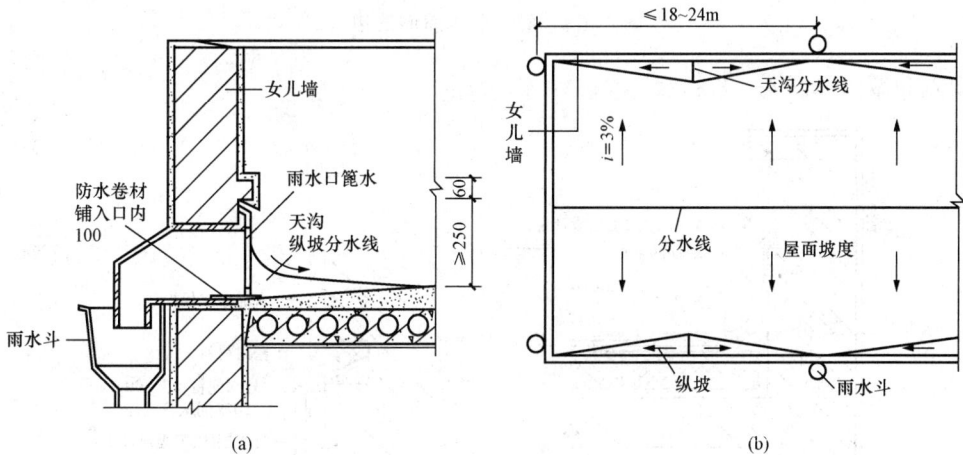

图 4-76 女儿墙外排水
（a）剖面图；（b）平面图

a. 不上人屋顶保护层做法。在其上撒粒径为 3~5mm 的小石子，称为绿豆砂作保护层。小石子要求耐风化、颗粒均匀、色浅，可反射太阳辐射，降低屋面温度，价格较低。绿豆砂施工时应预热，温度为 100℃ 左右，趁热铺撒，使其与沥青粘结牢固。

b. 上人屋顶保护层做法。上人屋顶保护层起着双重作用，既保护防水层，又是地面面层，因此要求平整耐磨。在防水层上用水泥砂浆或沥青砂浆铺贴缸砖、大阶砖、预制混凝土板等，或在防水层上浇筑 40mm 厚 C20 细石混凝土。

2）卷材防水屋面细部构造。

①泛水。泛水是指屋面与垂直墙面相交处的防水处理。例如，女儿墙、山墙、烟囱、变形缝、高低屋面的墙面与屋面交接处，均需作泛水构造处理，防止交接缝出现漏水。泛水的

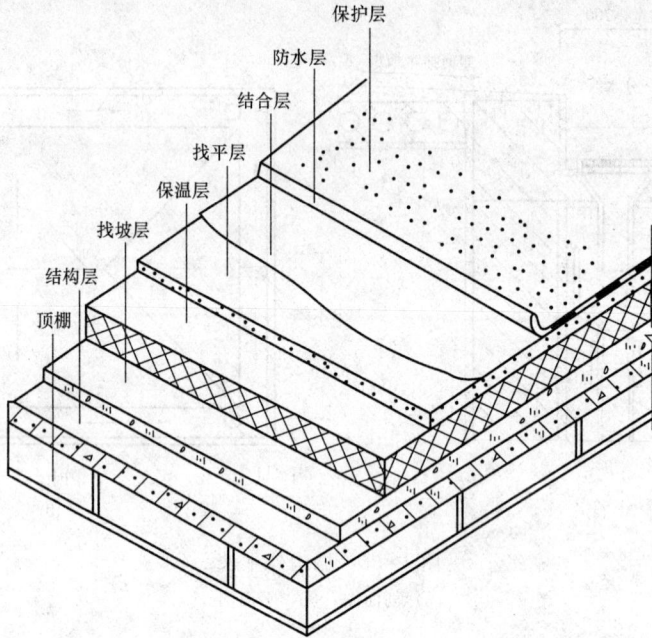

图 4-77 卷材防水屋面的构造

构造要点和做法如图 4-78 所示。

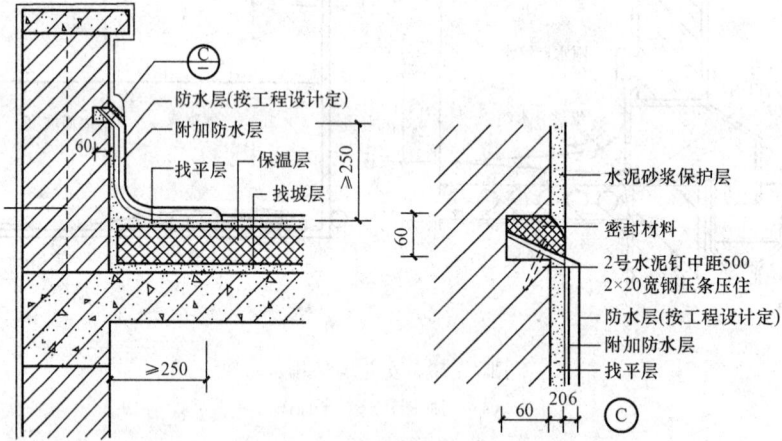

图 4-78 女儿墙泛水构造

a. 泛水处于迎水面时，其高度不小于 250mm。

b. 将屋面防水层铺至垂直墙面上，并加铺一层卷材。

c. 泛水处抹成圆弧形，圆弧半径 $R=50\sim100$mm。

d. 做好卷材收头处理。

e. 做好卷材收头盖缝处理。

②檐口。挑檐口按形式可分无组织排水挑檐、有组织排水挑檐（檐沟）及女儿墙檐口。其防水构造的要点是做好卷材的收头，使屋顶四周的卷材封闭，避免雨水侵入。

a. 无组织排水檐口构造。檐口的收头通常采用油膏嵌实，上撒绿豆砂保护层，檐口抹滴水浅，使雨水迅速垂直落下。因油膏有一定弹性，可适应卷材的温度变化，不可用砂浆等硬性材料。如图 4 - 79 所示。

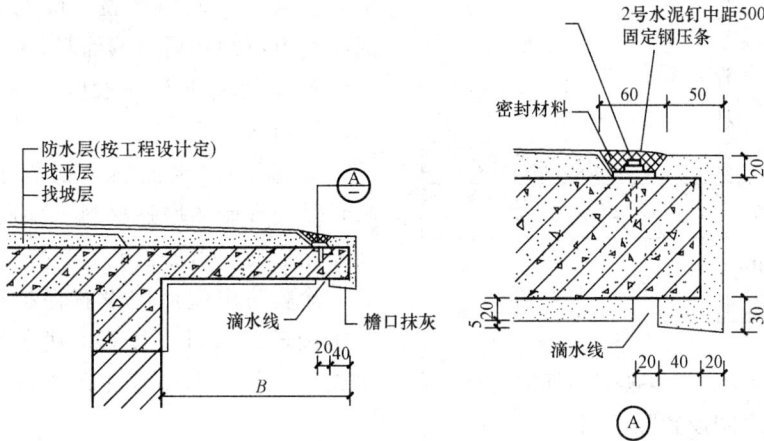

图 4 - 79　无组织排水檐口构造

b. 檐沟外排水檐口构造。挑檐沟的卷材收头处理，一般在檐沟边缘预留钢筋将卷材压住，再用砂浆或油膏盖缝。此外，在檐沟内加铺一层卷材，增强防水性能；沟内转角处水泥砂浆抹成圆弧形，防止卷材折断；抹好檐沟外侧滴水。如图 4 - 80 所示。

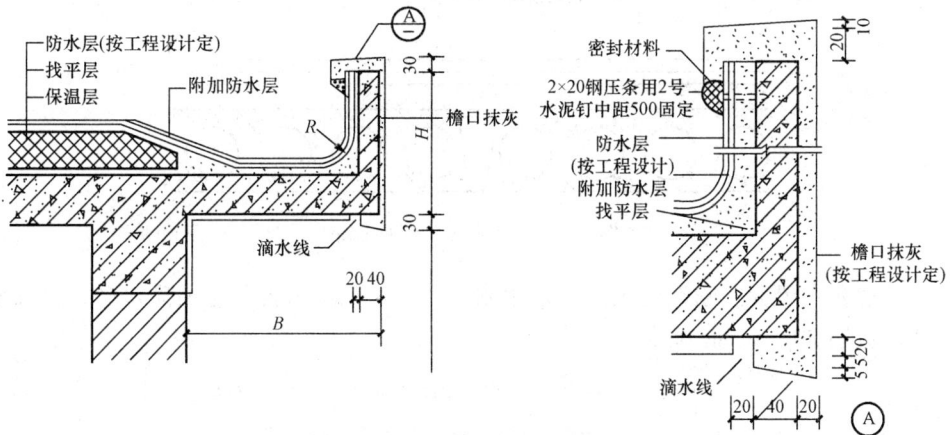

图 4 - 80　檐沟外排水檐口构造

c. 女儿墙檐口构造。构造要点是泛水的构造，女儿墙顶部通常做钢筋混凝土的压顶，如图 4 - 81 所示。

3）涂膜防水屋面。涂膜防水屋面是用防水涂料涂刷在屋面基层上，经干燥或固化，在屋面基层上形成一层不透水性的薄膜层，以达到防水目的一种屋面做法。涂膜防水主要适用于防水等级为Ⅲ、Ⅳ级的屋面防水，也可用作Ⅰ、Ⅱ级屋面多道防水设防中的一道防水。

涂膜防水平屋顶的构造层及做法与卷材防水平屋顶基本相同，均由结构层、找平层、找坡层、结合层、防水层和保护层等组成，如图 4 - 82 所示，且防水层以下的各基层的做法均

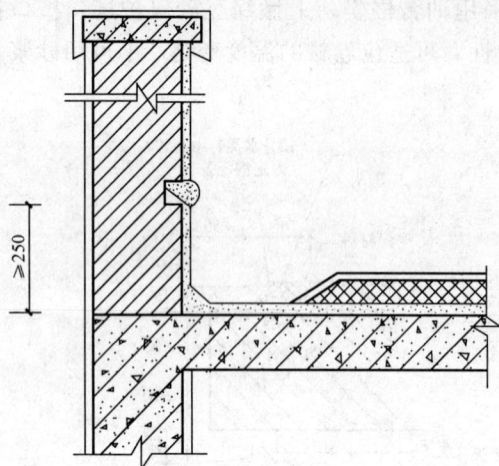

图 4-81 女儿墙内檐沟构造

符合卷材防水的有关规定。防水涂膜层应满足以下要求：

1）防水涂膜应分层分遍涂布，每一涂层应厚薄均匀，表面平整，待先涂的涂层干燥成膜后方可涂布后一遍涂料。

2）防水涂膜层一般应有两层或两层以上的涂层组成。

3）某些防水涂料（如氯丁胶乳沥青涂料）需铺设胎体增强材料（即所谓的布），以增强涂层的贴附覆盖能力和抗变形能力。

涂膜防水屋面应设置保护层，其材料可采用细砂、云母、蛭石、浅色涂料、水泥砂浆或块材等。采用水泥砂浆或块材时，应在涂膜和保护层之间设置隔离层。

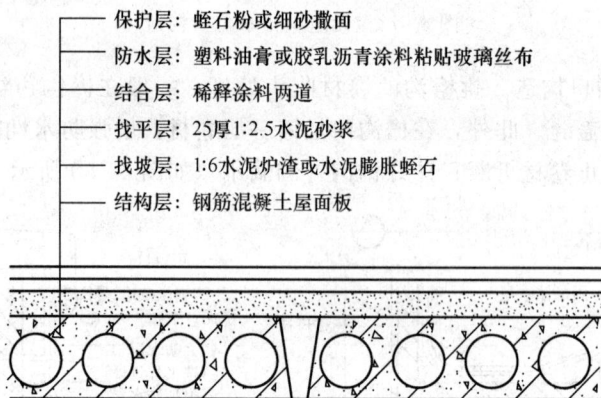

保护层：蛭石粉或细砂撒面
防水层：塑料油膏或胶乳沥青涂料粘贴玻璃丝布
结合层：稀释涂料两道
找平层：25厚1:2.5水泥砂浆
找坡层：1:6水泥炉渣或水泥膨胀蛭石
结构层：钢筋混凝土屋面板

图 4-82 涂膜防水屋面构造

（2）刚性防水屋面。刚性防水屋面指用刚性材料，如细石混凝土或防水砂浆做防水层的屋面。其构造层如图 4-83 所示。

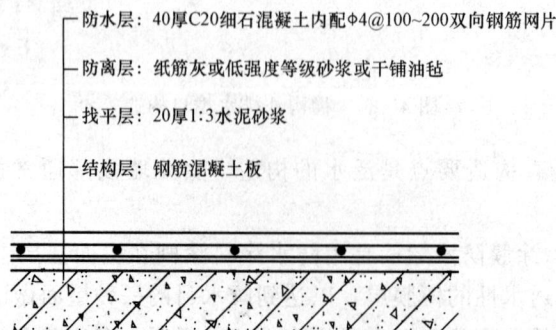

防水层：40厚C20细石混凝土内配Φ4@100~200双向钢筋网片
防离层：纸筋灰或低强度等级砂浆或干铺油毡
找平层：20厚1:3水泥砂浆
结构层：钢筋混凝土板

图 4-83 刚性防水屋面构造层

1）结构层。一般采用现浇钢筋混凝土屋面板。

2）找平层。在结构层上用 20mm 厚 1∶3 的水泥砂浆找平。

3）隔离层。一般采用麻刀灰、纸筋灰、低强度等级水泥砂浆或干铺一层卷材等做法。

4）防水层。刚性防水层一般采用配筋的细石混凝土。

3.平屋顶的保温与隔热

（1）平屋顶的保温。平屋顶的保温是在屋顶上加设保温材料来满足保温要求的。

1）保温材料。

①散料类保温材料。常用的有膨胀蛭石（粒径 3～15mm）、膨胀珍珠岩、矿棉、炉渣等。

②整浇类保温材料。常用水泥或沥青等胶结材料与松散保温材料拌和，整体浇筑。如水泥炉渣、沥青膨胀珍珠岩、水泥膨胀蛭石等。

③板块类保温材料。如泡沫塑料板、挤塑板、加气混凝土板、泡沫混凝土板、膨胀珍珠岩板、膨胀蛭石板、矿棉板、岩棉板、木丝板、刨花板、甘蔗板等。

2）保温层的设置。

①正置式保温。保温层位于结构层和防水层之间如图 4-84 所示。

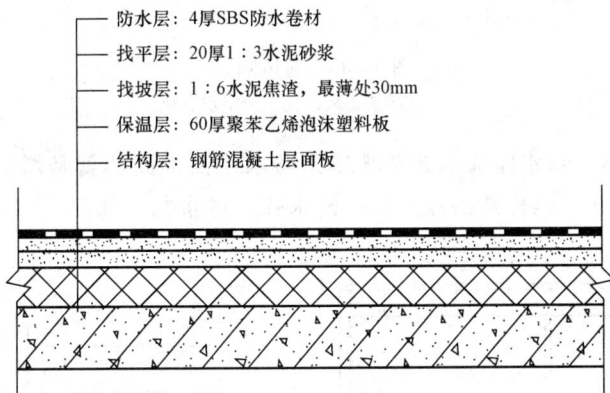

防水层：4厚SBS防水卷材
找平层：20厚1∶3水泥砂浆
找坡层：1∶6水泥焦渣，最薄处30mm
保温层：60厚聚苯乙烯泡沫塑料板
结构层：钢筋混凝土层面板

图 4-84　正置式保温层构造

②倒置式保温。保温层位于防水层之上如图 4-85 所示。

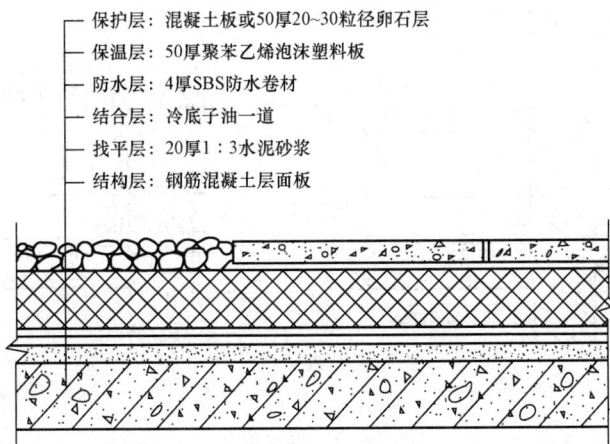

保护层：混凝土板或50厚20~30粒径卵石层
保温层：50厚聚苯乙烯泡沫塑料板
防水层：4厚SBS防水卷材
结合层：冷底子油一道
找平层：20厚1∶3水泥砂浆
结构层：钢筋混凝土层面板

图 4-85　倒置式保温层构造

（2）平屋顶的隔热。

1）通风隔热。通风隔热就是在屋顶设置架空通风间层，使其上层表面遮挡阳光辐射，同时利用风压和热压作用使间层中的热空气被不断带走。通风间层的设置通常有两种方式：一种是在屋面上做架空通风隔热间层，另一种是利用吊顶棚内的空间做通风间层如图 4-86 所示。

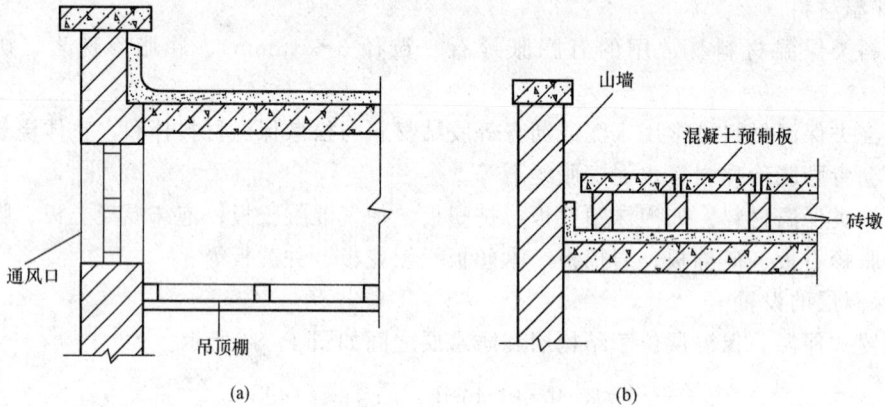

图 4-86　通风隔热
（a）吊顶棚通风；（b）架空层通风

2）屋顶蓄水隔热。蓄水屋面与普通平屋顶防水屋面不同的就是增加了一壁三孔。所谓一壁是指蓄水池的仓壁，三孔是指溢水孔、泄水孔、过水孔。如图 4-87 所示。

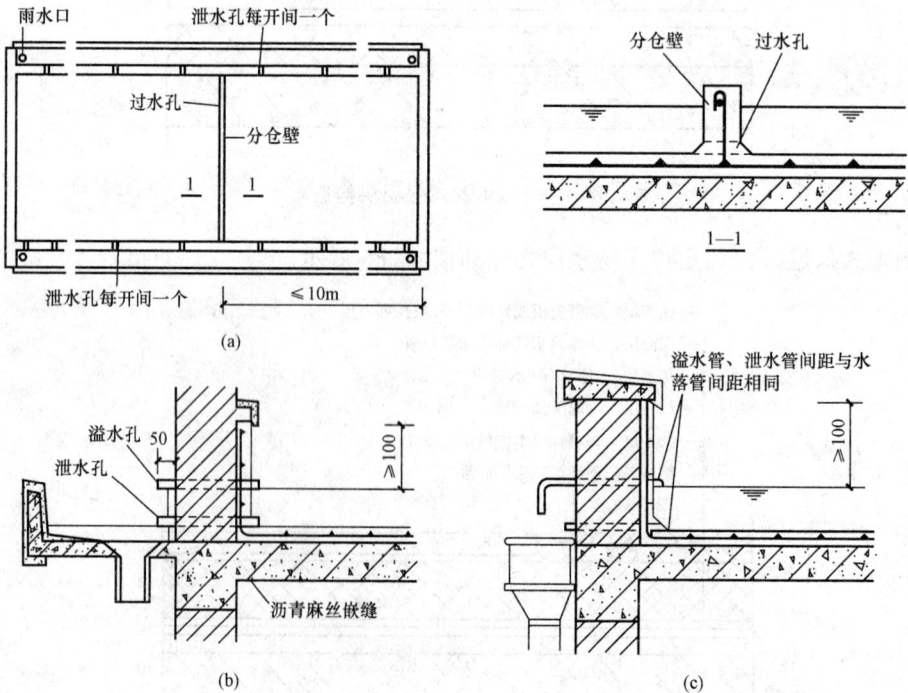

图 4-87　蓄水屋面

3）种植隔热屋面（植被隔热）。种植隔热的原理是：在平屋顶上种植植物，借助栽培介质隔热及植物吸收阳光进行光合作用和遮挡阳光的双重功效来达到降温隔热的目的。

4）反射降温。在屋面铺浅色的砾石或刷浅色涂料等，利用浅色材料的颜色和光滑度对热辐射的反射作用，将屋面的太阳辐射热反射出去，从而达到降温隔热的作用。

4.7 其他构造

4.7.1 门窗构造

门窗是建筑中的组成部分，窗的主要作用是采光和日照、通风，门的主要作用是通行和安全疏散。

1. 门窗分类

（1）按材质分为铝合金门窗、塑钢门窗、彩板门窗、木门窗、钢筋混凝土门窗等。

（2）按开启方式分：

1）固定窗、平开窗、悬窗、立转窗、推拉窗、百叶窗等，如图 4-88 所示。

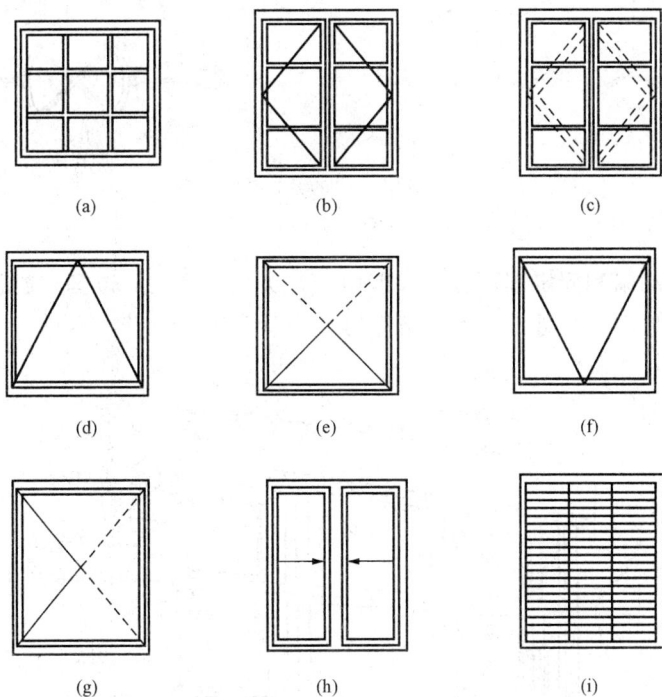

图 4-88 窗的开启形式

（a）固定窗；（b）平开窗（单层）；（c）平开窗（双层）；（d）上悬窗；
（e）中悬窗；（f）下悬窗；（g）立转窗；（h）推拉窗；（i）百叶窗

2）平开门、弹簧门、推拉门、折叠门、转门、卷帘门、升降门等，如图 4-89 所示。

2. 门窗的组成

（1）窗一般由窗框、窗扇和五金零件组成，如图 4-90 所示。

窗框是窗与墙体的连接部分，由上框、下框、边框、中横框和中竖框组成。窗扇是窗的

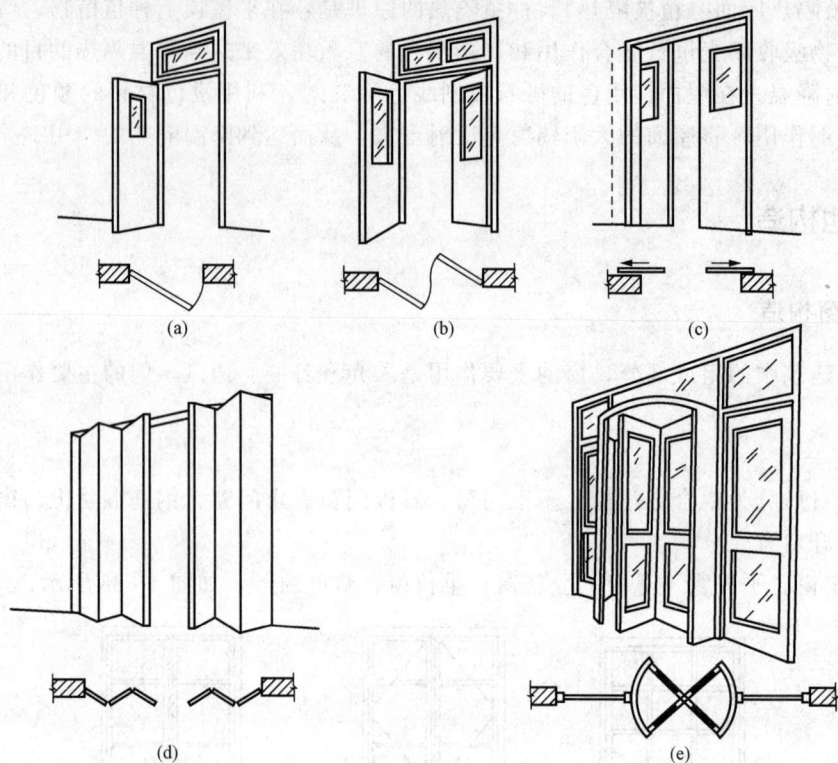

图 4-89　门的开启方式

(a) 平开门；(b) 弹簧门；(c) 推拉门；(d) 折叠门；(e) 转门

主体部分，分为活动扇和固定扇两种，一般由上冒头、下冒头、边梃和窗芯（又叫窗棂）组成骨架，中间固定玻璃、窗纱或百叶。五金零件包括窗锁、铰链、插销、风钩等。

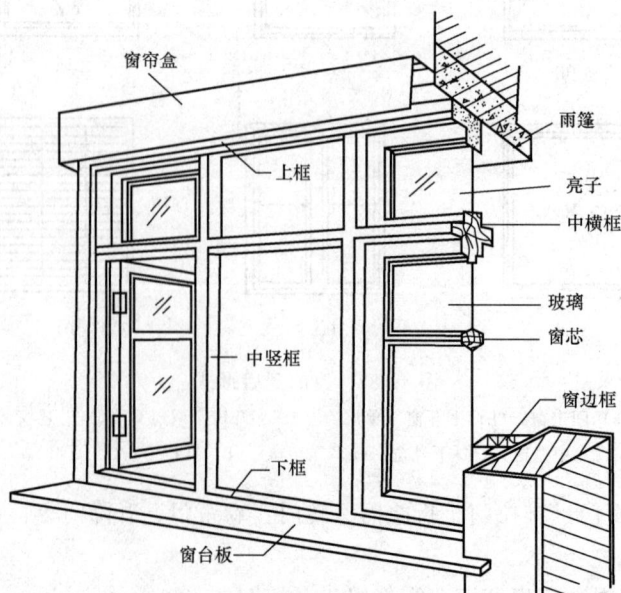

图 4-90　窗的组成

（2）门一般由门框、门扇、五金零件及附件组成，如图 4-91 所示。

门框是门与墙体的连接部分，由上框、边框、中横框和中竖框组成。门扇一般由上、中、下冒头和边梃组成骨架，中间固定门芯板。五金零件包括铰链、插销、门锁、拉手等。附件有贴脸板、筒子板等。

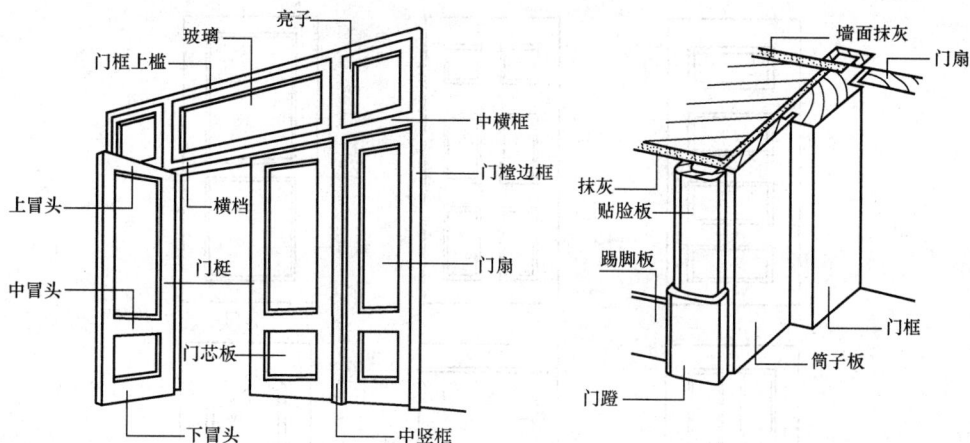

图 4-91　门的组成

3. 门窗安装

（1）立口（立樘）。先将门窗框立起来，临时固定，待其周边墙身全部完成后，再撤去临时支撑。

（2）塞口（塞樘）。将门窗洞口留出，完成墙体施工后再安装门窗框。

4. 门窗构造

（1）铝合金窗的构造。铝合金窗多采用水平推拉式的开启方式，窗扇在窗框的轨道上滑动开启。窗扇与窗框之间用尼龙密封条进行密封，以避免金属材料之间相互摩擦。玻璃卡在铝合金窗框料的凹槽内，并用橡胶压条固定。

铝合金窗一般采用塞口的方法安装。固定时，窗框与墙体之间采用预埋铁件、燕尾铁脚、膨胀螺栓、射钉固定等方式连接，如图 4-92 所示。

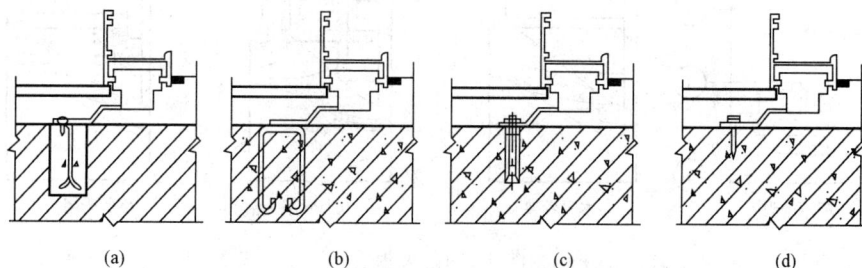

图 4-92　铝合金窗窗框与墙的连接
（a）燕尾脚铁；（b）预埋铁件；（c）金属膨胀螺栓；（d）射钉

（2）塑钢窗的构造。塑钢窗是以 PVC 为主要原料制成空腹多腔异型材，中间设置薄壁加强型钢，经加热焊接而成窗框料。其特点是导热系数低，耐弱酸碱，无需油漆，并具有良好的气密性、水密性、隔声性等优点。

塑钢窗的开启方式及安装构造与铝合金窗基本相同。

（3）木门构造。

1）镶板门构造。由上、中、下冒头和边梃组成骨架，中间镶嵌门芯板，门芯板可采用 15mm 厚的木板拼接而成，也可采用胶合板、硬质纤维板或玻璃等，如图 4-93 所示。

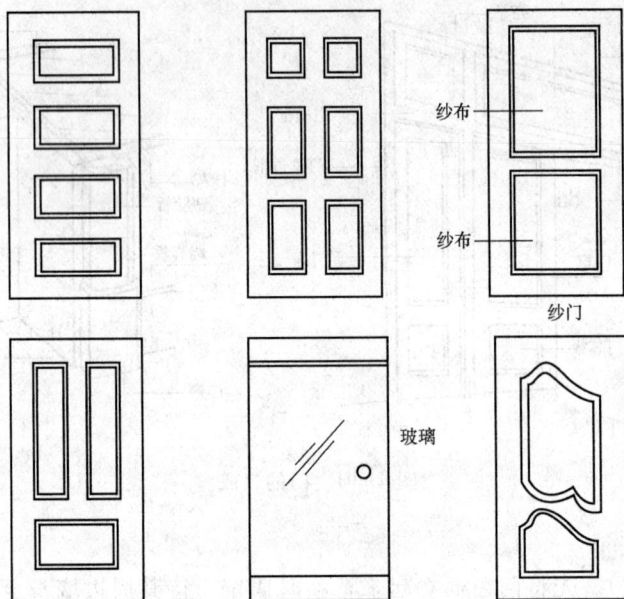

图 4-93　镶板门

2）夹板门构造。用小截面的木条（35mm×50mm）组成骨架，在骨架的两面铺钉胶合板或纤维板等，如图 4-94 所示。

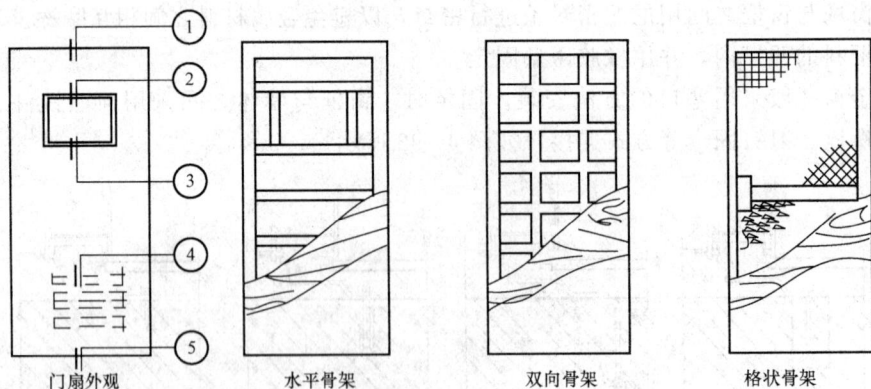

图 4-94　夹板门

3）拼板门构造。构造与镶板门相同，由骨架和拼板组成，只是拼板门的拼板用 35～45mm 厚的木板拼接而成，因而自重较大，但坚固耐久，多用于库房、车间的外门，如图 4-95 所示。

4）玻璃门构造。门扇构造与镶板门基本相同，只是门芯板用玻璃代替，用在要求采光与透明的出入口处，如图 4-96 所示。

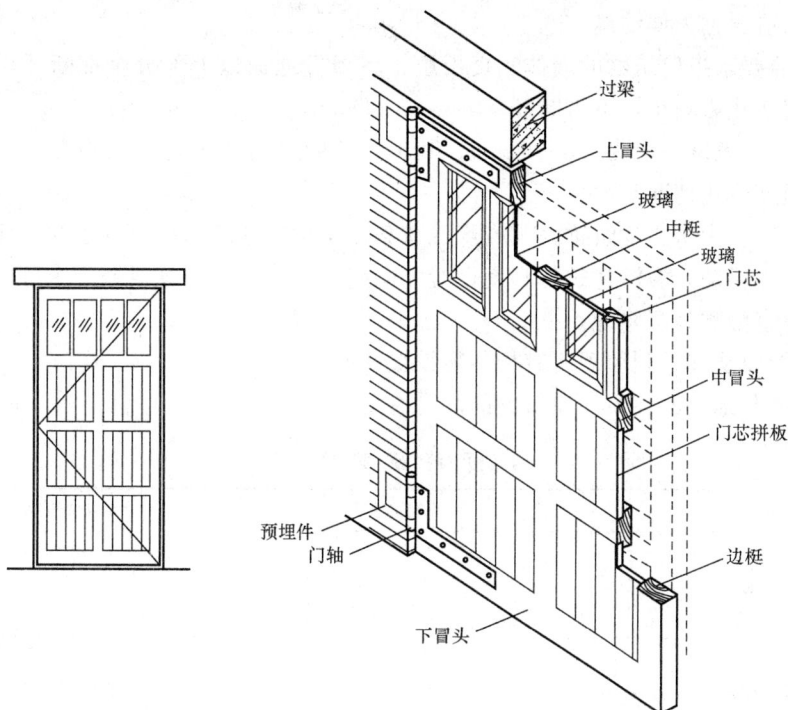

图 4 - 95　拼板门

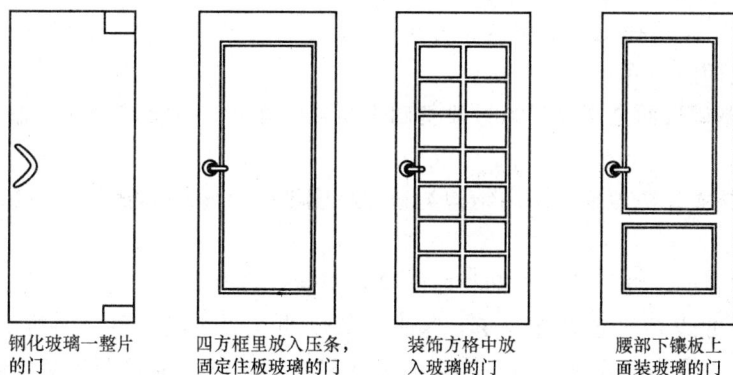

| 钢化玻璃一整片的门 | 四方框里放入压条，固定住板玻璃的门 | 装饰方格中放入玻璃的门 | 腰部下镶板上面装玻璃的门 |

图 4 - 96　玻璃门

4.7.2　变形缝构造

建筑变形缝是为防止建筑物在外界因素（如温度变化、地基不均匀沉降、地震等）作用下产生变形，导致开裂，甚至破坏而人为设置的构造缝。建筑变形缝包括伸缩缝、沉降缝和防震缝。

1. 变形缝种类及作用

（1）伸缩缝。建筑物受温度变化的影响时，会产生胀缩变形，建筑的体积越大，变形就越大，当建筑物的长度超过一定限度时，会因变形过大而开裂。为避免这种情况的发生，通常沿建筑物高度方向设置缝隙将建筑物断开，使建筑物分割成几个独立部分，各部分可自由胀缩，这种构造缝称为伸缩缝。

1）伸缩缝要求把建筑物的墙体、楼板层、屋顶等地面以上部分全部断开，基础因埋在土中，受温度变化影响小，不需断开。

2）伸缩缝的宽度一般为 20～30mm，其位置和间距与建筑物的结构类型、材料、施工条件及当地温度变化情况有关。

（2）沉降缝。为防止建筑物因其高度、荷载、结构及地基承载力的不同，而出现不均匀沉降，以致发生错动开裂沿建筑物高度设置竖向缝隙，将建筑划分成若干个可以自由沉降的单元，这种垂直缝称为沉降缝。

1）沉降缝要从基础到屋顶所有构件均设缝断开。

2）其宽度与地基的性质和建筑物的高度有关，见表 4-5。

表 4-5 沉 降 缝 宽 度

地基情况	建筑物高度/m	沉降缝的宽度/mm
一般地基	<5	30
	5～10	50
	10～15	70
软弱地基	2～3 层	50～80
	4～5 层	80～120
	6 层以上	>120
湿陷性黄土地基		≥30～70

（3）防震缝。建造在抗震设防烈度为 6～9 度地区的房屋，为避免破坏，按抗震要求设置的垂直构造缝即防震缝。

1）沿建筑基础顶面全高设置（一般基础不断开，除非与沉降缝合并考虑），缝两侧均应设置墙体。

2）缝宽依抗震设防烈度、房屋结构类型和高度不同而异。一般为 50～100mm。

2. 变形缝构造

变形缝所选择的盖缝板的形式必须能够符合所属变形缝类别的变形需要；所选择的盖缝板的材料及构造方式必须能够符合变形缝所在部位的其他功能需要，如防水、防火、美观等；在变形缝内部应当用具有自防水功能的柔性材料来塞缝，如挤塑型聚苯板、沥青麻丝、橡胶条等，以防止热桥的产生。

（1）墙体变形缝。

1）伸缩缝的形式。平缝、错口缝及企口缝，如图 4-97 所示。

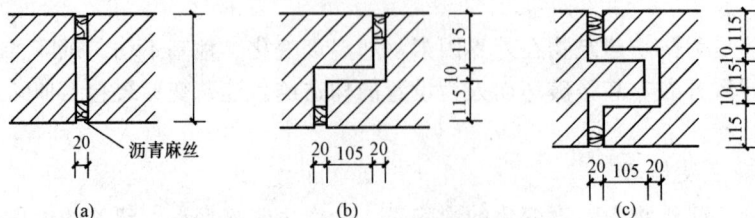

图 4-97 墙体变形缝的形式
(a) 平缝；(b) 高低缝；(c) 企口缝

　　2）墙体变形缝构造。其构造既要保证变形缝两侧的墙体自由伸缩、沉降或摆动，又要密封较严，以防风、防雨、保温隔热和外形美观的要求。因此，在构造上对变形缝须给予覆盖和装修，如图 4 - 98 所示。

50厚软质聚氯乙烯泡沫塑料塞实用沥青粘牢
24号镀锌薄钢板或用1厚铝板
35长钢钉虚钉中距300

(a)

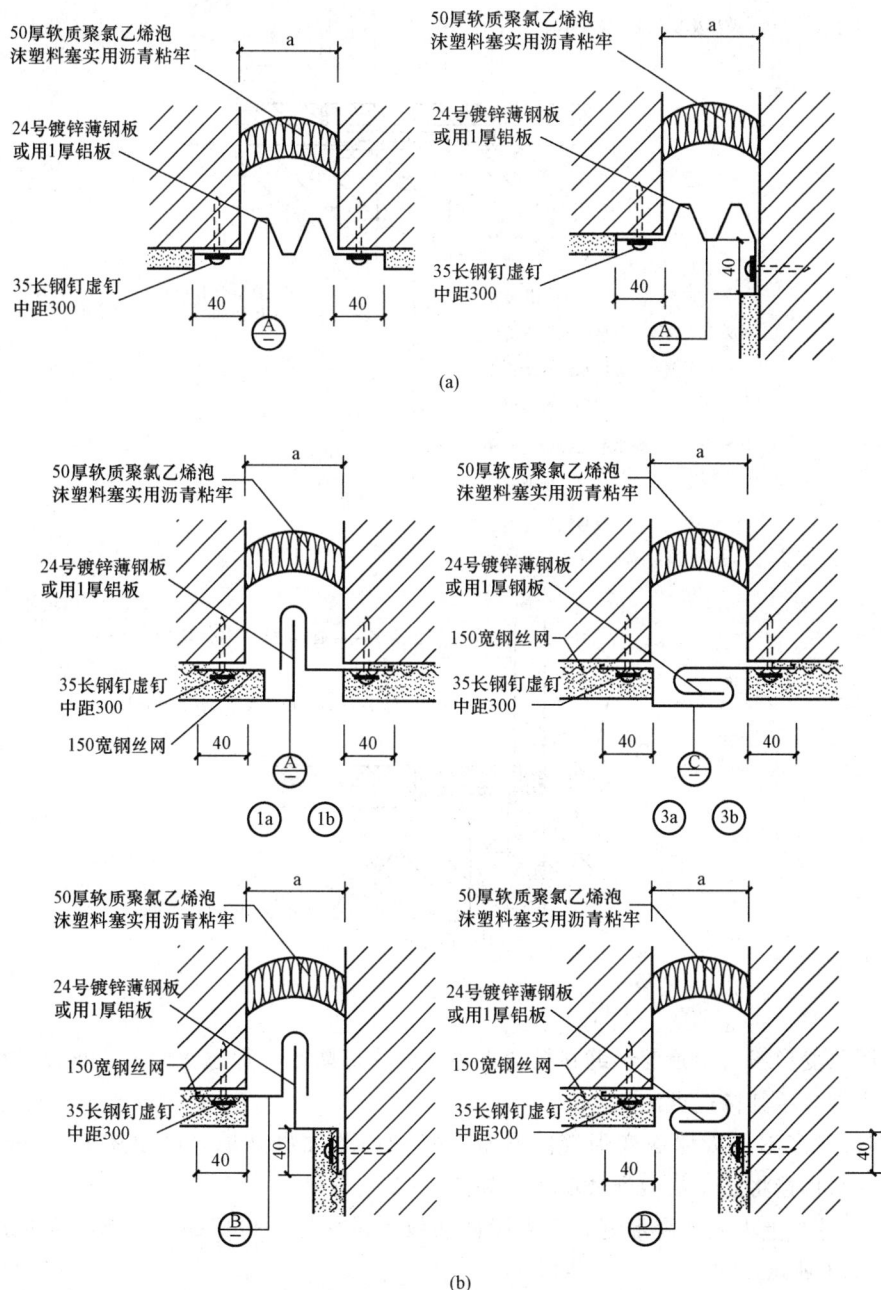

图 4 - 98　墙身变形缝构造
（a）伸缩缝及防震缝构造；（b）沉降缝构造

　　（2）楼地层变形缝。楼地层变形缝的位置和宽度应与墙体变形缝一致。其构造特点为方便行走、防火和防止灰尘下落，卫生间等有水环境还应考虑防水处理。

楼地层的变形缝内常填塞具有弹性的油膏、沥青麻丝、金属、或橡胶塑料类调节片。上铺与地面材料相同的活动盖板、金属板或橡胶片等如图 4-99 所示。

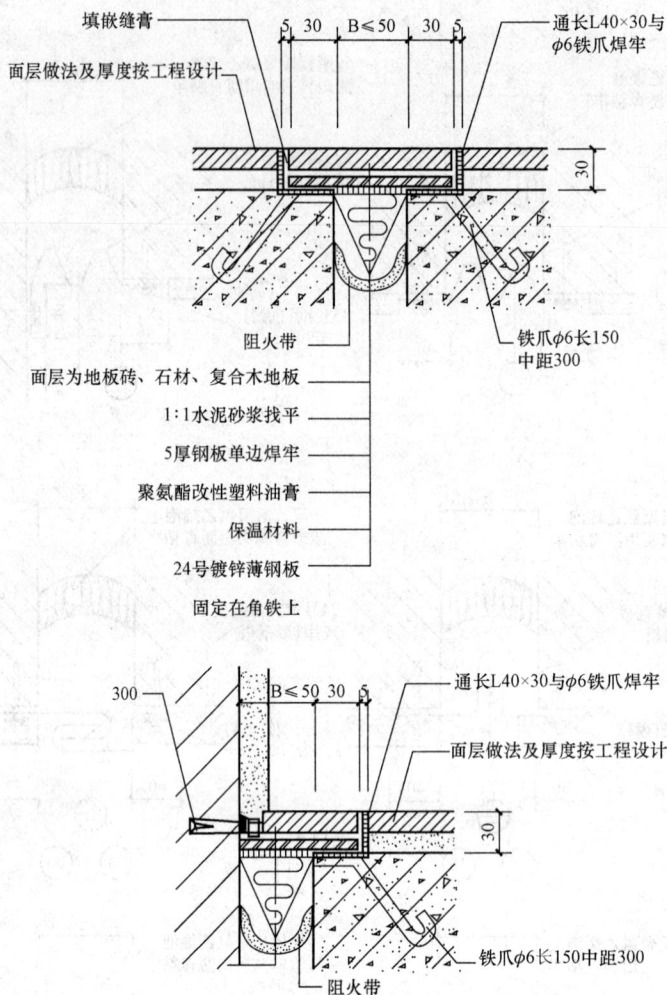

图 4-99　楼地面变形缝构造

（3）屋顶变形缝。屋顶变形缝在构造上主要解决好防水、保温等问题。现以卷材防水屋面变形缝为例介绍其构造做法。

1）同层等高不上人屋面变形缝。通常在缝的两侧加砌矮墙，高出屋面 250mm 以上，再按屋面泛水构造将防水层做到矮墙上，如图 4-100 所示。

2）同层等高上人屋面变形缝。上人屋面一般不设矮墙，但应做好防水，避免渗漏。构造如图 4-101 所示。

3）高低屋面变形缝。高低屋面变形缝，应在低侧屋面板上设矮墙，与高侧墙之间留出变形缝，并做好屋面防水和泛水构造，如图 4-102 所示。

（4）基础变形缝。常见的沉降缝处基础的处理方案有双墙式、挑梁式和交叉式。

1）双墙式。双墙式处理方案易出现两墙之间间距较大，或基础偏心受压的情况，因此常用于基础荷载较小的建筑，如图 4-103 所示。

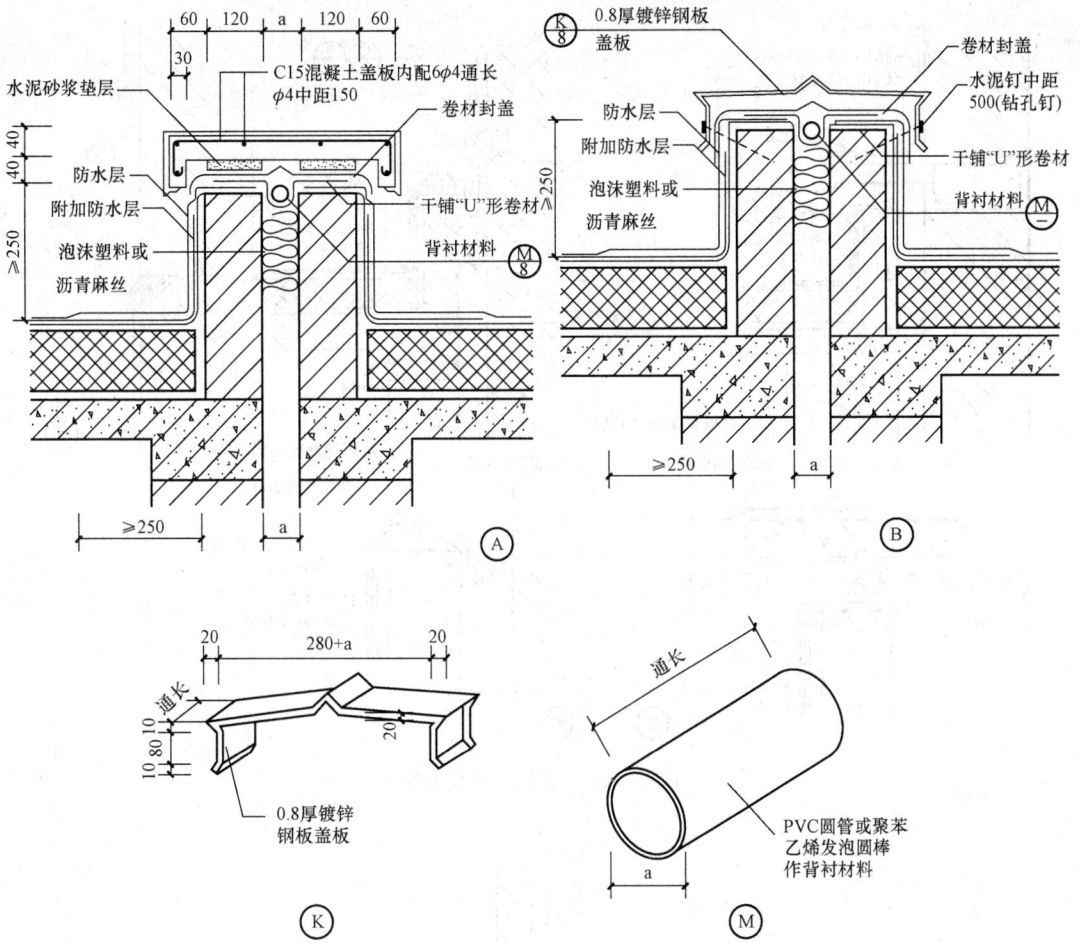

图 4-100　同层等高不上人屋面变形缝

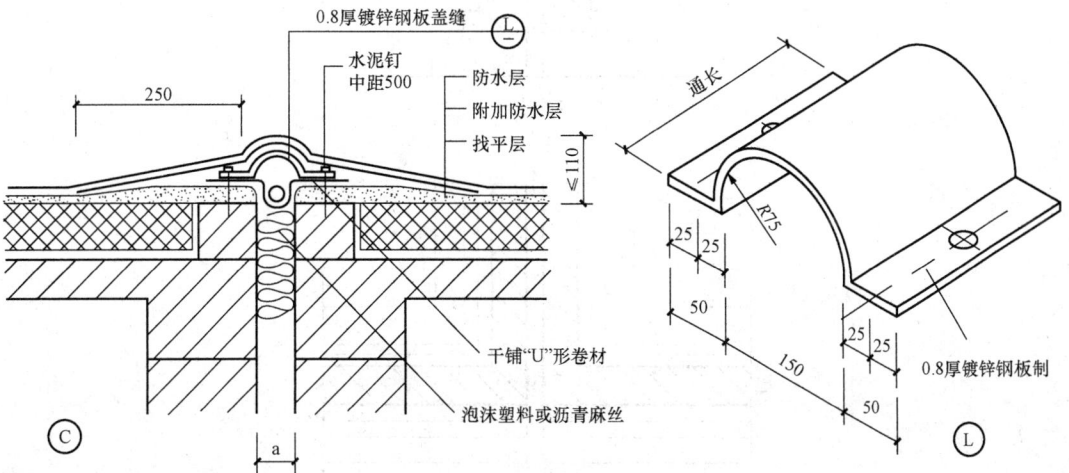

图 4-101　同层等高上人屋面变形缝

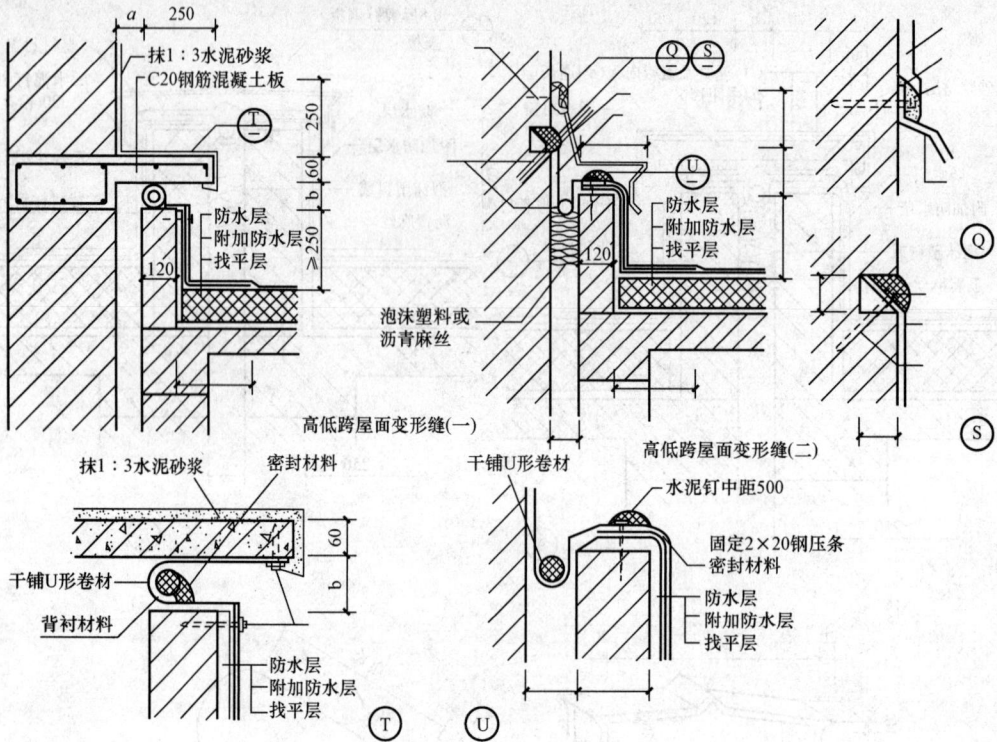

图 4-102　高低屋面变形缝

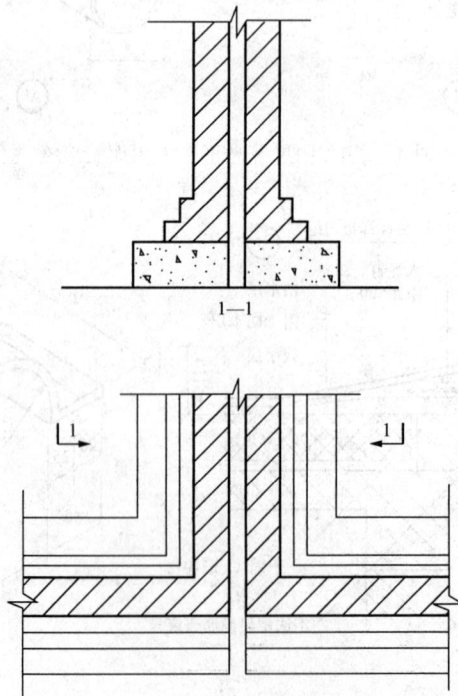

图 4-103　双墙式

2）挑梁式。将沉降缝一侧的墙和基础按一般构造做法处理，而另一侧则采用挑梁支承基础梁，基础梁上支承轻质墙的做法，如图 4 - 104 所示。

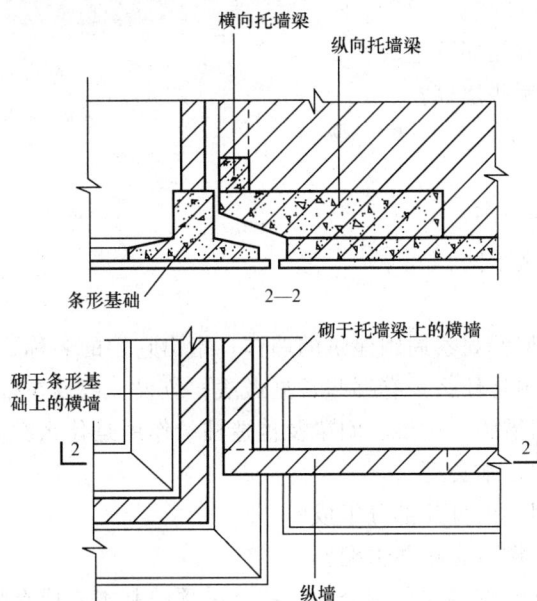

图 4 - 104　挑梁式

3）交叉式。将沉降缝两侧的基础均做成独立基础，交叉设置，在各自的基础上设置基础梁以支承墙体，如图 4 - 105 所示。

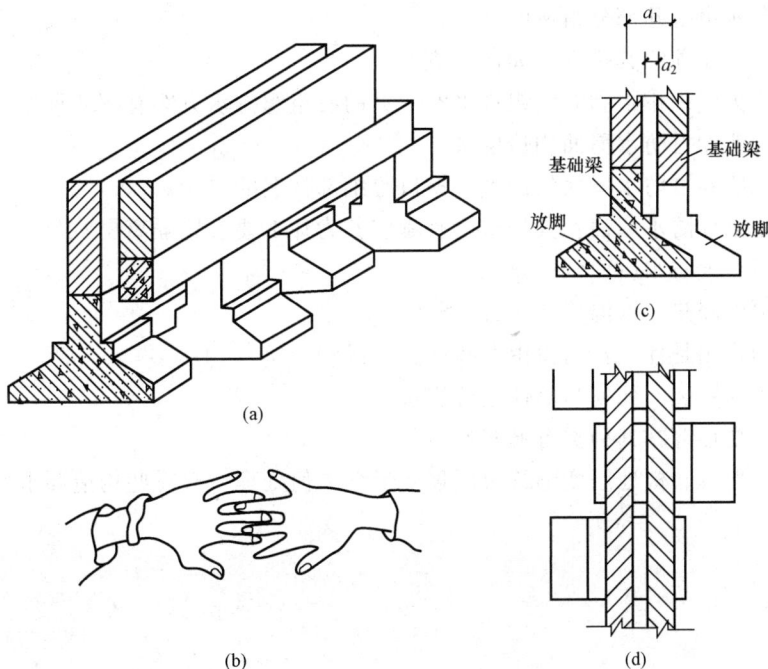

图 4 - 105　交叉式

（a）外观；（b）示意；（c）剖面；（d）平面

本 章 练 习 题

1. 民用建筑主要由哪几部分组成？

2. 建筑按功能分为哪些建筑？

3. 什么是耐火极限？

4. 什么是基础埋深？

5. 基础有哪些类型？

6. 基础与地基有什么不同？

7. 墙体有哪些作用？

8. 墙体分为哪些类型？观察周围建筑的墙体，指出它们的名称。

9. 墙身防潮层的作用是什么？有哪些常见做法？位置一般设在哪里？

10. 墙体有哪些加固措施？过梁、圈梁及构造柱的作用是什么？

11. 简述墙面装修的基本类型。

12. 楼板起什么作用？由哪几部分组成？

13. 现浇钢筋混凝土楼板有哪些类型？

14. 顶棚有哪些类型？直接式顶棚分为哪些？吊顶的基本组成有哪些？

15. 雨篷和阳台的作用是什么？如何排水？

16. 楼梯由哪几部分组成？其类型有哪些？

17. 现浇钢筋混凝土楼梯的结构类型有哪些？

18. 踏步为什么做面层？踏步的防滑措施有哪些？

19. 室外台阶由哪几部分组成？

20. 什么是平屋顶？其排水坡如何形成？

21. 什么叫无组织排水和有组织排水？常见的有组织排水方案有哪几种？

22. 绘图说明卷材防水屋面构造层次。

23. 绘图说明卷材防水屋面的泛水、檐口等细部构造的要点。

24. 什么是刚性防水屋面？其构造层有哪些？为什么要设置隔离层？

25. 什么叫涂膜防水屋面？

26. 平屋顶的隔热、保温构造有哪几种？

27. 门窗的作用是什么？门窗由哪些部分组成？

28. 门窗如何安装？如何与墙体进行连接？

29. 什么是变形缝？其种类有哪些？

30. 墙体变形缝、楼地层变形缝及屋顶变形缝如何处理？有哪些构造要求？

第5章

建筑工程施工工艺

5.1 土方工程

土方工程是建筑工程地基与基础分部工程中子分部工程之一，它包括土方的开挖、运输、填筑、弃土、平整与压实等主要施工过程，以及场地清理、测量放线、施工排水、降水和边坡支护等准备工作与辅助工作。

5.1.1 土方工程的特点及分类

1. 土方工程的特点

（1）工程量大，劳动强度大，施工工期长。

（2）施工条件复杂，露天作业，受气候、水文、地质等影响，难以确定因素多。

2. 土方工程的分类

土方工程按施工方法和施工内容不同可分为：

（1）场地平整。一般的场地平整是指 ±30cm 以内的挖、填、找平。

（2）基坑（槽）及管沟开挖。基坑是指基底面积在 20m² 以内的土方工程；基槽是指宽度在 3m 以内，长度是宽度的 3 倍以上的土方工程。

（3）大型挖方工程。

（4）土方的填筑与压实。对填筑的土方，要求严格选择土料，分层回填压实。

5.1.2 土的工程性质及土方量计算

在建筑施工中，根据土开挖的难易程度将土分为松软土、普通土、坚土、砂砾坚土、软石、次坚石、坚石、特坚硬石等八类。其中前四类属一般土，后四类属岩石。

1. 土的工程性质

（1）土的天然密度和干密度。土的天然密度是指在天然状态下，单位体积土的质量。它与土的密实程度和含水量有关。

（2）土的含水量。土的含水量是指土中水的质量与固体颗粒质量之比的百分率，可用下式计算：

$$W = \frac{m_w}{m_s} \times 100\% \tag{5-1}$$

（3）土的可松性系数。天然土经开挖后，其体积因松散而增加，虽经振动夯实，仍然不能完全复原，土的这种性质称为土的可松性。土的可松性用可松性系数表示，即

$$K_S = \frac{V_2}{V_1} \tag{5-2}$$

$$K'_S = \frac{V_3}{V_1} \tag{5-3}$$

式中　K_S、K'_S——土的最初、最终可松性系数；

　　　　V_1——土在天然状态下的体积，m^3；

　　　　V_2——土挖出后在松散状态下的体积，m^3；

　　　　V_3——土经压（夯）实后的体积，m^3。

（4）土的渗透系数。土的渗透系数表示单位时间内水穿透土层的能力，以 m/d 表示。根据土的渗透系数不同，可分为透水性土（如砂土）和不透水性土（如黏土）。

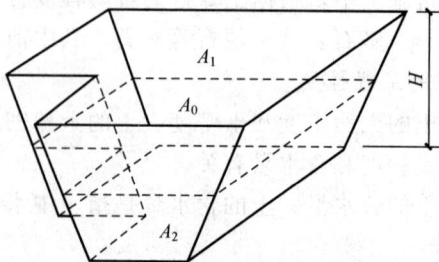

2. 基坑、基槽土方量计算

（1）土方边坡坡度用挖方深度 H 与边坡底宽 B 之比来表示。

土方边坡坡度 $= H/B = 1/B/H = 1/m = 1:m$。其中 m 是土方边坡坡度系数，边坡坡度系数是以土方边坡底宽与挖土深度之比来表示的。用图 5-1 进行说明。

坡度系数为：$m = B/H$　　$B = mH$

（2）土方量计算。

1）基坑。底面积在 $20m^2$ 以内，且底长为底宽 3 倍以内的，基坑土方量计算（图 5-2）的方法有两种：

第一种：可近似按立体几何中拟柱体（由两个平行的平面做底的一种多面体）体积。

$$V = H/6 \times (A_1 + 4A_0 + A_2) \tag{5-4}$$

式中　A_1、A_2——上、下底面积（m^2）；

　　　　A_0——中截面的面积（m^2）；

　　　　H——开挖深度（m）。

第二种：按锥体体积计

$$V = (a + 2c + mH) \times (b + 2c + mH) \times H + m^2 H^3/3 \tag{5-5}$$

式中　a、b——基坑底长和底宽（m）；

　　　　c——工作面；

　　　　m——放坡系数；

　　　　H——开挖深度。

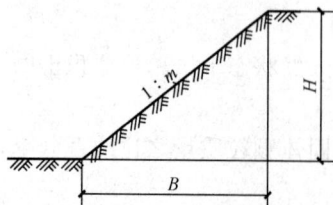

图 5-1　土方边坡坡度　　　　　　图 5-2　基坑土方量计算

[例 5-1]　已知一个普硬土地坑，如图 5-3 所示，基坑底面边长 $10m \times 10m$，坑深为 4m，按 $1:0.5$ 放坡，求挖土方体积。

分析已知条件底长 $a=10m$　$b=10m$　$H=4m$　$m=0.5m$

求 $V=?$

解：第一种方法：$V=H/6\times(A_1+4A_0+A_2)$

下口面积为 $A_1=10\times10=100(m^2)$

中截面面积 $A_0=12\times12=144(m^2)$

上口面积 $A_2=14\times14=196(m^2)$

$$V=\frac{4}{6}\times(100+4\times144+196)$$

$$=581.3(m^3)$$

第二种方法：由题意代入公式

$$V=(a+2c+mH)(b+2c+mH)H+m^2H^3/3$$

$V=(10+0.5\times4)\times(10+0.5\times4)\times4+1/3\times0.5\times0.5\times4\times4\times4=581.3(m^3)$

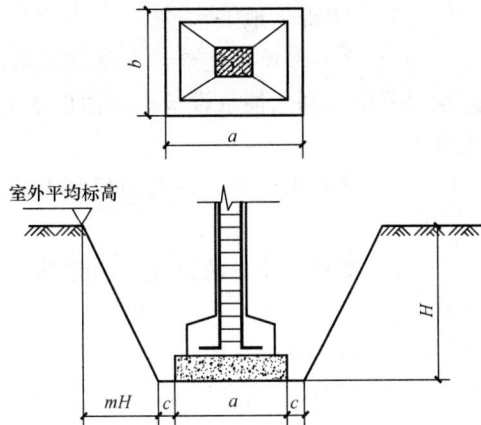

图 5-3　基坑土方量计算

2）基槽的土方量计算。宽度在 3m 以内，且长度等于或大于宽度 3 倍的基槽的土方量计算：

第一种情况：当土方开挖采用直壁时，基槽的土方量计算：

$$V=(a+2c)HL \qquad (5-6)$$

第二种情况：当土方开挖采用放坡时的挖土体积为：如图 5-4 所示。

$$V=(a+2c+mH)HL \qquad (5-7)$$

式中　L——基槽的长度。

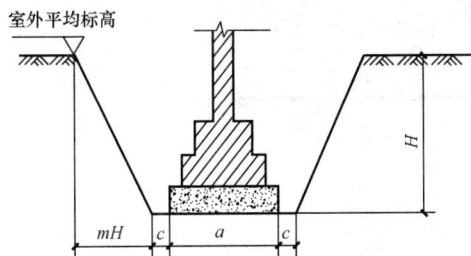

图 5-4　基槽放坡土方量计算示意图

3）大开挖土方量计算。凡平整场地厚度在 30cm 以上，坑底宽度在 3m 以上及坑底面积在 20m² 以上的挖土为挖土方（大开挖）。土方的工程量计算方法同挖基坑。

程量计算方法同挖基坑。

3. 土方工程排水和降低地下水位

为了保持基坑干燥，防止由于水浸泡发生边坡塌方和地基承载力下降，必须做好基坑的排水、降水工作，常采用的措施是集水井降水法和井点降水法。

（1）集水井降水。集水坑降水是指开挖基坑或沟槽过程中，遇到地下水或地表水时，在基础范围以外地下水流的上游，沿坑底的周围开挖排水沟，设置集水井，使水经排水沟流入井内，然后用水泵抽出坑外，如图 5-5 所示。当基坑挖到设计标高时，应保证地下水位低于基坑底 0.5m，集水坑底应低于基坑底 1~2m，并铺设 0.3m 厚的碎石滤水层。以免抽水时将泥砂抽走，并防止集水坑底的土被扰动。

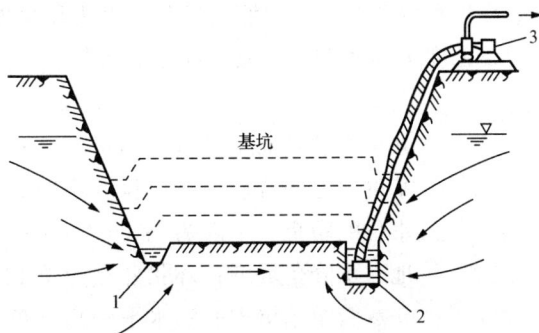

图 5-5　集水井降水
1—排水沟；2—集水井；3—水泵

（2）人工降低地下水位。

1）概念。基坑开挖前，在基坑四周预先埋设一定数量的滤水管（井），在基坑开挖前和开挖过程中，利用抽水设备不断抽出地下水，使地下水位降到坑底以下，直至土方和基础工程施工结束为止。

2）井点降水分类。一类为轻型井点（包括电渗井点与喷射井点）；另一类为管井井点（深井泵）。

3）轻型井点设备的组成。由管路系统和抽水设备组成。管路系统包括滤管、井点管、弯联管。

4）轻型井点的布置。

①平面布置。当基坑或沟槽宽度小于6m，水位降低深度不超过5m时，可用单排线状井点布置，如图5-6所示，在地下水流的上游一侧，两端延伸长度一般不小于沟槽宽度。如宽度大于6m或土质不定，渗透系数较大时，宜用双排井点，面积较大的基坑宜用环状井点，如图5-6所示。

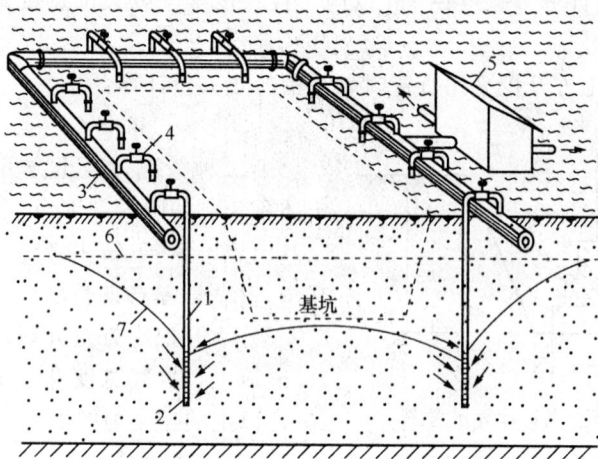

图5-6 轻型井点降低地下水位全貌图

1—井点管；2—滤管；3—总管；4—弯联管；5—水泵房；

6—原有地下水位线；7—降低后地下水位线

②高程布置。在考虑到抽水设备的水头损失以后，井点降水深度一般不超过6m。井点管的埋设深度 H（不包括滤管）按下式计算：

$$H \geqslant H_1 + h + IL \tag{5-8}$$

式中　H_1——井点管埋设面至基坑底的距离（m）；

　　　h——基坑中心处坑底面（单排井点时，为远离井点一侧坑底边缘）至降低后地下水位的距离，一般为0.5～1.0m；

　　　I——地下水降落坡度；环状井点为1/10，单排线状井点为1/4；

　　　L——井点管至基坑中心的水平距离（单排井点中为井点管至基坑另一侧的水平距离）（m）。

4. 土方的机械化施工

土方工程施工中常用机械有推土机、铲运机、单斗挖土机三种机械。

（1）推土机。

类型：按行走的方式，可分为履带式推土机和轮胎式推土机。

使用范围：场地清理、场地平整，开挖深度 1.5m 以内的基坑，土方压实。

特点：操作灵活、工作面小、行驶快。

（2）铲运机。铲运机是一种能独立完成铲土、运土、卸土、填筑、整平的土方机械。按行走方式分为牵引式铲运机和自行式铲运机；按铲斗操纵系统分，有液压操纵和机械操纵两种。

（3）单斗挖土机。单斗挖土机按工作装置不同，可分为正铲、反铲、拉铲和抓铲四种，如图 5-7 所示。

1）正铲挖土机。正铲挖土机的工作特点是："前进向上，强制切土"。

2）反铲挖土机。反铲挖土机的工作特点是："后退向下，强制切土"。使用范围：用于开挖停机面以下的一至三类土，适用于挖掘深度不大于 4m 的基坑、基槽、管沟，也适用湿土、含水量较大的及地下水位以下的土壤开挖。

反铲挖土机的作业方式有沟端开挖和沟侧开挖两种。

沟端开挖［图 5-7（a）］：反铲挖土机停在沟端，向后退着挖土。

沟侧开挖［图 5-7（b）］：挖土机在沟槽一侧挖土，挖土机移动方向与挖土方向垂直。

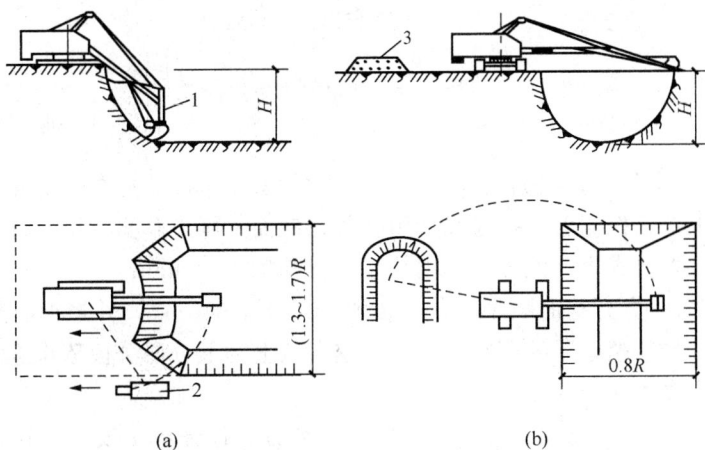

图 5-7　反铲挖土机的开挖方式

(a) 沟端开挖；(b) 沟侧开挖

1—反铲挖土机；2—自卸汽车；3—弃土堆

3）拉铲挖土机。拉铲挖土机的工作特点是："后退向下，自重切土"。使用范围：开挖停机面以下的一至二类土，但不如反铲挖土机动作灵活准确，用于开挖大型基坑及水下挖土、填筑路基、修筑堤坝等。

4）抓铲挖土机。抓铲挖土机的挖土特点是："直上直下，自重切土"。使用范围：开挖停机面以下的一至二类土，挖窄而深的基坑，疏通旧有渠道及挖取水中淤泥。

5. 基槽、基坑的土方施工过程

（1）施工过程。平整场地→建筑物定位→放线→土方开挖（开挖过程中，是否考虑放坡、不能放坡时，如何进行边坡加固，遇到有地下水时，考虑降水，同时及时抄平，控制开挖深度，严禁超挖）→开挖到设计底面标高，进行钎探和验槽→验槽合格→进行下道工序施工。

（2）施工方法。

1）建筑物定位。建筑物定位就是将建筑设计总平面图中建筑物外轮廓的轴线交点测设到地面上用木桩标定出来，桩顶上定小铁钉指示点位，称轴线桩，然后根据轴线桩进行细部测设。

为进一步控制各轴线位置，应将主要轴线延长引测到安全地点表作好标志，称为控制桩，为了便于开槽后施工各阶段中能控制轴线位置，可把轴线位置引测到龙门板上用轴线钉标定门板顶标高一般为±0.000，以便控制基槽和基础施工时的标高。定位一般用经纬仪、水准仪和钢尺等测量仪器。如图5-8所示。

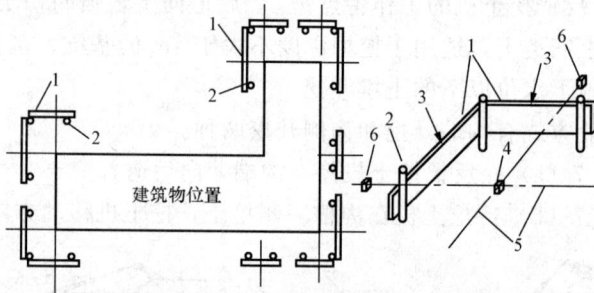

图 5-8　建筑物定位
1—龙门板；2—龙门桩；3—轴线钉；4—轴线桩；5—轴线；6—控制桩

2）放线。房屋定位后，根据基础的宽度、土质情况、基础埋置深度及施工方法，计算确定基槽（坑）上口开挖宽度，拉通线后用石灰在地面上画出基槽（坑）开挖的上口边线即放线。工作面的留置要求为：混凝土和钢筋混凝土基础为300mm。

3）土方开挖。土方开挖的顺序、方法必须与设计工况一致，并遵循"开槽支撑，先撑后挖，分层开挖，严禁超挖"的原则。土方开挖宜从上到下分层分段依次进行，当基底标高不同时，应遵守先深后浅的施工顺序。

4）土壁支撑。在开挖过程，为防止出现边坡塌方，保证施工安全，在基坑或基槽开挖时，如地质条件和周围环境允许，可以按规定进行放坡开挖，但当周围建筑物密集或周围条件不允许放坡开挖，或深基坑按规定坡度要求进行放坡土方量太大时，可采用土壁支撑的方法进行施工。土壁支护方法很多，主要介绍两类：横撑式支撑和土钉墙。

①横撑式支撑。开挖较窄的基坑或沟槽时多采用横撑式支撑。横撑式支撑根据支撑方式的不同分为水平支撑和垂直支撑。水平支撑又分为断续式和连续式水平支撑。水平挡土板适用于湿度小、开挖深度 $H<3m$ 的条件；垂直挡土板适用松散、湿度大的土质条件，而且开挖深度不限。

②土钉墙的施工。土钉墙是指将基坑边坡通过由钢筋制成的土钉进行加固。边坡表面铺设一道钢筋网，再喷射一层混凝土面层和土方边坡相结合的边坡加固的施工方法。适用于一般黏性土，中密以上砂土，且基坑深度不超过 15m，基坑边坡坡度一般为 $70°\sim80°$。

土钉墙的施工过程及施工方法是：基坑开挖与修坡→定位放线→按设土钉→挂钢筋网→喷射混凝土。

a）基坑开挖和修坡。土钉墙支护应按设计规定的分层开挖深度及顺序施工，当用机械进行土方作业时，严禁边壁出现超挖或造成边壁土体松动。

b）进行施工放线。定出土钉的孔位，土钉的倾斜角。

c）安设土钉。土钉的设置也可以是采用专门设备将土钉钢筋打入土体，但是通常的做法是先在土体中成孔，然后置入土钉钢筋并全长注浆。土钉成孔前，应按设计要求定出孔位并做出标记和编号。准备施工机具，一般采用锚杆钻机、地质钻机、洛阳铲。置入土钉钢筋：土钉钢筋置入孔中前，应先设置定位支架，保证钢筋处于钻孔的中心部位，支架沿钉长的间距为 2～3m，支架可为金属或塑料件。

注浆填孔：注浆用水泥砂浆或水泥净浆，待浆液自孔口流出时，一边拔管，一边迅速堵上孔口，使之与周围土体形成粘结密实的土钉。

d）挂钢筋网。钢筋网片应牢固固定在边壁上并符合规定的保护层厚度要求。钢筋网片可用插入土中的钢筋固定，钢筋网片可用焊接或绑扎而成网格。

e）喷射混凝土。将混凝土拌和料装入喷射机，以一定的压力和距离喷射，使混凝土与边坡粘结牢固。

5）基槽（坑）开挖深度控制。当基槽（坑）挖到离坑底 0.5m 左右时，根据龙门板上标高及时用水准仪抄平，在土壁上打上水平桩，作为控制开挖深度的依据。

6. 基坑（槽）钎探和验槽

基槽（坑）挖至基底设计标高后，为防止基础的不均匀沉降，对地基应进行严格的检查，主要是钎探和验槽。

（1）钎探。钎探主要用来检验地基土每 2m 范围的土质是否均匀一致，是否有局部过硬或过软的部位，以及是否有地洞、墓穴等异常情况。钎探方法，将一定长度的钢钎打入槽底以下的土层内，根据每打入一定深度的锤击次数，间接的判断地基土质的情况。打钎分人工和机械两种方法。

1）钢钎的规格和数量。人工打钎时，钢钎用直径为 22～25mm 的钢筋制成，钎尖为60°尖锥状，钎长为 1.8～2.0m。打钎用的锤重为 3.6～4.5kg，举锤高度为 50～70cm，将钢钎垂直打入土中，并记录每打入土层 30cm 的锤击数。用打钎机打钎时，其锤重约 10kg，锤的落距为 50cm，钢钎为直径 25mm，长 1.8m。

2）钎探的施工要求。

①首先格局基槽（坑）底的平面尺寸绘制基槽平面图，在图上根据要求确定钎探点的平面位置，并依次编号绘制成钎探平面图。

②钎探时按钎探平面图标定的钎探点顺序进行，钎探时大锤应靠自重下落，以保持外力均匀，最后整理成钎探记录表，见表 5-1。

表 5-1　　　　　　　　　　　　　　钎 探 孔 布 置

槽宽/cm	排列方式及图示	间距/m	钎探深度/m
小于 80	中心一排	1～2	1.2
80～200	两排错开	1～2	1.5
大于 200	梅花形	1～2	2.0
柱基	梅花形	1～2	大于或等于 1.5m，并不浅于短边宽度

③钎探完毕后，用砖等块材状材料盖住钎探孔，待验槽时还要验孔。

④待验槽完毕后，用粗砂灌孔。

（2）验槽。全部钎探完毕后，应由建设单位会同设计、勘察、监理、施工单位等共同进行验槽，验槽目的在于检查地基是否与勘察设计资料相符合，如果实际土质与设计地基土不符，则应由结构设计人员提出地基处理方案，处理后经有关单位签署后归档备查。经处理合格后，再进行基础工程施工。这是确保工程质量的关键程序之一。验槽的主要内容有：

观察验槽要注意以下事项：

①主要观察基槽基底和侧壁土质情况，土层构成及其走向，是否有异常现象，以判断是否达到设计要求的土层。由于地基土开挖后的情况复杂、变化多样，要对常见基槽观察的项目和内容进行简要说明。

②检查基底标高和平面尺寸、坡度是否符合设计要求。土方开挖质量检验标准应符合《建筑地基基础工程施工质量验收规范》（GB 50202—2002）规定。验槽合格后，应立即进行基础工程的施工。

7. 土方填筑和压实方法、要求

（1）施工工艺流程。基坑底清理→检验土质→分层铺土→分层压实→检验密实度→修整找平、验收。

1）填土前，应将基土上的洞穴或基底表面上的树根、垃圾等杂物都处理完毕，清除干净。

2）检验土质。检验回填土料的种类、粒径，有无杂物，是否符合规定，以及土料的含水量是否在控制的范围内。如含水量偏高，可采用翻松、晾晒或均匀掺入干土等措施；如遇填料含水量偏低，可采用预先洒水润湿等措施。

3）填土应分层铺摊，分层压实。每层铺土的厚度应根据土质、密实度要求和机具性能确定。填土应尽量采用同类土填筑。如采用不同类填料分层填筑时，上层宜填筑透水性较小的填料，下层宜填筑透水性较大的填料。填方基土表面应作成适当的排水坡度，边坡不得用透水性较小的填料封闭。填方施工应接近水平的分层填筑。当填方位于倾斜的地面时，应先将斜坡挖成阶梯状，然后分层填筑以防填土横向移动。

4）回填土每层压实后，应按规定进行环刀取样，测出干土的质量密度；达到要求后，再进行上一层的铺土。

5）填方全部完成后，应进行表面拉线找平，凡超过标准高程的地方，及时依线铲平，凡低于标准高程的地方，应补土找平夯实。

（2）填土的压实方法。填土压实方法有碾压、夯实和振动三种，此外还可利用运土工具压实。

（3）影响填土压实质量的因素。

1）压实功的影响。填土压实后的密度与压实机械在其上所施加的功有一定的关系。土的密度与所消耗的功的关系。当土的含水量一定，在开始压实时，土的密度急剧增加，待到接近土的最大密度时，压实功虽然增加许多，而土的密度则变化甚小。在实际施工中，对于砂土只需碾压2~3遍，对亚黏土或黏土只需5~6遍。

2）含水量的影响。土的含水量对填土压实有很大影响，较干燥的土，由于土颗粒之间的摩阻力大，填土不易被夯实。而含水量较大，超过一定限度，土颗粒间的空隙全部被水充填而呈饱和状态，填土也不易被压实，容易形成橡皮土。为了保证填土在压实过程中具有最优的含水量，当土过湿时，应予翻松晾晒或掺入同类干土及其他吸水性材料。如土料过干，则应预先洒水湿润。土的含水量一般以手握成团，落地开花为宜。

3）铺土厚度的影响。土在压实功的作用下，其应力随深度增加而逐渐减少，在压实过程中，土的密实度也是表层大，而随深度加深而逐渐减少，超过一定深度后，虽经反复碾压，土的密实度仍与未压实前一样。铺土厚度及压实遍数见表 5 - 2。

表 5 - 2　　　　　　　　　填方每层的铺土厚度及压实遍数

序号	压 实 机 具	分层厚度/mm	每层压实遍数
1	平碾（8～12t）	200～300	6～8
2	羊足碾（5～16t）	200～350	6～16
3	蛙式打夯机（200kg）	200～250	3～4
4	振动碾（8～15t）	60～130	6～8
5	振动压路机 2t，振动力 98kN	120～150	10
6	推土机	200～300	6～8
7	拖拉机	200～300	8～16
8	人工打夯	不大于 200	3～4

8. 土方工程质量检验标准

土方开挖工程的质量检验标准应符合表 5 - 3 的规定。

表 5 - 3　　　　　　　　　土方开挖工程质量检验标准

项目	序号	项　　　目	桩基基坑基槽	人工	机械	管沟	地（路）面基层	检验方法
				挖方场地平整				
主控项目	1	标高	−50	±30	±50	−50	−50	水准仪
	2	长度、宽度（由设计中心线向两边量）	+200 −50	+300 −100	+500 −150	100		经纬仪，用钢尺量
	3	边坡	设计要求					观察或用坡度尺检查
一般项目	1	表面平整度	20	20	50	20	20	用 2m 靠尺和楔形塞尺检查
	2	基底土性	设计要求					观察或土样分析

5.2　地基加固

随着目前高层乃至超高层建筑和有特殊要求的建筑物日益增多，也对地基提出了更高的要求。一些天然地基不再适宜作为建筑物的地基，如必须在该类土质上建造建筑物，就应对其采取加固措施，使其成为人工加固的地基。

目前地基加固方法多种多样，如灰土地基、砂和砂石地基、土工合成材料地基、强夯地基、预压地基、振冲地基、高压喷射注浆地基、水泥土搅拌桩地基、土和灰土挤密桩地基、水泥粉煤灰碎石桩复合地基、夯实水泥土桩复合地基、砂桩地基等。本部分主要介绍两种常用的地基加固方法，即土和灰土挤密桩复合地基、水泥粉煤灰碎石桩（CFG桩）夯实水泥土桩三种。

5.2.1 土和灰土挤密桩复合地基

土和灰土挤密桩复合地基首先在基础地面形成若干个桩孔，再将灰土分层填入并压实，以提高地基的承载力或水稳性。适用范围：用于处理地下水位以上的湿陷性黄土、素填土和杂填土等地基。施工工艺：平整场地→确定出孔位并编号→成孔→回填夯实。

土和灰土的填料一般可采用素土和灰土，成孔可采用沉管成孔、冲击成孔。

5.2.2 水泥粉煤灰碎石桩复合地基

水泥粉煤灰碎石桩的又称CFG桩，是由水泥、碎石、石屑、粉煤灰组成混合料，掺适量水进行拌和，用振动（锤击）沉管打桩机或其他成桩机具制成的一种低强度的桩体，其主要用来加固地基，因此，常常在桩顶与基础之间铺设一层150～300mm厚的中砂、粗砂、级配砂石或碎石（称其为褥垫层），以利于桩间土发挥承载力，与桩组成复合地基。

1. 适用范围及作用

CFG桩可适用于条形基础、独立基础，也可用于筏基和箱形基础。就土性而言，CFG桩可用于填土、饱和及非饱和黏性土，既可用于挤密效果好的土，又可用于挤密效果差的土。CFG分别代表水泥、粉煤灰与碎石。由于利用工业废料——粉煤灰代替部分水泥，大大地降低了工程造价，又增加了桩身后期强度。通过柔性褥垫层的设置，使CFG桩复合地基得到均匀沉降和较高的承载力，是加固软土地基最经济、适用、快速、可靠的一种新型灌注桩。褥垫层具有重要作用，它可起到保证桩土共同承担荷载、调整桩与土垂直及水平荷载的分担和减小基础底面的应力集中的作用。

2. 施工工艺

（1）水泥粉煤灰碎石桩的施工，应根据现场条件选用下列施工工艺：

1）长螺旋钻孔、管内泵压混合料灌注桩，适用于黏性土、粉土、砂土以及对噪声或泥浆污染要求严格的场地。

2）振动沉管灌注成桩，适用于粉土、黏性土及素填土地基。

（2）长螺旋钻孔、管内泵压混合料灌注桩施工和振动沉管灌注成桩施工除应执行国家现行有关规定外，尚应符合下列要求：

1）施工前应按设计要求由试验室进行配合比试验，施工时按配合比配制混合料。长螺旋钻孔、管内泵压混合料成桩施工的坍落度宜为160～200mm，振动沉管灌注成桩施工的坍落度宜为30～50mm。

2）长螺旋钻孔、管内泵压混合料成桩施工在钻至设计深度后，应准确掌握提拔钻杆时间，混合料泵送量应与拔管速度相配合，遇到饱和砂土或饱和粉土层，不得停泵待料。

3）施工桩顶标高宜高出设计桩顶标高不宜少于0.5m。

4）成桩过程中，抽样做混合料试块，试块（边长为150mm的立方体），标准养护，测定其立方体抗压强度。

5）褥垫层施工。桩顶和基础之间应设置褥垫层，褥垫层宜取（0.4～0.6 倍桩径）。褥垫层材料宜用中砂、粗砂、级配砂石或碎石等，最大粒径不宜大 30mm。褥垫层铺设宜采用静力压实法，当基础底面下桩间土的含水量较小时，也可采用动力夯实法，夯填度（夯实后的褥垫层厚度与虚铺厚度的比值）不得大于 0.9。

5.2.3　夯实水泥土桩复合地基

夯实水泥土桩是用人工或机械成孔，选用相对单一的土质材料，与水泥按一定配比，在孔外充分拌和均匀制成水泥土，分层向孔内回填并强力夯实，制成均匀的水泥土桩。桩、桩间土和褥垫层一起形成复合地基。

1. 适用范围及作用

夯实水泥土桩作为中等粘结强度桩，不仅适用于地下水位以上淤泥质土、素填土、粉土、粉质黏土等地基加固，对地下水位以下情况，在进行降水处理后，采取夯实水泥土桩进行地基加固，也是行之有效的一种方法。夯实水泥土桩通过两方面作用使地基强度提高，一是成桩夯实过程中挤密桩间土，使桩间土强度有一定程度提高，二是水泥土本身夯实成桩，且水泥与土混合后可产生一系列物理化学反应，使桩体本身有较高强度和抗变形能力。

2. 施工工艺

施工工艺是测放桩位→钻机就位→钻进成孔→至预定深度→验孔→合格→把拌好的水泥土分层回填、分层压实至成桩。

5.3　基础施工

5.3.1　浅基础的分类

（1）按受力特点分为刚性基础（无筋扩展基础）、柔性基础（扩展基础）。

（2）按构造形式分为独立基础、条形基础、筏板基础、箱形基础、桩基础，如图 5-9、图 5-10 所示。

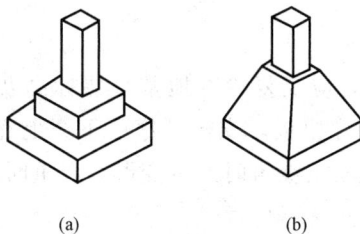

图 5-9　独立基础　　　　　图 5-10　柱下条形基础
（a）阶梯形；（b）锥形图

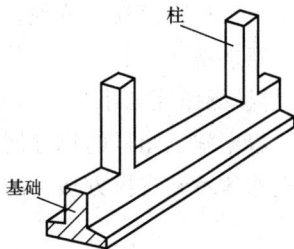

（3）按所用的材料分为灰土基础、三合土基础、混凝土基础、毛石混凝土基础、砖基础（图 5-11）、毛石基础和钢筋混凝土基础等。钢筋混凝土基础一般为柔性基础，如图 5-12 所示。

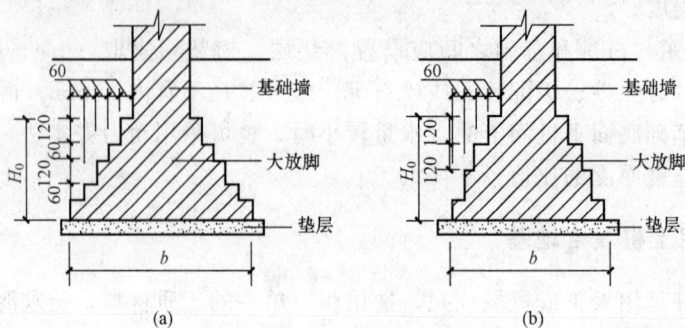

图 5-11　砖基础

（a）间隔式；（b）等高式

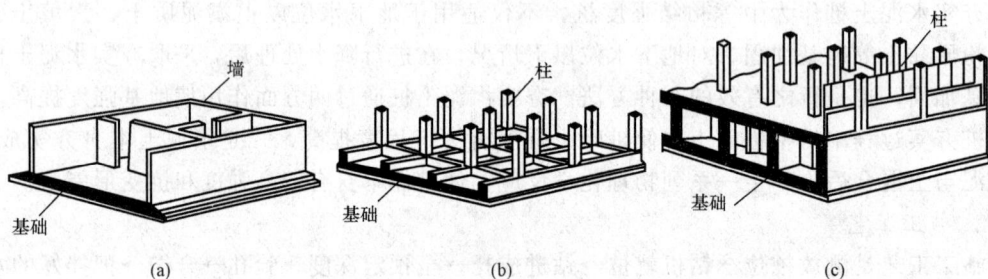

图 5-12　钢筋混凝土基础

（a）板式筏板基础；（b）梁板式筏板基础；（c）箱形基础

5.3.2　扩展基础的施工

扩展基础是指柱下钢筋混凝土独立基础和墙下钢筋混凝土条形基础，柱下钢筋混凝土独立基础形式常为阶梯形和锥形，基础底板常为正方形和矩形。建筑结构承重墙下多为混凝土条形基础。主要介绍钢筋混凝土柱下独立基础的施工工艺与施工要点。

（1）施工工艺。验槽合格→混凝土垫层施工→抄平放线→绑钢筋→支基础模板→浇筑、振捣、养护混凝土→拆除模板→清理。

（2）施工注意事项。

1）支模、拆模操作注意事项。模板安装前，应反复检查地基垫层标高及中心线位置，弹出基础边线。根据施工图样的尺寸制作每一阶梯模板，支模顺序由下至上逐层向上安装。应选择合适的支撑体系和支撑方法，防止结构混凝土浇筑时产生变形，严重时混凝土浇筑时发生倒塌。

2）混凝土浇筑、振捣和养护注意事项。混凝土浇筑时，不应发生初凝和离析现象，其坍落度必须符合《混凝土结构工程施工质量验收规范（2011版）》（GB 50204—2002）的规定。为保证混凝土浇筑时不产生离析现象，混凝土浇筑倾落高度（当粗骨料粒径大于25mm）应小于等于3m，浇筑高度如超过3m时必须采取措施，用串桶或溜管等。浇筑混凝土时应分段分层连续进行，严格按照振捣施工方案施工，防止混凝土振捣不密实，产生孔洞，影响混凝土的强度。混凝土浇筑完毕后，应按施工技术方案及时采取有效的养护措施。

在已浇筑的混凝土强度达到 1.2N/mm² 以后，才能在其上踩踏或安装模板及支架等。

3）钢筋绑扎注意事项。四周两行钢筋交叉点应每点绑扎牢。中间部分交叉点可相隔交错扎牢，但必须保证受力钢筋不位移。双向主筋的钢筋网，则需要全部钢筋相交点扎牢。相邻绑扎点的钢丝扣成八字形，以免钢筋网吹斜变形。

5.3.3　钢筋混凝土筏板基础的施工

筏板基础又称筏片、筏形基础，由底板、梁等整体构成。筏板基础又分为平板式和梁板式两类，在外形和构造上像倒置的钢筋混凝土无梁楼盖和肋形楼盖。而梁板式又有两种形式：一种是梁在板的底下埋入土内；另一种是梁在板的上面。平板式基础一般用于荷载不大，柱网较均匀且间距较小的情况。梁板式基础用于荷载较大的情况。这种基础整体性好，抗弯强度大，可充分利用地基承载力，调整上部结构的不均匀沉降。适用于土质软弱不均匀而上部荷载又较大的情况，在多层和高层建筑中被广泛采用。

1. 施工工艺

施工工艺是：施工准备（降低地下水位等）→基坑开挖→铺垫层→绑扎底板、基础梁钢筋、柱插筋→浇底板混凝土→支基础梁模板→浇基础梁混凝土。

2. 施工方法

底板钢筋绑扎前应先按图纸、钢筋间距要求，在混凝土垫层上弹出轴线、基坑线、地梁边线、钢筋位置线来，按线摆放钢筋，摆放要求横平竖直。绑扎底板筋时，按照弹好的钢筋位置线，底板钢筋施工先深后浅，先铺下层钢筋网，后铺上层钢筋网。先铺短向筋，再铺长向筋。基础底板钢筋支撑，可采用Φ25 钢筋焊成叉字形，支撑沿横向通长设置，用来支承上层钢筋的重量和作为上部操作平台承担板施工荷载。横向支撑间距沿纵向不应超过 1.0m。墙插筋在底部应固定，上口筋应不少于两道水平钢筋，保证插筋垂直，不歪斜，不倾倒，不变形。

筏形混凝土基础混凝土全部采用泵送，应一次连续浇筑完成，不宜留施工缝。一般情况筏形基础底板混凝土浇筑为大体积混凝土，其浇筑应按照《大体积混凝土施工规范》（GB 50496—2009）中大体积混凝土浇筑要求进行，并按规定留设后浇带。

5.3.4　桩基础的施工

当天然地基上部土层土质不良，不能满足建筑物对地基土强度和变形要求，或地基承载力不能满足要求，应采用桩基础。

1. 桩基础的作用、组成和分类

桩基一般由桩和连接桩顶的承台或承台梁组成。承台的作用是把上部结构的荷载传递到桩上，桩的作用是把分配到的荷载传递到深层坚实的土层上和桩周围的土层上，将软弱土层挤密实以提高地基土的承载能力和密实度。

（1）按传力及作用性质分类。

1）端承桩。穿过软弱土层，而达到坚硬土层的桩。以桩尖阻力承担全部荷载，控制以贯入度为主。

2）摩擦桩。悬浮于软弱土层的桩。以桩身于土层的摩阻力承担全部荷载。桩尖进持力层深度或桩尖标高为参考，如图 5 - 13 所示。

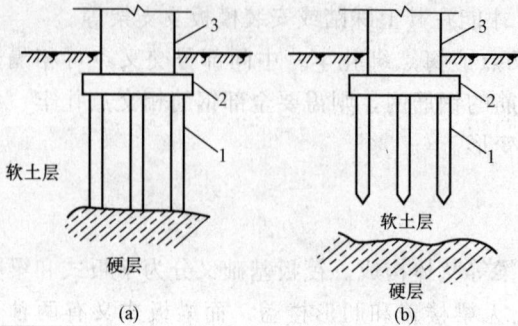

图 5-13 端承桩和摩擦桩

(a) 端承桩；(b) 摩擦桩

1—桩；2—承台；3—上部结构

(2) 按桩制作工艺分类。

1) 预制桩。短桩多在预制厂生产，长桩在打桩现场附近或现场一角直接制作。钢筋混凝土预制桩是在工厂或施工现场预制，用锤击打入、振动沉入等方法，使桩沉入地下。

2) 现场灌注桩。直接在设计桩位的地基上成孔，在孔内放置钢筋笼或不放钢筋，后在孔内灌注混凝土而成桩。

2. 钢筋混凝土预制桩施工

钢筋混凝土预制桩的施工工艺过程是：施工准备→桩的制作、起吊、运输、堆放→试打几根桩→确定打桩顺序→打桩→打桩结束→挖出桩→头破桩头→接桩（截桩）→承台施工→桩基础施工完毕。

(1) 预制桩的制作、运输、堆放。

1) 制作工艺过程。现场制作场地压实、整平→场地地坪浇筑→支模→扎钢筋→浇混凝土→养护至30%强度拆模→支间隔端头模板、刷隔离剂、绑钢筋→浇间隔桩混凝土→制作第二层桩→养护至70%强度起吊→达100%强度后运输、堆放。

2) 制作方法。重叠法生产，但是不宜超过4层；混凝土强度不宜小于C30，浇筑时从桩顶连续浇筑到桩尖，不能中断；预制桩的起吊：混凝土达设计强度的70%方可起吊，达100%时方可运输。吊点位置随桩长而异；预制桩的运输：运输过程中支点应与吊点位置一致，且随打随运，避免二次搬运；预制桩的堆放场地应平整坚实。垫木间距由吊点确定，且上下对齐，堆放层数不宜超过4层。

(2) 锤击沉桩（打入桩）施工。预制桩的打入法施工，就是利用锤击的方法把桩打入地下。锤击沉桩是预制桩最常用的沉桩方法。

3. 现浇钢筋混凝土灌注桩

灌注桩可用机械成孔或人工挖孔，与预制桩相比，灌注桩具有不受地层变化限制，不需要接桩和截桩，节约钢材、振动小、噪声小等特点。

(1) 干作业钻孔灌注桩。干作业钻孔灌注桩适用于地下水位以上的一般黏土层、砂土土层中桩基的成孔施工，不适于有地下水的土层和淤泥质土。干作业钻孔灌注桩施工过程：成孔→吊放钢筋笼→浇筑混凝土。

1) 成孔设备。干作业成孔一般采用螺旋钻机、机动或人工洛阳铲等。现以螺旋钻机为例，介绍干作业成孔灌注桩的施工方法。

2) 施工方法。

①钻机钻孔前，应做好现场准备工作。钻孔场地平整、夯实。

②钻机就位后，钻杆垂直对准桩位中心，开钻时先慢后快，减少钻杆的摇晃，及时纠正钻孔的偏斜或位移。

③钻孔至规定要求深度后，进行孔底清土。清孔的目的是将孔内的浮土、虚土取出，减少桩的沉降。方法是钻机在原深处空转清土，然后停止旋转，提钻卸土。清孔完毕后用盖板盖好孔口。

④吊放钢筋笼，浇筑混凝土。吊放钢筋笼前，应检查钢筋笼的主筋、箍筋直径、根数、间距及主筋保护层是否符合设计规定，并同时填写钢筋隐蔽工程验收记录。钢筋骨架就位后，应立即灌注混凝土，以防塌孔。灌注时，应分层浇筑、分层捣实，每层厚度50～60cm。

（2）人工挖孔灌注桩。人工挖孔灌注桩是采用人工挖掘方法成孔（桩径不宜小于800mm），然后放置钢筋笼，浇筑混凝土而成的桩。施工特点是设备简单、无噪声、无振动、不污染环境，对施工现场周围原有建筑物的影响小，施工速度快，尤其当高层建筑选用大直径的灌注桩，而其施工现场又在狭窄的市区时，采用人工挖孔比机械挖孔具有更大的适应性。但其缺点是人工消耗量大，开挖效率低，安全操作条件差等。

1）施工设备。一般可根据孔径、孔深和现场具体情况加以选用，常用的有电动葫芦、提土桶、潜水泵、鼓风机和疏风管、镐、锹、土筐、照明灯、对讲机及电铃等。

2）施工工艺。施工时，为确保挖土成孔施工安全，必须考虑预防孔壁坍塌和流沙现象发生的措施。因此，施工前应根据水文地质资料，拟定出合理的护壁措施和降排水方案，护壁方法很多，可以采用现浇混凝土护壁、喷射混凝土护壁、钢套管护壁等多种。下面介绍应用较广的现浇混凝土护壁时人工挖孔桩的施工工艺流程。

①按设计图纸放线、定桩位。

②开挖桩孔土方。采取分段开挖，每段高度取决于土壁保持直立状态而不塌方的能力，一般取0.5～1.0m为一施工段。开挖范围为设计桩径及护壁的厚度。

③支设护壁模板。模板高度取决于开挖土方施工段的高度，一般为1m，模板要求支成有锥度的内模。

④放置操作平台。操作平台用于放置料具和浇筑混凝土操作之用。

⑤浇筑护壁混凝土。其强度一般不低于C15，护壁混凝土起着防止土壁塌陷与防水的双重作用。

⑥拆除模板继续下段施工。当护壁混凝土达到1MPa（常温下约经24h）后，方可拆除模板，开挖下段的土方，再支模浇筑护壁混凝土，如此循环，直至挖到设计要求的深度。

⑦排除孔底积水，浇筑桩身混凝土。当桩孔挖到设计深度，并检查孔底土质是否已达到设计要求后，再在孔底挖成扩大头。待桩孔全部成型后，用潜水泵抽出孔底的积水，然后立即浇筑混凝土。当混凝土浇筑至钢筋笼的地面设计标高时，再调入钢筋笼就位，并继续浇筑桩身混凝土而形成桩基。

3）质量要求。

①必须保证桩孔的挖掘质量。桩孔挖成后应有专人下孔检查，如土质是否符合勘察报告，扩孔机和尺寸与设计是否相符，孔底虚土残渣情况要作为隐蔽验收记录归档。

②桩的垂直度偏差不大于0.5%桩长，桩径偏差不大于±50mm。桩位允许偏差：单桩、条形桩基沿垂直轴线方向和群桩基础边沿的偏差是50mm，条形桩基沿顺轴线方向和群桩基础中间桩的偏差是150mm。

③钢筋骨架要保证不变形，箍筋与主筋要电焊，钢筋笼吊入孔内后，要保证其与孔壁间有足够的保护层。

④混凝土坍落度宜在100mm左右，用浇灌漏斗桶直落，避免离析，必须振捣密实。

4）安全措施。人工挖孔桩的施工应予以特别重视。工人在桩孔内作业，应严格按照安全操作规程施工，并有切实可靠的安全措施。如孔下操作人员必须戴安全帽；孔下有人时孔口必须有监护；护壁要高出地面150～200mm，以防杂物滚入孔内；孔内设安全软梯，孔外周围设防护栏杆；孔下照明采用安全电压；潜水泵必须设有防漏点装置；影射鼓风机向井下输送洁净空气等。

5.4 砌筑工程

5.4.1 脚手架工程

1. 脚手架的要求及分类

脚手架是工人操作、材料堆放及运输的一种临时设施。功能要求有：

（1）满足使用要求：脚手架的宽度应满足工人操作、材料堆放及运输的要求。脚手架的宽度一般为1.5～2m。

（2）有足够的强度、刚度及稳定性。

（3）搭拆简单，搬运方便，能多次周转使用。

（4）因地制宜，就地取材，尽量节约用料。

脚手架按搭设位置分为外手架和里脚手架；按所用材料分为木、竹、金属脚手架；按构造形式分为多立杆式、门式、桥式、悬挑式、爬升式脚手架等。

2. 外脚手架

外脚手架是在建筑物的外侧（沿建筑物周边）搭设的一种脚手架，既可用于外墙砌筑，又可用于外装修施工。常用的有多立杆式脚手架、门式脚手架、桥式脚手架等。

这里只介绍多立杆钢管扣件式脚手架。钢管扣件式脚手架目前应用广泛，虽然其一次投资较大，但其周转次数多，摊销费低。钢管应优先采用外径48mm、壁厚3.5mm的焊接钢管。

（1）钢管扣件式脚手架的组成。钢管扣件式脚手架由钢管、扣件、脚手板、底座四部分组成。传力路径：脚手板→小横杆→大横杆→立柱。

钢管：主要杆件有立杆、纵向水平杆（大横杆）、横向水平杆（小横杆）、斜撑、剪刀撑（脚手架纵向外侧间隔一定距离从上而下连续设置）、抛撑（防止脚手架的倾覆，保证其稳定性）、连墙杆（防止脚手架的倾覆，与刚度较大的主体结构设置连墙杆）等。

扣件：直角扣件：也叫十字扣件，用于连接扣紧两根互相垂直相交的钢管。旋转扣件：用于连接扣紧两根呈任意角度相交的钢管。对接扣件：也叫一字扣件，用于钢管的对接接长。

脚手板：木脚手板、竹片脚手板、冲压钢脚手板。作业层脚手板应铺满、铺稳，离开墙面120～150mm；作业层端部脚手板探头长度应取150mm，其板长两端均应与支承杆可靠地固定。

底座：做法是采用厚8mm、边长150mm的钢板作底板，外径60mm，壁厚3.5mm，长150mm的钢管作套筒焊接而成。

（2）形式。单排式（单排立杆）——适用于荷载较小、高度较低、墙体有一定强度；双排式（双排立杆）。

（3）钢管扣件式脚手架的搭设要求：

1）按施工组织设计的要求对钢管、扣件、脚手板等进行检查验收，不合格产品不得使用；清除搭设场地杂物，平整搭设场地，并使排水畅；脚手架底座底标高宜高于自然地坪50mm。底座、垫板均应准确放在定位线上。

2）搭设作业顺序。放置纵向扫地杆→逐根立起第 1 根立杆，并与扫地杆固定→立起3～4根立杆后装设第 1 步大横杆并与立杆固定→安装第 1 步小横杆，并与立杆固定→校正立杆的垂直，使其符合要求→按前述要求依次向前延伸搭设，直至第 1 步交圈→每隔 6 步加设临时斜撑杆，上端与第 2 步大横杆扣紧（在装设连墙杆后拆除）→按第 1 步作业程序和要求搭设第 2 步、第 3 步……→随进程安装连墙杆、剪刀撑→装设作业层的小横杆、铺设脚手板和栏杆、挡脚板，挂立网防护。

3）搭设斜道要求。斜道宜附着外脚手架或建筑物设置。运料斜道宽度不宜小于 1.5m，坡度宜采用 1：6；人行斜道宽度不宜小于 1m，坡度宜采用 1：3。拐弯处应设置平台，其宽度不应小于斜道宽度；斜道两侧及平台外围均应设置栏杆及挡脚板。栏杆高度应为 1.2m，挡脚板高度不应小于 180mm。人行斜道和运料斜道的脚手板上应每隔 250～300mm 设置一根防滑木条，木条厚度宜为 20～30mm。

（4）脚手架拆除要求。拆除脚手架时，应符合下列规定：拆除作业层必须由上而下逐层进行，严禁上下同时作业；连墙件必须随脚手架逐层拆除，严禁先将连墙件整层或数层拆除后再拆脚手架；分段拆除高差不应大于 2 步，如高差大于 2 步，应增设连墙件加固。

3. 里脚手架

里脚手架常用于楼层上砌砖、内粉刷等工程施工。由于使用过程中不断转移施工地点，装拆较频繁，故其结构形式和尺寸应力求轻便灵活和装拆方便。

里脚手架的形式很多，按其构造分为：

（1）折叠式里脚手架。角钢折叠式里脚手架，搭设间距砌墙时不超过 2m，粉刷时不超过 2.5m。

（2）马凳式里脚手架。马凳式里脚手架是最简单的里脚手架，即沿墙摆设若干马凳，在马凳上铺脚手板，马凳可采用木、竹、角钢和钢筋制作而成。马凳高度一般为 1.2～1.4m，间距约 1.5～1.8m。

（3）支柱式里脚手架。支柱式里脚手架由若干个支柱和横杆组成，上铺脚手板。支柱间距不超过 2m。

5.4.2　砌筑工程垂直运输

垂直运输设施是指担负垂直运送材料和施工人员上下的机械设备和设施。砌筑工程垂直运输设施主要有井架、龙门架、塔式起重机、施工电梯。

5.4.3　砖砌体的施工

1. 砖砌体施工的准备工作

（1）砌筑砂浆的准备。砂浆的种类主要有水泥砂浆和水泥混合砂浆。水泥砂浆具有较高强度和耐久性，但保水性差、可塑性差，一般用于高强度和潮湿环境中。水泥混合砂浆具有一般强度和耐久性，保水性好、可塑性好，多用与一般的非潮湿环境中。非水泥砂浆（石灰砂浆、黏土砂浆、石膏砂浆等）：强度和耐久性较低，用于临时建筑中。

1）砌筑砂浆配合比。应通过试配确定。当砌筑砂浆的组成材料有变更时，其配合比应重新确定。凡在砂浆中掺入有机塑化剂、早强剂、缓凝剂、防冻剂等，应经检验和试配符合要求后，方可使用。有机塑化剂应有砌体强度的型式检验报告。

2）砂浆的强度。砂浆的强度等级有 M15、M10、M7.5、M5、M2.5 五个等级。砌筑砂浆强度以标准养护，龄期为 28d 的边长为 70.7mm 的立方体试块的抗压试验结果为准。

①抽查数量。每一检验批且不超过 250m³ 砌体的各种类型及强度等级的砌筑砂浆，每台搅拌机应至少抽检一次。

②砌筑砂浆试件的取样。每台搅拌机检查一次，制作一组试块（每组三块）；同一验收批的砂浆试块的数量不得少于 3 组，在砂浆搅拌机出料口随机取样制作砂浆试块（同盘砂浆只应制作一组试块），最后检查试块强度试验报告单；砂浆试块 3 块为一组，试块制作进行见证取样，建设单位委托的见证人应旁站，并对试块作出标记（标明制作日期、砂浆强度、类型、部位、制作人）以保证试块的真实性。

③砌筑砂浆试块强度验收时其强度合格标准。规范规定：同一验收批砂浆试块强度平均值应大于或等于设计强度等级的 1.1 倍，同一验收批砂浆试块抗压强度的最小一组平均值应大于或等于设计强度等级的 85%。

3）砌筑砂浆应采用机械搅拌，自投料计算起，搅拌时间应符合下列规定：水泥砂浆和水泥混合砂浆不得少于 2min，水泥粉煤灰砂浆和掺用外加剂的砂浆不得少于 3min。

4）砂浆应随拌随用，拌制的砂浆应在 3h 内使用完毕，当施工期间最高气温超过 30℃时，应在 2h 内使用完毕。

（2）砌筑用砖的准备。

1）砖的检查。砖的品种、强度等级必须符合设计要求。并应有产品合格证书和性能检测报告，进场后应进行复验。

2）浇水湿润。在砌砖之前 1～2d 应将砖浇水湿润，以免在砌筑时因干砖吸收砂浆中大量的水分，使砂浆的流动性降低，并影响砂浆的粘结力和强度。施工现场抽查砖的含水率的简易方法是现场断砖，砖截面四周融水深度为 15～20mm 视为符合要求。

（3）其他准备工作。

1）定轴线和墙身线位置。根据龙门板或轴线控制桩上的轴线钉，用经纬仪将基础轴线投测在垫层上（也可在对应的龙门板间拉小线，然后用线坠将轴线投测在垫层上）。再根据轴线按基础底宽，用墨线标出基础边线，作为砌筑基础的依据。

2）机具。砂浆搅拌机、井架、大铲、瓦刀、靠尺、线锤、皮数杆、刨锛。

2. 砖砌体的组砌形式

砖砌体的组砌要求是上下错缝，内外搭接，以保证砌体的整体性。

砖墙的组砌方式常用以下几种：一顺一丁、三顺一丁、梅花丁。其次有全顺砌法、全丁砌法、两平一侧砌法、空斗墙等。

（1）一顺一丁组砌法。由一皮顺砖与一皮丁砖相互交替砌筑而成，上下皮间的竖缝相互错开 1/4 砖长。

（2）三顺一丁组砌法。由三皮顺砖与一皮丁砖相互交替砌筑而成，上下皮顺砖与丁砖间竖缝错开 1/4 砖长，上下皮顺砖间竖缝错开为 1/2 砖长。

（3）梅花丁组砌法。在同一皮砖内一块顺砖一块丁砖间隔砌筑（转角处不受此限），上下两皮间竖缝错开 1/4 砖长，顶砖必须压在顺砖的中间。该组砌法内外竖缝每皮都能错开，故抗压整体性较好，墙面容易控制平整，竖缝易于对齐。

3. 砖墙砌体施工工艺

砖砌体的施工工艺过程是抄平→弹线→摆砖→立皮数杆→盘角、挂线→砌筑、(勾缝)→清理墙面。

(1) 抄平放线。砌筑砖墙前，先在基础防潮层或楼面上按标准的水准点或指定的水准点定出各层标高，并用水泥砂浆或 C10 细石混凝土找平。建筑物的基础施工完成之后，应进行一次基础砌筑情况的复核。

(2) 摆砖。摆砖样也称撂底，是在弹好线的基础顶面上按选定的组砌方式先用干砖试摆，以核对所弹出的墨线在门窗洞口、墙垛等处是否符合砖模数，以便借助灰缝调整，使砖的排列和砖缝宽度均匀合理。

(3) 立皮数杆。砌墙前先要立好皮数杆 (又叫线杆)，作为砌筑的依据之一，皮数杆一般是用 5～7cm 的方木做成，上面划有砖的皮数、灰缝厚度、门窗、楼板、圈梁、过梁、屋面板等构件位置，及建筑物各种预留洞口的高度，它是墙体竖向尺寸的标志。

(4) 盘角、挂线。砌砖前应先盘角，一般由经验丰富的瓦工负责，每次盘角不要超过五层，新盘的大角，及时进行吊、靠，即三皮一吊、五皮一靠，如有偏差要及时修整。挂线砌墙，一般 "三七" 墙以内单面挂线，"三七" 墙以上宜双面挂线。

(5) 砌筑、勾缝。在砌筑过程中应三皮一吊、五皮一靠，把砌筑误差消灭在操作过程中，以保证墙面的垂直度和平整度。垂直度检查时，采用托线板 (也称靠尺板) 和线锤。砖墙每日砌筑高度不得超过 1.8m，雨天不得超过 1.2m。

1) 留槎。留槎是指相邻砌体不能同时砌筑而设置的临时间断，为便于先砌砌体与后砌砌体之间的接合而设置。砖砌体的转角处和交接处应同时砌筑，严禁无可靠措施的内外墙分砌施工。对不能同时砌筑而又必须留置的临时间断处应砌成斜槎，斜槎水平投影长度不应小于高度的 2/3。如图 5-14 所示。

非抗震设防及抗震设防烈度为 6 度、7 度地区的临时间断处，当不能留斜槎时，除转角处外，可留直槎，但直槎必须做成凸槎。留直槎处应加设拉结钢筋，拉结钢筋的数量为每 120mm 墙厚放置 1 根直径 6mm 的拉结钢筋 (240mm 厚墙放置 2 根直径 6mm 的拉结钢筋)，间距沿墙高不应超过 500mm；埋入长度从留槎处算起每边均不应小于 500mm，对抗震设防烈度 6 度、7 度的地区，不应小于 1000mm；末端应有 90° 弯钩。如图 5-15 所示。

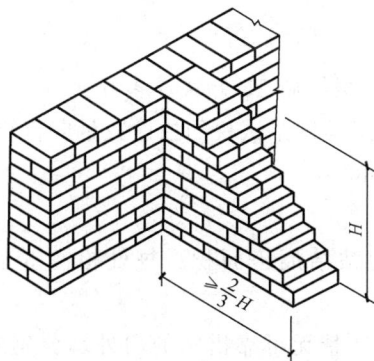

图 5-14　烧结普通砖留斜槎　　　　　图 5-15　烧结普通砖留直槎

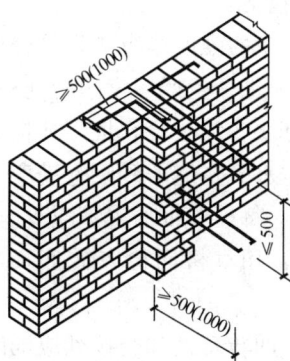

2）构造柱设置处砖墙砌法。构造柱不单独承重，因此不需设独立基础，其下端应锚固于钢筋混凝土基础或基础梁内。在施工时必须先砌墙，为使构造柱与砖墙紧密结合，墙体砌成马牙槎的形式。从每层柱脚开始，先退后进，退进不小于60mm，每一马牙槎沿高度方向的尺寸不宜超过300mm。沿墙高每500mm设2根直径6mm的拉结钢筋。每边伸入墙内不宜小于1m。预留伸出的拉结钢筋，不得在施工中任意弯折，如有歪斜、弯曲，在浇灌混凝土之前，应校正到正确位置并绑扎牢固。马牙槎构造如图5-16所示。

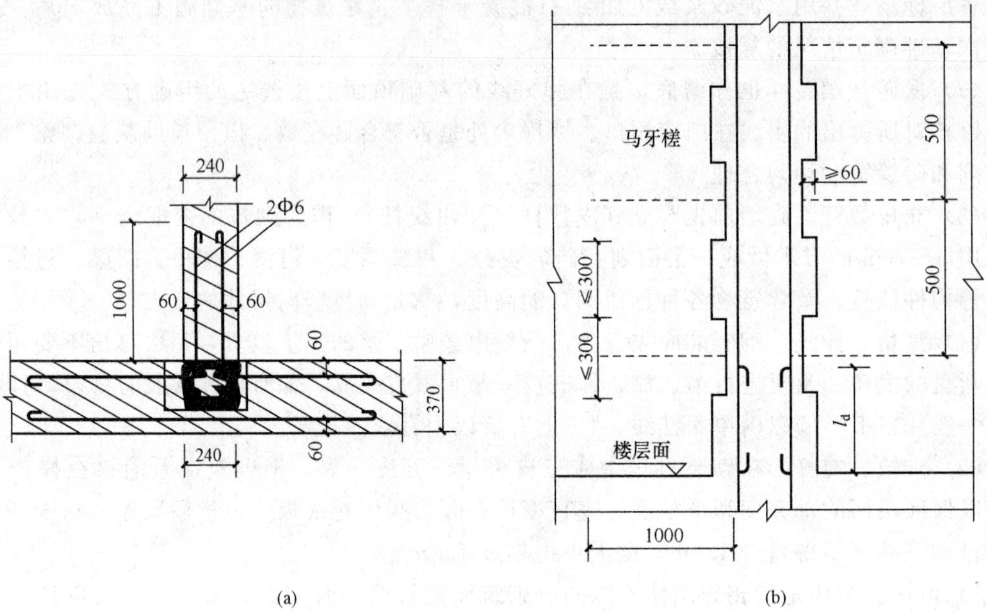

图5-16 拉结筋布置及马牙槎示意图

(a) 平面图；(b) 立面图

（6）清理。当该层砖砌体砌筑完毕后，应进行墙面、柱面和落地灰的清理。

4．质量验收标准

（1）砖砌体工程检验批合格规定。主控项目的质量经抽样检验全部符合要求。一般项目的质量经抽样检验应有80%及以上符合要求。具有完整的施工操作依据、质量检查记录。

（2）砖砌体工程检验批验收的内容。

主控项目包括：

1）砖和砂浆的强度等级必须符合设计要求。

抽检数量：每一生产厂家的砖到现场后，按烧结砖15万块、多孔砖5万块、灰砂砖及粉煤灰砖10万块各为一验收批，抽检数量为1组。砂浆试块的抽检数量应符合有关规定。

2）砖砌体水平灰缝的砂浆饱满度不得小于80%。

抽检数量：每检验批抽查不应少于5处。

检验方法：用百格网检查砖底面与砂浆的粘结痕迹面积。每处检测3块砖，取其平均值。

3）砖砌体的转角处和交接处应同时砌筑，严禁无可靠措施的内外墙分砌施工。在抗震设防烈度为8度及8度以上地区，对不能同时砌筑而又必须留置的临时间断处应砌成斜槎，普通砖砌体斜槎水平投影长度不应小于高度的 2/3，多孔砖砌体的斜槎长高比不应小于 1/2，斜槎高度不得超过一步脚手架高度。

4）非抗震设防及抗震设防烈度为 6 度、7 度地区的临时间断处，当不能留斜槎时，除转角处外，可留直槎，但直槎必须做成凸槎。留直槎处应加设拉结钢筋，拉结钢筋的数量为每 120mm 墙厚放置 1Φ6 拉结钢筋，间距沿墙高不应超过 500mm，埋入长度从留槎处算起每边均不应小于 500mm，对抗震设防强度 6 度、7 度的地区，不应小于 1000mm；末端应有 90 度弯钩。

合格标准：留槎正确，拉结钢筋设置数量、直径正确，竖向间距偏差不超过 100mm，留置长度基本符合规定。

一般项目包括：

1）砖砌体组砌方法应正确，上、下错缝，内外搭砌，清水墙、窗间墙无通缝，混水墙中不得有长度大于 300mm 的通缝每间不超过 3 处；长度 200～30mm 的通缝不超过 3 处，且不得位于同一面墙体上，砖柱不得采用包心砌法。

2）砖砌体的灰缝应横平竖直，厚薄均匀。水平灰缝厚度宜为 10mm，但不应小于 8mm 也不应大于 12mm。

3）砖砌体的尺寸位置的允许偏差应符合表 5-4 的规定。

表 5-4　　　　　　　砖砌体一般尺寸允许偏差

项次	项目			允许偏差/mm	检验方法	抽检数量
1	轴线位置偏移			10	用经纬仪和尺检查或用其他测量仪器检查	
2	基础顶面和楼面标高			±15	用水平仪检查	不应少于 5 处
3	垂直度	每层		5	用 2m 托线板检查	
		全高	≤10m	10	用经纬仪、吊线和尺检查，或用其他测量仪器检查	
			>10m	20		
4	表面平整度	清水墙、柱		5	用 2m 靠尺和楔形塞尺检查	有代表性自然间 10%，但不应少于 3 间，每间不应少于 2 处
		混水墙、柱		8		
5	水平灰缝垂直度	清水墙		7	拉 10m 线和尺检查	有代表性自然间 10%，但不应少于 3 间，每间不应少于 2 处
		混水墙		10		
6	门窗洞口高、宽（后塞口）			±10	用尺检查	检验批洞口的 10%，且不应少于 5 处
7	外墙上下窗口偏移			20	以底层窗为准，用经纬仪或吊线检查	检验批的 10%，且不应少于 5 处
8	清水墙游丁走缝			20	吊线和尺检查，以每层第一皮砖为准	有代表性自然间 10%，但不应少于 3 间，每间不应少于 2 处

5.4.4 砌块砌体施工

砌块代替黏土砖作为墙体材料，是墙体改革的一个重要途径。中小型砌块按材料分有混凝土空心砌块、粉煤灰硅酸盐砌块、煤矸石硅酸盐空心砌块、加气混凝土砌块、轻骨料混凝土砌块等。砌块高度 380～940mm 的称为中型砌块，砌块高度小于 380mm 的称为小型砌块。

施工方法是：中型砌块的施工，是采用各种吊装机械及夹具将砌块安装在设计位置，一般要按建筑物的平面尺寸及预先设计的砌块排列图逐块地按次序吊装，就位固定。小型砌块的施工方法同砖砌体施工工艺过程一样，主要是手工砌筑。

1. 混凝土小型空心砌块施工

普通混凝土小型空心砌块：以碎石或卵石为粗骨料制作的混凝土，主规格尺寸为 390mm×190mm×190mm，空心率为 25%～50% 的小型空心砌块，简称普通混凝土小砌块。小砌块的强度等级有 MU20、MU15、MU10、MU7.5、MU5 和 MU3.5。组砌形式只有全顺一种。

施工时的一般规定包括：

（1）施工时所用的混凝土小型空心砌块的产品龄期不应小于 28d。

（2）砌筑小砌块时，应清除表面污物和芯柱及小砌块孔洞底部的毛边，剔除外观质量不合格的小砌块。

芯柱：小砌块墙体的孔洞内浇灌混凝土称素混凝土芯柱；小砌块墙体的孔洞内插有钢筋并浇灌混凝土称钢筋混凝土芯柱。浇灌芯柱的混凝土，宜选用专用的小砌块灌孔混凝土，当采用普通混凝土时，其坍落度不应小于 90mm。浇灌芯柱混凝土应遵循下列规定：

①每次连续浇筑的高度宜为半个楼层，但不应大于 1.8m；

②砌筑砂浆强度大于 1MPa 时，方可浇灌芯柱；

③清除孔内的砂浆等杂物，并用水冲洗；

④在浇灌芯柱混凝土前，应先注入适量与芯柱混凝土相同的去石水泥浆，再浇灌混凝土；

⑤每浇筑 400～500mm 高度，捣实一次或边浇筑边捣实。

（3）底层室内地面以下或防潮层以下的砌体，应采用强度等级不低于 C20 的混凝土灌实小砌块的孔洞。

（4）在天气炎热的情况下，可提前洒水湿润小砌块；对轻骨料混凝土小砌块，可提前浇水湿润。小砌块表面有浮水时，不得施工。

（5）小砌块应底面朝上反砌于墙上。

（6）承重墙严禁使用断裂的小砌块。

（7）小砌块墙体应对孔错缝搭砌，单排孔小砌块的搭按长度应为块体长度的 $\frac{1}{2}$，多排孔小砌块的搭接长度可适当调整，但不宜小于砌块长度的 $\frac{1}{3}$。且不应小于 90mm。墙体的个别部位不能满足上述要求时，应在灰缝中设置 Φ6 拉结钢筋或双向 Φ4 钢筋网片，但竖向通缝不能超过两皮小砌块。

（8）施工时所用的砂浆，宜选用专用的小砌块砌筑砂浆。

2．蒸压加气混凝土砌块

（1）组砌方式和适用范围。蒸压加气混凝土砌块适用于多层、高层框架（框剪）结构建筑物，标高在±0.00m 以上的围护墙、填充墙。

蒸压加气混凝土砌块的尺寸：长度 600mm，高度 200、250、300mm，宽度 100、120、150、200、240mm。采用全顺的组砌方式。砌体的上下皮砌块应错缝搭砌，搭接长度不宜小于砌块长度的三分之一。当搭砌的长度小于砌块长度的三分之一时，水平灰缝中应设置钢筋加强，混凝土柱、墙沿高度每隔三皮砖高设置一道拉结筋与砌体构造钢筋连接。

（2）工艺流程。清理基层→抄平放线→混凝土找平→绑扎构造柱钢筋→立皮数杆→焊接拉结筋→砌砌块墙体→绑扎现浇带钢筋→支模、浇筑现浇带混凝土→砌筑现浇带上砌体→支构造柱模板、浇筑混凝土→砌梁（板）下口斜撑砖→安装门框、敷设墙内电线管及接线盒→墙体修补→墙面装修。

1）砌筑前，应将楼地面找平，然后按设计图纸放出墙体的轴线，并立好皮数杆。在厨房、卫生间、浴室等处采用轻骨料混凝土小型空心砌块、蒸压加气混凝土砌块砌筑墙体时，墙底部宜现浇混凝土坎台，其高度宜为 150mm。

2）蒸压加气混凝土砌块、轻骨料混凝土小型空心砌块不应与其他块体混砌，不同强度等级的同类砌块也不得混砌。

3）抗震设防地区还应采取如下抗震拉结措施：墙长大于 5m 时，墙顶与梁宜有拉结；墙长超过层高 2 倍时，宜设置钢筋混凝土构造柱；墙高超过 4m 时，墙体半高处宜设置与柱连接且沿墙全长贯通的钢筋混凝土水平连系梁。

4）砌到接近上层梁，板时，宜用普通砖斜砌挤紧，砖倾斜角度为 60°左右，砂浆应饱满，补砌砖应在砌体施工完 14d 后进行。

5）填充墙砌体留置的拉结钢筋位置应与砌块皮数相符合。其钢筋宜采用化学植筋方法固定在框架柱上。其规格、数量、间距、长度应符合设计要求。填充墙与框架柱之间的缝隙应用砂浆嵌填密实。（植筋的施工过程：先钻孔→灌胶→插入钢筋→粘结牢固→拉拔试验）。

5.5 钢筋混凝土工程施工

钢筋混凝土工程包括现浇钢筋混凝土结构施工和装配式钢筋混凝土构件制作两个方面，主要由模板工程、钢筋工程和混凝土工程等三大工种工程组成。在砖混结构、框架结构、剪力墙结构、框架剪力墙结构、筒体结构中，应用非常广泛。

5.5.1 模板工程施工

1．模板工程组成和要求

（1）组成。模板工程主要由模板系统和支承系统组成。

模板系统：与混凝土直接接触，它主要使混凝土具有构件所要求的体积。

支撑系统：是支撑模板，保证模板位置正确和承受模板、混凝土等重量的结构。

（2）模板基本要求。

1）保证结构和构件各部分的形状、尺寸和相互间的准确性。

2）具有足够的强度、刚度和稳定性，能可靠承受本身的自重及钢筋、新浇混凝土的质量和侧压力以及施工过程中产生的其他荷载。

3）构造简单、装拆方便，能多次周转使用，并便于钢筋的绑扎与安装和混凝土的浇筑与养护等工艺的要求。

4）拼缝应严密、不漏浆。

5）支架安装在坚实的地基上并有足够的支撑面积，保证所浇筑的结构不致发生下沉。

2. 模板的分类

模板的种类有很多，按所用材料不同可分为木模板、钢模板、钢丝网水泥模板、塑料模板、竹胶合板模板、玻璃钢模板等，按其周转使用不同可分为拆移式移动模板、整体式移动模板、滑动式模板和固定式胎模等。

在本书只介绍定型组合钢模板。定型组合钢模板重复使用率高，周转使用次数可达100次以上，但一次投资费用大。组合钢模板由钢模板、连接件和支承件组成。

（1）钢模板。钢模板包括平面模板、阴角模板、阳角模板、连接角模，如图5-17所示。钢模板的模数，宽度按50mm进级，长度以150mm进级；常用钢模板的尺寸见表5-5。用表5-5中的板块可以组拼成基础、梁、板、柱、墙等各种形状尺寸的构件。在组合钢模板配板设计中，遇有不适合50mm进级的模数尺寸，空隙部分可用木模填补。

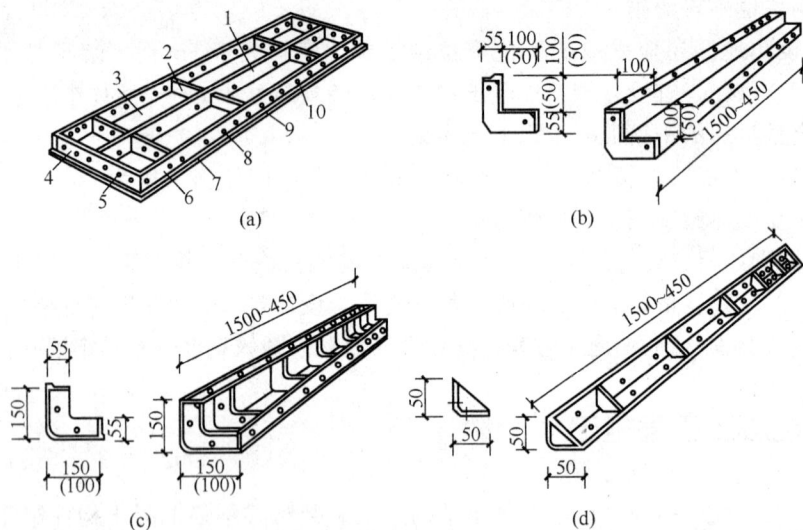

图 5-17 钢模板的类型

（a）平面模板；（b）阳角模板；（c）阴角模板；（d）连接角模

1—中纵肋；2—中横肋；3—面板；4—横肋；5—插销孔；6—纵肋；7—凸棱；8—凸鼓；9—U形卡孔；10—钉子孔

表 5-5 常用组合钢模板规格

名 称	宽度/mm	长度/mm	肋高/mm
平板模板（P）	300、250、200、150、100	1800、1500、1200、900、750、600、450	55
阴角模板（E）	150×150、100×150		
阳角模板（Y）	100×100、50×50		
连接角板（J）	50×50		

（2）连接件及支承件。组合钢模板连接件包括 U 形卡、L 形插销、钩头螺栓、对拉螺栓、紧固螺栓、扣件等。应用最广的是 U 形卡。U 形卡用于钢模板与钢模板间的拼接，其安装间距一般不大于 300mm，即每隔一孔卡插一个，安装方向一顺一倒相互错开。

组合钢模板的支承件包括柱箍、钢楞、支柱、卡具、斜撑、钢桁架等。

3. 模板安装、拆除的要求

（1）定型组合钢模板的构造及安装。

1）基础模板。阶梯式基础模板的构造（图 5-18），上层阶梯外侧模板较长，需两块钢模板拼接，拼接处除用两根 L 形插销

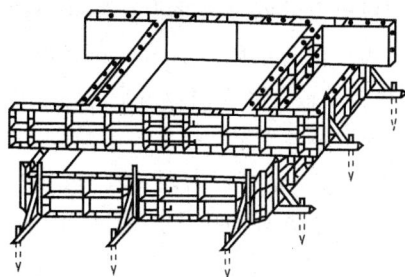

图 5-18　阶梯基础模板

外，上下可加扁钢并用 U 形卡连接。上层阶梯内侧模板长度应与阶梯等长，与外侧模板拼接处上下应加 T 形扁钢板连接。下层阶梯钢模板的长度最好与下层阶梯等长，四角用连接角模拼接。

2）柱模板。

①柱模板的构造（图 5-19），由四块拼板围成，四角由连接角模连接。每块拼板由若干块钢模板组成，若柱太高，可根据需要在柱中部每隔 2m 设置混凝土浇筑孔。浇筑孔的盖板可用钢模板或木板镶拼，柱的下端也可留垃圾清理口。与梁交界处留出梁缺口。

②施工工艺。柱模板施工工艺流程为：弹柱位置线→抹找平层作定位墩→安装柱模板→安柱箍→安拉杆或斜撑→办预检。

3）梁模板。梁模板由三片模板组成，底模板及两侧模板用连接角模连接，梁侧模板顶部则用阴角模板与楼板模板连接。整个梁模板用支架支撑，支架应支设在垫板上，垫板厚 50mm，长度至少要能连接支撑三个支架。垫板下的地基必须坚实。为了抵抗浇筑混凝土时的侧压力并保持一定的梁宽，两侧模板之间应根据需要设置对拉螺栓。如图 5-20 所示。

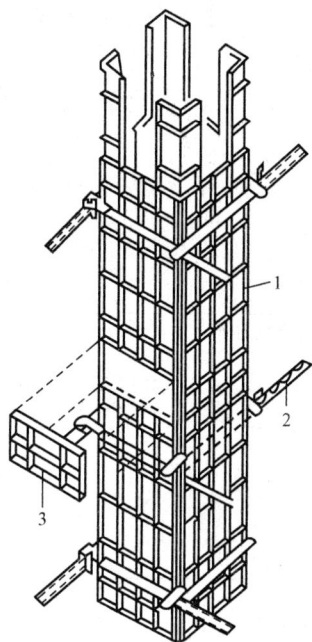

图 5-19　柱模板
1—柱侧模板；2—柱箍；3—浇筑孔

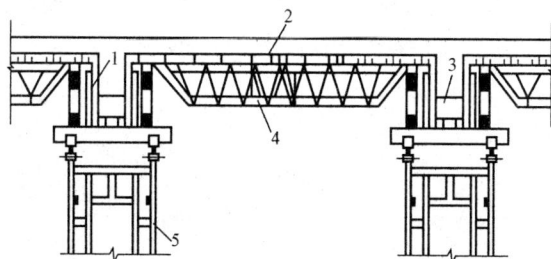

图 5-20　梁、楼板模板
1—梁侧模板；2—板底模板；3—对拉螺栓；4—桁架；5—支柱

对跨度不小于4m的现浇钢筋混凝土梁、板，其模板应按设计起拱；当设计无具体要求时，起拱高度宜为跨度的1‰～3‰。

梁、板模板的安装顺序为：弹线→搭设支撑架→梁底找平→安装梁底模→安装梁侧模→梁侧模加固→检验梁侧模加固→安装板的木龙骨→板模板安装。

4）楼板模板。楼板模板由平面钢模板拼装而成，其周边用阴角模板与梁或墙模板相连接。楼板模板用钢楞及支架支撑，为了减少支架用量、扩大板下施工空间，宜用伸缩式桁架支撑。

5）墙模板。墙模板由两片模板组成，每片模板由若干块平面模板组成。这些平面模板可横拼也可竖拼，外面用横竖钢楞加固，并用斜撑保持稳定，用对拉螺栓（或称钢拉杆）以抵抗混凝土的侧压力和保持两片模板之间的间距（墙厚）。

墙模板的施工工艺流程为：弹线→安门窗洞口模板→安一侧模板→安另一侧模板→校正、固定→办预检手续。

（2）现浇结构模板拆除。现浇混凝土结构模板拆除日期取决于结构的性质、模板的用途和混凝土硬化强度。及时拆除模板可加快模板的周转，为后续工作创造条件。如过早拆模，因混凝土未达到一定强度，过早承受荷载会产生变形甚至会造成重大质量事故。

1）非承重模板的拆除。非承重模板，应在混凝土强度达到能保证其表面及棱角不因模板拆除而受损时拆除。

2）承重底模板拆除。承重底模板应在与混凝土结构构件同条件下养护的试件达到表5-6规定的强度标准值时拆除。

表5-6 现浇结构拆除承重底模板时所需达到最低强度

构件类型	构件跨度/m	达到设计的混凝土立方体抗压强度标准值的百分数（%）
板	≤2	≥50
	>2, 8	≥75
	>8	≥100
梁、拱、壳	≤8	≥75
	>8	≥100
悬臂构件	—	≥100

3）拆模顺序。拆模应按一定的顺序进行。一般是先支后拆，后支先拆，先拆除非承重部分，后拆除承重部分并应从上而下进行拆除。重大复杂模板的拆除，事前应制定模板方案。肋形楼板的拆模顺序是：柱模板→楼板底模板→梁侧模板→梁底模板。

大体积混凝土的拆模时间除应满足混凝土强度要求外，还应使混凝土的内外温差降低到25℃以下时方可拆模。否则应采取有效措施防止产生温度裂缝。多个楼层间连续支模的底层支架拆除时间，应根据连续支模的楼层间荷载分配和混凝土强度的增长情况确定。

5.5.2 钢筋工程施工

1. 钢筋工程的分类及验收

（1）钢筋分类。

1）按外形分类。

光圆钢筋：HPB235、HPB300级钢筋为热轧光圆钢筋。

带肋钢筋：表面有突起部分的圆形钢筋称为带肋钢筋，它的肋纹形式有"月牙形""螺纹形"等。HRB335、HRB400 和 HRB500 钢筋为普通热轧带肋钢筋；HRBF335、HRBF400、HRBF500 钢筋为细晶粒热轧带肋钢筋；RRB400 为余热处理带肋钢筋；HRB400E 为较高抗震性能要求的普通热轧带肋钢筋。

刻痕钢丝：刻痕钢丝是由光面钢丝经过机械压痕而成。

钢绞线：又称铰线式钢筋，是用 2 根、3 根或 7 根圆钢丝捻制而成的。

2）按钢筋直径分类：钢丝 $d=(3\sim5)mm$；细钢筋 $d=(6\sim12)mm$，对于直径小于 12mm 的钢丝或细钢筋，出厂时，一般做成盘圆状，使用时需调直；粗钢筋 $d>12mm$，对于直径大于 12mm 的粗钢筋，为了便于运输，出厂时一般做成直条状，每根 6～12m，如需特长钢筋，可同厂方协议。

（2）钢筋原材料主控项目和一般项目的质量验收。

主控项目的质量验收内容包括：

1）钢筋进场时，应按国家现行相关标准的规定抽取试件作力学性能和重量偏差检验，检验结果必须符合有关标准的规定。

检验数量：按进场的批次和产品的抽样检验方案确定。

检验方法：检查产品的合格证、出厂检验报告和进场复验报告。

2）对有抗震设防要求的结构，其纵向受力钢筋的性能应满足设计要求；当设计无具体要求时，对按一、二、三级抗震等级设计的框架和斜撑构件（含梯段）中的纵向受力钢筋应采用 HRB335E、HRB400E、HRB500E、HRBF335E、HRBF400E 或 HRBF500E 钢筋，其强度和最大力下总伸长率的实测值应符合下列规定：

①钢筋的抗拉强度实测值与屈服强度实测值的比值不应小于 1.25。

②钢筋的屈服强度实测值与屈服强度标准值的比值不应大于 1.30。

③钢筋的最大力下总伸长率不应小于 9%。

3）当发现钢筋脆断、焊接性能不良或力学性能显著不正常等现象时，应对该批钢筋进行化学成分检验或其他专项检验。

一般项目：钢筋应平直、无损伤、表面不得有裂纹、油污、颗粒状或片状老锈。

2. 钢筋连接方式和技术要求

钢筋的连接方式可分为三种：绑扎连接、焊接、机械连接。下面主要介绍焊接和机械连接。

（1）钢筋的焊接。常用的焊接方法有闪光对焊、电阻点焊、电弧焊、电渣压力焊、埋弧压力焊、气压焊等。

1）闪光对焊。闪光对焊广泛用于焊接直径为 10～40mm 的 HPB235、HRB335、HRB400 热轧钢筋和直径为 10～25mm 的 RRB400 余热处理钢筋及预应力筋与螺丝端杆的焊接。

焊接原理：利用对焊机使两端钢筋接触，通过低电压强电流，待钢筋被加热到一定温度变软后，进行轴向加压顶端，使两根钢筋焊接在一起，形成对焊接头。

焊接工艺：根据钢筋级别、直径和所用焊机的功率不同，闪光对焊工艺可分为连续闪光焊、预热闪光焊、闪光—预热—闪光焊三种。

①连续闪光焊。适用于直径 25mm 以下的钢筋。对焊接头的外形如图 5-21 所示。

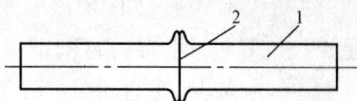

图 5-21 钢筋对焊接头的外形图
1—钢筋；2—接头

②预热闪光焊。预热闪光焊是在连续闪光焊前增加一次预热过程，以使钢筋均匀加热。适用于直径 25mm 以上端部平整的钢筋。

③闪光—预热—闪光焊。闪光—预热—闪光焊是在预热闪光焊前加一次闪光过程，使钢筋端面烧化平整，预热均匀。适用于直径 25mm 以上端部不平整的钢筋。

2) 电弧焊。电弧焊是利用弧焊机使焊条和焊件之间产生高温电弧，熔化焊条和高温电弧范围内的焊件金属，熔化的金属凝固后形成焊接接头。电弧焊广泛用于钢筋的接长、钢筋骨架的焊接、装配式结构钢筋接头焊接及钢筋与钢板、钢板与钢板的焊接等。

钢筋电弧焊接头主要介绍帮条焊、搭接焊、坡口焊三种。

①帮条焊。适用范围：适用于直径 10～40mm 的 HPB235、HRB335、HRB400 级钢筋和 10～25mm 的余热处理 HRB400 级钢筋。帮条焊宜采用与主筋同级别、同直径的钢筋制作，可分为单面焊缝和双面焊缝，如图 5-22 所示。

其帮条长度：HPB235 级钢筋：单面焊 $L \geqslant 8d_0$，双面焊 $L \geqslant 4d_0$；HRB335、HRB400 级钢筋：单面焊 $L \geqslant 10d_0$，双面焊 $L \geqslant 5d_0$。

②搭接焊。又称搭接接头，把钢筋端部弯曲一定角度叠合起来，在钢筋接触面上焊接形成焊缝，它分为双面焊缝和单面焊缝。适用于焊接直径 10～40mm 的 HPB235、HRB335 级钢筋。

图 5-23 中的搭接焊宜采用双面焊缝，不能进行双面焊时，也可采用单面焊。搭接焊的搭接长度及焊缝高度、焊缝宽度同帮条焊。

③坡口焊。又叫剖口焊，钢筋坡口焊接头可分为坡口平焊接头和坡口立焊接头两种，如图 5-24 所示。

适用范围：适用于直径 16～40mm 的 HPB235、HRB335、HRB400 级钢筋及 RRB400 级钢筋。

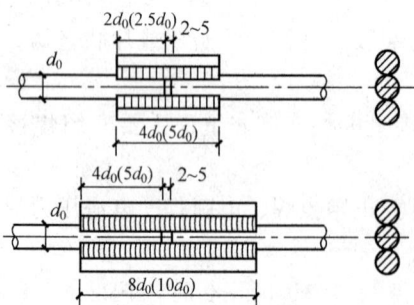

图 5-22 帮条焊接头

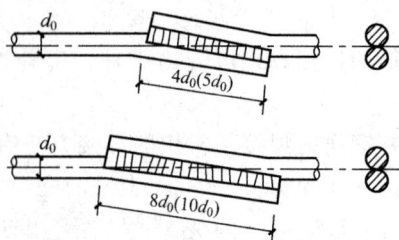

图 5-23 搭接焊接头

3) 电渣压力焊。

①焊接原理及适用范围。电渣压力焊利用电流通过渣池所产生的热量来熔化母材，待到一定程度后施加压力，完成钢筋连接。这种钢筋接头的焊接方法与电弧焊相比，焊接效率高 5～6 倍，且接头成本较低，质量易保证，它适用于直径为 14～40mm 的 HPB235、HRB335 级竖向或斜向钢筋的连接。

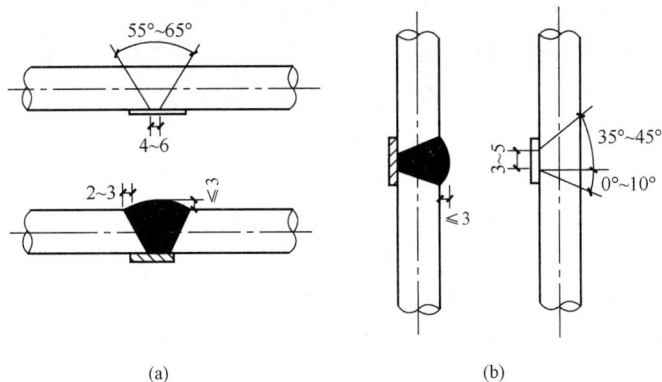

图 5-24　钢筋坡口焊接头

（a）平焊；（b）立焊

②电渣压力焊焊接工艺流程。安装焊接钢筋→安装引弧铁丝球→缠绕石棉绳装上焊剂盒→装放焊剂接通电源（"造渣"工作电压为 40～50V，"电渣"工作电压为 20～25V）→造渣过程形成渣池→电渣过程钢筋端面溶化→切断电源顶压钢筋完成焊接。

焊接完成应适当停歇，方可回收焊剂和卸下焊接夹具，并敲去渣壳；四周焊包应均匀，凸出钢筋表面的高度：当钢筋直径为 25mm 及以下时，不得小于 4mm，当钢筋直径为 28mm 及以上时，不得小于 6mm。

4）气压焊。钢筋气压焊是采用氧—乙炔火焰对钢筋接缝处进行加热，使钢筋端部加热达到高温状态，并施加足够的轴向压力而形成牢固的对焊接头。钢筋气压焊接方法具有设备简单、焊接质量好、效果高，且不需要大功率电源等优点。

钢筋气压焊可用于直径 40mm 以下的 HPB235 级、HRB335 级钢筋的纵向连接。当两钢筋直径不同时，其直径之差不得大于 7mm，钢筋气压焊设备主要有氧—乙炔供气设备、加热器、加压器及钢筋卡具等，如图 5-25 所示。

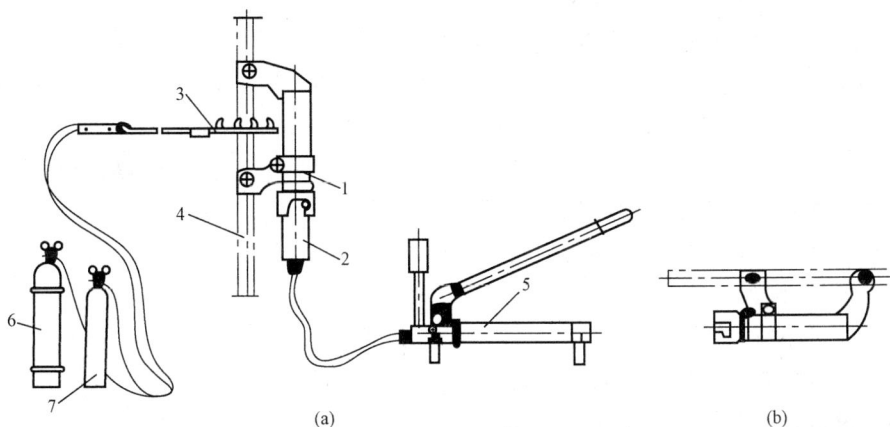

图 5-25　气压焊装置系统

（a）竖向焊接；（b）横向焊接

1—压接器；2—顶头油缸；3—加热器；4—钢筋；5—加压器；6—氧气；7—乙炔

5）电阻点焊。混凝土结构中的钢筋骨架和钢筋网片的交叉钢筋焊接，宜采用电阻点焊。焊接时将钢筋的交叉点放入点焊机两极之间，通电使钢筋加热到一定温度后，加压使焊点处钢筋互相压入一定的深度（压入深度为两钢筋中较细者直径的 $1/4\sim2/5$），将焊点焊牢。采用点焊代替绑扎，可以提高工效，便于运输。在钢筋骨架和钢筋网成型时优先采用电阻点焊。

（2）机械连接。机械连接有两种方式：套筒挤压连接和直螺纹连接。

1）套筒挤压连接。套筒挤压连接是把两根待接钢筋的端头先插入一个优质钢套管，然后用挤压机在侧向加压数道，套筒塑性变形后即与带肋钢筋紧密咬合，达到连接的目的。

2）直螺纹连接。直螺纹连接是近年来开发的一种新的螺纹连接方式。它先把钢筋端部用套丝机切削成直螺纹，最后用套筒实行钢筋对接。

（3）直螺纹连接施工工艺流程。钢筋准备→放置在直螺纹成型机上→剥肋滚压直螺纹→在直螺纹上涂油保护→放置钢筋（放置时用垫木，以防直螺纹被损坏）→套筒连接（现场连接施工）。

（4）钢筋连接接头的质量验收要求。

主控项目包括：

1）纵向受力钢筋的连接方式应符合设计要求。

2）在施工现场，应按国家现行标准《钢筋机械连接通用技术规程》（JGJ 107—2010）、《钢筋焊接及验收规程》（JGJ 18—2010）的规定抽取钢筋机械连接接头、焊接接头试件作力学性能检验，其质量应符合有关规程的规定。

一般项目包括：

1）钢筋的接头宜设置在受力较小处。同一纵向受力钢筋不宜设置两个或两个以上接头。接头末端至钢筋弯起点的距离不应小于钢筋直径的 10 倍。

2）在施工现场，应按国家现行标准《钢筋机械连接通用技术规程》（JGJ 107—2010）、《钢筋焊接及验收规程》（JGJ 18—2010）的规定对钢筋机械连接接头、焊接接头的外观进行检查，其质量应符合有关规程的规定。

3）当钢筋采用机械连接接头或焊接接头时，设置在同一构件内的接头宜相互错开。纵向受力钢筋机械连接接头及焊接接头连接区段的长度为 35 倍 d（d 为纵向受钢筋的较大直径）且不小于 500mm，凡接头中点位于该连接区段长度内的接头均属于同一连接区段。同一连接区段内，纵向受力钢筋机械连接及焊接的接头面积百分率，为该区段内有接头的纵向受力钢筋截面面积与全部纵向受力钢筋截面面积的比值。

同一连接区段内，纵向受力钢筋的接头面积百分率应符合设计要求；当设计无具体要求时，应符合下列规定：

①在受拉区不宜大于 50%。

②接头不宜设置在有抗震设防要求的框架梁端、柱端的箍筋加密区；当无法避开时，对等强度高质量机械连接接头，不应大于 50%。

③直接承受动力荷载的结构构件中，不宜采用焊接接头；当采用机械连接接头时，不应大于 50%。

④同一构件中相邻纵向受力钢筋的绑扎搭接接头宜相互错开。绑扎搭接接头中钢筋的横向净距不应小于钢筋直径，且不应小于 25mm。

⑤钢筋绑扎搭接接头连接区段的长度为 $1.3l_1$（l_1 为搭接长度），凡搭接接头中点位于该连接区段长度内的搭接接头均属于同一连接区段。同一连接区段内，纵向钢筋搭接接头面积百分率为该区段内有搭接接头的纵向受力钢筋截面面积与全部纵向受力钢筋截面面积的比值。

⑥同一连接区段内，纵向受拉钢筋搭接接头面积百分率应符合设计要求；当设计无具体要求时，应符合下列规定：

对梁类、板类及墙类构件，不宜大于 25%；对柱类构件，不宜大于 50%；当工程中确有必要增大接头面积百分率时，对梁类构件，不应大于 50%；对其他构件，可根据实际情况放宽；纵向受力钢筋绑扎搭接接头的最小搭接长度应符合规范的规定。

4）在梁、柱类构件的纵向受力钢筋搭接长度范围内，应按设计要求配置箍筋。当设计无具体要求时，应符合下列规定：

①箍筋直径不应小于搭接钢筋较大直径的 0.25 倍。

②受拉搭接区段箍筋间距不应大于搭接钢筋较小直径的 5 倍，且不应大于 100mm。

③受压搭接区段的箍筋间距不应大于搭接钢筋较小直径的 10 倍，且不应大于 200mm。

④当柱中纵向受力钢筋直径大于 25mm 时，应在搭接接头两个端面外 100mm 范围内各设置两个箍筋，其间距宜为 50mm。

3. 钢筋配料

（1）钢筋配料的概述。

1）钢筋配料的概念。钢筋配料是根据构件的配筋图计算构件各钢筋的直线下料长度、根数及重量，然后编制钢筋配料单，作为钢筋备料加工的依据。钢筋配料单的形式见表 5-7。

表 5-7 钢 筋 配 料 单

项次	构件名称	钢筋编号	简图	直径	下料长度	单位根数	合计根数	重量

2）钢筋下料长度计算的相关规定。

①钢筋长度（外包尺寸）。钢筋的外轮廓尺寸，即钢筋外边缘到外边缘的尺寸。

②混凝土保护层。是指最外侧钢筋外缘至混凝土构件表面的距离，其作用是保护钢筋在混凝土结构中不受锈蚀。无设计要求时应符合规范规定，见表 5-8。

表 5-8 混凝土保护层最小厚度

环境类别	板、墙	梁、柱
一	15	20
二 a	20	25
二 b	25	35
三 a	30	40
三 b	40	50

注：通常保护层厚度在图纸的结构说明页中有详细规定。基础底面钢筋保护层厚度，有混凝土垫层时应从垫层顶面算起，且不小于 40mm；无垫层时不应小于 70mm。如图纸中有具体规定时，按图纸规定选取。

混凝土的保护层厚度，一般用水泥砂浆垫块或塑料卡垫在钢筋与模板之间来控制。塑料卡的形状有塑料垫块和塑料环圈两种。塑料垫块用于水平构件，塑料环圈用于垂直构件。

③弯曲量度差值。钢筋长度的度量方法系指外包尺寸，因此钢筋弯曲以后，外边缘伸长，内边缘缩短，只有中心线不变，外边缘和中心线之间存在的差值叫量度差值，在计算下料长度时必须加以扣除。根据理论推理和实践经验，当弯折30°时，量度差值为0.306d，取0.3d；当弯折45°时，量度差值为0.543d，取0.5d；当弯折60°时，量度差值为0.90d，取1d；当弯折90°时，量度差值为2.29d，取2d；当弯折135°时，量度差值为3d。

④钢筋的弯钩和弯折。受力钢筋的弯钩和弯折应符合下列要求：

a）HPB235钢筋末端应作180°弯钩，其弯弧内直径不应小于钢筋直径的2.5倍，弯钩的弯后平直部分长度不应小于钢筋直径的3倍。

b）当设计要求钢筋末端需作135°弯钩时，HRB335、HRB400钢筋的弯弧内直径不应小于钢筋直径的4倍，弯钩的弯后平直部分长度应符合设计要求。

c）钢筋作不大于90°的弯折时，弯折处的弯弧内直径不应小于钢筋直径的5倍。

⑤180°弯钩增加值。HPB235级钢筋的末端需要作180°弯钩，其圆弧内直径（D），不应小于钢筋直径（d）的2.5倍；平直部分的长度不宜小于钢筋直径（d）的3倍。每一个180°弯钩的增加值为6.25d。

⑥锚固长度（11G101-1的规定）见表5-9。

表5-9　　　　　　　　　纵向受拉钢筋抗震锚固长度 l_{ab}、l_{abe}

钢筋种类	抗震等级	混凝土强度等级								
		C20	C25	C30	C35	C40	C45	C50	C55	≥C40
HPB300	一、二级（l_{abe}）	45d	39d	35d	32d	29d	28d	26d	25d	24d
	三级（l_{abe}）	41d	36d	32d	29d	26d	25d	24d	23d	22d
	四级（l_{abe}）非抗震	39d	34d	30d	28d	25d	24d	23d	22d	21d
HRB335 HRBF335	一、二级（l_{abe}）	44d	38d	33d	31d	29d	26d	25d	24d	24d
	三级（l_{abe}）	40d	35d	31d	28d	26d	24d	23d	22d	22d
	四级（l_{abe}）非抗震	38d	33d	29d	27d	25d	23d	22d	21d	21d
HRB400 HRBF400	一、二级（l_{abe}）	—	46d	40d	37d	33d	32d	31d	30d	29d
	三级（l_{abe}）	—	42d	37d	34d	30d	29d	28d	27d	26d
	四级（l_{abe}）非抗震	—	40d	35d	32d	29d	28d	27d	26d	25d

（2）钢筋下料长度计算方法。

1）直钢筋下料长度＝直构件长度－保护层厚度＋弯钩增加长度（有弯钩时）。

2）弯起钢筋下料长度＝直段长度＋斜段长度－弯折量度差值＋弯钩增加长度（有弯钩时）。

3）箍筋下料长度＝2b＋2h－8c＋18.5d（根据抗震构造要求和90°量度差值推导出来，b为截面宽，h为截面高度，c为保护层厚度，d为钢筋直径）。

[**例 5 - 2**]　某独立基础共 10 个，每个基础长 4m、宽 4m，其基础下有 100mm 厚的混凝土垫层，基础配筋：①号筋为 Φ12@100，②号筋为 Φ12@100，如图 5 - 26 所示，计算各种钢筋的下料长度。

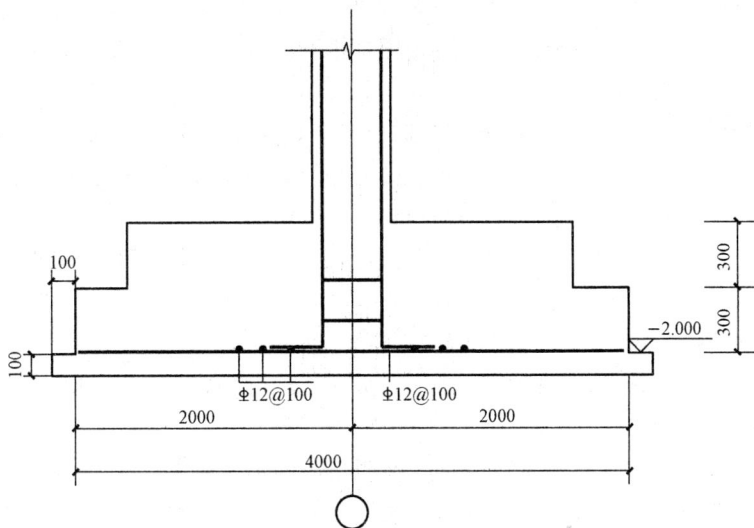

图 5 - 26　基础配筋图

解：基础中纵向受力钢筋的混凝土保护层厚度不应小于 40mm，当无垫层时不应小于 70mm。当独立基础底板长度大于等于 2500mm 时，除外侧钢筋外，底板配筋长度可减短 10％配置，交叉缩进。当独立基础底板长度小于 2500mm 时，按常规计算方法计算。本例中独立基础底板长度≥2500mm，第一根起步筋距基础边缘≤$S/2$ 且≤75mm（注：S 为基础底板钢筋的间距）。

①号筋（Φ12@100）

基础边缘第一根钢筋长度＝边长－2×保护层＝4000－2×40＝3920mm　根数 2 根

其余钢筋下料长度＝0.9×4000＝3600mm

根数＝（4000－2×布筋间距）/100＋1＝（4000－2×50－2×100）/100＋1＝38（根）

②号筋（Φ12@100）

钢筋下料长度和①号筋相同。钢筋配料单见表 5 - 10。

表 5 - 10　　　　　　　　　　　　　　钢 筋 配 料 单

构件名称	钢筋编号	简图	钢筋级别	直径/mm	下料长度/mm	单位根数	合计根数	重量/kg
基础	①号	3600	Φ	12	3600	38	380	1214.78
	①外边缘	3920	Φ	12	3920	2	20	69.62
	②外边缘	3920	Φ	12	3920	2	20	69.62
	②号	3600	Φ	12	3600	38	380	1214.78
	合计							2568.8

4. 钢筋绑扎

（1）钢筋绑扎准备工作。

1）熟悉施工图纸。施工图是钢筋绑扎、安装的依据。熟悉施工图应达到的目的，弄清楚各个编号钢筋的形状及绑扎细部尺寸；钢筋的相互关系；确定各类结构钢筋正确合理的绑扎顺序；预制骨架、网片的安装部位；同时还应注意发现施工图是否有错、漏或不明确的地方，若有应及时与有关部门联系解决。

2）核对配料单、料牌及成型钢筋，依据施工图，结合规范对接头位置、数量、间距的要求，核对配料单、料牌是否正确，校核已加工好的钢筋品种、规格、形状、尺寸及数量是否符合配料单的规定。

3）根据施工组织设计中对钢筋绑扎、安装的时间进度要求，研究确定相应的绑扎操作方法。

（2）钢筋绑扎的一般顺序及操作要点。

1）在施工部位进行钢筋绑扎的一般顺序为：画线→摆筋→穿筋→绑扎→安放垫块等。

2）操作要点。

①画线时应画出主筋的间距及数量，并标明箍筋的加密位置。

②板类钢筋应先排主筋后排分布钢筋；梁类钢筋一般先摆纵筋，然后摆横向的箍筋。摆筋时应注意按规定的要求将受力钢筋的接头错开。

③受力钢筋接头在连接区段（该区段长度为 35 倍钢筋直径且不小于 500mm）内，有接头的受力钢筋截面面积占受力钢筋总截面面积的百分率应符合规范规定。

④钢筋的转角与其他钢筋的交叉点均应绑扎，但箍筋的平直部分与钢筋的交叉点可呈梅花式交错绑扎。箍筋的弯钩叠合处应错开绑扎，应交错在不同的纵向钢筋上绑扎。

⑤在保证质量、提高工效、减轻劳动强度的原则下，研究加工方案。方案应分清预制部分和施工部位绑扎部分，以及两部分的相互衔接，避免后续工序施工困难，甚至造成返工浪费。

（3）主要构件钢筋绑扎。

1）基础底板钢筋绑扎。工艺流程为：弹钢筋位置线→绑扎底板下层钢筋→绑扎基础梁钢筋→设置垫块→水电工序插入→设置马凳→绑扎底板上层钢筋→插墙、柱预埋钢筋→安装止水板→检查验收。

施工方法包括：

①弹钢筋位置线。根据图纸标明的钢筋间距，算出基础底板实际需用的钢筋根数。在混凝土垫层上弹出钢筋位置线（包括基础梁的位置线）和插筋位置线，插筋的位置线包括剪力墙、框架柱、暗柱等竖向筋插筋，谨防遗漏。

②绑扎底板钢筋。按照弹好的钢筋位置线，先铺下层钢筋网，后铺上层钢筋网。先铺短向筋，再铺长向筋（如底板有集水坑、设备基坑，在铺底板下层钢筋前，先铺集水坑、设备基坑的下层钢筋）。

③设置垫块。检查底板下层钢筋施工合格后，放置底板混凝土保护层用的垫块，垫块的厚度等于钢筋保护层厚度，按 1m 左右间距，梅花形摆放。

④设置马凳。基础底板采用双层钢筋时，绑完下层钢筋后摆放钢筋马凳，马凳的摆放按施工方案的规定确定间距。

⑤绑底板上层钢筋。在马凳上摆放纵横两个方向的上层钢筋，上层钢筋的弯钩朝下，进行连接后绑扎。

⑥梁板钢筋全部绑扎完毕后，按设计图纸位置进行排水管预埋。

⑦插墙柱预埋钢筋。将墙柱预埋筋伸入底板下层钢筋上，拐尺的方向要正确，将插筋的拐尺与下层筋绑扎牢固，必要时进行焊接，并在主筋上绑一道定位筋。

⑧基础底板钢筋验收。为便于及时修正和减少返工，验收分两个阶段，梁和下层钢筋网完成、上层钢筋网及插筋完成两阶段，对绑扎不到位的地方进行局部修正，然后对现场进行清理，及钢筋的质量验收，全部完成后，填写钢筋隐蔽验收记录单。

2）剪力墙钢筋现场绑扎工艺流程（有暗柱）。在顶板上弹墙体外皮线和模板控制线→调整竖向钢筋位置→接长竖向钢筋→绑竖向梯子筋→绑扎暗柱及门窗过梁钢筋→绑墙体水平筋设置拉筋和垫块→设置墙体钢筋上口水平梯子筋→墙体钢筋验收。

3）框架柱钢筋绑扎工艺流程。弹柱位置线、模板控制线→清理柱筋污渍、柱根浮浆→修整底层伸出的柱预留钢筋→在预留钢筋上套柱子箍筋→绑扎或焊接（机械连接）柱子竖向钢筋→标识箍筋间距→绑扎箍筋→在柱顶绑定距、定位框→安放垫块。

4）梁板钢筋绑扎工艺流程。

①梁钢筋绑扎工艺流程。画主次梁箍筋间距→放主次梁箍筋→穿主梁底层纵筋及弯起筋→穿次梁底层纵筋→穿主梁上层纵筋及架立筋→绑主梁箍筋→穿次梁上层纵筋→绑次梁箍筋→拉筋设置→保护层垫块设置。

②板钢筋绑扎工艺流程。模板上弹线→绑板下层钢筋→水电工序插入→绑板上层钢筋→设置马凳及保护层垫块。

5. 钢筋安装质量验收

（1）主控项目。钢筋安装时，受力钢筋的品种、级别、规格和数量必须符合设计要求。

（2）一般项目。钢筋安装位置的偏差应符合表 5-11 的规定。

表 5-11　　　　　　　　　　钢筋安装位置的允许偏差和检验方法

项　目			允许偏差/mm	检　验　方　法
绑扎钢筋网	长、宽		±10	钢尺检查
	网眼尺寸		±20	钢尺量连续三档，取最大值钢尺检查
绑扎钢筋骨架	长		±10	
	宽、高		±5	钢尺检查
受力钢筋	间距		±10	钢尺量两端、中间各一点
	排距		±5	取最大值
	保护层厚度	基础	±10	钢尺检查
		柱、梁	±5	钢尺检查
		板、墙、壳	±3	钢尺检查
绑扎箍筋、横向钢筋间距			±20	钢尺量连续三档，取最大值
钢筋弯起点位置			20	钢尺检查
预埋件	中心线位置		5	钢尺检查
	水平高差		+3，0	钢尺和塞尺检查

（3）钢筋隐蔽验收的内容。在浇筑混凝土之前，应进行钢筋隐蔽工程验收，其内容包括：

1）纵向受力钢筋的品种、规格、数量、位置等。

2）钢筋的连接方式、接头位置、接头数量、接头面积百分率等。

3）箍筋、横向钢筋的品种、规格、数量、间距等。

4）预埋件的规格、数量、位置等。

5.5.3 混凝土工程

1. 混凝土工程的施工过程及准备工作

混凝土工程包括混凝土的搅拌、运输、浇筑、捣实和养护等施工过程，各个施工过程紧密联系又相互影响，任意施工过程处理不当都会影响混凝土的最终质量。

2. 混凝土施工制备

（1）混凝土配制强度（$f_{cu,o}$）。

混凝土配制强度应按下式计算：

$$f_{cu,o} = f_{cu,k} + 1.645\sigma$$

式中　$f_{cu,o}$——混凝土配制强度（MPa）；

　　　$f_{cu,k}$——混凝土立方体抗压强度标准值（MPa）；

　　　σ——混凝土强度标准差（MPa）；统计规定：对预拌混凝土厂和预制混凝土构件厂，其统计周期可取为一个月；对现场拌制混凝土的施工单位，其统计周期可按实际情况确定，但不宜超过三个月；施工单位如无近期混凝土强度统计资料时，σ可根据混凝土设计强度等级取值：当混凝土设计强度≤C20时，取4MPa；当混凝土设计强度在C25～C40时，取5MPa；当≥C45时，取6MPa。

（2）混凝土施工配合比及施工配料。混凝土配合比是在实验室根据混凝土的配制强度，经过试配和调整而确定的，实验室配合比所有用砂、石都是不含水分的，施工现场砂、石都有一定的含水率，且含水率大小随气温等条件不断变化。施工时应及时测定砂、石骨料的含水率，并将混凝土配合比换算成在实际含水率情况下的施工配合比。

设混凝土实验室配合比为水泥∶砂子∶石子＝1∶x∶y，测得砂子的含水率为w_x，石子的含水率为w_y，则施工配合比应为$1∶x(1+w_x)∶y(1+w_y)$。

[例5-3]　已知C20混凝土的试验室配合比为1∶2.55∶5.12，水胶比为0.65，经测定砂的含水率为3%，石子的含水率为1%，每1m³混凝土的水泥用量为310kg，则施工配合比为：

$$1∶2.55×(1+3\%)∶5.12×(1+1\%) = 1∶2.63∶5.17$$

每1m³混凝土材料用量为：

水泥：310kg

砂子：310kg×2.63＝815.3kg

石子：310kg×5.17＝1602.7kg

水：310kg×0.65－310kg×2.55×3%－310kg×5.12×1%＝161.9kg

3. 混凝土搅拌

（1）混凝土搅拌的概念及材料要求。混凝土搅拌，是将水、水泥和粗细骨料进行均匀拌和及混合的过程。同时，通过搅拌使材料达到强化、塑化的作用。

混凝土搅拌时，原材料计量要准确，计量的允许偏差不应超过下列限值：水泥和掺合料为 2%，粗、细骨料为 3%，水及外加剂为 2%，施工时重点对混凝土的质量进行监控，以保证工程质量。

（2）混凝土搅拌机的类型。混凝土搅拌机按其搅拌原理分为自落式和强制式两类。自落式搅拌机多用于搅拌塑性混凝土和低流动性混凝土。强制式搅拌机多用于搅拌干硬性混凝土和轻骨料混凝土。

（3）混凝土的搅拌制度。混凝土的搅拌制度主要包括三方面：搅拌时间、投料顺序、进料容量。

1）搅拌时间。混凝土的搅拌时间：从砂、石、水泥和水等全部材料投入搅拌筒起，到开始卸料为止所经历的时间，见表 5-12。

根据《混凝土结构工程施工规范》（GB 50666—2011）规定：混凝土宜采用强制式搅拌机搅拌，并应搅拌均匀。混凝土搅拌的最短时间可按表 5-12 采用。当能保证搅拌均匀时可适当缩短搅拌时间。搅拌强度等级 C60 及以上的混凝土时，搅拌时间应适当延长。

表 5-12　　　　　　　　　　　　　混凝土搅拌的最短时间

混凝土坍落度/mm	搅拌机机型	最短时间/s		
		搅拌机出料量<250L	250～500L	>500L
≤40	强制式	60	90	120
>40 且<100	强制式	60	60	90
≥100	强制式	60		

注：1. 混凝土搅拌的最短时间系指全部材料装入搅拌筒中起，到开始卸料止的时间。

2. 当掺有外加剂与矿物掺合料时，搅拌时间应适当延长。

3. 采用自落式搅拌机时，搅拌时间宜延长 30s。

2）投料顺序。投料顺序应从提高搅拌质量，减少叶片、衬板的磨损，减少拌和物与搅拌筒的粘结，减少水泥飞扬，改善工作环境，提高混凝土强度及节约水泥等方面综合考虑确定。常用一次投料法和二次投料法。

①一次投料法是在上料斗中先装石子，再加水泥和砂，然后一次投入搅拌筒中进行搅拌。

②二次投料法，是先向搅拌机内投入水和水泥（和砂），待其搅拌 1min 后再投入石子和砂继续搅拌到规定时间。

目前常用的方法有两种：预拌水泥砂浆法和预拌水泥净浆法。

3）进料容量。进料容量是将搅拌前各种材料的体积累积起来的容量，又称干料容量。

进料容量与搅拌机搅拌筒的几何容量有一定比例关系。进料容量为出料容量的 1.4～1.8 倍（通常取 1.5 倍），如任意超载（超载 10%），就会使材料在搅拌筒内无充分的空间进行拌和，影响混凝土的和易性。反之，装料过少，又不能充分发挥搅拌机的效能。

4. 混凝土运输

运输工具的选择。混凝土运输分地面水平运输、垂直运输和楼面水平运输三种。

1）地面运输时，短距离多用双轮手推车、机动翻斗车；长距离宜用自卸汽车、混凝土搅拌运输车。采用混凝土搅拌运输车运输混凝土时，应符合下列规定：接料前，搅拌运输车应排净罐内积水；在运输途中及等候卸料时，应保持搅拌运输车罐体正常转速，不得停转；卸料前，搅拌运输车罐体宜快速旋转搅拌 20s 以上后再卸料。

2）垂直运输可采用各种井架、龙门架和塔式起重机作为垂直运输工具。对于浇筑量大、浇筑速度比较稳定的大型设备基础和高层建筑，宜采用混凝土泵，也可采用自升式塔式起重机或爬升式塔式起重机运输。

3）混凝土泵。根据《混凝土泵送施工技术规程》（JGJ/T 10—2011）和《普通混凝土配合比设计规程》（JGJ/T 55—2011）规定：

①泵送混凝土概念：可通过泵压作用沿输送管道强制流动到目的地并进行浇筑的混凝土。

②泵送混凝土原材料的要求。水泥：应选用硅酸盐水泥、普通硅酸盐水泥、矿渣硅酸盐水泥、粉煤灰硅酸盐水泥、不宜采用火山灰质硅酸盐水泥。粗骨料：宜采用连续级配，针片状颗粒含量不宜大于 10%，粗骨料的最大粒径与输送管径之比见表 5-13。

表 5-13   粗骨料的最大粒径与输送管径之比

粗骨料的类型	输送高度/m	粗骨料的最大粒径与输送管径之比
碎石	<50	≤1：3.0
	50～100	≤1：4.0
	>100	≤1：5.0
卵石	<50	≤1：2.5
	50～100	≤1：3.0
	>100	≤1：4.0

细骨料：宜采用中砂，其通过 0.315mm 筛孔的粒径不应少于 15%。

外加剂：泵送混凝土应掺泵送剂或减水剂，并宜掺用矿物掺合料。

③泵送混凝土的配合比要求。

a. 泵送混凝土的胶凝材料总量不宜小于 300kg/m³。

b. 泵送混凝土的砂率宜为 35%～45%。

c. 泵送混凝土掺加外加剂的品种和掺量宜由试验确定，不得随意使用。

④泵送混凝土的性能要求。泵送混凝土的入泵坍落度不宜小于 10cm，对于各种入泵的坍落度不同的混凝土，其泵送高度不宜超过表 5-14 的规定。

表 5-14   混凝土的入泵坍落度与泵送高度的关系

入泵坍落度/cm	10～14	14～16	16～18	18～20	20～22
最大泵送高度/m	30	60	100	400	400 以上

4）混凝土泵送过程的要求。

①混凝土泵与输送管连通后，应对其进行全面检查。混凝土泵送前应进行空载试运转。

②混凝土泵送施工前，应检查混凝土送料单，核对配合比，检查坍落度，必要时还应测定混凝土扩展度，在确认无误后方可进行混凝土泵送。

③泵送混凝土的入泵坍落度不宜小于 100mm，对强度等级超过 C60 的泵送混凝土，其入泵坍落度不宜小于 180mm。

④混凝土泵启动后，应先泵送适量清水以湿润混凝土泵的料斗，活塞及输送管的内壁等直接与混凝土接触部位。泵送完毕后，应清除泵内积水。

⑤经泵送清水检查，确认混凝土泵和输送管中无异物后，应选用下列浆液中的一种润滑混凝土泵和输送管的内壁：水泥净浆；1∶2 水泥砂浆与混凝土内除粗骨料外的其他成分相同配合比的水泥砂浆。润滑用浆料泵出后应妥善回收，不得作为结构混凝土使用。

⑥开始泵送时，混凝土泵应处于匀速缓慢运行并随时可反泵的状态，泵送速度应先慢后快，逐步加速。同时，应观察混凝土泵的压力和各系统的工作情况，待各系统运转正常后，方可以正常速度进行泵送。

⑦混凝土泵送宜连续进行。混凝土运输、输送、浇筑及间歇的全部时间不应超过国家现行标准的规定；如超过规定时间时，应临时设置施工缝，继续浇混凝土，并应按施工缝要求处理。

⑧当输送管堵塞时，应及时拆除管道，排除堵塞物。拆除的管道重新安装前应湿润。

⑨当混凝土供应不及时，宜采取间歇泵送的方式，放慢泵送速度。间歇泵送可采用每隔 4～5min 进行两个行程反泵，再进行两个行程正泵的泵送方式。

⑩向下泵送混凝土时，应采取措施排除管内空气；泵送完毕时，应及时将混凝土泵和输送管清洗干净。

5. 混凝土浇筑

(1) 混凝土浇筑的一般规定。根据《混凝土结构工程施工规范》（GB 50666—2011）规定：

1）浇筑混凝土前，应清除模板内或垫层上的杂物。表面干燥的地基、垫层、模板上应洒水湿润；现场环境温度高于 35℃时宜对金属模板进行洒水降温；洒水后不得留有积水。

2）混凝土浇筑应保证混凝土的均匀性和密实性。混凝土宜一次连续浇筑；当不能一次连续浇筑时，可留设施工缝或后浇带分块浇筑。

3）混凝土浇筑过程应分层进行，分层浇筑应符合规范规定的分层。表 5-15 规定了振捣厚度要求，上层混凝土应在下层混凝土初凝之前浇筑完毕。

表 5-15　　　　　　　　　　　混凝土分层振捣的最大厚度

振捣方法	混凝土分层振捣的最大厚度
振动棒	振动棒作用部分长度的 1.25 倍
表面振动器	200mm
附着振动器	根据设置方式，通过试验确定

4）混凝土运输、输送入模的过程宜连续进行，从运输到输送入模的延续时间不宜超过表 5-16 的规定，且不应超过表 5-17 的限值规定。掺早强型减水外加剂、早强剂的混凝土以及有特殊要求的混凝土，应根据设计及施工要求，通过试验确定允许时间。

表 5 - 16　　　　　　　　　运输到输送入模的延续时间　　　　　　　　　　　min

条　件	气　温	
	≤25℃	>25℃
不掺外加剂	90	60
掺外加剂	150	120

表 5 - 17　　　　　　　运输、输送入模及其间歇总的时间限值　　　　　　　min

条　件	气　温	
	≤25℃	>25℃
不掺外加剂	180	150
掺外加剂	240	210

5）混凝土浇筑的布料点宜接近浇筑位置，应采取减少混凝土下料冲击的措施，并应符合下列规定：宜先浇筑竖向结构构件，后浇筑水平结构构件；浇筑区域结构平面有高差时，宜先浇筑低区部分再浇筑高区部分。

6）柱、墙模板内的混凝土浇筑倾落高度应符合表 5 - 18 的规定；当不能满足表 5 - 18 的要求时，应加设串筒、溜管、溜槽等装置。

表 5 - 18　　　　　　　柱、墙模板内混凝土浇筑倾落高度限值　　　　　　　m

条　　件	浇筑倾落高度限值
粗骨料粒径大于 25mm	≤3
粗骨料粒径小于等于 25mm	≤6

注：当有可靠措施能保证混凝土不产生离析时，混凝土倾落高度可不受本表限制。

7）混凝土浇筑后，在混凝土初凝前和终凝前宜分别对混凝土裸露表面进行抹面处理。

8）柱、墙混凝土设计强度等级高于梁、板混凝土设计强度等级时，混凝土浇筑应符合下列规定：

①柱、墙混凝土设计强度比梁、板混凝土设计强度高一个等级时，柱、墙位置梁、板高度范围内的混凝土经设计单位同意，可采用与梁、板混凝土设计强度等级相同的混凝土进行浇筑。

②柱、墙混凝土设计强度比梁、板混凝土设计强度高两个等级及以上时，应在交界区域采取分隔措施。分隔位置应在低强度等级的构件中，且距高强度等构件边缘不应小于50mm。

③宜先浇筑高强度等级混凝土，后浇筑低强度等级混凝土。

9）施工缝或后浇带处浇筑混凝土应符合下列规定：

①结合面应采用粗糙面；结合面应清除浮浆、疏松石子、软弱混凝土层，并应清理干净。

②结合面处应采用洒水方法进行充分湿润，并不得有积水。

③施工缝处已浇筑混凝土的强度不应小于 1.2MPa。

④柱、墙水平施工缝水泥砂浆接浆层厚度不应大于 30mm，接浆层水泥砂浆应与混凝土浆液同成分。

⑤后浇带混凝土强度等级及性能应符合设计要求；当设计无要求时，后浇带强度等级宜比两侧混凝土提高一级，并宜采用减少收缩的技术措施进行浇筑。

（2）混凝土施工缝和后浇带的留设位置。

1）施工缝和后浇带的留设位置应在混凝土浇筑之前确定。施工缝和后浇带宜留设在结构受剪力较小且便于施工的位置。受力复杂的结构构件或有防水抗渗要求的结构构件，施工缝留设位置应经设计单位认可。

2）水平施工缝的留设位置应符合下列规定：

①柱、墙施工缝可留设在基础、楼层结构顶面，柱施工缝与结构上表面的距离宜为 0～100mm，墙施工缝与结构上表面的距离宜为 0～300mm；如图 5-27 所示。

②柱、墙施工缝也可留设在楼层结构底面，施工缝与结构下表面的距离宜为 0～50mm。当板下有梁托时，可留设在梁托下 0～20mm。

③高度较大的柱、墙、梁以及厚度较大的基础可根据施工需要在其中部留设水平施工缝；必要时，可对配筋进行调整，并应征得设计单位认可。

④特殊结构部位留设水平施工缝应征得设计单位同意。

3）垂直施工缝和后浇带的留设位置应符合下列规定：

①有主次梁的楼板施工缝应留设在次梁跨度中间的 1/3 范围内，如图 5-27 所示。

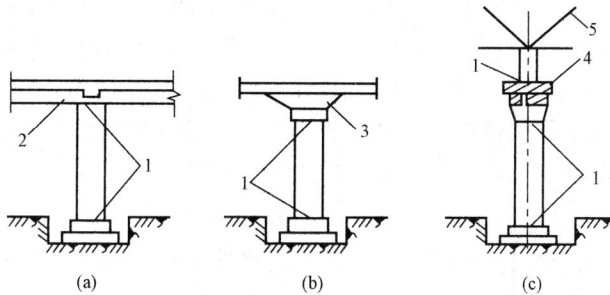

图 5-27　柱子施工缝位置
（a）肋形楼板柱；（b）无梁楼板柱；（c）吊车梁牛腿柱
1—施工缝；2—梁；3—柱帽；4—吊车梁；5—屋架

②单向板施工缝应留设在平行于板短边的任何位置。

③楼梯梯段施工缝宜设置在梯段板跨度端部的 1/3 范围内。

④墙的施工缝宜设置在门洞口过梁跨中 1/3 范围内，也可留设在纵横交接处。

⑤后浇带留设位置应符合设计要求。

⑥特殊结构部位留设垂直施工缝应征得设计单位同意。

（3）后浇带混凝土施工。后浇带是在现浇混凝土结构施工过程中，克服由于温度、收缩而可能产生有害裂缝而设置的临时施工缝。该缝需根据设计要求保留一段时间后再浇筑混凝土，将整个结构连成整体。后浇带内的钢筋应完好保存。

1）施工工艺流程。后浇带两侧混凝土处理→防水节点处理→清理→混凝土浇筑→养护。

2）施工方法。后浇带两侧混凝土处理，由机械切出剔凿的范围及深度，剔出松散的石子和浮浆，露出密实的混凝土，并用水冲洗干净。按相关规范进行防水节点处理。后浇带混凝土的浇筑时间应按设计要求确定，当设计无要求时，应在两侧混凝土龄期达到 42d 后再施工。

在后浇带浇筑混凝土前，在混凝土表面涂刷水泥净浆或铺一层与混凝土同强度等级的水泥砂浆，并及时浇筑混凝土。后浇带混凝土可采用微膨胀混凝土，其强度等级不低于两侧混凝土。后浇带混凝土保湿养护时间不少于 28d。

（4）混凝土浇筑方法。

1）多层钢筋混凝土框架结构的浇筑。浇筑多层框架结构首先要划分施工层和施工段，施工层一般按结构层划分，而每一施工层的施工段划分，则要考虑工序数量、技术要求、结构特点等。

浇筑柱子混凝土：施工段内的每排柱子应由外向内对称地依次浇筑，禁止由一端向另一端推进，预防柱子模板因湿胀造成受推倾斜而使误差积累难以纠正；柱子浇筑混凝土前，柱底表面应用高压冲洗干净后，先浇筑一层不应大于 30mm 厚与混凝土成分相同的水泥砂浆，然后再分层分段浇筑混凝土。

梁和板一般应同时浇筑，顺次梁方向从一端开始向前推进。浇筑方法应由一端开始用"赶浆法"，即先浇筑梁，据梁高分层浇筑成阶梯形，当达到板底位置时，再与板的混凝土一起浇筑，随着阶梯形不断延伸，梁板混凝土浇筑连续向前进行。

楼梯段混凝土自下而上浇筑，先振实底板混凝土，达到踏步位置时再与踏步混凝土一起振捣，不断连续向上推进，并随时用木抹子（或塑料抹子）将踏步上表面抹平。

2）大体积混凝土结构浇筑。大体积混凝土结构在工业建筑中多为设备基础，高层建筑中多为桩基承台、筏板基础底板等。大体积混凝土施工规范（GB 50496—2009）规定：大体积混凝土是指混凝土结构实体最小尺寸不小于 1m 的大体量混凝土，或预计会因混凝土中胶凝材料水化引起的温度变化和收缩而导致有害裂缝产生的混凝土。

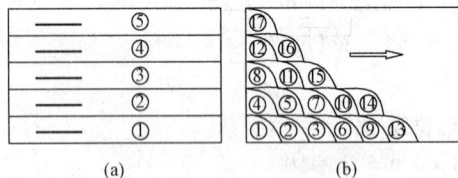

①大体积混凝土的施工。可采用整体分层连续浇筑或推移式连续浇筑（如图 5-28 所示，图中的数字为浇筑先后次序）。

②大体积混凝土施工设置水平施工缝时，除应符合设计要求外，尚应根据混凝土浇筑过程中温度裂缝控制的要求、混凝土的供应能力、钢筋工程的施工、预埋管件安装等因素确定其位置及间歇时间。

图 5-28　混凝土浇筑工艺

（a）分层连续浇筑；（b）推移式连续浇筑

③超长大体积混凝土施工，应选用下列方法控制不出现有害裂缝：

a）留置变形缝。变形缝的设置和施工应符合国家现行有关标准的规定。

b）后浇带施工。后浇带的设置和施工应符合国家现行有关标准的规定。

c）跳仓法施工。跳仓的最大分块尺寸不宜大于 40m，跳仓间隔施工的时间不宜小于 7d，跳仓接缝处按施工缝的要求设置和处理。

④大体积混凝土的浇筑应符合下列规定：

a）混凝土的摊铺厚度应根据所用振捣器的作用深度及混凝土的和易性确定。整体连续浇筑时宜为 300～500mm。

b）整体分层连续浇筑或推移式连续浇筑，应缩短间歇时间，并应在前层混凝土初凝之前将次层混凝土浇筑完毕。层间最长的间歇时间不大于混凝土的初凝时间。混凝土的初凝时间应通过试验确定。当层间间歇时间超过混凝土的初凝时间时，层面应按施工缝处理。

c）混凝土浇筑宜从低处开始，沿长边方向自一端向另一端进行。当混凝土供应量有保证时，也可多点同时浇筑。

d）混凝土浇筑宜采用二次振捣工艺。

⑤大体积混凝土施工采取分层间歇浇筑混凝土时，水平施工缝的处理应符合下列规定：

a）在已硬化的混凝土表面，应清除浇筑表面的浮浆、松动石子及软弱混凝土层。

b）在上层混凝土浇筑前，应用清水冲洗混凝土表面的污物，并应充分润湿，但不得有积水。

c）混凝土应振捣密实，并应使新旧混凝土紧密结合。

⑥大体积混凝土底板与侧墙相连接的施工缝，当有防水要求时，应采取钢板止水带处理措施。

⑦大体积混凝土浇筑面应及时进行二次抹压处理。

⑧大体积混凝土的养护。大体积混凝土应进行保温保湿养护，在每次混凝土浇筑完毕后，除应按普通混凝土进行常规养护外，尚应及时按温控技术措施的要求进行保温养护，并应符合下列规定：

a）专人负责保温养护工作，并应按本规范的有关规定操作并做好测试记录。

b）保湿养护的持续时间不得少于 14d。并应经常检查塑料薄膜或养护剂涂层的完整情况，保持混凝土表面湿润。

c）保温覆盖层的拆除应分层逐步进行，当混凝土的表面温度与环境最大温差小于 20℃ 时，可全部拆除。

（5）混凝土密实成型。混凝土浇入模板以后是较疏松的，里面含有空洞与气泡不能达到要求的密度和强度，还需经振捣密实成形。

人工捣实是用人力的冲击来使混凝土密实成型。

机械捣实的方法所用振动机械如图 5-29 所示。

内部振动器：建筑工地常用的振动器，多用于振实梁、柱、墙、大体积混凝土和基础等。振动混凝土时应垂直插入，并插入下层混凝土 50mm，以促使上下层混凝土结合成整体。振点振捣延续时间，应使混凝土捣实（即表面呈现浮浆和不再沉落）为限。捣实移动间距，不宜大于作用半径的 1.5 倍。

表面振动器：适用于捣实楼板、地面、板形构件和薄壳等薄壁结构。在无筋或单层钢筋结构中，每次振实的厚度不大于 250mm；在双层钢筋的结构中，每次振实厚度不大于 120mm。

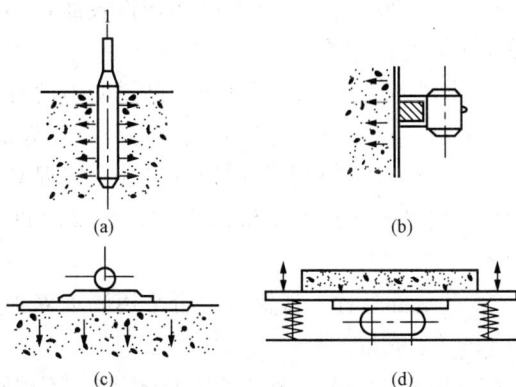

图 5-29　振动机械

(a) 内部振动器；(b) 表面振动器；
(c) 外部振动器；(d) 振动台

附着式振动器：通过螺栓或夹钳等固定在模板外侧的横档或竖档上，但模板应有足够的刚度。

6. 混凝土养护

混凝土浇筑后应及时进行保湿养护，保湿养护可采用洒水、覆盖、喷涂养护剂等方式。选择养护方式应考虑现场条件、环境温湿度、构件特点、技术要求、施工操作等因素。应在12h以内加以覆盖和浇水。

（1）混凝土的养护时间应符合下列规定：

1）采用硅酸盐水泥、普通硅酸盐水泥或矿渣硅酸盐水泥配制的混凝土，不应少于7d；采用其他品种水泥时，养护时间应根据水泥性能确定。

2）采用缓凝型外加剂、大掺量矿物掺合料配制的混凝土，不应少于14d。

3）抗渗混凝土、强度等级C60及以上的混凝土，不应少于14d。

4）后浇带混凝土的养护时间不应少于14d。

5）地下室底层墙、柱和上部结构首层墙、柱宜适当增加养护时间。

6）基础大体积混凝土养护时间应根据施工方案确定。

（2）洒水养护应符合下列规定：

1）洒水养护宜在混凝土裸露表面覆盖麻袋或草帘后进行，也可采用直接洒水、蓄水等养护方式；洒水养护应保证混凝土处于湿润状态。

2）洒水养护用水应符合规范的规定。

3）当日最低温度低于5℃时，不应采用洒水养护。

（3）覆盖养护应符合下列规定：

1）覆盖养护宜在混凝土裸露表面覆盖塑料薄膜、塑料薄膜加麻袋、塑料薄膜加草帘进行。

2）塑料薄膜应紧贴混凝土裸露表面，塑料薄膜内应保持有凝结水。

3）覆盖物应严密，覆盖物的层数应按施工方案确定。

（4）喷涂养护剂养护应符合下列规定：

1）应在混凝土裸露表面喷涂覆盖致密的养护剂进行养护。

2）养护剂应均匀喷涂在结构构件表面，不得漏喷；养护剂应具有可靠的保湿效果，保湿效果可通过试验检验。

3）养护剂使用方法应符合产品说明书的有关要求。

（5）柱、墙混凝土养护方法应符合下列规定：

1）地下室底层和上部结构首层柱、墙混凝土带模养护时间，不宜少于3d；带模养护结束后可采用洒水养护方式继续养护，必要时也可采用覆盖养护或喷涂养护剂养护方式继续养护。

2）其他部位柱、墙混凝土可采用洒水养护；必要时，也可采用覆盖养护或喷涂养护剂养护。

（6）混凝土强度达到1.2N/mm² 前，不得在其上踩踏、堆放荷载、安装模板及支架。

（7）同条件养护试件的养护条件应与实体结构部位养护条件相同，并应采取措施妥善保管。

（8）施工现场应具备混凝土标准试件制作条件，并应设置标准试件养护室或养护箱。标准试件养护应符合国家现行有关标准的规定。

7. 混凝土工程施工质量验收

混凝土工程的施工质量检验应按主控项目、一般项目规定的检验方法进行检验。

（1）混凝土施工质量检验批验收内容。

主控项目包括：

1）结构混凝土的强度等级必须符合设计要求，用于检查结构构件混凝土强度的试件，应在混凝土的浇筑地点随机抽取。取样与试件留置应符合下列规定：

①每拌制 100 盘且不超过 100m³ 的同配合比的混凝土，取样不得少于一次。

②每工作班拌制的同一配合比的混凝土不足 100 盘时，取样不得少于一次。

③当一次连续浇筑超过 1000m³ 时，同一配合比的混凝土每 200m³ 取样不得少于一次。

④每一楼层、同一配合比的混凝土，取样不得少于一次。

⑤每次取样应至少留置一组标准养护试件，同条件养护试件的留置组数应根据实际需要确定。

2）对有抗渗要求的混凝土结构，其混凝土试件应在浇筑地点随机取样。同一工程、同一配合比的混凝土，取样不应少于 1 次，留置组数可根据实际需要确定。

连续浇筑混凝土每 500m³ 应留置一组抗渗试件（一组为 6 个抗渗试件），且每项工程不得少于 2 组。采用预拌混凝土的抗渗试件，留置组数应视结构的规模和要求而定。

3）混凝土原材料计量。

①在混凝土每一工作班正式称量前，应先检查原材料质量，必须使用合格材料。各种衡器应定期校核，每次使用前进行零点校核，保持计量准确。

②施工中应测定骨料的含水率，当雨天施工含水率有显著变化时，应增加测定次数，依据测试结果及时调整配合比中的用水量和骨料用量。

③水泥、砂、石子、掺合料等干料的配合比，应采用重量法计量，严禁采用容积法。混凝土原材料的每盘称量的允许偏差见表 5 - 19。

表 5 - 19　　　　　　　　　混凝土原材料每盘称量的允许偏差

材　料　名　称	允　许　偏　差
水泥、混合材料	±2%
粗、细骨料	±3%
水、外加剂	±2%

4）混凝土的运输、浇筑及间歇的全部时间不应超过混凝土的初凝时间。同一施工段的混凝土应连续浇筑，并应在底层混凝土初凝之前将上一层混凝土浇筑完毕。

一般项目包括：

1）施工缝的位置应在混凝土浇筑前按设计要求和施工技术方案确定。处理按施工技术方案执行。

2）后浇带的留置应按设计要求和施工技术方案确定。后浇带混凝土浇筑应按施工技术方案进行。

3）混凝土浇筑完毕后，12h 以内对混凝土加以覆盖并保湿养护。对采用硅酸盐水泥、普通硅酸盐水泥或矿渣硅酸盐水泥拌制的混凝土，养护时间不得少于 7d，对掺用缓凝型外加剂或有抗渗要求的混凝土，养护时间不得少于14d，浇水次数应能保持混凝土处于湿润状态。采用塑料布覆盖养护的混凝土，其敞露的全部表面应覆盖严密，并应保持塑料布内有凝结水；混凝土强度达到1.2MPa前，不得在其上踩踏或安装模板支架；混凝土表面不便浇水或使用塑料布时，宜涂刷养护剂；对大体积混凝土的养护，应根据气候条件按施工技术方案采取控温措施。

（2）混凝土外观质量检验。

1）主控项目。现浇结构的外观质量不应有严重缺陷。对已经出现的严重缺陷，应由施工单位提出技术处理方案，并经监理（建设）单位认可后进行处理。对经处理的部位，应重新检查验收。

2）一般项目。现浇结构的外观质量不宜有一般缺陷。对已经出现的一般缺陷，应由施工单位按技术处理方案进行处理，并重新检查验收。

（3）混凝土尺寸偏差的质量检验。

1）主控项目：现浇结构不应有影响结构性能和使用功能的尺寸偏差。混凝土设备基础不应有影响结构性能和设备安装的尺寸偏差。

对超过尺寸允许偏差且影响结构性能和安装、使用功能的部位，应由施工单位提出技术处理方案，并经监理（建设）单位认可后进行处理。对经处理的部位，应重新检查验收，见表5-20。

表5-20   现浇结构外观质量缺陷

名称	现象	严重缺陷	一般缺陷
露筋	构件内钢筋未被混凝土包裹而外露	纵向受力钢筋露筋	其他钢筋有少量露筋
蜂窝	混凝土表面缺少水泥砂浆而形成石子外露	构件主要受力部位有蜂窝	其他部位有少量蜂窝
孔洞	混凝土中孔穴深度和长度均超过保护层厚度	构件主要受力部位有孔洞	其他部位有少量孔洞
夹渣	混凝土中夹有杂物且深度超过保护层厚度	构件主要受力部位有夹渣	其他部位有少量夹渣
疏松	混凝土中局部不密实	构件主要受力部位有疏松	其他部位有少量疏松
裂缝	缝隙从混凝土表面延伸至混凝土内部	构件主要受力部位有影响结构性能或使用功能的裂缝	其他部位有基本不影响结构性能或使用功能的裂缝
连接部位缺陷	构件连接处混凝土缺陷及连接钢筋、连接件松动	连接部位有影响结构传力性能的缺陷	连接部位有基本不影响结构传力性能的缺陷
外形缺陷	缺棱掉角、棱角不直、翘曲不平、飞边凸肋等	清水混凝土构件有影响使用功能或装饰效果的外形缺陷	其他混凝土构件有不影响使用功能的外形缺陷
外表缺陷	构件表面麻面、掉皮、起砂、沾污等	具有重要装饰效果的清水混凝土表面有外表缺陷	其他混凝土构件有不影响使用功能的外表缺陷

2）一般项目：现浇结构和混凝土设备基础拆模后的尺寸偏差应符合规范规定。

8. 混凝土质量缺陷的修整

当混凝土结构构件拆模后发现缺陷，应查清原因，根据具体情况处理，严重影结构性能的，要会同设计和有关部门研究处理。

（1）混凝土质量缺陷的分类和产生原因。

1）麻面。即构件表面上呈现若干小凹点，但无露筋。原因是模板湿润不够，拼缝不严，振捣时间不足或漏振导致气泡未排出，混凝土过干等。

2）露筋。露筋是钢筋暴露在混凝土外面。原因是混凝土保护层不够，浇筑时垫块移位。

3）蜂窝。即构件中有蜂窝状窟窿，骨料间有空隙存在。原因是混凝土产生离析、钢筋过密、石子粒径卡在钢筋上使其产生间隙、振捣不足或漏振、模板拼缝不严等。

4）孔洞。即混凝土内部存在空隙，局部部位全部无混凝土。原因是钢筋布置太密或一次下料过多，下部无法振捣而形成。

5）裂缝。即表面裂缝、深度裂缝。原因是结构设计承载能力不够、施工荷载过重太集中、施工缝设置不当等。

（2）混凝土质量缺陷的修整方法。

1）混凝土结构外观一般缺陷修整应符合下列规定：

①对于露筋、蜂窝、孔洞、夹渣、疏松、外表缺陷，应凿除胶结不牢固部分的混凝土，应清理表面，洒水湿润后应用 1∶2.5～1∶2 水泥砂浆抹平。

②应封闭裂缝。

③连接部位缺陷、外形缺陷可与面层装饰施工一并处理。

2）混凝土结构外观严重缺陷修整应符合下列规定：

①对于露筋、蜂窝、孔洞、夹渣、疏松、外表缺陷，应凿除胶结不牢固部分的混凝土至密实部位，清理表面，支设模板，洒水湿润，涂抹混凝土界面剂，应采用比原混凝土强度等级高一级的细石混凝土浇筑密实，养护时间不应少于 7d。

②开裂缺陷修整应符合下列规定：

a. 对于民用建筑的地下室、卫生间、屋面等接触水介质的构件，均应注浆封闭处理，注浆材料可采用环氧、聚氨酯、氰凝、丙凝等。对于民用建筑不接触水介质的构件，可采用注浆封闭、聚合物砂浆粉刷或其他表面封闭材料进行封闭。

b. 对于无腐蚀介质工业建筑的地下室、屋面、卫生间等接触水介质的构件以及有腐蚀介质的所有构件，均应注浆封闭处理，注浆材料可采用环氧、聚氨酯、氰凝、丙凝等。对于无腐蚀介质工业建筑不接触水介质的构件，可采用注浆封闭、聚合物砂浆粉刷或其他表面封闭材料进行封闭。

c. 清水混凝土的外形和外表严重缺陷，宜在水泥砂浆或细石混凝土修补后用磨光机械磨平。

3）混凝土结构尺寸偏差一般缺陷，可采用装饰修整方法修整。

4）混凝土结构尺寸偏差严重缺陷，应会同设计单位共同制定专项修整方案，结构修整后应重新检查验收。

5.6 防水工程

5.6.1 防水工程概述

建筑防水工程是保证建筑物及构筑物的结构不受水的侵蚀，内部空间不受水危害的一项分部工程。它涉及地下室、墙身、楼地面、屋顶等诸多部位，不仅受到外界气候和环境的影响，还与地基不均匀沉降和主体结构的变位密切相关。建筑防水工程的质量直接影响到房屋的使用功能和寿命，关系到人民生活和生产能否正常进行，历来受到人们的重视。

（1）防水工程按构造做法分。结构自防水和防水层防水。结构自防水：依靠建筑物构件材料本身的厚度和密实性及构造措施使结构构件起承重围护和防水作用，如地下墙、底板、顶板等防水混凝土；防水层防水：防水材料铺贴在建筑物构件的迎水面或者接缝处，如卷材防水，涂膜防水，复合防水层防水。

（2）按工程部位分。屋面防水和地下防水。屋面防水又分为三大类，即卷材屋面防水、涂膜、复合防水层屋面防水；地下防水分为结构自防水、附加防水层防水。

5.6.2 屋面防水工程

1. 屋面防水等级和设防要求

屋面防水工程应根据建筑物的类别、重要程度、使用工程要求确定防水等级，并按相应等级进行防水设防，对防水有特殊要求的建筑屋面，应进行专项防水设计。屋面防水等级和设防要求应符合现行国家标准《屋面工程技术规范》（GB 50345—2012）和《屋面工程施工质量验收规范》（GB 50207—2012），见表 5 - 21。

表 5 - 21　　　　　　　　　屋面防水等级和设防要求

防水等级	建筑类别	设防要求
Ⅰ级	重要建筑和高层建筑	两道防水设防
Ⅱ级	一般建筑	一道防水设防

2. 屋面工程施工的基本规定

（1）屋面防水工程应由具备相应资质的专业队伍进行施工。作业人员应持证上岗。

（2）施工单位应建立、健全施工质量的检验制度，严格工序管理，做好隐蔽工程验收检查和记录。

（3）屋面工程施工前应通过图纸会审，并应掌握施工图中的细部构造及有关技术要求，施工单位应编制屋面工程的专项施工方案或技术措施，并应进行现场技术安全交底。

（4）屋面工程所采用的防水、保温材料应有产品合格证书和性能检测报告。材料的品种、规格、性能等应符合设计和产品标准的要求。材料进场后，应按规定抽样检验，提出检验报告。工程中严禁使用不合格的材料。

（5）屋面工程施工时，应建立各道工序的自检、交接检和专职人员检查的"三检"制度，并应有完善的检查记录。每道工序完成后应经监理或建设单位检查验收，并应在合格后再进行下道工序的施工。当下道工序或相邻工程施工时，应对已完成的部分采取保护措施。

（6）材料进场检验报告的全部项目指标均达到技术标准规定应为合格，不合格材料不得在工程中使用。

（7）屋面防水工程完工后，应进行观感质量检查和雨后观察或淋水、蓄水试验，不得有渗漏和积水现象。

（8）屋面工程子分部、分项工程的划分。屋面工程分部包括基层与保护工程、保温与隔热工程、防水与密封工程、瓦面与板面工程、细部构造工程五个子分部工程，每个子分部包括的分项见表 5-22。

表 5-22　　　　　　　　　　屋面工程各子分部、分项工程的划分

分部工程	子分部工程	分　项　工　程
屋面工程	基层与保护	找坡层、找平层、隔汽层、隔离层、保护层
	保温与隔热	板状材料保温层、纤维材料保温层、喷涂硬泡聚氨酯保温层、现浇泡沫混凝土保温层、种植隔热层、架空隔热层、蓄水隔热层
	防水与密封	卷材防水层、涂膜防水层、复合防水层、接缝密封防水
	瓦面与板面	烧结瓦和混凝土瓦铺装、金属板铺装、玻璃采光顶铺装
	细部构造	檐口、檐沟和天沟、女儿墙和山墙、水落口、变形缝、伸出屋面管道、屋面出入口、反梁过水孔、屋脊、屋顶窗

屋面工程各分项工程宜按屋面面积每 $500\sim1000m^2$ 划分为一个检验批，不足 $500m^2$ 应按一个检验批考虑；每个检验批的抽检数量按各子分部工程的规定执行。

（9）屋面工程施工必须符合的安全规定。严禁在雨天、雪天和五级风及其以上时施工；屋面周边和预留孔洞部位，必须按临边、洞口防护规定设置安全护栏和安全网；屋面坡度大于 30％时，应采取防滑措施；施工人员应穿防滑鞋，特殊情况下如无可靠安全措施时，操作人员必须系好安全带并扣好保险钩。

3. 基层与保护工程施工

（1）一般规定。

1）基层与保护工程施工涵盖了屋面保温层及防水层相关的构造层，包括找坡层、找平层、隔汽层、隔离层、保护层。

2）为了雨水迅速排走，屋面找坡应满足设计排水坡度要求，结构找坡不应小于 3％，材料找坡宜为 2％；檐沟、天沟纵向找坡不应小于 1％，沟底水落差不得超过 200mm。

（2）找坡层和找平层施工。

1）找坡应按屋面排水方向和设计坡度要求进行，找坡层最薄处的厚度不宜小于 20mm。

2）找坡层宜采用轻骨料混凝土，找坡材料应分层铺设和适当压实，表面宜平整和粗糙，并应适时浇水养护。

3）找平层宜采用水泥砂浆或细石混凝土，找平层的抹平工序应在初凝前完成，压光工序应在终凝前完成，终凝后应进行养护。

4）找平层分格缝纵横间距不宜大于 6m，分格缝的宽度宜为 5～20mm。

5）找平层的工艺流程。基层清理→管根封堵→标高坡度弹线→洒水湿润→施工找平层（水泥砂浆、细石混凝土）→养护→验收。

（3）保护层施工。防水层上的保护层施工，应待卷材铺贴完成或涂料固化成膜，并经检验合格后进行。

1）用块体材料作保护层时，宜设置分格缝，分格缝纵横间距不应大于 10m，分格缝宽度宜为 20mm。

2）用水泥砂浆做保护层时，表面应抹平压光，并应设表面分格缝，分格面积宜为 1m²。

3）用细石混凝土作保护层时，混凝土应振捣密实，表面应抹平压光，分格缝纵横间距不应大于 6m。分格缝宽度宜为 10～20mm。

4）块体材料、水泥砂浆或细石混凝土作保护层与女儿墙和山墙之间，应预留宽度为 30mm 的缝隙，缝内宜填塞聚苯乙烯泡沫塑料，并应用密封材料嵌填密实。

4. 保温与隔热工程施工

（1）保温与隔热层的分类。保温层分为板状保温材料、纤维保温材料、喷涂硬泡聚氨酯、现浇泡沫混凝土四类，隔热层分为种植、架空、蓄水隔热层三种形式。

（2）保温层的施工。

1）板状保温层的施工应符合的规定。

①基层应平整、干燥、干净。

②相邻板块应错缝拼接，分层铺设的板块上下层接缝应相互错开，板间缝隙应采用同类材料嵌填密实。

③采用干铺法施工，板状保温材料应紧靠在基层表面上，并应铺平垫稳。

④采用粘结法施工时，胶粘剂应与保温材料相容，板状保温材料应贴严、粘牢。在胶粘剂固化前不得上人踩踏。

⑤采用机械固定法施工时，固定件应固定在结构层上，固定件的间距应符合设计要求。

2）纤维材料保温层的施工应符合的规定。

①基层应平整、干燥、干净。

②纤维保温材料铺设时，应避免重压，并应采取防潮措施。

③纤维保温材料铺设时，平面拼接缝应贴紧，上下层拼接缝应相互错开。

④屋面坡度较大时，纤维保温材料宜采用机械固定法施工。

⑤在铺设纤维保温材料时，应做好劳动保护工作。

3）喷涂硬泡聚氨酯保温层施工应符合的规定：基层应平整、干燥、干净；施工前应对喷涂设备进行调试，并应喷涂试块进行材料性能检测；喷涂时喷嘴与施工基面的距离应由试验确定；喷涂硬泡聚氨酯的配合比应准确计量，发泡厚度应均匀一致；一个作业面应分遍喷涂完成，每遍喷涂厚度不宜大于 15mm，硬泡聚氨酯喷涂后 20min 内严禁上人；喷涂作业时，应采取防止污染的遮挡措施。

4）现浇泡沫混凝土保温层施工应符合的规定。

①基层应清理干净；不得有油污、浮尘和积水。

②泡沫混凝土应按设计要求的干密度和抗压强度进行配合比设计，拌制时应计量准确，并应搅拌均匀。

③泡沫混凝土应按设计的厚度设定浇注面标高线，找坡时宜采取挡板辅助措施。

④泡沫混凝土的浇筑出料口离基层的高度不宜超过 1m，泵送时应采取低压泵送。

⑤泡沫混凝土应分层浇筑，一次浇筑厚度不宜超过 200mm，终凝后应进行保湿养护，

养护时间不得少于 7d。

5）保温层的施工环境温度应符合的规定：干铺的保温材料可在负温度下施工；用水泥砂浆粘贴的板状保温材料不宜低于 5℃；喷涂硬泡聚氨酯宜为 15℃～35℃，空气相对湿度宜小于 85%，风速不宜大于三级；现浇泡沫混凝土宜为 5℃～35℃。

5. 防水与密封工程

（1）一般规定。

1）防水与密封工程子分部工程包括卷材防水层、涂膜防水层、复合防水层、接缝密封防水等分项工程的施工质量验收。

2）防水层施工前，基层应坚实、平整、干净、干燥。

3）基层处理剂应配比准确，并应搅拌均匀，喷涂或涂刷基层处理剂应均匀一致，待其干燥后应及时进行卷材、涂膜防水层和接缝密封防水施工。

4）防水层完工并经验收合格后，应及时做好成品保护。

（2）铺贴卷材防水层前的准备工作。

1）卷材、涂膜屋面防水等级和防水做法应符合表 5 - 23 的规定。

表 5 - 23　　　　　　　　　　卷材、涂膜屋面防水等级和防水做法

防水等级	防水做法
Ⅰ	卷材防水层和卷材防水层、卷材防水层和涂膜防水层、复合防水层
Ⅱ	卷材防水层、涂膜防水层、复合防水层

一道防水设防，是指具有单独防水能力的一个防水层。

2）防水卷材的选择。防水卷材可按合成高分子防水卷材和高聚物改性沥青防水卷材选用，其外观质量和品种、规格应符合国家现行有关材料标准的规定。

3）每道卷材防水层最小厚度应符合表 5 - 24 的规定。

表 5 - 24　　　　　　　　　　每道卷材防水层最小厚度　　　　　　　　　　　（mm）

防水等级	合成高分子防水卷材	高聚物改性沥青防水卷材		
		聚酯胎、玻纤胎、聚乙烯胎	自粘聚酯胎	自粘无胎
Ⅰ	1.2	3.0	2.0	1.5
Ⅱ	1.5	4.0	3.0	2.0

4）卷材进场检验与储存。材料进场后要对卷材按规定取样复验，同一品种、牌号和规格的卷材，抽验数量为：

①大于 1000 卷抽取 5 卷；每 500～1000 卷抽 4 卷；100～499 卷抽 3 卷；100 卷以下抽 2 卷。将抽验的卷材开卷进行规格和外观质量检验。

②在外观质量检验合格的卷材中，任取 1 卷作物理性能检验，全部指标达到标准规定时，即为合格。其中如有 1 项指标达不到要求，应在受检产品中加倍取样复验，全部达到标准规定为合格。复验时有 1 项不合格，则判定该产品不合格。不合格的防水材料严禁在建筑工程中使用。

5）铺贴卷材防水层前基层干燥程度的简易检验方法，是将 1m² 卷材平坦地干铺在找平

层上，静置 3～4h 后掀开检查，找平层覆盖部位与卷材上未见水印，即可铺设隔汽层或防水层。

6）防水卷材接缝应采用搭接缝，卷材搭接宽度应符合表 5-25 的规定。

表 5-25 卷 材 搭 接 宽 度 （mm）

卷材类别		搭 接 宽 度
合成高分子防水卷材	胶粘剂	80
	胶粘带	50
	单缝焊	60，有效焊接宽度不小于 25
	双缝焊	80，有效焊接宽度＝10×2＋空腔宽
高聚物改性沥青防水卷材	胶粘剂	100
	自粘	80

（3）卷材防水层的施工。

1）卷材防水层的铺贴顺序和方向应符合的规定。

①卷材防水层施工时，应先进行细部构造处理，然后由屋面最低标高向上铺贴。

②檐沟、天沟卷材施工时，宜顺檐沟、天沟方向铺贴，搭接缝应顺流水方向。

③卷材宜平行屋脊铺贴，上下层卷材不得相互垂直铺贴。

④立面或大坡面铺贴卷材时，应采用满粘法，并宜减少卷材短边搭接。

2）卷材搭接缝的规定。

①平行屋脊的搭接缝应顺流水方向，搭接缝宽度应符合规范要求，见表 5-25 的规定。

②同一层相邻两幅卷材短边搭接缝错开不应小于 500mm。

③上下层卷材长边搭接缝应错开，且不应小于幅宽的 1/3。

④叠层铺贴的各层卷材，在天沟与屋面的交接处，应采用叉接法搭接，搭接缝应错开；搭接缝宜留在屋面与天沟侧面，不宜留在沟底。

3）采用基层处理剂时，其配制和施工应符合的规定。

①基层处理剂应与卷材相容。

②基层处理剂应配比准确，并应搅拌均匀。

③喷、涂基层处理剂前，应先对屋面细部进行涂刷。

④基层处理剂可选用喷涂或涂刷的施工工艺，喷涂应均匀一致，干燥后应及时进行卷材施工。

4）卷材施工方法。主要施工方法有冷粘法、热熔法、热粘法、自粘法、焊接法、机械固定法铺贴卷材。

①冷粘法铺贴卷材施工。冷粘法施工是指在常温下采用胶粘剂等材料进行卷材与基层、卷材与卷材间粘结的施工方法。

施工工艺是：基层表面清理→喷、涂基层处理剂→节点附加层铺设→定位、弹线→铺贴卷材→收头、节点密封→检查、修整→进行下道工序施工。

冷粘法铺贴卷材的规定包括以下内容：

a. 胶粘剂涂刷应均匀，不得露底、堆积。卷材空铺、点粘、条粘时，应按规定的位置及面积涂刷胶粘剂。

b. 应根据胶粘剂的性能与施工环境、气温条件等，控制胶粘剂涂刷与卷材铺贴的间隔时间。

c. 铺贴卷材时应排除卷材下面的空气，并应辊压粘结牢固。

d. 铺贴的卷材应平整顺直，搭接尺寸准确，不得扭曲、皱折；搭接部位的接缝应满涂胶粘剂，辊压应粘结牢固。

e. 合成高分子卷材铺好压粘后，应将搭接部位的粘合面清理干净，并应采用与卷材配套的接缝专用胶粘剂，在搭接缝粘合面上应涂刷均匀，不得露底、堆积，应排除缝间的空气，并用辊压粘结牢固。

f. 合成高分子卷材搭接部位采用胶粘带粘结时，粘合面应清理干净，必要时可涂刷与卷材及胶粘带材性相容的基层胶粘剂，撕去胶粘带隔离纸后应及时粘合接缝部位的卷材，并应辊压粘结牢固；低温施工时，宜采用热风机加热。

g. 搭接缝口应用材性相容的密封材料封严。

② 热熔法铺贴卷材施工。热熔法是用火焰加热器加热卷材底部的热熔胶进行铺贴的方法。热熔法施工工艺流程：清理基层→涂刷基层处理剂→铺贴卷材附加层→大面积铺贴卷材→热熔封边→蓄水试验→质量验收→保护层。

热熔法铺贴卷材应符合的规定如下：

a. 火焰加热器的喷嘴距卷材面的距离应适中，幅宽内加热应均匀，应以卷材表面熔融至光亮黑色为度，不得过分加热卷材。厚度小于 3mm 的高聚物改性沥青防水卷材，严禁采用热熔法施工；如图 5-30 所示。

(a)   (b)

图 5-30 铺贴卷材

(a) 试铺卷材；(b) 热熔铺贴卷材

b. 卷材表面沥青热熔后应立即滚铺卷材，滚铺时应排除卷材下面的空气。

c. 搭接缝部位宜以溢出热熔的改性沥青胶结料为度，溢出的改性沥青胶结料宽度宜为 8mm，并宜均匀顺直；当接缝处的卷材上有矿物粒或片料时，应用火焰烘烤及清除干净后再进行热熔和接缝处理。

d. 铺贴卷材时应平整顺直，搭接尺寸应准确，不得扭曲。

③ 自粘法铺贴卷材。自粘法铺贴卷材应符合的规定：铺贴卷材前，基层表面应均匀涂刷基层处理剂，干燥后应及时铺贴卷材；铺贴卷材时，应将自粘胶底面的隔离纸完全撕净；铺

贴卷材时应排除卷材下面的空气，并应辊压粘结牢固；铺贴卷材应平整顺直，搭接尺寸应准确，不得扭曲、皱折；低温施工时，立面、大坡面及搭接部位宜采用热风机加热，加热后应随即粘贴牢固；搭接缝口应用材性相容的密封材料封严。

5）卷材防水层的施工环境温度应符合的规定：热熔法和焊接法不宜低于−10℃；冷粘法和热粘法不宜低于5℃；自粘法施工不宜低于10℃。

（4）涂膜防水屋面。涂膜防水屋面是通过涂布一定厚度高聚物改性沥青、合成高分子防水涂料，经常温交联固化形成具有一定弹性的胶状涂膜，达到防水的目的。

1）防水涂料的种类及厚度。类型：防水涂料应采用合成高分子防水涂料、聚合物水泥防水涂料和高聚物改性沥青防水涂料。每道涂膜防水层最小厚度，应符合表5-26的规定。

表5-26　　　　　　　　　每道涂膜防水层最小厚度　　　　　　　　（mm）

防水等级	合成高分子防水涂膜	聚合物水泥防水涂膜	高聚物改性沥青防水涂膜
I	1.5	1.5	2.0
II	2.0	2.0	3.0

2）材料要求。进入施工现场的防水涂料和胎体增强材料应按规定进行抽样检验，高聚物改性沥青防水涂料、合成高分子防水涂料、聚合物水泥防水涂料现场抽样数量：每10t为一批，不足10t按一批抽样。胎体增强材料现场抽样数量：每3000m² 为一批，不足3000m²按一批抽样。

3）涂膜防水层施工要求。

①涂膜防水层的基层应坚实、平整、干净，应无空隙、起砂和裂缝。基层的干燥程度应根据所选用的防水涂料特性确定；当采用溶剂型、热熔型和反应固化型防水涂料时，基层应干燥。

②双组分或多组分防水涂料应按配合比准确计量，应采用电动机具搅拌均匀，已配制的涂料应及时使用。配料时，可加入适量的缓凝剂或促凝剂调节固化时间，但不得混合已固化的涂料。

③防水涂料应多遍均匀涂刷，涂膜总厚度应符合设计要求。

④涂膜间夹铺胎体增强材料时，宜边涂布边铺胎体；胎体应铺贴平整，应排除气泡，并应与涂料粘结牢固。在胎体上涂布涂料时，应使涂料浸透胎体，并应覆盖完全，不得有胎体外露现象。最上面的涂膜厚度不应小于1.0mm。

⑤涂膜施工应先做好细部处理，再进行大面积涂布。

⑥屋面转角及立面的涂膜应薄涂多遍，不得流淌和堆积。

⑦防水涂料应多遍涂布时，并应待前一遍涂布涂料干燥成膜后，再涂布后一遍涂料，且前后两遍涂料的涂布方向应相互垂直。

4）主要介绍合成高分子防水（聚氨酯涂膜防水）屋面的施工。聚氨酯涂膜防水以双组分（甲和乙组分）形式使用，借助于组间发生化学反应而直接由液态变为固态不产生体积收缩，形成较厚的防水涂膜。聚氨酯涂膜防水施工工艺：基层要求及处理→涂布底胶→防水涂层施工→第一度涂层施工→第二度涂层施工→如防水层要用无纺布或化纤无纺布加强，则在涂刮第二度涂层前进行粘贴→稀撒石渣，为增强防水层与粘结贴面材料（如瓷砖、缸砖等）

的水泥砂浆之间的粘结力，在第二度涂层固化前，在其表面稀撒干净的石渣（直径为2mm），这些石渣在涂膜固化后可牢固地粘贴在涂膜的表面→蓄水试验→铺贴保护层。

5）涂膜防水层质量检验的项目和要求。

主控项目：防水涂料和胎体增强材料必须符合设计要求；涂膜防水层不得有渗漏或积水现象；涂膜防水层在天沟、檐沟、泛水、变形缝和水落口等处细部做法必须符合设计要求；涂膜防水层的平均厚度应符合设计要求，且最小厚度不得小于设计厚度的80％。

一般项目：涂膜防水层与基层应粘结牢固，表面应平整，涂布应均匀，不得有流淌、皱折、起泡和露胎体等缺陷；涂膜防水层的收头应用防水涂料多遍涂刷；胎体增强材料应平整顺直，搭接尺寸应准确，应排除气泡，并应与涂料粘结牢固，胎体增强材料搭接宽度的允许偏差为−10mm。

（5）复合防水层施工。

1）概念：复合防水层是由彼此相容的卷材和涂料组合而成的防水层。

2）复合防水层的规定。选用的防水卷材和防水涂料应相容；卷材与涂料复合使用时，防水涂膜宜设置在卷材防水层的下面；复合防水层的最小厚度（见表5-27）。

表 5-27　　　　　　　　　　　复合防水层的最小厚度

防水等级	合成高分子防水卷材＋合成高分子防水涂料	自粘聚合物改性沥青防水卷材（无胎）＋合成高分子防水涂料	高聚物改性沥青防水卷材＋高聚物改性沥青防水涂料	聚乙烯丙纶卷材＋聚合物水泥防水胶结材料
I	1.2+1.5	1.5+1.5	3.0+2.0	(0.7+1.3)×2
II	1.0+1.0	1.2+1.0	3.0+1.2	0.7+1.3

（6）质量验收内容。

主控项目：防水涂料及其配套材料的质量应符合设计要求；复合防水层不得有渗漏和积水现象；复合防水层在檐口、檐沟、天沟、水落口、泛水、变形缝和伸出屋面管道的防水构造，应符合设计要求。

一般项目：卷材与涂膜应粘结牢固，不得有空鼓和分层现象；复合防水层的总厚度应符合设计要求。

5.6.3 地下防水工程施工

地下防水工程是指对房屋建筑工程、防护工程、市政隧道、地下铁道等地下工程进行防水设计、防水施工和维护管理等各项技术工作的工程实体。地下工程施工应严格遵守《地下工程防水技术规范》（GB 50108—2008）和《地下防水工程质量验收规范》（GB 50208—2011）规定。

1. 地下工程的防水等级划分

地下工程的防水等级分为四级，各级标准应符合表5-28的要求。

表 5-28　　　　　　　　　　　地下工程的防水等级标准

防水等级	标　准
I	不允许渗水，结构表面无湿渍

防水等级	标　　准
Ⅱ	不允许漏水，结构表面可有少量湿渍。 工业与民用建筑：湿渍总面积不大于总防水面积的 1/1000，任意 100m² 防水面积不超过 1 处，单个湿渍面积不大于 0.1m²
Ⅲ	有少量漏水点，不得有线流和漏泥砂。任意 100m² 防水面积不超过 7 处，单个湿渍面积不大于 0.3m²，单个漏水点的漏水量不大于 2.5L/d
Ⅳ	有漏水点，不得有线流和漏泥砂。整个工程平均漏水量不大于 2L/(m²·d)，任意 100m² 防水面积的平均漏水量不大于 4L/(m²·d)

2. 地下防水施工前的要求

（1）地下防水工程必须由持有资质等级证书的防水专业队伍进行施工，主要施工人员应持有省级及以上建设行政主管部门或其指定单位颁发的执业资格证书或防水专业岗位证书。

（2）地下防水工程施工前，应通过图纸会审，掌握结构主体及细部构造的防水要求，施工单位应编制防水工程专项施工方案，经监理单位或建设单位审查批准后执行。

（3）防水材料必须经具备相应资质的检测单位进行抽样检验，并出具产品性能检测报告。

（4）地下防水工程的施工应建立各道工序的自检、交接检和专职人员检查的制度，并有完整的检查记录。工程隐蔽前，应由施工单位通知有关单位进行验收，并形成隐蔽工程验收记录；未经监理单位或建设单位代表对上道工序的检查确认，不得进行下道工序的施工。

（5）地下防水工程施工期间，必须保持地下水位稳定在工程底部最低高程 0.5m 以下，必要时应采取降水措施。对采用明沟排水的基坑，应保持基坑干燥。

（6）地下防水工程不得在雨天、雪天和五级风及其以上时施工。

3. 地下防水工程的分项工程

地下防水工程是地基与基础分部工程的一个子分部工程，其分项工程的划分应符合表 5-29 的要求。

表 5-29　　　　　　　　　　地下防水工程的分项工程

子分部工程		分　项　工　程
地下防水工程	主体结构防水	防水混凝土、水泥砂浆防水层、卷材防水层、涂料防水层、塑料防水板防水层、金属板防水层、膨润土防水材料防水层
	细部构造防水	施工缝、变形缝、后浇带、穿墙管、埋设件、预留通道接头、桩头、孔口、坑、池
	特殊施工法防水	锚喷支护、地下连续墙、盾构隧道、沉井、逆筑结构
	排水	渗排水、盲沟排水、隧道、坑道排水、坑道排水、塑料排水板排水
	注浆	预注浆、后注浆，结构裂缝注浆

4. 地下主体结构防水的施工方法

地下主体结构防水的施工方法主要有防水混凝土结构施工、水泥砂浆防水层、卷材防水层、涂料防水层等。

（1）防水混凝土结构施工。

防水混凝土结构是依靠混凝土材料本身的密实性（调整混凝土配合比、掺外加剂或使用新品种水泥）而具有防水能力的整体式混凝土或钢筋混凝土结构。它既是承重结构、围护结构，又满足抗渗、耐腐和耐侵蚀结构要求。防水混凝土适用于抗渗等级不低于 P6 的地下混凝土结构，不适用于环境温度高于 80℃的地下工程。

1）防水混凝土结构类型。主要包括普通防水混凝土和外加剂防水混凝土。普通防水混凝土是在普通混凝土骨料级配的基础上，调整配合比，控制水灰比、水泥用量、灰砂比和坍落度来提高混凝土的密实性，从而抑制混凝土中的孔隙，达到防水的目的。而外加剂防水混凝土是加入适量外加剂（减水剂、防水剂），改善混凝土内部组织结构，增加混凝土的密实性，提高混凝土的抗渗能力。

2）防水混凝土材料要求和配合比。

①水泥的选择：宜采用普通硅酸盐水泥或硅酸盐水泥，采用其他品种水泥时应经试验确定。不得使用过期或受潮结块的水泥，并不得将不同品种或强度等级的水泥混合使用。

②砂宜选用中粗砂，含泥量不应大于 3.0%，泥块含量不宜大于 1.0%；碎石或卵石的粒径宜为 5～40mm，含泥量不应大于 1.0%，泥块含量不应大于 0.5%。

③外加剂的品种和用量应经试验确定，所用外加剂应符合现行国家标准《混凝土外加剂应用技术规范》（GB 50119—2013）的质量规定。

④防水混凝土的配合比应经试验确定，并应符合下列规定：试配要求的抗渗水压值应比设计值提高 0.2MPa；混凝土胶凝材料总量不宜小于 $320kg/m^3$，其中水泥用量不宜少于 $260kg/m^3$。水胶比不得大于 0.50，有侵蚀性介质时水胶比不宜大于 0.45；砂率宜为 35%～40%，泵送时可增加到 45%；灰砂比宜为 1：1.5～1：2.5；混凝土拌和物的氯离子含量不应超过胶凝材料总量的 0.1%；混凝土中各类材料的总碱量即 Na_2O 当量不得大于 $3kg/m^3$。

⑤防水混凝土采用预拌混凝土时，入泵坍落度宜控制在 120～160mm，坍落度每小时损失不应大于 20mm，坍落度总损失值不应大于 40mm。

3）防水混凝土的施工要求。

①用于防水混凝土的模板应拼缝严密，支撑牢固。防水混凝土结构内部设置的各种钢筋或绑扎铁丝，不得接触模板。用于固定模板的螺栓必须穿过混凝土结构时，可采用工具式螺栓或螺栓加堵头，螺栓上应加焊方形止水环。拆模后应将留下的凹槽用密封材料封堵密实，并应用聚合物水泥砂浆抹平。

②防水混凝土拌和物应采用机械搅拌，搅拌时间不宜小于 2min。

③防水混凝土拌和物在运输后如出现离析现象，必须进行二次搅拌，当坍落度损失后不能满足施工要求时，应加入原水胶比的水泥浆或掺加同品种的减水剂进行搅拌，严禁直接加水。

④防水混凝土应采用机械振捣，避免漏振、欠振和超振；应分层连续浇筑，分层厚度不得大于 500mm。

⑤防水混凝土应连续浇筑，不宜留施工缝，当留设施工缝时，应符合下列规定：墙体水平施工缝不应留在剪力最大处或底板与侧墙的交接处。应留在高出底板表面不小于 300mm 的墙体上。墙体有预留孔洞时，施工缝距孔洞边缘不应小于 300mm。垂直施工缝应避开地下水和裂隙水较多的地段，并宜与变形缝相结合。

施工缝处的防水构造要求。如图 5-31～图 5-33 所示。

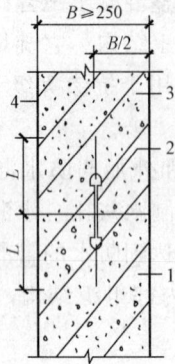

图 5-31　施工缝防水构造（一）

钢板止水带 $L \geqslant 150$；橡胶止水带

$L \geqslant 200$；钢边橡胶止水带 $L \geqslant 120$

1—先浇混凝土；2—中埋止水带；

3—后浇混凝土；4—结构迎水面

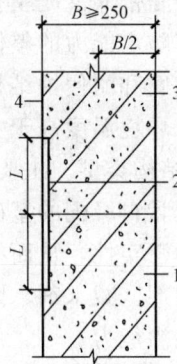

图 5-32　施工缝防水构造（二）

外贴止水带 $L \geqslant 150$；外涂防水涂料

$L = 200$；外抹防水砂浆 $L = 200$

1—先浇混凝土；2—外贴止水带；

3—后浇混凝土；4—结构迎水面

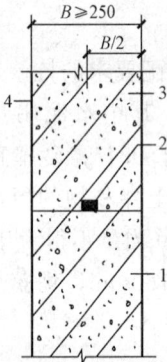

图 5-33　施工缝防水构造（三）

1—先浇混凝土；2—遇水膨胀止水条；

3—后浇混凝土；4—结构迎水面

⑥施工缝的施工应符合下列规定：水平施工缝浇筑混凝土前，应将其表面浮浆和杂物清除，然后铺设净浆或涂刷混凝土界面处理剂、水泥基渗透结晶型防水涂料，再铺 30～50mm 厚的 1:1 水泥砂浆，并应及时浇筑混凝土；垂直施工缝浇筑混凝土前，将其表面清理干净，并涂刷混凝土界面处理剂或水泥基渗透结晶型防水涂料，并及时浇筑混凝土；遇水膨胀止水条应与接缝表面密贴；选用的遇水膨胀止水条应具有缓胀性能，其 7d 的膨胀率不应大于最终膨胀率的 60%，最终膨胀率宜大于 220%；采用中埋式止水带时应定位准确、固定牢靠。采用遇水膨胀止水条，止水条与施工缝基面应密贴，中间不得有空鼓、脱离等现象；止水条应牢固地安装在缝表面或预埋凹槽内；止水条采用搭接连接时，搭接宽度不得小于 30mm。

⑦混凝土试块的留设。浇筑混凝土过程中，应及时留出混凝土抗压强度试块和抗渗试块（抗压强度试块同普通混凝土留置方法）。对于抗渗试块，连续浇筑混凝土每 500m³ 应留置一组抗渗试件（一组为六个抗渗试件），且每项工程不得少于两组，抗渗试块为圆台体。采用预拌混凝土的抗渗试件，留置组数应视结构的规模和要求而定。

⑧大体积防水混凝土的施工要求。

a. 在设计许可的情况下，掺粉煤灰混凝土设计强度等级的龄期宜为 60d 或 90d。

b. 宜选用水化热低和凝结时间长的水泥。

c. 宜掺入减水剂、缓凝剂等外加剂和粉煤灰、磨细的矿渣粉等掺合料。

d. 炎热季节施工，应采取降低原材料的温度、减少混凝土运输时吸收外界热量等降温措施，入模温度不应大于 30℃。

e. 混凝土内部预埋管道，宜进行冷水散热。

f. 应采取保温保湿养护，混凝土中心温度与表面温度的温差不应大于 25℃，表面温度与大气温度的差值不应大于 20℃，温降梯度不得大于 3℃/d，养护时间不应少于 14d。

⑨防水混凝土的质量验收。

a. 主控项目：防水混凝土的原材料、配合比及坍落度必须符合设计要求；防水混凝土的抗压强度和抗渗性能必须符合设计要求；防水混凝土的施工缝、变形缝、后浇带、穿墙管、埋设件等设置和构造必须符合设计要求。

b. 一般项目：防水混凝土结构表面应坚实、平整，不得有露筋、蜂窝等缺陷；埋设件位置应正确；防水混凝土结构表面的裂缝宽度不应大于 0.2mm，且不得贯通；防水混凝土结构厚度不应小于 250mm，其允许偏差为 +8mm、-5mm；主体结构迎水面钢筋保护层不应小于 50mm，其允许偏差为 ±5mm。

（2）水泥砂浆防水层。

1）水泥砂浆防水层概念及适用范围。指在混凝土或砌砖的基层上用多层抹面的水泥砂浆等构成的防水层，它是利用抹压均匀、密实，并交替施工构成坚硬封闭的整体，具有较高的抗渗能力（2.5~3.0MPa，30d 无渗漏），以达到阻止压力水的渗透作用。水泥砂浆防水层应采用聚合物水泥防水砂浆或掺外加剂或掺合料的防水砂浆。水泥砂浆防水层适用于地下工程主体结构的迎水面或背水面，不适用于受持续振动或环境温度高于 80℃ 的地下工程。

2）水泥砂浆防水层所用的材料应符合下列规定：

①水泥应使用普通硅酸盐水泥、硅酸盐水泥或特种水泥，不得使用过期或受潮结块的水泥。

②用于拌制水泥砂浆的水应采用不含有害物质的洁净水。

③聚合物乳液的外观为均匀液体，无杂质、无沉淀、不分层。

3）水泥砂浆防水层的基层质量应符合下列规定：

①基层表面应平整、坚实、清洁，并应充分湿润，无明水。

②基层表面的孔洞、缝隙应采用与防水层相同的水泥砂浆填塞并抹平。

③施工前应将埋设件、穿墙管预留凹槽内，嵌填密封材料后，再进行水泥砂浆防水层施工。

4）水泥砂浆防水层施工应符合下列规定：

①水泥砂浆的配制应按所掺材料的技术要求准确计量。

②分层铺抹或喷涂，铺抹时应压实、抹平，最后一层表面应提浆压光。

③防水层各层应紧密粘合，每层宜连续施工；必须留设施工缝时，应采用阶梯坡形槎，但与阴阳角的距离不得小于 200mm；如图 5-34 所示。

④水泥砂浆终凝后应及时进行养护，养护温度不宜低于 5℃，并应保持砂浆表面湿润，养护时间不得少于 14d。聚合物水泥防水砂浆未达到硬化状态时，不得浇水养护或直接受雨水冲刷，硬化后应采用干湿交替的养护方法。潮湿环境中，可在自然条件下养护。

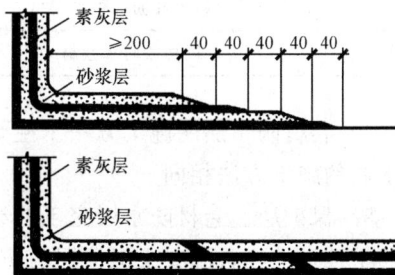

图 5-34　防水层留槎、接槎处理方法

（3）卷材防水层。

1）卷材防水层的概念及分类。适用于受侵蚀性介质或受振动作用的地下工程。卷材防水层应铺设在混凝土主体迎水面上，是主要用于建筑物的地下室，铺设在结构主体底板垫层至墙体顶端的基面上，在外围形成封闭的防水层。卷材防水层分为高聚物改性沥青防水卷材层和合成高分子防水卷材层。所选用的基层处理剂、胶粘剂、密封材料等应与铺贴的卷材相匹配。

2）地下工程用防水材料进场抽样复验的方法（见表 5-30）。

表 5-30 地下工程用防水材料进场抽样复验

序	材料名称	抽样数量	外观质量检验	物理性能检验
1	高聚物改性沥青防水卷材	大于 1000 卷抽 5 卷，每 500～1000 卷抽 4 卷，100～499 卷抽 3 卷，100 卷以下抽 2 卷，进行规格尺寸和外观质量检验。在外观质量检验合格的卷材中，任取一卷作物理性能检验	断裂、皱折、孔洞、剥离、边缘不整齐、胎体露白、未浸透，撒布材料粒度、颜色，每卷卷材的接头	拉力，最大拉力时延伸率，低温柔度，不透水性
2	合成高分子防水卷材	大于 1000 卷抽 5 卷，每 500～1000 卷抽 4 卷，100～499 卷抽 3 卷，100 卷以下抽 2 卷，进行规格尺寸和外观质量检验。在外观质量检验合格的卷材中，任取一卷作物理性能检验	折痕、杂质、胶块、凹痕，每卷卷材的接头	断裂拉伸强度，扯断伸长率，低温弯折，不透水性

3）防水卷材施工前的准备工作。

①铺贴防水卷材前，清扫应干净、干燥，并应涂刷基层处理剂；当基面潮湿时，应涂刷湿的固化型胶粘剂或潮湿界面隔离剂。

②基层阴阳角应做成圆弧或 45°坡角，其尺寸应根据卷材品种确定；在转角处、变形缝、施工缝、穿墙管等部位应铺贴卷材加强层，加强层宽度不应小于 500mm。

③防水卷材的搭接宽度应符合表 5-31 的要求。铺贴双层卷材时，上下两层和相邻两幅卷材的接缝应错开 1/3～1/2 幅宽，且两层卷材不得相互垂直铺贴。

表 5-31 防水卷材的搭接宽度

卷 材 品 种	搭接宽度/mm
弹性体改性沥青防水卷材	100
改性沥青聚乙烯胎防水卷材	100
自粘聚合物改性沥青防水卷材	80
三元乙丙橡胶防水卷材	100/60（胶粘剂/胶结带）

4）卷材防水层的施工方法。主要讲述冷粘法、热熔法、自粘法三种方法。与屋面工程防水层的施工方法相同。

5）保护层。卷材防水层完工并经验收合格后应及时做保护层。保护层应符合下列规定：

①顶板的细石混凝土保护层与防水层之间宜设置隔离层。细石混凝土保护层厚度：机械回填时，不宜小于 70mm，人工回填时，不宜小于 50mm。

②底板的细石混凝土保护层厚度不应小于 50mm。

③侧墙宜采用软质保护材料或铺抹 20mm 厚 1∶2.5 水泥砂浆。

6）采用外防外贴法铺贴卷材防水层时，应符合下列规定。

①铺贴卷材应先铺平面，后铺立面，交接处应交叉搭接。

②临时性保护墙应用石灰砂浆砌筑，内表面用石灰砂浆做找平层，并刷石灰浆。如用模板代替临时性保护墙时，应在其上涂刷隔离剂。

③从底面折向立面的卷材与永久性保护墙的接触部位，应采用空铺法施工。与临时性保护墙或围护结构模板的接触部位，应临时贴附在该墙上或模板上，卷材铺好后，其顶端应临时固定。

④当不设保护墙时，从底面折向立面的卷材的接茬部位应采取可靠的保护措施。

⑤主体结构完成后，铺贴立面卷材时，应先将接茬部位的隔层卷材揭开，并将其表面清理干净，如卷材有局部损伤，应及时进行修补。卷材接茬的搭接长度：高聚物改性沥青卷材，为 150mm；合成高分子卷材，为 100mm。当用两层卷材时，卷材应错槎接缝，上层卷材应盖过下层卷材。卷材防水层甩槎、接槎构造如图 5-35、图 5-36 所示。

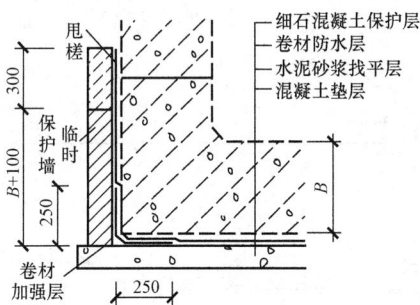

图 5-35　卷材防水层甩槎做法

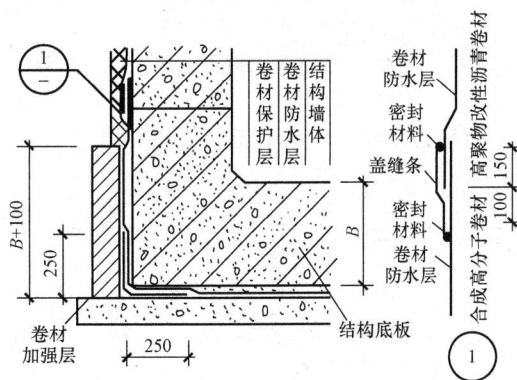

图 5-36　卷材防水层接槎做法

其施工工艺过程：施工准备→浇筑混凝土垫层→砌四周的临时性保护墙→在垫层上和保护墙上抹水泥砂浆找平层→铺贴卷材（先平面后立面）→做细石混凝土保护层→进行底板、墙身、顶板结构的施工→拆模、清理外墙面做 1∶3 水泥砂浆找平层→拆临时性保护墙→做外防水，将卷材层层往上铺贴→砌永久性保护墙→回填土。

（4）涂料防水层。

1）涂料防水层的种类和适用范围。涂料防水层适用于受侵蚀性介质作用或受振动作用的地下工程。有机防水涂料宜用于主体结构的迎水面，无机防水涂料宜用于主体结构的迎水面或背水面。有机防水涂料应采用反应型、水乳型、聚合物水泥等涂料；无机防水涂料应采用掺外加剂、掺合料的水泥基防水涂料或水泥基渗透结晶型防水涂料。

2）涂料防水层的施工规定。

①多组分涂料应按配合比准确计量，搅拌均匀，并应根据有效时间确定每次配制的用量。

②涂料应分层涂刷或喷涂，涂层应均匀，涂刷应待前遍涂层干燥成膜后进行；每遍涂刷时应交替改变涂层的涂刷方向，同层涂膜的先后搭压宽度宜为 30~50mm。

③涂料防水层的甩槎处接缝宽度不应小于 100mm，接涂前应将其甩槎表面处理干净。

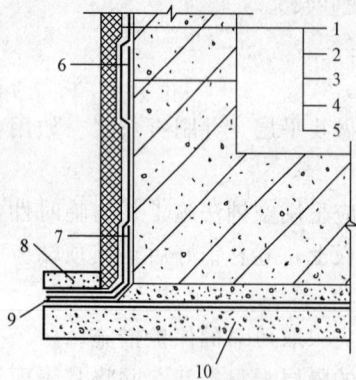

图 5-37　防水涂料外防外涂构造
1—保护墙；2—砂浆保护层；3—涂料防水层；4—砂浆防水层；5—结构墙体；6—涂料防水层加强层；7—涂料防水加强层；8—涂料防水层搭接部位保护层；9—涂料防水层搭接部位；10—混凝土垫层

④采用有机防水涂料时，基层阴阳角处应做成圆弧；在转角处、变形缝、施工缝、穿墙管等部位应增加胎体增强材料和增涂防水涂料，宽度不应小于 500mm。

⑤胎体增强材料的搭接宽度不应小于 100mm，上下两层和相邻两幅胎体的接缝应错开 1/3 幅宽，且上下两层胎体不得相互垂直铺贴。如图 5-37 所示。

⑥涂料防水层完工并经验收合格后应及时做保护层。

5. 细部构造防水

细部构造防水主要包括施工缝、变形缝、后浇带等。

(1) 变形缝。

1) 变形缝应满足密封防水、适应变形、方便施工、检修容易等要求。变形缝的宽度宜为 20~30mm，变形缝的防水构造如图 5-38 和图 5-39 所示。

2) 变形缝的施工质量验收。

主控项目：变形缝用的止水带、填缝材料和密封材料必须符合设计要求；变形缝防水构造必须符合设计要求；中埋式止水带埋设位置应准确，其中间空心圆环与变形缝的中心线应重合。

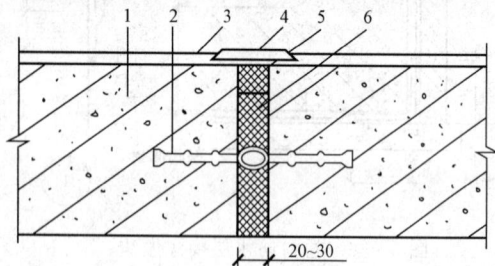

图 5-38　中埋式止水带与嵌缝材料复合使用
1—混凝土结构；2—中埋式止水带；3—防水层；4—隔离层；5—密封材料；6—填缝材料

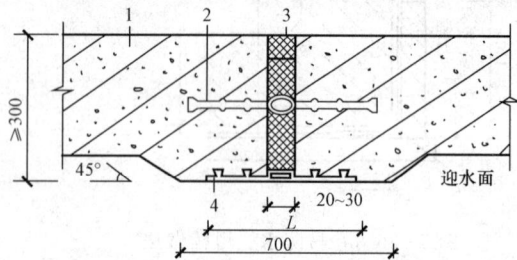

图 5-39　中埋式止水带与外贴防水层复合使用
外贴式止水带 L≥300；外贴防水卷材 L≥400；外涂防水涂料 L≥400
1—混凝土结构；2—中埋式止水带；3—填缝材料；4—外贴止水带

一般项目：中埋式止水带的接缝应设在边墙较高位置上，不得设在结构转角处；接头宜采用热压焊接，接缝应平整、牢固，不得有裂口和脱胶现象；中埋式止水带在转角处应做成圆弧形；顶板、底板内止水带应安装成盆状，并宜采用专用钢筋套或扁钢固定；外贴式止水带在变形缝与施工缝相交部位宜采用十字配件；外贴式止水带在变形缝转角部位宜采用直角配件。止水带埋设位置应准确，固定应牢靠，并与固定止水带的基层密贴，不得出现空鼓、翘边等现象；嵌填密封材料的缝内两侧基面应平整、洁净、干燥，并应涂刷基层处理剂；嵌缝底部应设置背衬材料；密封材料嵌填应密实连续、饱满，粘结牢固。变形缝处表面粘贴卷材与涂刷涂料前，应在缝上设置隔离层和加强层。

(2) 后浇带。

1) 后浇带的概念。根据国家标准《混凝土结构工程施工规范》(GB 50666—2011) 规定，后浇带的定义是：考虑环境温度变化、混凝土收缩、结构不均匀沉降等因素，将梁、板（包括基础底板）、墙划分为若干部分，经过一定时间后再浇筑的具有一定宽度的混凝土带。

《地下工程防水技术规范》（GB 50108—2008）规定：后浇带宜用于不允许留设变形缝的工程部位。后浇带应在其两侧混凝土龄期达到 42d 后再施工，高层建筑的后浇带施工应按规定时间进行。后浇带应采用补偿收缩混凝土浇筑，其抗渗和抗压强度等级不应低于两侧混凝土。后浇带应设在受力和变形较小的部位，其间距和位置应按结构设计确定，宽度宜为700～1000mm。

2）后浇带的构造。

后浇带两侧可做成平直缝或阶梯缝，其防水构造形式宜采用下列形式。如图 5 - 40～图 5 - 42 所示。

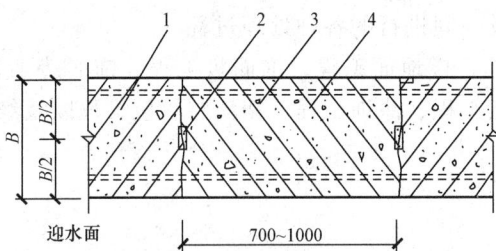

图 5 - 40　后浇带防水构造（一）

1—先浇混凝土；2—遇水膨胀止水条；3—结构主筋；
4—后浇补偿收缩混凝土

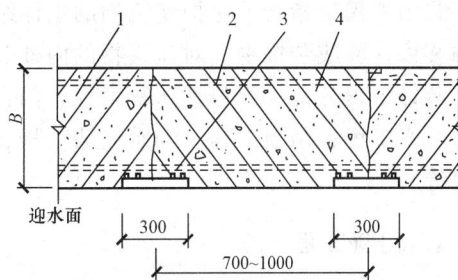

图 5 - 41　后浇带防水构造（二）

1—先浇混凝土；2—结构主筋；3—外贴式止水带；
4—后浇补偿收缩混凝土

3）底板后浇带混凝土浇筑的施工工艺。凿毛并清洗混凝土界面→钢筋除锈、调整→抽出后浇带处积水→安装止水条或止水带→混凝土界面放置与后浇带同强度等级砂浆或涂刷混凝土界面处理剂→后浇带混凝土施工→后浇带混凝土养护。如图 5 - 43 所示是施工现场底板、墙身后浇带留设。

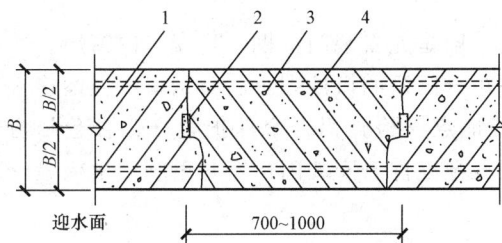

图 5 - 42　后浇带防水构造（三）

1—先浇混凝土；2—遇水膨胀止水条；3—结构主筋；
4—后浇补偿收缩混凝土

图 5 - 43　施工现场底板、墙身后浇带留设

4）后浇带质量验收。

①主控项目：后浇带用遇水膨胀止水条或止水胶、预埋注浆管、外贴式止水带必须符合设计要求；补偿收缩混凝土的原材料及配合比必须符合设计要求；后浇带防水构造必须符合

设计要求；采用掺膨胀剂的补偿收缩混凝土，其抗压强度、抗渗性能和限制膨胀率必须符合设计要求。

②一般项目：补偿收缩混凝土浇筑前，后浇带部位和外贴式止水带应采取保护措施；后浇带两侧的接缝表面应先清理干净，再涂刷混凝土界面处理剂或水泥基渗透结晶型防水涂料；后浇混凝土的浇筑时间应符合设计要求；遇水膨胀止水条的施工应符合本规范的规定。后浇带混凝土应一次浇筑，不得留施工缝；混凝土浇筑后应及时养护，养护时间不得少于28d。

5.7　装饰装修工程

装饰工程是指为了保护建筑物的主体结构，完善建筑物的使用功能和美化建筑物，采用装饰装修材料或装饰物，对建筑物的内外表面及空间进行的各种处理过程。

装饰工程分部工程包括抹灰工程、门窗工程、楼地面工程、饰面板工程、饰面砖工程、外墙防水工程、吊顶工程、轻质隔墙工程、幕墙工程、涂饰工程、裱糊与软包工程以及细部工程等。

5.7.1　门窗工程

门窗工程是建筑物的主要组成部分，常用门窗的种类有木门窗、钢门窗、铝合金门窗、塑料门窗和塑钢门窗、断桥铝门窗（又叫铝塑复合门窗）六大种。

1. 木门窗

（1）木门窗制作和安装。

制作：木门窗宜在木材加工厂定型制作，不宜在施工现场加工制作。

安装：木门窗框安装有先立门窗框（立口）和后塞门窗框两种。

（2）木门窗的安装要求。门窗框在洞口内要立正立直，同一层门窗要拉通线控制水平，多层建筑的上下门窗也要位于同一条垂线上，门窗框要用临时木楔固定，用钉子固定在预埋木砖。

2. 铝合金门窗

铝合金门窗安装方法是后塞口。铝合金门窗一般是先安装门窗框，后安装门窗扇。

（1）铝合金门窗安装的施工工艺。弹线找规矩→门窗洞口处理→门窗洞口内埋设连接铁件→铝合金门窗拆包检查→按图纸编号运至安装地点→检查铝合金保护膜→铝合金门窗安装→门窗口四周嵌缝、填保温材料→清理→安装五金配件→安装门窗密封条→质量检验→纱扇安装。

（2）施工要点。

1）弹线找规矩。在最高层找出门窗口边线，用大线坠将门窗口边线下引，并在每层门窗口处画线标记，对个别不直的口边应剔凿处理。高层建筑可用经纬仪找垂直线。

门窗口的水平位置应以楼层+50cm水平线为准，往上反，量出窗下皮标高，弹线找直，每层窗下皮（若标高相同）则应在同一水平线上。

2）铝合金门窗安装时若采用连接铁件固定，铁件应进行防腐处理，连接件最好选用不锈钢件。

3）就位和临时固定：根据已放好的安装位置线安装，并将其吊正找直，无问题后方可用木楔临时固定。

4）与墙体固定。铝合金门窗与墙体固定有三种方法：

①沿窗框外墙用电锤打 $\phi6$ 孔（深 60mm），再将铁脚与预埋钢筋焊牢。

②连接铁件与预埋钢板或剔出的结构箍筋焊牢。

③混凝土墙体可用射钉枪将铁脚与墙体固定。

不论采用哪种方法固定，铁脚至窗角的距离不应大于 180mm，铁脚间距应小于600mm。

5）处理门窗框与墙体缝隙。铝合金门窗固定好后，应及时处理门窗框与墙体缝隙。如设计未规定填塞材料品种时，应采用矿棉或玻璃棉毡条分层填塞缝隙，外表面留 5～8mm 深槽口填嵌嵌缝膏，严禁用水泥砂浆填塞。在门窗框两侧进行防腐处理后，可填嵌设计指定的保温材料和密封材料。待铝合金窗和窗台板安装后，将窗框四周的缝隙同时填嵌，填嵌时用力不应过大，防止窗框受力后变形。

3. 塑钢门窗

(1) 施工准备工作。

1）塑钢门窗安装前，应先认真熟悉图纸，核实门窗洞口位置洞口尺寸，检查门窗的型号、规格、质量是否符合设计要求，如图纸对门窗框位置无明确规定时，施工负责人根据工程性质及使用具体情况，做统一交底，明确开启方向、标高及位置（墙中、里平或外平等）。

2）安装门窗框时，上下层窗框吊齐、对正；在同一墙面上有几层窗框时，每层都要拉通线找平窗框的标高。

3）门窗框安装前，应对＋50cm 线进行检查，并找好窗边垂直线及窗框下皮标高的控制线，拉通线，以保证门窗框高低一致。

4）塑钢门窗安装工程应在主体结构分部工程验收合格后，方可进行施工。

5）塑钢门窗及其配件、辅助材料应全部运到施工现场，数量、规格、质量完全符合设计要求。

(2) 塑钢门窗安装工艺流程。轴线、标高复核→原材料、半成品进场检验→门窗框定位→安装门窗框（后塞口）→塑钢门窗扇安装→五金安装→嵌密封条→验收。

5.7.2　抹灰工程

抹灰工程是用灰浆涂抹在房屋建筑的墙、地、顶棚表面上的一种传统做法的装饰工程。抹灰工程分内墙抹灰和外墙抹灰。

1. 抹灰工程分类和组成

(1) 抹灰工程分类。抹灰工程按使用的材料及其装饰效果可分为一般抹灰和装饰抹灰。

1）一般抹灰。一般抹灰所使用的材料有石灰砂浆、水泥混合砂浆、水泥砂浆、聚合物水泥砂浆、麻刀灰、纸筋石灰、粉刷石膏等。一般抹灰按质量要求分为普通抹灰和高级抹灰二个等级。当设计无要求时，按普通抹灰验收。普通抹灰为一层底层和一层面层或一层底层、一层中层和一层面层，要求表面光滑、洁净、接槎平整、分格缝应清晰。高级抹灰为一层底层、数层中层和一层面层组成，要求表面光滑、洁净、颜色均匀无抹纹、分格缝和灰线应清晰美观。

2）装饰抹灰。装饰抹灰是指通过操作工艺及选用材料等方面的改进，使抹灰更富于装饰效果。主要有水刷石、斩假石、干粘石、假面砖等。

（2）抹灰工程的组成。为了保证砂浆与基层粘接牢固，表面平整、不产生裂缝，抹灰施工一般分层操作，可分为底层、中层、面层。底层主要起与基层粘结作用，兼起初步找平作用，砂浆厚度为10～12mm。中层主要起找平作用。砂浆的种类基本与底层相同。面层主要起装饰作用，要求大面平整、无裂纹、颜色均匀。

2. 抹灰工程的施工工艺

（1）一般抹灰的施工。材料要求如下：

1）水泥。水泥为不小于32.5级的普通硅酸盐水泥、矿渣硅酸盐水泥；抹灰工程应对水泥的凝结时间和安定性进行复验。

2）石灰膏和磨细生石灰粉。块状生石灰须经熟化成石灰膏后使用；将块状生石灰碾碎磨细后即为磨细生石灰粉。

3）砂。抹灰用砂，最好是中砂。

4）纤维材料。麻刀、纸筋、稻草、玻璃纤维，在抹灰层中起拉结和骨架作用，提高抹灰层的抗拉强度，增加抹灰层的弹性和耐久性，使抹灰层不易裂缝脱落。

5）颜料和胶粘剂。为了加强装饰效果，往往在砂浆中掺入适量的颜料，要求抹灰用颜料必须为耐碱、耐光的矿物颜料。加入适量的胶粘剂，如108胶可提高抹灰层的粘结力，改善抹灰性能，提高抹灰质量。

（2）一般抹灰基层表面处理。抹灰工程施工前，必须对基层表面作适当的处理，使其坚实粗糙，以增强抹灰层的粘结。基层处理包括以下内容：

1）将砖、混凝土、加气混凝土等基层表面的灰尘、污垢和油渍等清除干净，并洒水湿润；混凝土基体上抹灰前，必须在表面洒水湿润后涂刷1:1水泥砂浆加适量108胶水。做到涂刷均匀，不得有漏刷，洒水养护，待强度达到一定程度后进行抹灰。或采用界面处理剂涂刷，以增加粘结力。加气混凝土基体应在湿润后涂刷界面剂后，再抹强度不大于M5的水泥混合砂浆。

2）检查基体表面平整度，对凹凸过大的部位应凿补平整。

3）墙上的施工孔洞及管道线路穿越的孔洞应堵塞填平密实。

4）室内墙面、柱面和门洞口的阳角做法应符合设计要求。设计无要求时，应采用1:2水泥砂浆做护角，其高度不应低于2m，每侧宽度不应小于50mm。

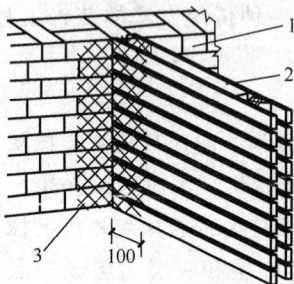

图5-44 不同材料基体
交接处的处理

1—砖墙；2—板条墙；3—钢丝网

5）抹灰工程应分层进行。当抹灰总厚度大于或等于35mm时，应采取加强措施。不同材料基体交接处表面的抹灰，应采取防止开裂的加强措施，当采用加强网时，加强网与各基体的搭接宽度不应小于100mm。如图5-44所示。

（3）一般抹灰施工工艺顺序。一般顺序：应遵循先外墙后内墙，先上后下，先顶棚、墙面后地面。

1）外墙抹灰施工工艺。基层处理→湿润墙面→设置标筋（做灰饼、冲筋）→阴阳角找方→做护角线→抹墙面底层灰→抹墙面中层灰→弹线粘贴分格条→抹墙面面层灰表面压光并修整起分格条→抹滴水线→养护。

2）施工要点是：

①吊垂直、套方、找规矩、做灰饼、冲筋。根据建筑高度确定放线方法，高层建筑可利用墙大角、门窗口两边，用经纬仪打直线找垂直。多层建筑时，可从顶层用大线坠吊垂直，找规矩，横向水平线可依据楼层标高或施工＋50cm 线为水平基准线进行交圈控制，然后按抹灰操作层抹灰饼，每层抹灰时则以灰饼做基准冲筋，使其保证横平竖直。操作时应先抹上灰饼，再抹下灰饼。抹灰饼时应根据室内抹灰要求，确定灰饼的正确位置，再用靠尺板找好垂直与平整。灰饼宜用 1∶3 水泥砂浆抹成 5cm 见方形状。当灰饼砂浆达到七八成干时，即可用与抹灰层相同砂浆冲筋。冲筋根数应根据房间的宽度和高度确定，一般冲筋宽度 5cm，两筋间距不大于 1.5m。如图 5-45、图 5-46 所示。

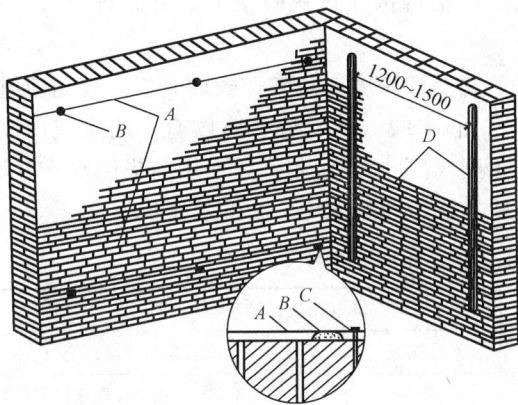

图 5-45　挂线做标志块及标筋图
A—引线；B—灰饼（标志块）；C—钉子；D—标筋

图 5-46　用托线板挂垂直做标志块

②抹底层灰、中层灰。根据不同的基体，抹底层灰前可刷一道掺 108 胶的水泥浆，然后抹 1∶3 水泥砂浆（加气混凝土墙应抹 1∶1∶6 混合砂浆），每层厚度控制在 5～7mm 为宜。分层抹灰，用木杠刮平找直，木抹搓毛，每层抹灰不宜跟得太紧，以防收缩影响质量。

③弹线、嵌分格条。根据图纸要求弹线分格、粘分格条。分格条宜采用红松制作也可以采用塑料分格条，木分格条粘前应用水充分浸透。粘时在条两侧用素水泥浆抹成 45°八字坡形。粘分格条时注意竖条应粘在所弹线的同一侧，防止左右乱粘，出现分格不均匀。条粘好后待底层呈七八成干后可抹面层灰。

④抹面层灰、起分格条。待底灰呈七八成干时开始抹面层灰，将底灰墙面浇水均匀湿润，先刮一层薄薄的素水泥浆，随即抹罩面灰与分格条平，并用木杠横竖刮平，木抹子搓毛，铁抹子溜光、压实。待其表面无明水时，用软毛刷蘸水垂直于地面向同一方向轻刷一遍，以保证面层灰颜色一致，避免出现收缩裂缝，随后将分格条起出，（如果采用塑料分格条不再起出来）待灰层干后，用素水泥浆将缝勾好。难起的分格条不要硬起，防止棱角损坏，等灰层干透后补起，并补勾缝。

⑤抹滴水线。在抹檐口、窗台、窗眉、阳台、雨篷、压顶和突出墙面的腰线以及装饰凸线时，应将其上面作成向外的流水坡度，严禁出现倒坡。

（4）质量标准。

主控项目包括：

1）抹灰前基层表面的尘土、污垢、油渍等应清除干净，并应洒水润湿。

2）一般抹灰材料的品种和性能应符合设计要求。水泥凝结时间和安定性应合格。砂浆的配合比应符合设计要求。

3）抹灰层与基层之间的各抹灰层之间必须粘结牢固，抹灰层无脱层、空鼓，面层应无爆灰和裂缝。

一般项目包括：

1）一般抹灰工程的表面质量应符合下列规定：

普通抹灰表面应光滑、洁净，接槎平整，分格缝应清晰。

高级抹灰表面应光洁，颜色均匀、无抹纹，分格缝和灰线应清晰美观。

2）抹灰总厚度应符合设计要求，水泥砂浆不得抹在石灰砂浆上，罩面石膏灰不得抹在水泥砂浆层上。

3）抹灰分格缝的设置应符合设计要求，宽度和深度应均匀，表面光滑，棱角应整齐。

4）有排水要求的部位应做滴水线（槽）。滴水线（槽）应整齐顺直，滴水线内高外低，滴水槽的宽度和深度，均不应小于10mm，滴水槽应用红松制作，使用前应用水充分泡透。

5）一般抹灰工程质量的允许偏差和检验方法应符合表5-32的规定。

表5-32　　　　　　　　　　　一般抹灰的允许偏差和检验方法

项次	项目	允许偏差/mm（国家标准）		允许偏差/mm（企业标准）		检验方法
		普通抹灰	高级抹灰	普通抹灰	高级抹灰	
1	立面垂直度	4	3	3	2	用2m垂直检测尺检查
2	表面平整度	4	3	3	2	用2m靠尺和塞尺检查
3	阴阳角方正	4	3	3	2	用直角检测尺检测
4	分格条（缝）直线度	4	3	3	2	拉5m线，不足5m拉通线，用钢直尺检查
5	墙裙、勒脚上口直线度	4	3	3	2	拉5m线，不足5m拉通线，用钢直尺检查

5.7.3　饰面工程

饰面工程是在墙柱表面镶贴或安装具有保护和装饰功能的块料而形成的饰面层。块料面层的种类有饰面板和饰面砖。饰面板有石材饰面板（包括天然石材和人造石材）、金属饰面板、塑料饰面板、镜面玻璃饰面板、木制饰面板等。饰面砖有釉面瓷砖、外墙面砖、陶瓷锦砖和玻璃马赛克等。

1. 釉面瓷砖（内墙面砖）施工工艺及施工方法

（1）施工工艺。弹线分格→选砖浸砖→贴灰饼→镶贴（顺序自下而上，从阳角开始，用整砖镶贴，非整砖留在阴角处）→擦缝。

（2）施工方法。

1）内墙釉面砖镶贴前，应在水泥砂浆基层上弹线分格，弹出水平、垂直控制线。在同一墙面上的横、竖排列中，不宜有一行以上的非整砖，非整砖行应安排在次要部位或阴角处。在镶贴釉面砖的基层上用废面砖按镶贴厚度上下左右做灰饼，并上下用托线板校正垂直，镶贴顺序是由下往上进行。

2）镶贴用砂浆宜采用1：2水泥砂浆，砂浆厚度为6～10mm。釉面砖的镶贴也可采用专用胶粘剂或聚合物水泥浆，采用聚合物水泥浆不但可提高其粘结强度而且可使水泥浆缓凝，利于镶贴时的压平和调整操作。

3）釉面砖镶贴前先应湿润基层，然后以弹好的地面水平线为基准，从阳角开始逐一镶贴。镶贴时用铲刀在砖背面刮满粘贴砂浆，四边抹出坡面，再准确置于墙面，用铲刀木柄轻击面砖表面，使其落实贴牢，随即将挤出的砂浆刮净。

4）镶贴过程中，随时用靠尺以灰饼为准检查平整度和垂直度。如发现高出标准砖面，应立即压挤面砖；如低于标准砖面，应揭下重贴，严禁从砖侧边挤塞砂浆。

5）接缝宽度应控制在1～1.5mm范围内，并保持宽窄一致。镶贴完毕后，应用棉纱净水及时擦净表面余浆，并用薄皮刮缝，然后用同色水泥浆嵌缝。

6）镶贴釉面砖的基层表面遇到突出的管线、灯具、卫生设备的支承等，应用整砖套割吻合，不得用非整砖拼凑镶贴。同时在墙裙、浴盆、水池的上口和阴、阳角处应使用配件砖，以便过渡圆滑、美观，同时不易碰损。

2. 外墙面砖施工

工艺流程与要点包括（基层为混凝土墙面时的操作方法）：基层处理：剔平凸出墙面的混凝土，凿毛墙面（并用钢丝刷满刷一遍）；毛化处理，吊垂直、套方、找规矩、贴灰饼：根据面砖的规格尺寸分层设点、做灰饼，横向与竖向基准线控制应全部是整砖；抹底层砂浆：分层抹水泥砂浆；弹线分格：分段分格弹线；排砖：横竖向排砖并保证面砖缝隙均匀；浸砖；镶贴面砖：镶贴应自上而下进行；材料为1：2水泥砂浆/108胶混合砂浆/胶粉；面砖勾缝与擦缝：用1：1水泥砂浆勾缝，先勾水平缝再勾竖缝，勾好后要求凹进面砖外表面2～3mm。若横竖缝为干挤缝，应用白水泥配颜料进行擦缝处理。

3. 饰面板安装工艺（以大理石、花岗岩石材安装为重点讲解）

饰面板的安装工艺有传统湿作业法（灌浆法）、干挂法和直接粘贴法。

（1）传统湿作业法施工工艺流程。材料准备与验收、板材钻孔→基体处理→弹线定位→饰面板安装→灌浆→清理→嵌缝→打蜡。

1）材料准备。饰面板材安装前，应分选检验并试拼，使板材的色调、花纹基本一致，试拼后按部位编号，以便施工时对号安装。对已选好的饰面板材进行钻孔剔槽，以系固铜丝或不锈钢丝。每块板材的上、下边钻孔数各不得少于2个，孔位宜在板宽两端1/4～1/5处，孔径5mm左右，孔深15～20mm，直孔应钻在板厚度的中心位置。

2）基层处理，挂钢筋网。把墙面清扫干净，剔除预埋件或预埋筋，也可在墙面钻孔固定金属膨胀螺栓。对于加气混凝土或陶粒混凝土等轻型砌块砌体，应在预埋件固定部位加砌黏土砖或局部用细石混凝土填实，然后用φ6mm的HPB235的钢筋纵横绑扎成网片与预埋件焊牢。

3）弹线定位。弹线分为板面外轮廓线和分块线。外轮廓线弹在地面，距墙面50mm（即板内面距墙30mm），分块线弹在墙面上，由水平线和垂直线构成，是每块板材的定位线。

4）饰面板安装。根据预排编号的饰面板材，对号入座进行安装。第一皮饰面板材先在墙面两端以外皮弹线为准固定两块板材，找平找直，然后挂上横线，再从中间或一端开始安装。安装时先穿好钢丝，将板材就位，随后用水平尺检查水平，用靠尺检查平整度，用线锤或托线板检查板面垂直度，调整好垂直、平整、方正后，在板材表面横竖接缝处每隔100～150mm用石膏浆板材碎块固定。

5）灌浆。灌注砂浆一般采用1：2.5的水泥砂浆，稠度为80～150mm。灌注前，应浇水将饰面板及基体表面润湿，然后用小桶将砂浆灌入板背面与基体间的缝隙。灌浆应分层灌入，第一层浇灌高度不大于150mm，并应不大于1/3板高。浇灌时应随灌随插捣密实，并及时注意不得漏灌，板材不得外移。

6）清理、擦缝、打蜡。一层面板灌浆完毕待砂浆凝固后，清理上口余浆，隔日拔除上口木楔和有碍上层安装板材的石膏饼，然后按上述方法安装上一层板材，直至安装完毕。全部板材安装完毕后，洁净表面。室内光面、镜面板接缝应干接，接缝处用与板材同颜色水泥浆嵌擦接缝，缝隙嵌浆应密实，颜色要一致。最后打蜡。

（2）干挂法。干挂法一般适用于钢筋混凝土外墙或有钢骨架的外墙饰面，不能用于砖墙或加气混凝土墙的饰面。

干挂法是直接在饰面板厚度面和反面开槽或打孔，然后用不锈钢连接件与安装在钢筋混凝土墙体内的膨胀金属螺栓或钢骨架相连接。饰面板背面与墙面间形成80～100mm的空腔。板缝间加泡沫塑料阻水条，外用防水密封胶做嵌缝处理。该种方法多用于30m以下的建筑外墙饰面。

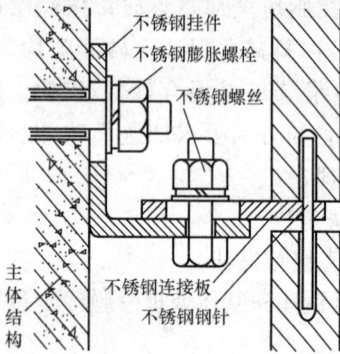

图5-47 干挂法工艺构造示意图

在本书中只介绍大理石饰面板干挂法施工工艺。石材干挂法的施工工艺流程是：墙面修整、弹线、打孔→固定连接件→安装板块→调整、固定→嵌缝→清理。如图5-47所示。

①石材安装前，对混凝土外墙表面应进行凿平、修整、清扫干净，并根据设计要求和实际需要弹出石材安装的位置线。在板材的上、下两顶面钻孔，孔深为21mm，孔径为6mm。

②固定连接件。

③板材安装固定。底层石板安装，中间板块安装，顶部板安装。

④嵌缝。每一施工段安装后经检查无误，可清扫拼接缝，填塞聚乙烯泡沫嵌条，石材表面粘贴防污胶条，随后用胶枪嵌注密封硅胶。

（3）直接粘结法。直接粘贴法适用于厚度在10～12mm以下的石材薄板和碎大理石板的铺设。胶粘剂可采用不低于32.5级的普通硅酸盐水泥砂浆或白水泥浆，也可采用专用的石材胶粘剂（如AH—03型大理石专用粘结胶）。对于薄型石材的水泥砂浆粘贴施工，主要应注意在粘贴第一皮时应沿水平基准线放一长板作为托底板，防止石板粘贴后下滑。粘贴顺序为由下至上逐层粘贴。粘贴初步定位后，应用橡皮锤轻敲表面，以取得板面的平整和与水泥砂浆接合的牢固。

4. 铝塑板施工工艺

（1）铝塑复合板组成及特点。铝塑复合板是由多层材料复合而成，上下层为高纯度铝合金板，中间为无毒低密度聚乙烯（PE）芯板，其正面还粘贴一层保护膜。对于室外，铝塑板正面涂覆氟碳树脂（PVDF）涂层，对于室内，其正面可采用非氟碳树脂涂层。铝塑板的特点：铝塑板是易于加工、成型的好材料，更是为追求效率、争取时间的优良产品，它能缩短工期、降低成本。铝塑板可以切割、裁切、开槽、带锯、钻孔、加工埋头，也可以冷弯、冷折、冷轧，还可以铆接、螺丝连接或胶合粘接等。

（2）干挂铝塑板施工工艺。工艺流程是：放线→安装固定连接件→安装龙骨架→安装铝塑板。

1）放线工作。根据土建实际的中心线及标高点进行；饰面的设计以建筑物的轴线为依据。铝塑板骨架由横竖件组成，先弹好竖向杆件的位置线，然后再将竖向杆件的锚固点确定。

2）安装固定连接件。在放线的基础上，用电焊固定连接件，焊缝处涂防锈漆二度。连接件与主体结构上的预埋件焊接固定，当主体结构上没有埋设预埋铁件时，可在主体结构上打孔安设膨胀螺栓与连接铁件固定。

3）安装骨架。用焊接方法安装骨架，安装随时检查标高，中心线位置，并同时将截面连接焊缝做防锈漆处理，固定连接件做隐蔽检查记录包括连接件焊缝长度、厚度、位置埋置标高、数量、嵌入深度。

4）安装铝塑板。在型材内架上，先打螺丝孔位，用铆钉将铝塑板饰面逐块固定在型钢骨架上；板与板之间的间隙为 10～15mm 再注入硅酮密封胶；铝板安装前严禁拆包装纸，直至竣工前方撕开包装保护膜。

（3）木龙骨细木板基层铝塑板饰面工程。工艺流程是：弹线→防潮层安装→龙骨安装→基层板安装→饰面板安装。

5.7.4　楼地面工程

楼地面的组成是底层地面和楼板面的总称。楼地面由面层、结合层、找平层、防潮层、保温层、垫层、基层等组成。根据不同的设计，其组成也不尽相同。楼地面分类，按面层施工方法不同可将楼地面分三大类：①整体楼地面，又分为水泥砂浆地面、水泥混凝土地面、水磨石地面等；②块材地面，又分为预制板材、大理石和花岗石、陶瓷地砖等；③木竹地面等。

（1）整体楼地面的施工。

1）基层的施工。

①抄平弹线统一标高。检查墙、地、楼板的标高，并在各房间内弹离楼地面高 500mm 的水平控制线，房间内一切装饰都以此为基准。

②楼面的基层是楼板，做好板面清理工作。

③地面基层为土质时，应是原土和夯实回填土。回填土夯实同基坑回填土夯实要求。

2）混凝土垫层：混凝土垫层用厚度不小于 60mm，等级不低于 C10 的混凝土铺设而成。坍落度宜为 10～30mm，要拌和均匀。混凝土采用表面振动器捣实，浇筑完后，应在 12h 内覆盖浇水养护不少于 7d。混凝土强度达到 1.2MPa 以后，才能进行下道工序施工。

3）面层施工。

①水泥砂浆地面施工的工艺流程与要点。基层处理→找标高弹线（量测出面层标高，并在墙上弹线）→洒水湿润→抹灰饼和标筋（或称冲筋）（根据面层标高弹线，确定面层抹灰

厚度）→搅拌砂浆→刷水泥浆结合层→铺水泥砂浆面层→木抹子搓平，从内向外退着用木抹子搓平，并用 2m 靠尺检查其平整度→铁抹子压第一遍→第二遍压光→第三遍压光→养护：压光后 24h，铺锯末或其他材料覆盖洒水养护，当抗压强度达 5MPa 才能上人。

②细石混凝土楼面。施工工序：基层清理→洒水湿润→刷素水泥浆→贴灰饼、冲筋→铺混凝土→抹面→养护。

③现浇水磨石施工工艺。基层处理→洒水湿润→抹灰饼和标筋→做水泥砂浆找平层→养护（强度达到 1.2MPa）→镶嵌玻璃分格条（金属条）（图 5 - 48）→铺抹水泥石子浆面层→养护、试磨→第一遍磨光浆面并养护→第二遍磨光浆面并养护→第三遍磨光浆面并养护→酸洗打蜡。

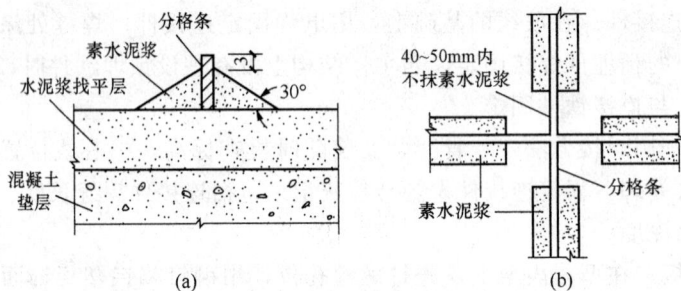

图 5 - 48　镶嵌分格条示意图

（2）板块楼地面的施工。陶瓷地砖面层的施工工艺流程是：基层处理→弹线→预铺→铺贴→勾缝→清理→成品保护→分项验收。

施工要点是：

①基层处理。将楼地面上的砂浆污物、浮灰、落地灰等清理干净，以达到施工条件的要求，考虑到装饰层与基层结合力，在正式施工前用少许清水湿润地面，用素水泥浆做结合层一道。

②弹线。施工前在墙体四周弹出标高控制线（依据墙上的 1.0m 控制线），在地面弹出十字线，以控制地砖分隔尺寸。找出面层的标高控制点，注意与各相关部位的标高控制一致。

③预铺。首先应在图纸设计要求的基础上，对地砖的色彩、纹理、表面平整等进行严格的挑选，依据现场弹出的控制线和图纸要求进行预铺。按铺贴顺序堆放整齐备用，一般要求不能出现破活或者小于半块砖，尽量将把半砖排到非正视面。

④铺贴。地砖铺设采用 1:4 或 1:3 干硬性水泥砂浆粘贴（砂浆的干硬程度以手捏成团不松散为宜），砂浆厚度控制在 25～30mm 左右。在干硬性水泥砂浆上撒素水泥，并洒适量清水。将地砖按照要求放在水泥砂浆上，用橡皮锤轻轻敲击地砖饰面直至密实平整达到要求；根据水平线用铝合金水平尺找平，铺完第一块后向两侧或后退方向顺序镶铺。砖缝无设计要求时一般为 1.5～2mm，铺设时要保证砖缝宽窄一致，纵横在一条线上。

⑤勾缝。地砖铺完 24h 后进行勾缝，勾缝采用 1:1 水泥砂浆勾缝。

⑥清理。当水泥浆凝固后再用棉纱等物对地砖表面进行清理（一般宜在 12h 之后）。清理完毕后用锯末养护 2～3d，当交叉作业较多时采用三合板或纸板保护。

本 章 练 习 题

1. 现基坑底长 40m，宽 20m，深 4m，四边放坡，边坡坡度 1：0.5，试计算挖土土方工程量。

2. 确定基坑土方工程开挖的施工顺序？其开挖过程中的深度如何控制？

3. 为保证基坑边坡不塌方，对基坑边坡采用土钉墙进行加固，确定土钉墙施工的工艺流程？

4. 开挖过程中，用反铲挖土机，其挖土的特点是什么？开挖的方式是什么？开挖到基底应留多厚的土层采用人工开挖？

5. 当开挖到设计基底标高，进行人工钎探，钎探的目的是什么？如何钎探？钎探施工要求有什么？（画出钎探平面布置图）。

6. CFG 桩是（   ）的简称。

A. 低标号素混凝土桩   B. 水泥白灰碎石桩

C. 白灰粉煤灰碎石桩   D. 水泥粉煤灰碎石桩

7. 采用 CFG 桩地基处理后，一般设置的褥垫层厚度为（   ）。

A. 100～200mm   B. 150～300mm   C. 300～500mm   D. 大于 500mm

8. 采用 CFG 桩地基处理后，设置褥垫层的作用为（   ）。

A. 保证桩、土共同承担荷载   B. 减少基础底面的应力集中

C. 可以调整桩土荷载分担比   D. 可以调整桩土水平荷载分担比

9. CFG 桩的施工工艺过程是什么？

10. 夯实水泥土桩的施工工艺过程是什么？

11. 钢筋混凝土柱下独立基础的施工工艺与施工要点是什么？

12. 钢筋混凝土筏形基础施工工艺是什么？钢筋绑扎要求有哪些？

13. 桩基础的分类有哪些？钢筋混凝土灌注桩的施工要求有哪些？

14. 当砌筑砂浆的组成材料有变更时，其配合比应（   ）。砌筑砂浆试块的留置：每一检验批且不超过（   ）m³ 砌体的各种类型及强度等级的砌筑砂浆，每（   ）应至少抽查一次。

15. 现场拌制的砂浆应随拌随用，拌制后的砂浆应在（   ）h 使用完毕，当施工期间最高气温超过 30℃时，应在（   ）h 内使用完毕。

16. 皮数杆的作用是什么？如何设置？

17. 如何弹出"50"线？

18. 砌体水平灰缝的砂浆饱满度应达到多少？如何检查？

19. 砌体工程检验批合格均应符合哪些规定？

20. 什么是脚手架？钢管扣件式脚手架由几部分组成？

21. 砖砌体的组砌形式，施工工艺过程？什么是 500 线，500 线的作用是什么？

22. 构造柱的施工顺序是什么？施工要求有哪些？马牙槎如何留置？拉结筋如何设置？

23. 在下列运输设备中，既可作水平运输又可作垂直运输的是（   ）。

A. 井架运输   B. 快速井式升降机

C. 混凝土泵   D. 塔式起重机

24. 柱施工缝留置位置不当的是（　　）。

A. 基础顶面   B. 与吊车梁平齐处

C. 吊车梁上面   D. 梁的下面

25. 在施工缝处继续浇筑混凝土应待已浇混凝土强度达到（　　）MPa。

A. 1.2   B. 2.5   C. 1.0   D. 5

26. 当采用表面振动器振捣混凝土时，浇筑厚度不超过（　　）。

A. 500mm   B. 400mm   C. 200mm   D. 300mm

27. 在浇筑柱子时，应采取的浇筑顺序是（　　）。

A. 由内向外   B. 由一端向另一端

C. 分段浇筑   D. 由外向内

28. Ⅰ级钢筋采用双面焊缝搭接焊，搭接长度应是（　　）。

A. $4d_0$ B. $5d_0$ C. $8d_0$ D. $10d_0$

29. 某梁的跨度为6m，采用钢模板、钢支柱支模时，其跨中起拱高度可为（　　）。

A. 1mm   B. 2mm   C. 4mm   D. 8mm

30. 悬挑长度为1.5m、混凝土强度为C30的现浇阳台板，当混凝土强度至少达到（　　）时方可拆除底模。

A. 15N/mm^2 B. 22.5N/mm^2 C. 21N/mm^2 D. 30N/mm^2

31. 混凝土浇筑的一般规定是什么？框架柱混凝应如何浇筑？

32. 什么叫施工缝？为什么要留施工缝？施工缝一般留在何部位？

33. 浇筑主次梁的楼板混凝土时，其浇筑的方向，施工缝留设位置如何？继续浇筑混凝土施工缝应如何处理？梁板浇筑完毕，采用什么方法养护？

34. 混凝土养护的方法有几种？什么是自然养护？

35. 框架结构主体混凝土应如何浇筑？

36. 大体积混凝土的浇筑方案有几种？防止大体积混凝土浇筑时出现温度裂缝，应采取什么措施？

37. 混凝土质量检查的内容包括哪些？

38. 钢筋隐蔽工程验收的主要内容有哪些？混凝土试块如何留置？

39. 对于高层建筑，其屋面防水等级为（　　）级。

A. Ⅰ级   B. Ⅱ级   C. Ⅲ级   D. Ⅳ级

40. 对重要建筑，其防水设防要求为（　　）。

A. 二道防水设防   B. 三道或三道以上防水设防

C. 一道防水设防   D. 按特殊要求设防

41. 屋面采用材料找坡时，坡度宜为（　　）。

A. 1%   B. 2%   C. 3%   D. 4%

42. 屋面工程中，找平层宜留设分格缝，纵横缝的间距不宜大于（　　）。

A. 4m   B. 5m   C. 6m   D. 7m

43. 平屋面采用结构找坡时，屋面防水找平层的排水坡度不应小于（　　）。

A. 1%   B. 1.5%   C. 2%   D. 3%

44. 屋面防水卷材平行屋脊的卷材搭接缝，其方向应（　　）。

A. 顺流水方向　　　　　　　　　　　B. 垂直流水方向

C. 顺年最大频率风向　　　　　　　　D. 垂直年最大频率风向

45. 当屋面坡度达到（　　）时，卷材必须采取满粘和钉压固定措施。

A. 3%　　　　　　B. 10%　　　　　　C. 15%　　　　　　D. 25%

46. 立面或大坡铺面贴防水卷材时，应采用的施工方法是（　　）。

A. 空铺法　　　　B. 点粘法　　　　C. 条粘法　　　　D. 满粘法

47. 铺贴厚度小于 3mm 的地下室工程高聚物改性沥青卷材时，严禁采用的施工方法是（　　）。

A. 冷粘法　　　　B. 热熔法　　　　C. 满粘法　　　　D. 空铺法

48. 同一层相邻两幅卷材短边搭接缝错开不应小于（　　）mm。

A. 500　　　　　　B. 250　　　　　　C. 300　　　　　　D. 100

49. 卷材防水层不得有渗漏和积水现象，当采用蓄水试验其蓄水时间不应少于（　　）h。

A. 12　　　　　　B. 24　　　　　　C. 8　　　　　　D. 7

50. 板状保温材料厚度应符合设计要求，其正偏差应不限，负偏差应为 5%，且不得大于（　　）mm。

A. 3　　　　　　B. 5　　　　　　C. 4　　　　　　D. 7

51. 抗渗混凝土试件一组（　　）个试件。

A. 3　　　　　　B. 5　　　　　　C. 6　　　　　　D. 9

52. 地下防水混凝土墙体的水平施工缝应留部位是（　　）。

A. 底板与侧墙的交接处

B. 顶板与侧墙的交接处

C. 高出底板表面不小于 300mm 的墙体上

D. 低出顶板表面不小于 300mm 的墙体上

53. 后浇带应在其两侧混凝土龄期达到（　　）d 后再施工。

A. 42　　　　　　B. 30　　　　　　C. 28　　　　　　D. 14

54. 屋面卷材防水层施工铺贴顺序和方向、卷材搭接缝应符合什么规定？

55. 热熔法铺贴卷材施工工艺过程？

56. 地下主体结构采用防水混凝土施工时，其墙体水平施工缝如何留置？施工缝出如何做防水？在施工缝处继续浇混凝土，应如何处理？

57. 什么是断桥铝门窗？有哪些优点？

58. 抹灰工程的分类和组成及每层的作用有哪些？

59. 什么是饰面工程？饰面工程的种类有哪些？

60. 楼地面工程的组成和分类有哪些？

61. 现浇水磨石施工工艺是什么？

第6章

工程建设项目管理基本知识

工程建设项目指在一个总体范围内，由一个或几个单项工程组成，经济上实行独立核算，行政上实行统一管理，并具有法人资格的建设单位。例如，一所学校、一个工厂等。

6.1 工程建设项目的组成及分类

6.1.1 工程建设项目的组成

可以用下面的形式从大到小来表示：建设项目→单项工程→单位工程→分部工程→分项工程。

（1）单项工程。是指在一个建设项目中，具有独立的设计文件，能够独立组织施工，竣工后可以独立发挥生产能力或效益的工程。例如，一所学校、一个工厂等。

（2）单位工程。指竣工后不可以独立发挥生产能力或效益，但具有独立设计，能够独立组织施工的工程。例如，土建、电器照明、给水排水等。

（3）分部工程。按照工程部位、设备种类和型号、使用材料的不同划分的工程项目。例如，地基与基础工程、主体结构、装饰装修工程、屋面工程等。

（4）分项工程。按照不同的施工方法、不同的材料、不同的规格划分的工程项目。例如，主体结构分部工程中的模板工程、钢筋工程、混凝土工程、砌筑工程等均属于分项工程。分项工程是计算工、料及资金消耗的最基本的构造要素。

6.1.2 工程建设项目的分类

1. 按建设性质划分

（1）新建项目。是指根据国民经济和社会发展的近远期规划，按照规定的程序立项，从无到有、平地起家的建设项目。现有企业、事业和行政单位一般不应有新建项目。有的单位如果原有基础薄弱需要再兴建的项目，其新增加的固定资产价值超过原有全部固定资产价值（原值）3倍以上时，才可算新建项目。

（2）扩建项目。是指现有企业、事业单位在原有场地内或其他地点，为扩大产品的生产能力或增加经济效益而增建的生产车间、独立的生产线或分厂的项目；事业和行政单位在原有业务系统的基础上扩充规模而进行的新增固定资产投资项目。

（3）迁建项目。是指原有企业、事业单位，根据自身生产经营和事业发展的要求，按照国家调整生产力布局的经济发展战略的需要或出于环境保护等其他特殊要求，搬迁到异地而建设的项目。

（4）恢复项目。是指原有企业、事业和行政单位，因在自然灾害或战争中使原有固定资产遭受全部或部分报废，需要进行投资重建来恢复生产能力和业务工作条件、生活福利设施等的建设项目。这类项目，不论是按原有规模恢复建设，还是在恢复过程中同时进行扩建，都属于恢复项目。但对尚未建成投产或交付使用的项目，受到破坏后，若仍按原设计重建的，原建设性质不变；如果按新设计重建，则根据新设计内容来确定其性质。

2．按投资作用划分

（1）生产性建设项目。是指直接用于物质资料生产或直接为物质资料生产服务的工程建设项目。主要包括：

1）工业建设。包括工业、国防和能源建设。

2）农业建设。包括农、林、牧、渔、水利建设。

3）基础设施建设。包括交通、邮电、通信建设，地质普查、勘探建设等。

4）商业建设。包括商业、饮食、仓储、综合技术服务事业的建设。

（2）非生产性建设项目。是指用于满足人民物质和文化、福利需要的建设和非物质资料生产部门的建设。主要包括：

1）办公用房。国家各级党政机关、社会团体、企业管理机关的办公用房。

2）居住建筑。住宅、公寓、别墅等。

3）公共建筑。科学、教育、文化艺术、广播电视、卫生、博览、体育、社会福利事业、公共事业、咨询服务、宗教、金融、保险等建设。

4）其他建设。不属于上述各类的其他非生产性建设。

3．按项目规模划分

为适应对工程建设项目分级管理的需要，国家规定基本建设项目分为大型、中型、小型三类。更新改造项目分为限额以上和限额以下两类。不同等级标准的工程建设项目国家规定的审批机关和报建程序也不尽相同。

4．按行业性质和特点划分

根据工程建设项目的经济效益、社会效益和市场需求等基本特性，可将其划分为竞争性项目、基础性项目和公益性项目三种。

（1）竞争性项目。主要是指投资效益比较高、竞争性比较强的一般性建设项目。这类建设项目应以企业作为基本投资主体，由企业自主决策、自担投资风险。

（2）基础性项目。主要是指具有自然垄断性、建设周期长、投资额大而收益低的基础设施和需要政府重点扶持的一部分基础工业项目，以及直接增强国力的符合经济规模的支柱产业项目。对于这类项目，主要应由政府集中必要的财力、物力，通过经济实体进行投资。同时，还应广泛吸收地方、企业参与投资，有时还可吸收外商直接投资。

（3）公益性项目。主要包括科技、文教、卫生、体育和环保等设施，公、检、法等政权机关以及政府机关、社会团体办公设施，国防建设等。公益性项目的投资主要由政府用财政资金安排的项目。

6.2　工程建设项目管理

6.2.1　工程建设项目管理的概念

建设项目管理是指自项目开始至项目完成，通过项目策划和项目控制，以使项目的费用目标、进度目标和质量目标得以实现。其中，施工项目管理是施工企业运用系统的观点、理论和方法对施工项目进行计划、组织、监督、控制、协调等全过程、全方位的管理，实现按期、优质、安全、低耗的项目管理目标。

6.2.2　工程建设项目管理的基本内容

1. 建立施工项目管理组织

（1）由企业采用适当的方式选聘称职的施工项目经理。

（2）根据施工项目组织原则，选用适当的组织形式，组建施工项目管理机构，明确责任、权限和义务。

（3）在遵守企业规章制度的前提下，根据施工项目管理的需要，制订施工项目管理制度。

2. 进行施工项目管理规划

施工项目管理规划是对施工项目管理目标、组织、内容、方法、步骤、重点进行预测和决策，做出具体安排的纲领性文件。施工项目管理规划的内容主要有：

（1）进行工程项目分解，形成施工对象分解体系，以便确定阶段控制目标，从局部到整体地进行施工活动和进行施工项目管理。

（2）建立施工项目管理工作体系，绘制施工项目管理工作体系图和施工项目管理工作信息流程图。

（3）编制施工管理规划，确定管理点，形成文件，以利于执行。现阶段这个文件便以施工组织设计代替。

3. 进行施工项目的目标控制

施工项目的目标有阶段性目标和最终目标。实现各项目标是施工项目管理的目的所在。因此应当坚持以控制论原理和理论为指导，进行全过程的科学控制。施工项目的控制目标分为进度控制目标、质量控制目标、成本控制目标、安全控制目标、施工现场控制目标。

由于在施工项目目标的控制过程中，会不断受到各种客观因素的干扰，各种风险因素有随时发生的可能性，故应通过组织协调和风险管理，对施工项目目标进行动态控制。

4. 对施工项目的生产要素进行优化配置和动态管理

施工项目的生产要素是施工项目目标得以实现的保证，主要包括劳动力、材料、设备、资金和技术（即 5M）。生产要素管理的三项内容包括：

（1）分析各项生产要素的特点。

（2）按照一定原则、方法对施工项目生产要素进行优化配置，并对配置状况进行评价。

（3）对施工项目的各项生产要素进行动态管理。

5. 施工项目的合同管理

由于施工项目管理是在市场条件下进行的特殊交易活动的管理，这种交易活动从投标开始，并持续于项目管理的全过程，因此必须依法签订合同，进行履约经营。合同管理的好坏直接涉及项目管理及工程施工的技术经济效果和目标实现。因此要从招投标开始，加强工程承包合同的签订、履行管理。合同管理是一项执法、守法活动，市场有国内市场和国际市场，因此合同管理势必涉及国内和国际上有关法规和合同文本、合同条件，在合同管理中应予高度重视。为了取得经济效益，还必须注意搞好索赔，讲究方法和技巧，提供充分的证据。

6. 施工项目的信息管理

现代化管理要依靠信息。施工项目管理是一项复杂的现代化的管理活动，更要依靠大量信息及对大量信息的管理。而信息管理又要依靠计算机进行辅助。所以，进行施工项目管理和施工项目目标控制。动态管理，必须依靠信息管理，并应用计算机进行辅助。需要特别注意信息的收集与储存，使本项目的经验和教训得到记录和保留，为以后的项目管理服务，故认真记录总结，建立档案及保管制度是非常重要的。

7. 施工现场管理

应对施工现场进行科学有效管理，以达到文明施工，保护环境，塑造良好企业形象，提高施工管理水平之目的。

8. 组织协调

在施工项目实施过程中，应进行组织协调，沟通和处理好内部及外部的各种关系，排除种种干扰和障碍。协调为有效控制服务，协调和控制都是保证计划目标的实现。

6.2.3　工程建设项目管理程序

施工项目管理程序介绍如下：

（1）编制项目管理规划大纲。

（2）编制投标书并进行投标。

（3）签订施工合同。

（4）选定项目经理。

（5）项目经理接受企业法定代表人的委托组建项目经理部。

（6）企业法定代表人与项目经理签订"项目管理目标责任书"。

（7）项目经理部编制"项目管理实施规划"。

（8）进行项目开工前的准备。

（9）施工期间按"项目管理实施规划"进行管理。

（10）在项目竣工验收阶段进行竣工结算、清理各种债权债务、移交资料和工程。

（11）进行经济分析，做出项目管理总结报告并送企业管理层有关职能部门。

（12）企业管理层组织考核委员会对项目管理工作进行考核评价并兑现"项目管理目标责任书"中的奖惩承诺。

（13）项目经理部解体。

（14）在保修期满前企业管理层根据"工程质量保修书"的约定进行项目回访保修。

本 章 练 习 题

1. 什么是工程建设项目？它由哪几部分组成？

2. 什么是工程建设项目管理？它由哪些内容构成？

第7章

建筑施工测量

7.1 民用建筑测量施工设备和测量基本要求

7.1.1 测量施工设备

　　民用建筑是指住宅楼、办公楼、食堂、俱乐部、医院和学校等建筑物。民用建筑施工测量的基本任务是按照设计要求,把建筑物的位置测设到地面上,并配合施工以保证工程质量。在进行施工测量之前,应先校验使用的测量仪器和工具,见表 7-1。

表 7-1　　　　　　　　　　主要测量施工设备配置

序　号	仪器名称	数　量	用　途
1	DC1—J 测距经纬仪	1 台	建筑定位
2	DJJ2—2 电子激光经纬仪	2 台	轴线投测
3	AL132—C 水准仪	1 台	高程及结构标高抄平
4	DS3 水准仪	2 台	标高传送

7.1.2 施工测量基本要求

　　测量的工作贯穿于整个施工过程。在施工中起主导作用,是保证工程质量和工程进度的基本工作之一。其基本要求如下:

　　(1) 遵守先整体后局部、高精度控制低精度的工作程序。

　　(2) 严格审核原始依据(设计图纸、测量起始点位、数据等)的正确性,坚持测量作业与计算工作步步有校核的工作方法。

　　(3) 在测量精度满足工作需要的前提下,力争做到省工、省时、省费用。执行一切定位放线工作,在经自检,互检合格后,方可申请主管技术部门预检,及质检人员验线的工作制度。

　　(4) 紧密配合施工,利用施工间隙放线,主动为施工创造条件。

7.2 民用建筑施工测量前的准备工作

7.2.1 了解设计意图,熟悉设计图纸

　　从图纸中首先了解工程全貌和主要设计意图,以及对测量的要求等内容,然后熟悉核对

与放样有关的建筑总平面图、建筑施工图和结构施工图，并检查总的尺寸是否与各部分尺寸之和相符，总平面图与大样详图尺寸是否一致，以免出现差错。

（1）总平面图。如图 7-1 所示，从总平面图上，可以查取或计算设计建筑物与原有建筑物测量控制点之间的平面尺寸和高差，作为测设建筑物总体位置的依据。

（2）建筑平面图。从建筑平面图中，可以查取建筑物的总尺寸，以及内部各定位轴线之间的关系尺寸，这是施工测设的基本资料。

（3）基础平面图。从基础平面图上，可以查取基础边线与定位轴线的平面尺寸，这是测设基础轴线的必要数据。

（4）基础详图。从基础详图中，可以查取基础立面尺寸和设计标高，这是基础高程测设的依据。

（5）建筑物的立面图和剖面图。从建筑物的立面图和剖面图中，可以查取基础、地坪、门窗、楼板、屋架和屋面等设计高程，这是高程测设的主要依据。

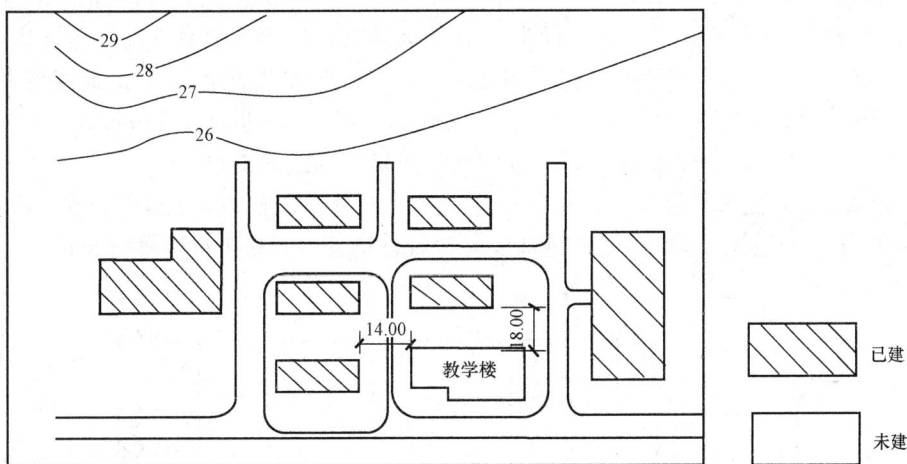

图 7-1　建筑总平面图

7.2.2　现场踏勘并校核定位的平面控制点和水准点

目的是了解现场的地物、地貌以及控制点的分布情况，并调查与施工测量有关的问题。对建筑物地面上的平面控制点，在使用前应校核点位是否正确，并应实地检测水准点的高程。通过校核，取得正确的测量起始数据和点位。

7.2.3　施工场地整理

平整和清理施工场地，以便进行测设工作。

7.2.4　制定测设方案

根据设计要求、定位条件、现场地形和施工方案等因素，制定测设方案，包括测设方法、测设数据计算和绘制测设略图。

7.3 建筑物的定位、放线

7.3.1 建筑物的定位

建筑物定位就是将建筑设计总平面图中建筑物外轮廓的轴线交点测设到地面上用木桩标定出来，桩顶上定小铁钉指示点位，称轴线桩，然后根据轴线桩进行细部测设。

由于定位条件的不同，民用建筑除了根据测量控制点、建筑基线或建筑红线、建筑方格网定位外，还可以根据已有的建筑物来进行定位，如图 7-2 所示。

（1）用钢尺沿宿舍楼的东、西墙，延长出一小段距离 $l=4000$mm 得 a、b 两点，并打入木桩，在桩顶，钉上铁钉作为标志（各点均以桩顶铁钉标志为准）。

（2）在 a 点安置经纬仪，瞄准 b 点，并从 b 沿 ab 方向量取 14.240m（因为教学楼的外墙厚 370mm，轴线偏里，离外墙皮 240mm），定出 c 点，作出标志，再继续沿 ab 方向从 c 点起量取 25.800m，定出 d 点，作出标志，cd 线就是测设教学楼平面位置的建筑基线。

（3）分别在 c、d 两点安置经纬仪，瞄准 a 点，顺时针方向测设 90°，沿此视线方向量取距离 4000+0.240m，定出 M、Q 两点，作出标志，再继续量取 15.000m，定出 N、P 两点，作出标志。M、N、P、Q 四点即为教学楼外廓定位轴线的交点。

（4）检查 NP 的距离是否等于 25.800m，∠N 和∠P 是否等于 90°，其误差应在允许范围内。

如施工场地已有建筑方格网或建筑基线时，可直接采用直角坐标法进行定位。

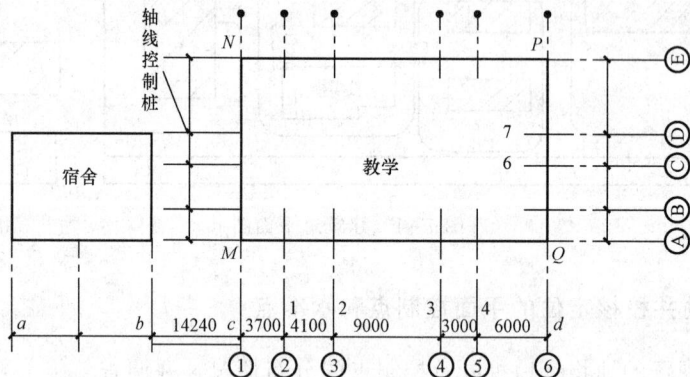

图 7-2 建筑物的定位和放线

7.3.2 建筑物的放线

建筑物的放线，是指根据已定位的外墙轴线交点桩（角桩），详细测设出建筑物各轴线的交点桩（或称中心桩），然后根据交点桩用白灰撒出基槽开挖边界线。

7.4 基础工程施工测量

7.4.1 基槽抄平

建筑施工中的高程测设，又称抄平。

（1）设置水平桩。为了控制基槽的开挖深度，当快挖到槽底设计标高时，应用水准仪根据地面上±0.000m点，在槽壁上测设一些水平小木桩（称为水平桩），如图 7-3 所示，使木桩的上表面离槽底的设计标高为一固定值（如 0.500m）。

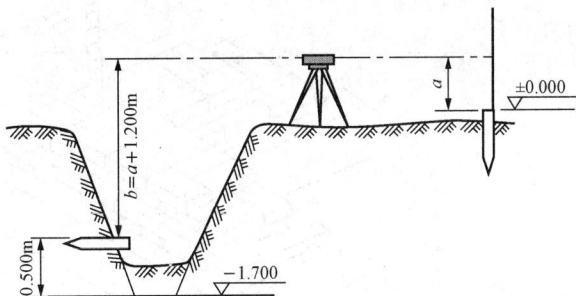

图 7-3　设置水平桩

为了施工时使用方便，一般在槽壁各拐角处、深度变化处和基槽壁上每隔 3～4m 测设一水平桩。水平桩可作为挖槽深度、修平槽底和打基础垫层的依据。

（2）水平桩的测设方法。如图 7-3 所示，槽底设计标高为 -1.700m，欲测设比槽底设计标高高 0.500m 的水平桩，测设方法如下：

1）在地面适当地方安置水准仪，在 ±0.000 标高线位置上立水准尺，读取后视读数为 1.318m。

2）计算测设水平桩的应读前视读数 1.318m-(-1.7+0.5)m=2.518m。

3）在槽内一侧立水准尺，并上下移动，直至水准仪视线读数为 2.518m 时，沿水准尺尺底在槽壁打入一小木桩。

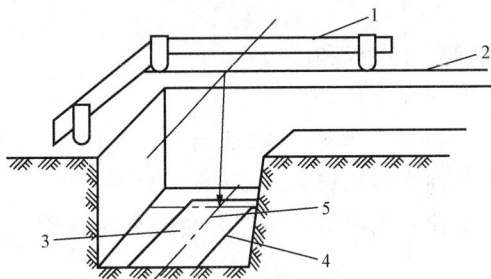

图 7-4　垫层中线的投测
1—龙门板；2—细线；3—垫层；
4—基础边线；5—墙中线

7.4.2　垫层中线的投测图

基础垫层打好后，根据轴线控制桩或龙门板上的轴线钉，用经纬仪或用拉绳挂锤球的方法，把轴线投测到垫层上，如图 7-4 所示，并用墨线弹出墙中心线和基础边线，作为砌筑基础的依据。

7.4.3　基础墙标高的控制

房屋基础墙是指 ±0.000m 以下的砖墙，它的高度是用基础皮数杆来控制的。

（1）基础皮数杆是一根木制的杆子，如图 7-5 所示，在杆上事先按照设计尺寸，将砖、灰缝厚度画出线条，并标明 ±0.000m 和防潮层的标高位置。

（2）立皮数杆时，先在立杆处打一木桩，用水准仪在木桩侧面定出一条高于垫层某一数值（如 100mm）的水平线，然后将皮数杆上标高相同的一条线与木桩上的水平线对齐，并用大铁钉把皮数杆与木桩钉在一起，作为基础墙的标高依据。

7.4.4　基础面标高的检查

基础施工结束后，应检查基础面的标高是否符合设计要求（也可检查防潮层）。可用水准仪测出基础面上若干点的高程和设计高程比较，允许误差为 ±10mm。

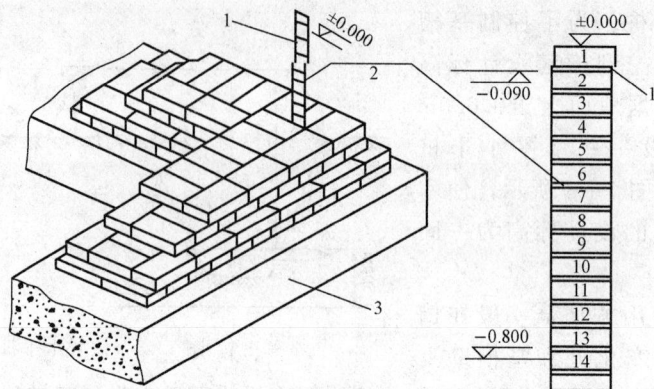

图 7 - 5　基础墙标高的控制

1—防潮层；2—皮数杆；3—垫层

7.5　墙体施工测量

7.5.1　墙体定位

（1）利用轴线控制桩或龙门板上的轴线和墙边线标志，用经纬仪或拉细绳挂锤球的方法将轴线投测到基础面上或防潮层上。

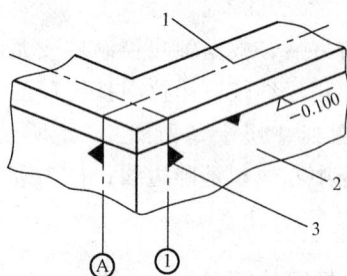

图 7 - 6　墙体定位

1—墙中心线；2—外墙基础；
3—轴线

（2）用墨线弹出墙中线和墙边线。

（3）检查外墙轴线交角是否等于 90°。

（4）把墙轴线延伸并画在外墙基础上，如图 7 - 6 所示，作为向上投测轴线的依据。

（5）把门、窗和其他洞口的边线，也在外墙基础上标定出来。

7.5.2　墙体各部位标高控制

在墙体施工中，墙身各部位标高通常也是用皮数杆控制。

（1）在墙身皮数杆上，根据设计尺寸，按砖、灰缝的厚度画出线条，并标明 ±0.000m 门、窗、楼板等的标高位置。

（2）墙身皮数杆的设立与基础皮数杆相同，使皮数杆上的 ±0.000m 标高与房屋的室内地坪标高相吻合。在墙的转角处，每隔 10～15m 设置一根皮数杆。

（3）在墙身砌起 1m 以后，就在室内墙身上定出 +0.500m 的标高线，作为该层地面施工和室内装修用。框架结构的民用建筑，墙体砌筑是在框架施工后进行的，故可在柱面上画线，代替皮数杆。

7.6　建筑物的轴线投测

在多层建筑墙身砌筑过程中，为了保证建筑物轴线位置正确，可用吊锤球或经纬仪将轴线投测到各层楼板边缘或柱顶上。

7.6.1　吊锤球法

将较重的锤球悬吊在楼板或柱顶边缘，当锤球尖对准基础墙面上的轴线标志时，线在楼板或柱顶边缘的位置即为楼层轴线端点位置，并画出标志线。各轴线的端点投测完后，用钢尺检核各轴线的间距，符合要求后，继续施工，并把轴线逐层自下向上传递。

7.6.2　经纬仪投测法

在轴线控制桩上安置经纬仪，严格整平后，瞄准基础墙面上的轴线标志，用盘左、盘右分中投点法，将轴线投测到楼层边缘或柱顶上。将所有端点投测到楼板上之后，用钢尺检核其间距，相对误差不得大于 1/2000。检查合格后，才能在楼板分间弹线，继续施工。

7.6.3　建筑物的高程传递

在多层建筑施工中，要由下层向上层传递高程，以便楼板、门窗口等的标高符合设计要求。高程传递的方法有以下几种：

1. 利用皮数杆传递高程

一般建筑物可用墙体皮数杆传递高程。具体方法参照"墙体各部位标高控制"。

2. 利用钢尺直接丈量

对于高程传递精度要求较高的建筑物，通常用钢尺直接丈量来传递高程。对于二层以上的各层，每砌高一层，就从楼梯间用钢尺从下层的 +0.500m 标高线，向上量出层高，测出上一层 +0.500m 标高线。这样用钢尺逐层向上引测。

3. 吊钢尺法

用悬挂钢尺代替水准尺，用水准仪读数，从下向上传递高程。

7.7　高层建筑物施工测量

7.7.1　建筑物的轴线投测高层建筑物的轴线投测

高层建筑物施工测量中的主要问题是控制竖向偏差，也就是各层轴线如何精确地向上引测的问题。《钢筋混凝土高层建筑结构设计与施工规定》中规定：竖向误差在本层内不得超过 5mm，全楼的累积误差不得超过 20mm。

高层建筑物轴线的投测，一般分为经纬仪引桩投测法和激光铅垂仪投测法及吊线坠法种，现代多用激光铅垂仪。下面分别介绍这三种方法。

1. 经纬仪引桩投测法

（1）选择中心轴线。

（2）向上投测中心轴线。

（3）增设轴线引桩。当楼房逐渐增高，而轴线控制桩距建筑物又较近时，望远镜的仰角较大，操作不便，投测精度将随仰角的增大而降低。因此，要将原中心轴线控制桩引测到更远的安全地方，或者附近大楼的屋顶上。

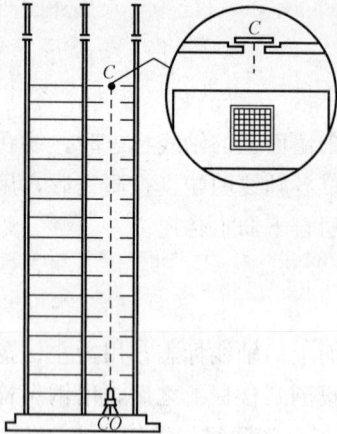

图 7-7　激光铅垂仪投测法

2. 激光铅垂仪投测法

为了把建筑物首层轴线投测到各层楼面上，使激光束能从底层直接打到顶层，各层楼板上应预留孔洞约 300mm×300mm，有时也可利用电梯井、通风道、垃圾道向上投测。注意不能在各层轴线上预留孔洞，应在距轴线 500～800mm 处，投测一条轴线的平行线，至少有两个投测点。如图 7-7 所示，激光铅垂仪安置在底层测站点 CO，严格对中、整平，接通激光电源，启动激光器，即可发射出铅直的激光直线，在高层楼板孔洞上水平放置绘有坐标格网的接收靶 C，水平移动接收靶，使靶心与红色光斑重合，此靶心位置即为测站点 CO 铅垂投位置，C 点作为该层楼面的一个控制点。

3. 吊线坠法

此种方法适用于高度在 50～100m 的高层建筑施工中。它是利用钢丝悬挂重锤球的方法，进行轴线竖向投测。投测方法如下：在预留孔上面安置十字架，挂上锤球，对准首层预埋标志。当锤球线静止时，固定十字架，并在预留孔四周作出标记，作为以后恢复轴线及放样的依据。此时，中心即为轴线控制点在该楼面上的投测点。

7.7.2　高层建筑物的高程传递

1. 利用皮数杆传递高程

在皮数杆上自±0.000m 标高线起，门窗口、过梁、楼板等构件的标高都已注明。一层楼砌好后，则从一层皮数杆起逐层往上接。

2. 利用钢尺直接丈量

在标高精度要求较高时，可用钢尺沿某一墙角自±0.000m 标高处起向上直接丈量，把高程传递上去。然后根据由下面传递上来的高程立皮数杆，作为该层墙身砌筑和安装门窗、过梁及室内装修、地坪抹灰等控制标高的依据。

3. 悬吊钢尺法

在楼梯间悬吊钢尺，钢尺下端挂一重锤，使钢尺处于铅垂状态，用水准仪在下面与上面楼层分别读数，按水准测量原理把高程传递上去。

7.8　建筑物的沉降观测

7.8.1　沉降观测的意义及观测的建筑物

在工业与民用建筑中，为了掌握建筑物的沉降情况，及时发现对建筑物不利的下沉现象，以便采取措施，保证建筑物安全使用，同时也为今后合理的设计提供资料，因此，在建筑物施工过程中和投入使用后，必须进行沉降观测。下列建筑物和构筑物应进行系统的沉降观测：高层建筑物，重要厂房的柱基及主要设备基础，连续性生产和受震动较大的设备基础，高大的构筑物（如水塔、烟囱等），人工加固的地基，回填土，地下水位较高或大孔隙土地基的建筑物等。

7.8.2　观测点的布置

观测点的数目和位置应能全面正确反映建筑物沉降的情况，这与建筑物的大小、荷重、基础形式和地质条件等有关。一般来说，在民用建筑中，是沿房屋的周围每隔 6～12m 设立一点；另外，在房屋转角及沉降缝两侧也应布设观测点。当房屋宽度大于 15m 时，还应在房屋内部纵轴线上和楼梯间布置观测点。

7.8.3　观测方法

1. 水准点的布设

建筑物的沉降观测是依据埋设在建筑物附近的水准点进行的，为了相互校核并防止由于某个水准点的高程变动造成差错，一般至少埋设三个水准点。它们埋在建筑物、构筑物基础压力影响范围以外，所以这些水准点必须坚固稳定。为了对水准点进行相互校核，防止其本身产生变化，水准点要定期进行高程检测，以保证沉降观测成果的正确性。

2. 观测时间

一般在增加较大荷重之后（如浇筑基础、回填土、砌筑砖墙、设备安装、设备运转、烟囱高度每增加 15m 左右等）要进行沉降观测。施工中，如果中途停工时间较长，应在停工时和复工前进行观测。当基础附近地面荷重突然增加，周围大量积水暴雨及地震后，或周围大量挖方等，均应观测。竣工后要按沉降量的大小，定期进行观测。开始可隔 1～2 个月观测一次，以每次沉降量在 5～10mm 以内为限度，否则要增加观测次数。以后，随着沉降量的减小，可逐渐延长观测周期，直至沉降稳定为止。

3. 沉降观测

沉降观测必须严格按照规定的工作程序进行：采用固定的观测人员、固定的水准仪和水准尺、使用固定的水准点和固定的观测线路，按照规定的日期、方法、时间精心观测；例如高层测量，结构施工到 ±0.000 后开始首次观测，首次观测采用精密水准仪进行首次高程测定，裙楼结构每施工一层观测一次，标准层结构每施工二层观测一次。主体施工完成后每隔三个月观测一次。每隔三个月对水准网采用 II 级水准测量检核一次。观测应在成像清晰、稳定时进行，仪器前后视距应尽量相等。沉降观测实质上是根据水准点用精密水准仪定期进行水准测量，测出建筑物上观测点的高程，从而计算其下沉量。

本 章 练 习 题

1. 民用建筑施工测量包括哪些主要工作？
2. 轴线控制桩和龙门板的作用是什么？如何设置？
3. 高层建筑轴线投测的方法有哪几种？
4. 何谓建筑物的沉降观测？在建筑物的沉降观测中，水准基点和沉降观测点的布设要求分别是什么？

第8章

工程质量控制的统计分析方法

8.1 质量统计基本知识

8.1.1 总体样本及统计推断工作过程

1. 总体

总体也称母体，是所研究对象的全体。个体，是组成总体的基本元素。总体中含有个体的数目通常用 N 表示。在对一批产品质量检验时，该批产品是总体，其中的每件产品是个体，这时 N 是有限的数值，则称之为有限总体。若对生产过程进行检测时，应该把整个生产过程过去、现在以及将来的产品视为总体，随着生产的进行 N 是无限的，称之为无限总体。实践中一般把从每件产品检测得到的某一质量数据（强度、几何尺寸、重量等）即质量特性值视为个体，产品的全部质量数据的集合即为总体。

2. 样本

样本也称子样，是从总体中随机抽取出来，并根据对其研究结果推断总体质量特征的那部分个体。被抽中的个体称为样品，样品的数目称样本容量，用 n 表示。

3. 统计推断工作过程

质量统计推断工作是运用质量统计方法在生产过程中或一批产品中，随机抽取样本，通过对样品进行检测和整理加工，从中获得样本质量数据信息，并以此为依据，以概率数理统计为理论基础，对总体的质量状况做出分析和判断。

8.1.2 质量数据的收集方法

1. 全数检验

全数检验是对总体中的全部个体逐一观察、测量、计数、登记，从而获得对总体质量水平评价结论的方法。

全数检验一般比较可靠，能提供大量的质量信息，但要消耗很多人力、物力、财力和时间，特别是不能用于具有破坏性的检验和过程质量控制，应用上具有局限性；在有限总体中，对重要的检测项目，当可采用简易快速的不破损检验方法时可选用全数检验方案。

2. 随机抽样检验

抽样检验是按照随机抽样的原则，从总体中抽取部分个体组成样本，根据对样品进行检测的结果，推断总体质量水平的方法。

随机抽样检验抽取样品不受检验人员主观意愿的支配，每一个体被抽中的概率都相同，从而保证了样本在总体中的分布比较均匀，有充分的代表性。同时它还具有节省人力、物力、财力、时间和准确性高的优点。它又可用于破坏性检验和生产过程的质量监控，完成全数检测无法进行的检测项目，具有广泛的应用空间。

8.1.3　质量数据的分类

质量数据是指由个体产品质量特性值组成的样本（总体）的质量数据集，在统计上称为变量；个体产品质量特性值称变量值。根据质量数据的特点，可以将其分为计量值数据和计数值数据。

1. 计量值数据

计量值数据是可以连续取值的数据，属于连续型变量。其特点是在任意两个数值之间都可以取精度较高一级的数值。它通常由测量得到，如重量、强度、几何尺寸、标高、位移等。此外，一些属于定性的质量特性，可由专家主观评分、划分等级而使之数量化，得到的数据也属于计量值数据。

2. 计数值数据

计数值数据是只能按 0，1，2，……，数列取值计数的数据，属于离散型变量。它一般由计数得到。

8.1.4　质量数据的特征值

样本数据特征值是由样本数据计算的描述样本质量数据波动规律的指标。统计推断就是根据这些样本数据特征值来分析、判断总体的质量状况。常用的有描述数据分布集中趋势的算术平均数、中位数和描述数据分布离中趋势的极差、标准偏差、变异系数等。

1. 描述数据集中趋势的特征值

(1) 算术平均数。算术平均数又称均值，是消除了个体之间个别偶然的差异，显示出所有个体共性和数据一般水平的统计指标，它由所有数据计算得到，是数据的分布中心，对数据的代表性好。其计算公式为

1) 总体算术平均数 μ。

$$\mu = \frac{1}{N}(X_1 + X_2 + \cdots + X_N) = \frac{1}{N}\sum_{i=1}^{N} X_i$$

式中　N——总体中个体数；

X_i——总体中第 i 个的个体质量特性值。

2) 样本算术平均数 $\bar{x}$。

$$\bar{x} = \frac{1}{n}(x_1 + x_2 + \cdots + X_n) = \frac{1}{n}\sum_{i=1}^{n} x_i$$

式中　n——样本容量；

x_i——样本中第 i 个样品的质量特性值。

(2) 样本中位数 $\tilde{x}$。样本中位数是将样本数据按数值大小有序排列后，位置居中的数值。中位数值由位置决定，受样本容量 n 多少的影响，不受极端值大小的影响，数据少时很容易确定。其公式为

$$\tilde{x} = \begin{cases} x_{\frac{n+1}{2}} & (n \text{ 为奇数}) \\ \dfrac{(x_{\frac{n}{2}} + x_{\frac{n}{2}+1})}{2} & (n \text{ 为偶数}) \end{cases}$$

2. 描述数据离中趋势的特征值

（1）极差 R。极差是数据中最大值与最小值之差，是用数据变动的幅度来反映其分散状况的特征值。极差计算简单、使用方便，但粗略，数值仅受两个极端值的影响，损失的质量信息多，不能反映中间数据的分布和波动规律，仅适用于小样本。其计算公式为

$$R = x_{max} - x_{min}$$

（2）标准偏差。标准偏差简称标准差或均方差，是个体数据与均值离差平方和的算术平均数的算术根，是大于 0 的正数。总体的标准差用 σ 表示，样本的标准差用 S 表示。标准差值小说明分布集中程度高，离散程度小，均值对总体（样本）的代表性好；标准差的平方是方差，有鲜明的数理统计特征，能确切说明数据分布的离散程度和波动规律，是最常用的反映数据变异程度的特征值。其计算公式为

1）总体的标准偏差 σ

$$\sigma = \sqrt{\frac{\sum_{i=1}^{N}(x_i - \mu)^2}{N}}$$

2）样本的标准偏差 S

$$S = \sqrt{\frac{\sum_{i=1}^{n}(x_i - \bar{x})^2}{n-1}}$$

样本的标准偏差 S 是总体标准偏差 σ 的无偏估计。在样本容量较大（$n \geq 50$）时，上式中的分母（$n-1$）可简化为 n。

（3）变异系数 C_v。变异系数又称离散系数，是用标准差除以算术平均数得到的相对数。它表示数据的相对离散波动程度。变异系数小，说明分布集中程度高，离散程度小，均值对总体（样本）的代表性好。由于消除了数据平均水平不同的影响，变异系数适用于均值有较大差异的总体之间离散程度的比较，应用更为广泛。其计算公式为

$$C_v = \sigma/\mu（总体） \qquad C_v = S\sqrt{x}（样本）$$

8.1.5 质量数据的分布特征

1. 质量数据的特性

质量数据具有个体数值的波动性和总体（样本）分布的规律性。

在实际质量检测中，我们发现即使在生产过程是稳定正常的情况下，同一总体（样本）的个体产品的质量特性值也是互不相同的，这种个体间表现形式上的差异性，反映在质量数据上即为个体数值的波动性、随机性；然而，当运用统计方法对这些大量丰富的个体质量数值进行加工、整理和分析后，我们又会发现这些产品质量特性值（以计量值数据为例）大多都分布在数值变动范围的中部区域，即有向分布中心靠拢的倾向，表现为数值的集中趋势。还有一部分质量特性值在中心的两侧分布，随着逐渐远离中心，数值的个数变少，表现为数值的离中趋势。质量数据的集中趋势和离中趋势反映了总体（样本）质量变化的内在规律性。

2. 质量数据波动的原因

众所周知，影响产品质量主要有五方面因素，即人，包括质量意识、技术水平、精神状

态等；材料，包括材质均匀度、理化性能等；方法，包括生产工艺、操作方法等；环境，包括时间、季节、现场温湿度、噪声干扰等；机械设备，包括其先进性、精度、维护保养状况等，同时这些因素自身也在不断变化中。个体产品质量的表现形式的千差万别就是这些因素综合作用的结果，质量数据也就具有了波动性。

质量特性值的变化在质量标准允许范围内波动称之为正常波动，是由偶然性原因引起的；若是超越了质量标准允许范围的波动则称之为异常波动，是由系统性原因引起的。

（1）偶然性原因。在实际生产中，影响因素的微小变化具有随机发生的特点，是不可避免、难以测量和控制的，或者是在经济上不值得消除，它们大量存在但对质量的影响很小，属于允许偏差、允许位移范畴，引起的是正常波动，一般不会因此造成废品，生产过程正常稳定。通常把因素的这类变化归为偶然性原因、不可避免原因或正常原因。

（2）系统性原因。当影响质量的因素发生了较大变化，如工人未遵守操作规程、机械设备发生故障或过度磨损、原材料质量规格有显著差异等情况发生时，没有及时排除，生产过程则不正常，产品质量数据就会离散过大或与质量标准有较大偏离，表现为异常波动，次品、废品产生。这就是产生质量问题的系统性原因或异常原因。由于异常波动特征明显、容易识别和避免，特别是对质量的负面影响不可忽视，生产中应该随时监控、及时识别和处理。

3. 质量数据分布的规律性

对于每件产品来说，在产品质量形成的过程中，单个影响因素对其影响的程度和方向是不同的，也是在不断改变的。众多因素交织在一起，共同起作用的结果，使各因素引起的差异大多互相抵消，最终表现出来的误差具有随机性。对于在正常生产条件下的大量产品，误差接近零的产品数目要多些，具有较大正负误差的产品要相对少，偏离很大的产品就更少了，同时正负误差绝对值相等的产品数目非常接近。于是就形成了一个能反映质量数据规律性的分布，即以质量标准为中心的质量数据分布，它可用一个"中间高、两端低、左右对称"的几何图形表示，即一般服从正态分布。

概率数理统计在对大量统计数据研究中，归纳总结出许多分布类型，如一般计量值数据服从正态分布，计件值数据服从二项分布，计点值数据服从泊松分布等。实践中只要是受许多起微小作用的因素影响的质量数据，都可认为是近似服从正态分布的，如构件的几何尺寸、混凝土强度等。如果是随机抽取的样本，无论它来自的总体是何种分布，在样本容量较大时，其样本均值也将服从或近似服从正态分布。因而，正态分布最重要、最常见、应用最广泛。正态分布概率密度曲线如图 8-1 所示。

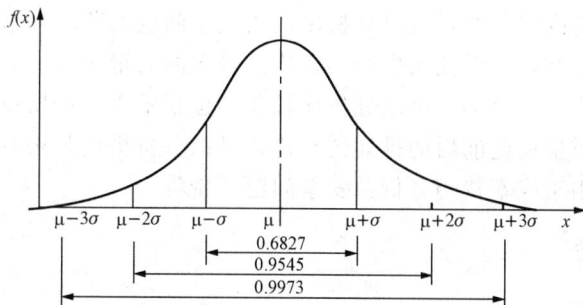

图 8-1　正态分布概率密度曲线

8.2 统计分析方法

8.2.1 排列图法

1. 排列图法的概念

排列图法是利用排列图寻找影响质量主次因素的一种有效方法。排列图又叫帕累托图或主次因素分析图，它是由两个纵坐标、一个横坐标、

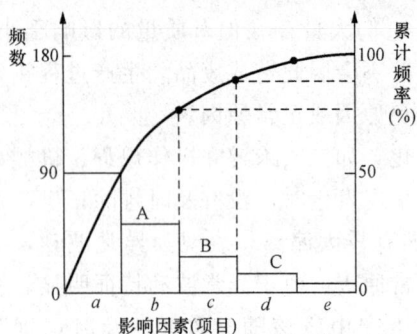

图 8-2 排列图

几个连起来的直方形和一条曲线所组成，如图 8-2 所示。左侧的纵坐标表示频数，右侧纵坐标表示累计频率，横坐标表示影响质量的各个因素或项目，按影响程度大小从左至右排列，直方形的高度示意某个因素的影响大小。实际应用中，通常按累计频率划分为（0%～80%）、（80%～90%）、（90%～100%）三部分，与其对应的影响因素分别为 A、B、C 三类。A 类为主要因素，B 类为次要因素，C 类为一般因素。

排列图最早是由意大利经济学家帕累托创立的，当他发现少数人占有社会大量财富这一现象，即推断出所谓的"关键的少数和次要的多数"的关系。后经美国质量管理专家朱兰将其应用到质量管理中，认为影响质量的因素很多，要解决质量问题，必须抓"关键的少数"，分清主次，这样才能收到好的效果。

2. 排列图法的观察与分析

（1）观察直方形，大致可看出各项目的影响程度。排列图中的每个直方形都表示一个质量问题或影响因素。影响程度与各直方形的高度成正比。

（2）利用 ABC 分类法，确定主次因素。将累计频率曲线按（0%～80%）、（80%～90%）、（90%～100%）分为三部分，各曲线下面所对应的影响因素分别为 A、B、C 三类因素，该例中 A 类即主要因素是表面平整度（2m 长度）、截面尺寸（梁、柱、墙板、其他构件），B 类即次要因素是电梯井（井筒长、宽对定位中心线，井筒全高垂直度），C 类即一般因素有垂直度、标高和其他项目。综上分析结果，下步应重点解决 A 类等质量问题。

3. 排列图的应用

排列图可以形象、直观地反映主次因素。其主要应用有：

（1）按不合格品的内容分类，可以分析出造成质量问题的薄弱环节。

（2）按生产作业分类，可以找出生产不合格品最多的关键过程。

（3）按生产班组或单位分类，可以分析比较各单位技术水平和质量管理水平。

（4）将采取提高质量措施前后的排列图对比，可以分析措施是否有效。

（5）此外还可以用于成本费用分析、安全问题分析等。

8.2.2 因果分析图法

1. 因果分析法的概念

因果分析图法是利用因果分析图来系统整理分析某个质量问题（结果）与其产生原因之

间关系的有效工具。因果分析图也称特性要因图，又因其形状常被称为树枝图或鱼刺图。

因果分析图基本形式如图 8-3 所示。从图可见，因果分析图由质量特性（即质量结果指某个质量问题）、要因（产生质量问题的主要原因）、枝干（指一系列箭线表示不同层次的原因）、主干（指较粗的直接指向质量结果的水平箭线）等所组成。

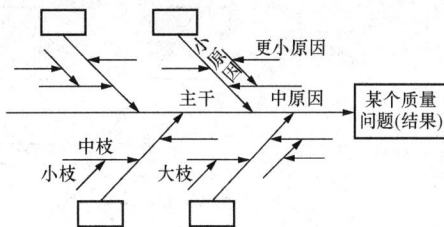

图 8-3 因果分析图的基本形式

2. 观察分析方法

（1）集思广益。绘制时要求绘制者熟悉专业施工方法技术，调查、了解施工现场实际条件和操作的具体情况。要以各种形式，广泛收集现场工人、班组长、质量检查员、工程技术人员的意见，集思广益，相互启发、相互补充，使因果分析更符合实际。

（2）制定对策。绘制因果分析图不是目的，而是要根据图中所反映的主要原因，制订改进的措施和对策，限期解决问题，保证产品质量。具体实施时，一般应编制一个对策计划表。

[例 8-1] 某工程采用砖混结构，发现地面沉降并导致内隔墙体、内承重墙体产生水平裂缝。找出沉降变形原因。

解：因果分析图的绘制步骤与图中箭头方向恰恰相反，是从"结果"开始将原因逐层分解的，具体步骤如下：

①明确质量问题——结果。该例分析的质量问题是"沉降变形原因"，作图时首先由左至右画出一条水平主干线，箭头指向一个矩形框，框内注明研究的问题，即结果。

②分析确定影响质量特性大的方面原因。一般来说，影响质量因素有五大方面，即人、机械、材料、方法、环境等。另外还可以按产品的生产过程进行分析。

③将每种大原因进一步分解为中原因、小原因，直至分解的原因可以采取具体措施加以解决为止。

④检查图中的所列原因是否齐全，可以对初步分析结果广泛征求意见，并做必要的补充及修改。

⑤选择出影响大的关键因素。以便重点采取措施。

图 8-4 是"沉降变形原因"的因果分析图。由图中可以看出，因果分析图由质量特性（即质量结果指某个质量问题）、要因（产生质量问题的主要原因）、枝干（指一系列箭线表示不同层次的原因）、主干（指较粗的直接指向质量结果的水平箭线）等所组成。

3. 使用因果分析图法时应注意的事项

（1）一个质量特性或一个质量问题使用一张图分析。

（2）通常采用 QC 小组活动的方式进行，集思广益，共同分析。

（3）必要时可以邀请小组以外的有关人员参与，广泛听取意见。

（4）分析是要充分发表意见，层层深入，列出所有可能的原因。

（5）在充分分析的基础上，由各参与人员采用投票或其他方式，从中选择 1~5 项多数人达成共识的最主要原因。

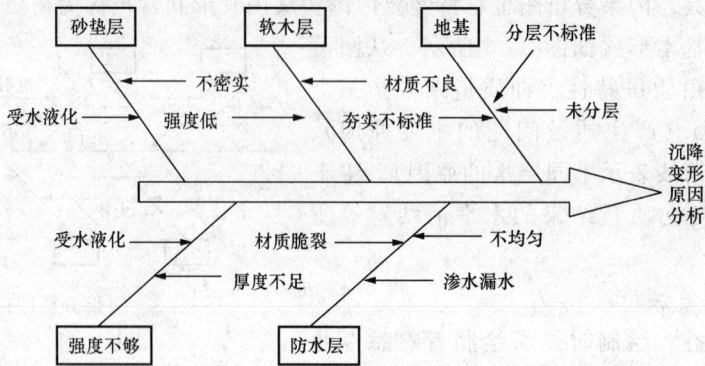

图 8-4 沉降变形的因果分析图

8.2.3 直方图法

1. 直方图法的用途

直方图法即频数分布直方图法，它是将收集到的质量数据进行分组整理，绘制成频数分布直方图，用以描述质量分布状态的一种分析方法，所以又称质量分布图法。

通过直方图的观察与分析，可了解产品质量的波动情况，掌握质量特性的分布规律，以便对质量状况进行分析判断。同时可通过质量数据特征值的计算，估算施工生产过程总体的不合格品率，评价过程能力等。

2. 直方图的观察与分析

（1）观察直方图的形状、判断质量分布状态。作完直方图后，首先要认真观察直方图的整体形状，看其是否是属于正常型直方图。正常型直方图就是中间高，两侧底，左右接近对称的图形，如图 8-5（a）所示。直方图的分布形状及分布区间宽窄是由质量特性统计数据的平均值和标准偏差所决定的。正常直方图反映生产过程质量处于正常、稳定状态。

出现非正常型直方图时，表明生产过程或收集数据作图有问题。这就要求进一步分析判断，找出原因，从而采取措施加以纠正。凡属非正常型直方图，其图形分布有各种不同缺陷，归纳起来一般有五种类型，如图 8-5 所示。

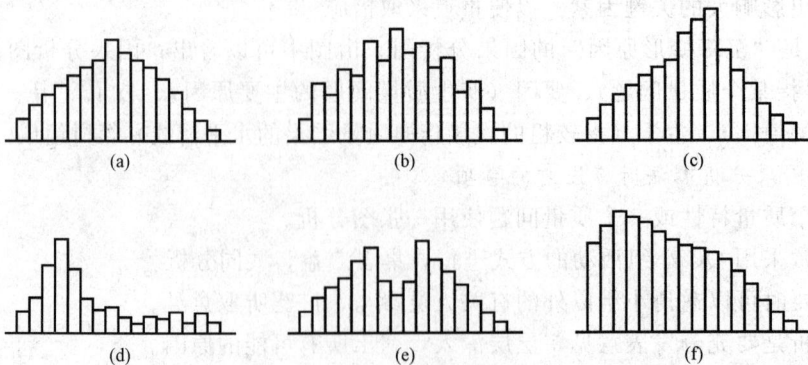

图 8-5 常见的直方图图形

（a）正常型；（b）折齿型；（c）左缓坡型；（d）孤岛型；（e）双峰型；（f）绝壁型

1）折齿型［图8-5（b）］，出现参差不齐的形状，及频数不是在相邻区间减少，而是隔区间减少，形成了锯齿状，是由于分组不当或者组距确定不当出现的直方图。

2）左（或右）缓坡型［图8-5（c）］，直方图的顶峰偏向一侧，主要是由于操作中对上限（或下限）控制太严造成的。

3）孤岛型［图8-5（d）］，在远离主分布中心的地方出现小的直方，形如孤岛，是原材料发生变化，或者临时他人顶班作业造成的。

4）双峰型［图8-5（e）］，直方图出现两个中心，形成双峰状，是由于用两种不同方法或两台设备或两组工人进行生产，然后把两方面数据混在一起整理产生的。

5）绝壁型［图8-5（f）］，直方图的一侧出现陡峭绝壁状，是由于数据收集不正常，可能有意识地去掉下限以下（或上限以上）的数据，或是在检测过程中存在某种人为因素所造成的。

（2）将直方图与质量标准比较，判断实际生产过程能力。做出直方图后，除了观察直方图形状，分析质量分布状态外，再将正常型直方图与质量标准比较，从而判断实际生产过程能力。正常型直方图与质量标准相比较，一般有如图8-6所示的6种情况。

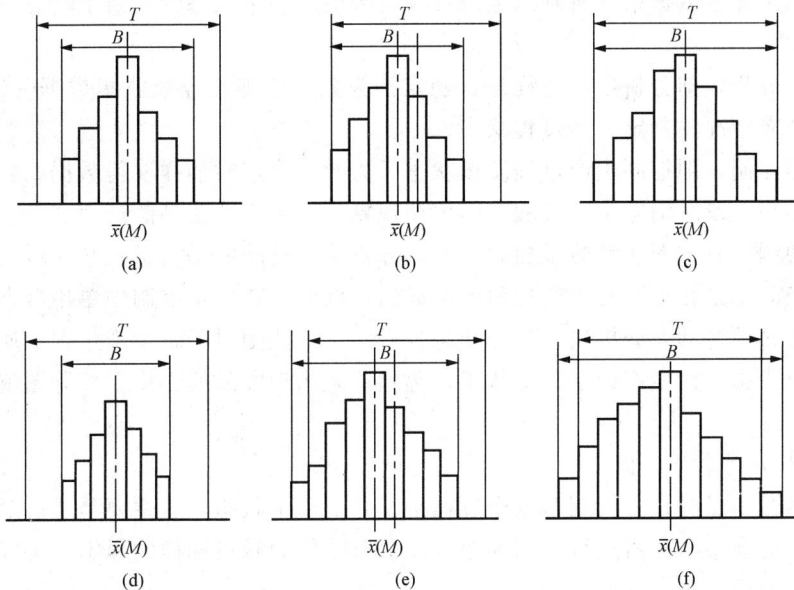

图 8-6　实际质量分析与标准比较

T—表示质量标准要求界限；B—表示实际质量特性分布范围

1）如图8-6（a）所示，B 在 T 中间，质量分布中心 $\bar{x}$ 与质量标准中心 M 重合，实际数据分布与质量标准相比较两边还有一定余地。这样的生产过程质量是很理想的，说明生产过程处于正常的稳定状态。在这种情况下生产出来的产品可认为全都是合格品。

2）如图8-6（b）所示，B 虽然落在 T 内，但质量分布中 $\bar{x}$ 与 T 的中心 M 不重合，偏向一边。这样如果生产状态一旦发生变化，就可能超出质量标准下限而出现不合格品。出现这种情况时应迅速采取措施，使直方图移到中间来。

3）如图8-6（c）所示，B 在 T 中间，且 B 的范围接近 T 的范围，没有余地，生产过程一旦发生小的变化，产品的质量特性值就可能超出质量标准。出现这种情况时，必须立即采取措施，以缩小质量分布范围。

4）如图8-6（d）所示，B在T中间，但两边余地太大，说明加工过于精细，不经济。在这种情况下，可以对原材料、设备、工艺、操作等控制要求适当放宽些，有目的地使B扩大，从而有利于降低成本。

5）如图8-6（e）所示，质量分布范围B已超出标准下限之外，说明已出现不合格品。此时必须采取措施进行调整，使质量分布位于标准之内。

6）如图8-6（f）所示，质量分布范围完全超出了质量标准上、下界限，散差太大，产生许多废品，说明过程能力不足，应提高过程能力，使质量分布范围B缩小。

8.2.4 控制图法

1. 控制图的用途

控制图又称管理图。它是在直角坐标系内画有控制界限，描述生产过程中产品质量波动状态的图形。利用控制图区分质量波动原因，判明生产过程是否处于稳定状态的方法称为控制图法。

控制图是用样本数据来分析判断生产过程是否处于稳定状态的有效工具。它的用途主要有两个：

（1）过程分析，即分析生产过程是否稳定。为此，应随机连续收集数据，绘制控制图，观察数据点分布情况并判定生产过程状态。

（2）过程控制，即控制生产过程质量状态。为此，要定时抽样取得数据，将其变为点子描在图上，发现并及时消除生产过程中的失调现象，预防不合格品的产生。

前述排列图、直方图法是质量控制的静态分析法，反映的是质量在某一段时间里的静止状态。然而产品都是在动态的生产过程中形成的，因此，在质量控制中单用静态分析法显然是不够的，还必须有动态分析法。只有动态分析法，才能随时了解生产过程中质量的变化情况，及时采取措施，使生产处于稳定状态，起到预防出现废品的作用。控制图就是典型的动态分析法。

2. 控制图的观察与分析

绘制控制图的目的是分析判断生产过程是否处于稳定状态，这主要是通过对控制图上点子的分布情况的观察与分析进行。因为控制图上点子作为随机抽样的样本，可以反映出生产过程（总体）的质量分布状态。

当控制图同时满足以下两个条件：一是点子几乎全部落在控制界限之内；二是控制界限内的点子排列没有缺陷。我们就可以认为生产过程基本上处于稳定状态。如果点子的分布不满足其中任何一条，都应判断生产过程为异常。

（1）点子几乎全部落在控制界线内，是指应符合下述三个要求：

1）连续25点以上处于控制界限内。

2）连续35点中仅有1点超出控制界限。

3）连续100点中不多于2点超出控制界限。

（2）点子排列没有缺陷，是指点子的排列是随机的，而没有出现异常现象。这里的异常现象是指点子排列出现了链、多次同侧、趋势或倾向、周期性变动、接近控制界限等情况。

1）链。是指点子连续出现在中心线一侧的现象。出现五点链，应注意生产过程发展状况；出现六点链，应开始调查原因；出现七点链，应判定工序异常，需采取处理措施。如图 8-7 所示。

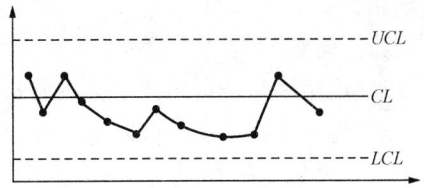

图 8-7　链

2）多次同侧。是指点子在中心线一侧多次出现的现象，或称偏离。下列情况说明生产过程已出现异常：在连续 11 点中有 10 点在同侧，如图 8-8 所示。在连续 14 点中有 12 点在同侧。在连续 17 点中有 14 点在同侧。在连续 20 点中有 16 点在同侧。

3）趋势或倾向。是指点子连续上升或连续下降的现象。连续 7 点或 7 点以上上升或下降排列，就应判定生产过程有异常因素影响，要立即采取措施，如图 8-9 所示。

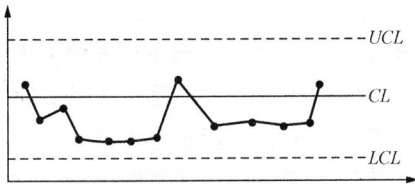

图 8-8　多次同侧

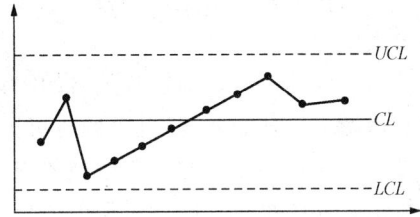

图 8-9　趋势或倾向

4）周期性变动。即点子的排列显示周期性变化的现象。这样即使所有点子都在控制界限内，也应认为生产过程为异常，如图 8-10 所示。

5）点子排列接近控制界限。是指点子落在了 $\bar{x} \pm 2\sigma$ 以外和 $\bar{x} \pm 3\sigma$ 以内。如属下列情况的判定为异常：连续 3 点至少有 2 点接近控制界限。连续 7 点至少有 3 点接近控制界限。连续 10 点至少有 4 点接近控制界限。如图 8-11 所示。

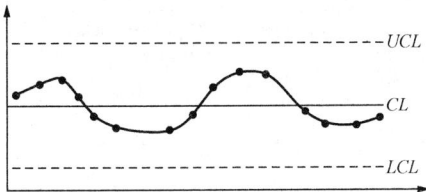

图 8-10　周期性变动

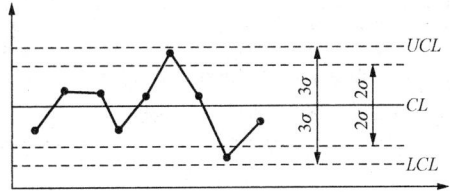

图 8-11　点子排列接近控制界限

以上是分析用控制图判断生产过程是否正确的准则。如果生产过程处于稳定状态，则把分析用控制图转为管理用控制图。分析用控制图是静态的，而管理用控制图是动态的。随着生产过程的进展，通过抽样取得质量数据把点描在图上，随时观察点子的变化，一是点子落在控制界限外或界限上，即判断生产过程异常，点子即使在控制界限内，也应随时观察其有无缺陷，以对生产过程正常与否做出判断。

8.3　应用案例

[例 8-2]　因果分析图方法

（1）背景。某建筑工程项目，在基础混凝土的施工过程中，发现其施工质量存在强度不足问题。

（2）问题。

1）试用因果分析图法对影响质量的大小因素进行分析。

2）简述工程施工阶段隐蔽工程验收的主要项目及内容。

（3）分析与解答。

1）首先应能正确绘出因果分析图，其中包括以下内容。

①绘出主干，在主干右端注明所要分析的质量问题：混凝土强度不足（应将主干用粗或空箭杆表示，箭头向右）。

②绘出大枝，应按人、机械、材料、方法、环境五大因素绘制，要求五大因素必须全部标出，因素名称应标于箭尾，大枝可绘成无箭头的枝状，也可绘成箭状（有箭头），但其箭头应指向主干。

③绘出主要的中枝，即针对大枝的因素进一步分析其主要原因（例如对人的因素中，可再分为有情绪、责任心差等）。答题时可重点分析其中重要的因素，若无特别说明应尽可能将各大枝因素绘出中枝，并标明中枝的内容。用箭杆表示的中枝，箭头要指向大枝。

④绘出必要的小枝，即针对某个中枝分析出的问题进一步分析其产生的原因（例如对中枝"有情绪"可再分为分工不当、福利差等）。用箭杆表示的小枝，箭头要指向中枝。

⑤分析更深入的原因，完成因果分析图。

2）隐蔽工程验收的主要项目及内容见表 8 - 1。

表 8 - 1　　　　　隐蔽工程验收的主要项目及内容

序号	项　　目	内　　容
1	基础工程	地质、土质情况，标高尺寸、基础断面尺寸，柱的位置、数量
2	钢筋混凝土工程	钢筋品种、规格、数量、位置、焊接、接头、预埋件，材料代用
3	防水工程	屋面、地下室、水下结构的防水做法、防水措施质量
4	其他完工后无法检查的工程、主要部位和有特殊要求的隐蔽工程	

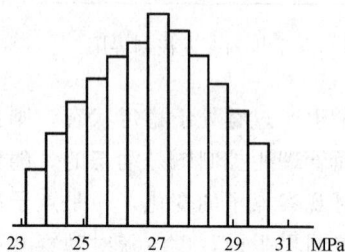

图 8-12　混凝土试块强度的直方图

[例 8 - 3]　直方图分析方法

（1）背景。在某高速公路的施工中，收集了一个月的混凝土试块强度资料，画出的直方图如图 8 - 12 所示。已知 $T_u = 31MPa$，$T_L = 23MPa$，监理工程师确定的试配强度为 26.5MPa，混凝土拌制工序的施工采用两班制。

（2）问题。

1）分析了该混凝土试块强度的直方图后，写出的结论应该是：

①该工序处于（　　）。

a. 稳定状态

b. 不稳定状态

c. 调整状态

d. 时而稳定，时而不稳定状态

②该工程（　　）。

a. 生产向下限波动时，会出现不合格品

b. 生产向上限波动时，会出现不合格品

c. 试配强度不当，应适当提高试配强度，使其处于公差带中心

d. 试配强度不当，应适当提高试配强度，使其处于直方图的分布中心

e. 改变公差下限为 22MPa，使生产向下波动时，不致出现不合格品

2）若直方图呈双峰型，可能是什么原因造成的？

3）若直方图呈孤岛型，可能是什么原因造成的？

4）直方图有何用途？

（3）分析与解答。

1）①a；②a、c。

2）两种不同的分布（两个班组数据形成的分布不同）造成的。

3）是由于不熟练工人临时替班所造成的。

4）直方图用途。

①观察、分析和掌握质量分布规律。

②判断生产过程是否正常。

③制定质量标准，确定公差范围。

④估计工序不合格品率的高低。

⑤评价施工管理水平。

[例 8 - 4]　因果分析图方法

（1）背景。某七层砖混结构住宅楼，在保修期内，房屋结构底层两端发生向中部倾斜的多条微小砌体裂缝，该楼属横墙承重体系，条形基础，人工开挖，埋深 1.2m。在质量原因分析会议上提出的主要意见如下：

1）施工质量不好而造成的裂缝。

2）地基承载力不足引起不均匀沉降裂缝。

3）上部结构与地面以下基础结构温差造成的温差变形裂缝。

4）砖砌体与混凝土楼面结构因材质线膨胀系数不协调造成的温度裂缝。

5）材料质量不好、强度不足而产生的强度裂缝。

（2）问题。

1）绘制因果分析图，找出主要因素、相关因素。

2）根据原因分析以下资料应重点审查哪些内容？

①质量保证资料是否齐全？

②资料内容、项目是否与所依据标准一致？

③质量保证资料是否真实、可信？

④对于送检的材料、检验单位是否有权威性？

⑤提供质量保证资料的时间是否与工程同步？

3）为找出事故原因拟进行以下复检项目，你认为哪些项目应做，哪些项目可以不做？

①基承载力和变形试验。

②砖的标号测定试验。

③水泥强度和安定性测定试验。

④灰缝饱满度检查。

⑤砂浆强度检查或鉴定试验。

⑥砖或混凝土的线膨胀系数试验。

⑦混凝土强度的等级检测试验。

4）在治理中，提出以下方案，你选哪一种，为什么？

①将墙体加固。

②将地基加固。

③地基与基础同步加固。

④让其变形裂缝发展，控制使用，稳定后再视情况处理。

5）该事故的产生说明目标控制中，对以下干扰因素中的哪几项应加强控制？应总结哪些经验教训？

①资金因素干扰。

②人的因素干扰。

③材料、机具因素干扰。

④环境因素干扰。

⑤地质条件因素干扰。

⑥政策性干扰。

⑦组织性干扰。

⑧技术方法上失误。

（3）分析与解答。

1）因果分析图如图 8-13 所示。

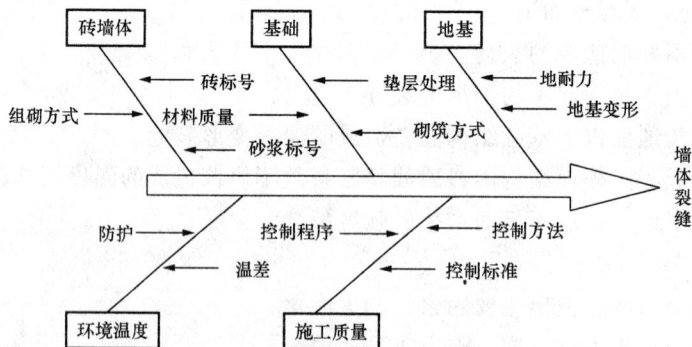

图 8-13　微小砌体裂缝因果分析图

2）重点审查的内容：所列①、②、③、④、⑤项均应审查，重点是②、③两项。

3）应做的复检项目有①以及②、⑤，其他可以不做。

4）治理方案③为优，应为经济可行，可以基本治本。

5）主要②，因为重点人的组织、人的素质、人的责任；其次要重视⑤，地质条件因素，即隐蔽工程一旦失误、失策，必会出现事故。

本 章 练 习 题

1. 排列图主要应用于哪些方面？
2. 使用因果分析图法时应注意的事项有哪些？
3. 如何进行直方图的观察与分析？
4. 控制图的用途是什么？

参 考 文 献

[1] 李业兰. 建筑材料，北京：中国建筑工业出版社.

[2] 张德思. 土木工程材料课件. 西北工业大学.

[3] 建筑材料课件. 武汉理工大学.

[4] 高远，张艳芳. 建筑构造与识图. 北京：中国建筑工业出版社，2006.

[5] 孙鲁，甘佩兰. 建筑构造. 北京：高等教育出版社，2008.

[6] 赵研. 建筑构造与识图. 北京：中国建筑工业出版社，2008.

[7]《房屋建筑制图统一标准》（GB/T 5001—2001）.

[8] 危道军，李志. 施工员（工长）专业基础知识. 北京：中国建筑工业出版社，2007.

[9] 张小平. 建筑识图与房屋构造. 武汉：武汉理工大学出版社，2005.

[10] 杨立彬. 建筑力学. 北京：机械工业出版社，2004.

[11] 沈伦序. 建筑力学. 北京：高等教育出版社，1990.

[12] 陈永龙. 建筑力学. 北京：高等教育出版社，2002.

[13] 杨澄宇，周和荣. 建筑施工技术与机械. 北京：高等教育出版社，2006.

[14] 中国建筑科学研究院.《混凝土结构施工质量验收规范》（GB 50204—2002）. 北京：中国建筑工业出版社，2002.

[15]《大体积混凝土施工规范》（GB 50496—2009）. 主编部门：中国冶金建设协会.

[16]《河北城建学校实训楼》结构施工图. 设计单位：石家庄昊千建筑设计有限公司.

[17] 03G101-1《混凝土结构施工图 现浇混凝土框架、剪力墙、框架—剪力墙、框支剪力墙结构》，主编单位：中国建筑标准设计研究院.

[18]《平法知识疑难解析及钢筋计算》，广联达软件.

[19]《河北城建学校实训楼》施工组织设计，编制单位：中泰建筑公司.

[20]《地下防水工程质量验收规范》（GB 50208—2002）.

[21]《建筑分项工程施工工艺标准》（第3版）.

[22]《砌体工程质量验收规范》（GB 50203—2002）.

[23]《建筑节能工程施工质量验收规范》（GB 50411—2007）.

[24]《地基基础施工质量验收规范》（GB 50202—2002）.